圆不完的绿色之梦

——城乡园林一体化的探索

◉ 尤传楷 著

中国建筑工业出版社

图书在版编目（CIP）数据

圆不完的绿色之梦：城乡园林一体化的探索 / 尤传楷著.
北京：中国建筑工业出版社，2016.11
ISBN 978-7-112-19933-4

Ⅰ．①圆… Ⅱ．①尤… Ⅲ．①园林设计—城乡一体化—
研究—中国 Ⅳ．①TU986.2

中国版本图书馆 CIP 数据核字（2016）第 236514 号

责任编辑：何　楠　张　建
责任校对：焦　乐　李欣慰

圆不完的绿色之梦

—— 城乡园林一体化的探索

尤传楷　著

中国建筑工业出版社出版、发行(北京西郊百万庄)
各地新华书店、建筑书店经销
合肥源色光广告有限责任公司制版
合肥新南印务有限公司印制
＊
开本：787×1092毫米　1/16　印张：28　字数：487千字
2016年11月第一版　2016年11月第一次印刷
定价：198.00元
ISBN 978-7-112-19933-4
(29390)

版权所有　翻印必究
如有印装质量问题,可寄本社退换
(邮政编码 100037)

前進

傅楷同志留念

樸初

著名作家、诗人、书法家和佛教人士，时任中国佛教协会会长、中国民主促进会名誉主席、全国政协副主席赵朴初 1985 年在北京家中为作者题写。

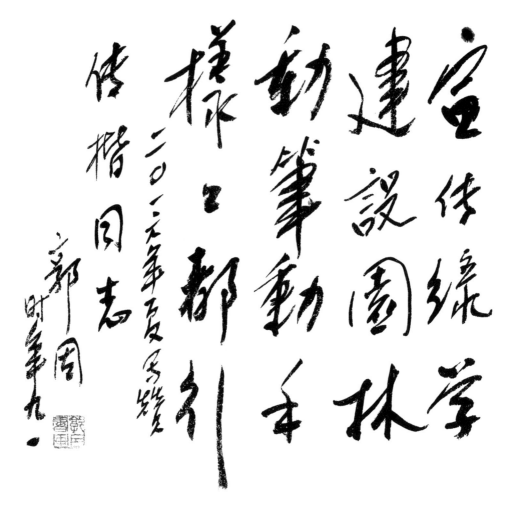

宣传绿学

建设园林

动笔动手

样样都行

倍楷同志

二〇一六年夏多题

郭因时年九

郭因是著名美学家、安徽省文史馆资深馆员，首创绿色文化、绿色美学学者。

·序一

　　立秋的时节，收获的时刻，欣闻尤传楷同志的《圆不完的绿色之梦——城乡园林一体化探索》一书即将出版，这是他，一名老园林工作者对事业一生追求的硕果。尤传楷同志无论是担任合肥市园林局局长、市政府副秘书长，还是安徽省园林学会副理事长兼秘书长，他的敬业精神和踏实的作风都给我留下深刻印象。他多年笔耕不辍，退休后主编的《安徽园林》杂志广受好评。这次他把在园林专业刊物和相关媒体发表的文章，按照"绿梦情缘"、"绿梦实践"、"绿梦升华"、"绿梦悠长"四部分汇集成册，展现了他创建首批国家园林城市的绿梦实践和建设天蓝、地绿、水净美丽中国的绿色情怀。

　　绿色是大自然的底色、生命的象征。绿色也是人民群众美好生活的希望和期盼。习近平总书记要求既要金山银山，更要绿水青山，提出创新、协调、绿色、开放、共享"五大发展理念"，将绿色发展作为关系我国发展全局的一个重要理念，体现了我们党对经济社会发展规律认识的深化，将指引我们更好实现人民富裕、国家富强、中国美丽，实现中华民族永续发展。

　　圆不完的绿色梦想也不仅是他一个人的梦，而是园林绿化工作者的共同梦想。因为天蓝、地绿、水净早已成为中国梦的组成部分。愿该书的出版能进一步促进我国生态园林城市的创建工作，为我国新型城镇化的持续健康发展提供借鉴与参考。

住房和城乡建设部 副部长

2016 年 8 月 9 日

·序二

圆不完的綠色之梦

一城鄉園林一體化的探索

丙戌 敬蓁陳俊愉書於燕園

　　绿色的梦，是尤传楷同志心向往之的追求；绿色的梦，是作者终生奋斗的事业。作者是位绿色策划人，又是个绿色实干家，还是一位有着无穷遐想、永不满足绿色之梦的追求者。

　　我和作者初识在合肥园林苗圃，尤时任主任，后在旧游之地上海和家乡安徽多次交谈，讨论绿化。在《中国花经》一书的集体编纂中，我们邀他编写"石榴"这一重点花卉（兼果用）。他花了力气，写得很精彩。

　　20世纪80年代后期，他邀请我老伴杨乃琴老师带领园林专业几个学生赴合肥市做植物园规划设计。由于该园有一景名"望梅止渴"，我就作为梅花顾问应邀一同前往。我们又在合肥搞植物园规划设计，进而深入了解到作者是位对园林绿化事业饶有敬业精神的人。安徽园林绿化事业的发展，尤其是合肥市带上国家第一批园林城市的桂冠，得益于几位专家型领导。吴翼副市长是专家，也是安徽园林的开拓者，而作者从局长（合肥市园林局）到副秘书长（合肥市人民政府），则是钟情并献身于园林绿化的组织者、实践者和宣传家。

　　作者多年来发表的文章，大致可分五类：1.合肥园林建设中的亲身体会；2.园林建设专论；3.国内、外参观考察观感；4.花卉漫谈；5.园林建设感评。这次收入本文集中的文章，涉及的面很广，既有宏观论述，又有专门花卉的讨论。尤其是强调大园林的发展，十分有预见性，并且有与时俱进的特色，是很值得称道的。

　　通过阅读作者的一些文章，引发我几点感想如下：

　　第一，园林工作者应同时是个博学的多面手。否则，所言、所著、所做、所种，必常易带局限性，那就难以办好园林事业了。

第二，搞园林绿化工作时，政策、方针、方向及重点等特别重要。只有这样才能事半功倍。

第三，园林绿化是一项未定型，过去长期未受到足够重视，当今各国做法和侧重点仍多差异的事业。现在大家对园林绿化在维护生态平衡等综合功能中的作用，业已有了较多的认识，但对如何实现"弘扬主旋律、提倡多样化"，既落实又创新，则仍各行其是，众说纷纭。要创造性地继承优秀传统，他山之石可以攻玉。对此，是要下功夫认真对待的，又是要冒一定风险的。但首先还是要认真研究国情，体会时代精神和群众要求，扬长避短，迎头赶上。

第四，作者每做一事，每一次远行，多随即著文记之。这是一个好习惯，既可免日久遗忘，更可与同行和读者交流，因此是值得推广的一项成功经验。这次作者集多年所写、所记成为一个集子，也得力于平日积累，及时总结，写成文字，最后终于实现了集腋成裘，公诸于世。

第五，作者不论写科普文章，或写专著中之各论（如《中国花经》石榴），都采取广泛调查研究，大量占有资料，著文后再经多次修改，反复补充的方法。因此，他的文章和专论不仅内容丰富，论证确凿，且逻辑性与可读性均较强，这是作者不断锤炼、锲而不舍的结果，这种方法值得推广发扬。

最后，我知道作者在工作中遇到困难时，总是以乐观积极的态度对待，他总是坚定不移、勇往直前，把事情办成。这种态度和精神，是值得提倡的。

我和作者相识20余载，从本文集中，可看出他通过工作而成长，并趋于成熟的轨迹。今年作者求序于我，当即欣然允诺。但因年迈事冗，近半年又患腿疾，以致稽延至今。

现将出版的并不是一部大书，但内容却丰富多彩，引人入胜。它清新活泼的语言和来自实践与经历的多种体会与心得给读者以启发与指引。希望作者的梦，能在读者中引发共鸣，作为千千万万绿色的梦，并在实现全国大地园林化的宏伟理想中，发挥一定的作用。是为序。

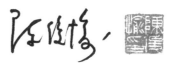

注：陈俊愉生前系中国工程院资深院士、北京林业大学教授、博士生导师

·序三

　　尤传楷先生是我国园林界的一位著名的、也是颇具专业激情的老园林局长。他的新作：《圆不完的绿色之梦》就是他数十年来所致力于的园林事业的总结，内容丰富，论述详实、精辟，既是他园林实践历史的真实记录，也是他从实践中总结出理论规律的一部力作，为我国当代园林著述中一部重要而可贵的文献。

　　尤先生论述的内容极为广泛，从绿地系统规划到园林植物的配置艺术、技术，从安徽的、全国的园林课题到世界的相关课题的探求，都有执着而深入的论述，比如合肥的"翡翠项链"与世界第一公园的探寻等，都是毫不放松地、认真地去考察和研究。当合肥市于1992年被批为首批国家园林城市后，接着又在1994年提出创建森林城市的目标，而森林与城市是两个完全不同的名词概念。城市是人们集中生活的密集建筑群，而森林则是自然的高大树林群，二者如何统一于城市用地中呢？他用了很长的时间，苦苦地思索着国家提出的城乡一体化的政策，总结出"六化"的概念，即：

城镇园林化，山岗森林化，农田林网化

牧场疏林化，湿地自然化，沙漠绿洲化

　　这样，就将城域内的不同地形、地貌分门别类地区别开来，因地制宜地进行相应的园林或绿地的形态布局，具体地解释了宜林则林、宜园则园的方案，这不就是既是森林城又是园林城的概念吗！虽然森林城与园林城涉及的范围不同，而它们都可各尽职能服务于同一城市，不仅不矛盾，还可相辅相成，这就是符合城市实情的一种理论阐释。

　　此外，"以哲理韵入园林"是中国传统园林的特色，安徽省的一些哲学家、美学家早就涉入了园林，并成立了绿色文化与绿色美学学会。由于尤传楷先生的积极推动，使安徽园林的理论与实践都获得了进一步深化，是值得我们敬佩和嘉许的。

总之，传楷先生的这一力作的出版，为中国当代园林，特别是安徽园林提供了十分珍贵的文献。我虽未能全部拜读，只是略述其中的一二，愿作序以表示我对传楷先生诚挚的敬意与热烈的祝贺！

清华大学建筑学院　教授

2016 年 5 月 17 日

注：朱钧珍系《中国近代园林史》主编，园理学研究积极倡导者和推动者。

2013 年夏，朱钧珍教授(中)和华中科技大学赵继军教授(右)在作者陪同下，考察合肥环城公园

永不停歇的
绿色梦想
——尤传楷与环城公园园名石的不解情缘

□本报记者 朱客宝 文/图

这块石碑非同凡响

刚一建成便赢得盛誉

将园林情愫融入篇篇著述

石碑为何迁址复回

高屋建瓴寄情未来

包公园香花墩秋色

· 前言

魂牵梦绕为绿城

绿色是生命的象征，绿色是城市的生命。

绿色的梦想，追求的是舒适、优美、清新的人居生活和工作环境。我毕生从事的风景园林事业，正是希望通过对人工自然环境的营造，追求人与自然、人与人工自然环境的和谐，实现大地园林化的绿色梦想。而我的这个圆不完的绿色之梦，就是在实现国家富强、民族振兴、人民幸福的中国梦的过程中，不断地去努力提升人居环境质量，并将其作为终身的奋斗目标，让绿色的梦想不断变为现实。

众所周知，人类社会最基本的民生，就是生存权和发展权。而这，无不涉及我们的生活环境。风景园林作为户外空间的营造，在城市建设中已成为有生命的基础设施，成为改善生态环境的基础，成为美化城市的手段，成为塑造地域文化特色的生命体。它的根本使命就是协调人与自然之间的关系，在迈向生态文明社会中更显重要。

当今，中国风景园林事业，正以前所未有的速度拓展。我作为老园林工作者，在合肥市风景园林建设中，曾参与打造绿环、绿楔交互一体的城市绿地系统，实施公园敞开化、系统化，公园景物呈现街头，建设园林道路，突出植物造景，积极探索城园一体的大园林建设，使园林与城市相融，付出过自己的心血。1994年还具体负责制定过"合肥市大环境绿化规划"暨森林城建设规划，率先提出"城镇园林化，农田林网化，山岗森林化"作为森林城的内涵，而使合肥成为林业部"探索南方森林城建设"的试点城市。2000年合肥市又在全国率先成立"森林城建设工程指挥部"，我作为办公室主任，再次具体负责制定"合肥市城乡绿化一体化建设规划"，并通过全国绿委评审、批准实施。合肥市20世纪80、90年代就赢得绿色之城赞誉，并荣获首批国家园林城市和优秀旅游城市称号，园林建设在全国处于领先地位，我曾为此尽过力，因此感到这是我人生的幸运与自豪！

园林作为户外空间营建的第二自然，是人类为了自身需求对自然进行重组，为达到自身审美要求而重新栽培、布局植物，其核心价值观就是人与自然、精神与物质、科学与艺术的高度和谐，追求的是"天人合一"的境界。而今，我虽已进入古稀之年，但绿色的梦想仍在脑海中萦回，现虽不能像年轻时那样轰轰烈烈地从事自己所热爱的风景园林工作，但总觉得还有责任把自己数十年所积累的知识与经验奉献给社会。正是基于这一认识，我将过去在专业刊物和相关媒体上发表过的文章，一一整理成册出版。风景园林界的泰斗人物陈俊愉院士，生前就为我这本文集写了序，并题写了"圆不完的绿色之梦——城乡园林一体化的探索"书名。这个"圆不完的绿色之梦"，既恰如其分地表达了我人生的追求与期望，又是对每一位风景园林和城乡绿化工作者的激励。"城乡园林一体化的探索"更是针对合肥特点，寄希望他的家乡省会合肥，在城乡园林一体化建设中能积累更多的经验，为全国的大地园林化作出更大贡献。他的这个愿望借此书的出版一并奉献给读者。同时感谢近90高龄的朱钧珍教授，在身体欠佳的情况下能为本书题序。我的老领导，现住房和城乡建设部副部长倪虹在百忙工作中也能为本书提序，充分体现了他对全国园林绿化工作的重视和对老园林工作者的关怀，在此一并表示感谢。

绿色的梦想永远在路上。愿圆不完的绿色之梦，成为更多人的梦，成为中华民族伟大复兴中国梦的重要组成部分和创新、协调、绿色、开放、共享的五大发展理念之一，为中国梦增光添彩。

本人由于水平有限，书中不妥之处难免，敬请读者批评指正。

目　录

合肥环城公园银河景区

第一篇

绿梦情缘

　　每个活着的人，都有梦想。而每个中国人的梦汇聚起来，就成为中华民族伟大复兴的中国梦。我终生从事的园林工作，营造的是人工自然，追求的是人与自然的和谐。这个绿色之梦与我自小热爱大自然、崇尚大自然的秉性有关，因而它就成为我的绿梦之源。

　　绿色象征着生命，象征着青春活力。而绿色又紧紧与合肥市相连，"绿色之城"早已是合肥市的荣耀。1969 年，我从安徽农学院林学专业毕业，走出校门和军垦农场，即服务于合肥这块热土。改革开放不久，走上这座城市园林部门的领导岗位，直到 20 世纪末转岗到市政府任副秘书长和市政协人资环委主任，始终未离开过绿化工作。现退休虽已十年，但仍从事省风景园林学会和主办《安徽园林》杂志工作，继续从事我所热爱的园林事业，将个人的梦想与现实紧密相连，一如既往地服务于绿色事业。我与绿色就这样结下了终身之缘！

第一章　绿色原点　选择林学

选择绿色之路，高考前的抉择——填写志愿是关键。2002 年合肥一中百年诞辰之际，我应约撰写回忆母校文章，表达了绿色愿景的启蒙。

母校给了我绿色生命的起点

高考刚刚结束，我们合肥一中高三（4）班全体同学在班主任苏平凡的带领下，来到城郊大蜀山，开展了一次至今记忆犹新的夏令营活动。在即将结束中学时代，分别之际能有两天时间相聚在一块，享受大自然，畅叙友情，憧憬未

作者（前排左 1），班主任苏平凡时任省人大常委会副主任（后排左 6）

来，真可谓人生难得!然而，更令我难忘的还是在宿营的当天晚上，面对团旗，庄严地进行了入团宣誓。入团在当时并非易事，因此这一幕始终成为激励自己奋斗的动力之源。

一、确定人生，从这起步

"文革"前的校园，政治气氛已经很浓，阶级斗争的弦绷得也很紧。对家庭关系稍微复杂或成分不好的同学，一定会感到无形的压力。同时，"上山下乡"、"到农村广阔的天地中去"、"一颗红心两种准备"等豪言壮语在校园内激荡，要求每一位毕业班的学生要明确表态。我作为那个时代成长的青少年，能够在毕业前夕加入共青团，说明我也曾有过奔放的情感和壮志满怀。我是初中由南京转学来合肥的，正巧遇到1960年代初的困难时期，使正常发育的身体受到抑制，阶级斗争的无形之网，使我摆脱不掉祖父经营过钱庄，伯父作为40年代留美生和50年代被错划"右派"的阴影，一度思想压抑、体质虚弱，扭曲的内向心理占据上风，甚至在公众场合下讲话都脸红。针对我这样的学生，多亏合肥一中教书育人得法，使我在毕业前夕彻底转变了人生。这要从进入高三说起，班主任像看透了我一样，抓住我在运动场上初露"锋芒"。我在班委调整时被提名为体育委员。小小的体育委员算不了什么，但每天的课间操要领着大家喊"一、二、一"，这对于当时的我的确是件令人胆怯的事。在进退两难之际，班主任苏平凡鼓励我，体育教师潘文昌支持我。"参与社会，服务社会就应该从这里起步"的教诲，激励着我投入到各项集体活动中去，终于使我性格开朗起来，身体也一天天健壮，和以往相比判若两人。

在人生的节骨眼上，毕业班还侧重学习了"董加耕、张韧主动放弃升大学，上山下乡"的模范事迹。榜样的力量，毫无例外地对我产生过很大的影响。对广阔天地无限美好的憧憬，这可能就是我选择绿色事业的初衷!记得学校和班主任曾谆谆教导过我们：有志的青年应该一颗红心，两种准备，考上大学继续深造，考不上就愉快地上山下乡。尤其在填写志愿时，班主任还针对我的特性，语重心长地说："你有体育天赋，有登山的能耐，可以选择林业，这是最好的上山下乡!"就这样，一锤定音，我与绿化事业从此结下了终身的不解之缘。

二、升华人生，无私奉献

我在安徽农学院林学系毕业后，一直从事园林绿化事业。从最基层开始，一步一个脚印，三十多年来一直在合肥这片热土上与我所从事的事业交织在一起。由于绿化事业是一项实践性很强的工作，要做好它不仅要吃苦耐劳，不怕风吹日晒，而且要刻苦钻研技术，用理论指导实践。思想觉悟的升华，使我从肥西县的林业局到合肥市的苗圃；从技术员到 1980 年代初选优的工程师和 1980 年代后期破格晋升的高级工程师；从基层的一名普通技术干部到 1980 年代初按干部的四化要求，进入市园林部门的领导班子，并且还有幸赶上了环城公园大发展、大建设时期，曾担任首任环城公园主任。1990 年代中期在担任合肥市园林局主要负责人期间，又曾兼任过市旅游局的负责人。20 多年的领导工作我却始终没有离开自己的专业。钟情绿色的特殊感情，使绿化工作成了自己的第一生命。公而忘私，一心一意地扑在绿化事业上，业余时间也不忘捕捉园林绿化方方面面的信息与技术，不断充实自己，提高自己，并积极参加全国同行业的各项活动与学术交流。我为合肥获得首批国家园林城市和优秀旅游城市尽过力，与绿化事业结下了终身的情缘。因此，我也曾被省委、省政府记过造林绿化二等功并获得过全国与省绿化奖章。

在绿化事业上的每一步进展，与在合肥一中打下的根基，以及合肥一中的许多良师益友的支持与帮助分不开。我们高三(4)班的同学，多年来都有一个好传统，除了同学之间平时来往之外，每年正月初四都有一次集体聚会，共同畅谈体会、畅谈人生，互相勉励，互相鞭策。我们的班主任也始终与同学们一起相互关照、相互勉励，使我们的思想境界与时俱进，不断得到升华。其中我最难忘的是 1987 年初，突然收到《中国花经》编委会发来的电报，邀我赴上海参加该书主要撰稿人会议。我当时的确有些丈二和尚摸不着头脑。是苏老师，以他当时任省委宣传部常务副部长的眼光，语重心长地告诫：这是件好事，而且肯定有任务。你应该接下任务，再考虑如何完成，即使难度再大，借用力量也要去完成。果真这次会议是我国最著名的花卉专家、北京林业大学博士生导师陈俊愉院士召开的编写专题会。他从主编的角度，为确保"花经"达到时代的最高水平，选择 24 种中国主要花卉作为重点长条目。参加会议的就是这 24 个专题小组的组长兼主笔人。与会的 24 个人多为各种名花研究造诣深厚的专家，当时我算资格最浅的。由于我"胸有成竹"，作为安徽省的唯一代表，毫不犹豫地接受了任务。写书迫使我利用工作之余，经历大半年的调研和查阅资料，使自己的理论水平和精神状态进入了一个新阶段。通过自身的不懈努力，按时完成了"石榴"章节 1 万字的任务。凑巧，1988 年高级职称评定，主编陈院士在对我的评语中，出乎意料两处提及文章中的"国内首次"。事后想来，这不仅仅是完成一篇文章的写作，而是从中学到了研究问题、总结经验、提高写作技巧等多方面的方法，更重要的还是思想理念的转变，钟情绿色事业情感的升华。从此，在绿化工作之余，更加勤奋地边实践、边拿起笔杆写下多篇园林绿化方面的论文，发表在国家专业刊物上，在实践与理论上进一步与绿色事业结下深厚情谊。

三、绿色人生，终生追求

时代的飞跃发展，机构改革对干部的年龄提出了更加年轻化的要求，终于我可以卸下行政重担，专心致力于我所热爱的绿色事业。当然，我不可能再以领导的角度去看问题，而重新回归到一位普通的技术人员立场，从学会、顾问、高级工程师等角度，去从事我所熟悉与热爱的绿色事业。

绿色是植物的本色，绿色象征着生命，象征着勃勃生机。人类在漫长的历史长河中，利用自然、改造自然，改善自己的生活状况等方面取得惊人成就的同时，自然界也报复了人类。人们越来越认识到眼前小范围的生活虽越来越好，但从长远的、大范围的观点看，生态环境却越来越糟。我们只有看到问题的严重性，才能面对困难，解决问题。我作为钟情绿化事业的老科技工作者，一直热衷于生态环境建设、良好的人居环境建设及可持续发展。今天趁着自己身体健康，虽年龄一大把，但仍"年富力强"的优势，宜尽快地转换位置，主动地参加社会上一切有益于绿色事业的活动。近几个月的实践，初尝甜头，我完成了5万字的写作任务。同时利用多种渠道，多种机会，跑了近10个省市，进一步熟悉绿化事业的最新进展。其中，更为庆幸的是在恩师们的指导与帮助下，今年10月底有幸与南京林业大学和国家林业主管部门的教授们远涉重洋，赴南美大陆进行意义深远的考察与引种，进一步丰富世界绿化知识，从而更坚定了我沿着绿色之路继续前进的信心。

今天，在合肥一中建校100周年之际，回顾母校对自己一生绿色之旅的铺垫，进一步感受到不仅在物的绿化上，而且在追求人与自然的和谐、人与人的和谐、人自身的和谐等诸多方面，显示出的潜移默化的作用，使自己一生受益匪浅。我理所当然将终身献给绿色事业，以绿色的人生报答母校对自己的培养之恩。

（该文于2002年秋，被收录合肥一中百年纪录文集，《江淮时报》2002年9月24日以题为"钟情与献身绿色事业"刊登）

第二章 绿梦姻缘 情系园林

情系园林，终身从事园林绿化事业，不断圆好绿色梦成为人生的追求。

人生回眸

园林起源于人类对美好生活的憧憬与向往，其发展则来源于人类天性中所固有的对美的追求与探索。我在合肥一中百年华诞之际，为感谢母校的培养和教育曾写了《母校给了我绿色生命的起点》一文，主要记述了中学时代的经历与感怀。进入大学，以及迈入社会后的人生许多节点，尤其对园林的情感则很少涉及。

安徽农学院现更名为安徽农业大学（下文简称安农），对于我则具有特殊情结，因为我父亲就是这所学校的老电工。1960年春节，我随家从南京搬迁到合肥，居住在学校家属区达二十余年，而父母一直居住在这里50多年。2002年初，我开始从事省风景园林学会的民间社团工作，其办公室设在安农校园内，可谓与安农盘根错节，留下了大半个世纪的情结，至今仍在延续。

进入安农读书不久即赶上"文化大革命"前的教育改革，那时学校要求培养有理论懂实践的人才，倡导半农半读，因此人生中栽下的第一株树苗就在校园内的林场。大学毕业前随学校曾下迁滁县琅琊山林场，在那里参加过多次植树劳动，真正体验到上山植树造林的艰辛。在校学习期间由于"文化大革命"影响，专业学习时间很短，但基础课基本上完。特别在1967年上半年复课"闹革命"时，由于主观的努力总算为学习专业争得了难得的机遇。那时老师被动上课，学生说了算，好在我所在班级激进分子不多，造反意识不强，老师有请必到。尤其与我交往最多的学友也特别喜爱植物，空闲时间常相伴到花园、树木园，甚至公园去认识树木，凡不认识的则采下枝叶或花果登门请教老师，老师有问必答。这种学习植物的好习惯，或称好奇心，可以追溯到我少儿时代，那时我还在南京小学读书，教师每周政治学习两个下午，学生则放假。我除了与同学聚众踢小皮球外，常三五成群结伴去城郊雨花台南边的花神庙看花，那

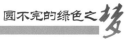

2003年，陪同时任合肥市副市长、学会理事长倪虹（前排中）视察省园林学会主办的省首届盆景展。

里曾是南京的花卉生产基地，建有许多玻璃花房。儿时被奇花异卉吸引的经历，为我大学专业学习产生了潜移默化的影响。

我作为69届毕业生，"文革"推迟毕业，1970年春夏之交与70届一道毕业。走出校门的第一站是省军区五七干校，即农场。它坐落在六安市东三十铺，后期隶属省军区警备营。我到这里主要是接受再教育。在这里我除了体验军队生活，就是干农活。现在回头看，那时近二年的军垦生活和高强度的劳动，养成了克服困难的习惯并培养了坚强意志。当然，正能量的获取，还与世界观和方法论有关。尤其应用唯物辩证法看问题很重要。我由于自小接触过艾思奇的《大众哲学》，对此产生过好奇和喜爱，所以对《毛泽东选集》中的矛盾论、实践论特别情有独钟，逐步养成了唯物辩证的思维，就是用两分法，一分为二地看问题。在事物对立统一规律中，养成了选择积极的一面，也就是用发展的眼光看问题，朝着事物最好的结果去努力。

党的十一届三中全会后，随着"干部年轻化、知识化、专业化、革命化"的四化要求，我顺理成章地进入市园林部门的领导班子，为我情系园林提供了机遇与平台。在领导岗位上我一蹲就是二十多年，但始终没有让自己养成做官当老爷的恶习，凡能自己做的事决不让别人代劳，甚至讲话稿或汇报材料也基本上由自己动手，某种程度上这又进一步促进了我对园林事业的热爱。因为园林是人造的自然，是人类理想的一种物质载体，追求的是天人合一的理想境界。因此，对园林的情感逐步成为自己的一种生活态度，将"自适其适"作为至上原则。回顾我在园林空间中度过的时光，那种物我相识时产生的愉悦，那种与自然山水、花木相匹配的自然恬淡的生活，让我在精神层面上始终寄情山水，其乐无穷。因此退休后，对于园林情趣仍不减当年，开辟了一个自得其乐的新天地，享受着山林之趣，向禽之好，林泉之志，树立不以得失为怀的人生乐天境界与态度。尊重自然、关爱环境，强调入与自然的和谐，以至将人与人、人与社会、人自身的和谐作为终身的绿色追求，不断去圆永远也圆不完的绿色梦想。　　（校友会的发言）

第三章　绿色人生的推进器

绿色文化与绿色美学追求的是人与自然的生态、人与人的人态、人自身的心态三大和谐，美化主客观两个世界，体现多样统一、多元互补的绿色哲学思想，致力于人的自身、人际关系、人类生存环境三大质量的提高，指导自己的人生追求，成为我绿色人生的推进器。

我与绿色文化与绿色美学学会

绿色象征着生命，象征着勃勃生机和旺盛的活力；同时也象征着理解、友善与美好。在 20 世纪 60 年代，我自选择报考安徽农学院林学系就与绿色结下了终身不解之缘，因为树木花草无一不是绿色的。

我参加了国际公园与康乐设施管理协会 1999 年亚太地区会议第五期《会议简报》"愿望、要求和观点"的绿色论坛。现摘录参会时的我一段言论，即："面向 21 世纪的绿色文化，应从大园林的概念着眼，弘扬中国传统园林文化的主旋律，吸纳外来文化的多元化。尊重与维护生态环境和可持续发展原则，突出生物多样性、科技含量与文脉思想。追求人与自然的生态和谐，人与人的人态和谐、人自身的心态和谐（以下简称"三大和谐"），体现多样统一，多元互补的绿色哲学思想，致力于人的自身质量的提高、人际关系质量的提高、人类生存环境质量的提高、人与生存环境关系质量的提高（以下简称"四大提高"）。总之，新世纪生态环境和文态环境的营造，创造出可观、可居、可游、更加优美宜人的人居环境，架起'以人为本'桥梁。"在 20 世纪 90 年代后期，能以上述观点宣扬"和谐"的多样统一，多元互补绿色哲学思想与致力于"四大提高"，应该说这完全得益于"省绿色文化与绿色美学学会"对我数年的教育与熏陶。

安徽省绿色文化与绿色美学学会创立于 1988 年，她以郭因、何迈、宋权、翟东林等老一辈研究美学与哲学的理论家为主体，同时又吸收了邓炎、颜怀学等一部分老建筑与自然科学工作者，以及历史、文学等人文学者和一批中青年专家，如：陈祥明、黄志斌等。学会经常采用多种形式举办学术论坛和采用以

上世纪末,与绿学会主要成员合影

文会友的形式，鞭策大家研究学问、鼓励写文章着重突出唯物辩证规律"对立统一"的"统一"，强调"和谐"的一面，并立足于"四大提高"。这些活动适应了改革开放以来，突出以经济建设为中心的人的需求，使人耳目一新。我对该学会的接触与认识，不应忘记合肥市社会科学联合会廖石安和已故的王大年先生，是他们的一片热心与推荐，使我在20世纪90年代中期，能在担任市园林局局长期间参加了该学会。记得第一次与会时我姗姗迟到且不说，发言也仅仅是套话、空话。但在聆听了多位高水平学者的发言后，越来越感到入耳，求知的欲望让我很快认识到绿色美学与绿色文化对社会的价值与贡献，使我这位老园林工作者找到了知音。绿色学会所倡导的和谐理论对我如同雪中送炭，使我茅塞顿开。因为我所从事的园林绿化事业仅是物的层面，而在精神与文化层面上，需要"三大和谐"与"四大提高"的绿色文化与美学思想。任何实践都离不开文化的涵盖、统摄和支配。因此，我紧接着的补充发言，对如何赋予首批国家园林城市合肥的文化内涵，谈了点初步设想，认为园林事业需要绿色文化与绿色美学。会后我将发言整理写成一篇"赋予园林城市文化内涵"的短文，除发表在学会《绿潮》杂志，还被刊登在《安徽日报》上。同时，在郭因、何迈、翟东林等学者指导下，我写了"可持续发展与合肥大园林建设"、"赋予园林城市建设以绿学内涵"、"园林城市与文化"等文章发表在《安徽大学学报》。这些使我精神境界和理论水平得到升华。

20世纪90年代中期，建设部在授予首批国家园林城市荣誉后，及时提出赋予园林城市文化内涵的要求。当我将这个信息传到省绿色文化与绿色美学学会时，立即得到同仁们的响应，并很快形成共识。为此，会长何迈多次召开专题研讨会，将理论研究与指导园林绿化工作有机结合，提出撰写园林城市文化一书的创意，走在当时国内各城市的前列。毫不夸张地说，对我学术理论探索与指导实际工作促进最大的正是编写《园林城市文化》一书。从一开始，就明确由任副会长的我担任主编，组织写作。这是一项全新的理论工作，困难很大，对我既是动力更是压力。老建筑学家邓焱首先主动起草了一个提纲，何迈会长让我组织一班人分头写作。但后来由于种种原因未能按原计划完成。21世纪初，在会长何迈的促进下，当时他年已七旬且身体又不太好，仍主动帮我整理部分稿件并提出修订章节的建议。正是何迈会长的事业心和助人为乐的忘我精神，使我痛下决心，挤出时间全面通稿并提笔补写有关章节。经过一年多的努力，几易其稿，并得到安徽科技出版社的大力支持，使学会研讨的成果和众人的耕耘得以定稿，终于结出果实。此后，稿件呈送园林界仅有的两位国家工程院院士审阅，得到进一步指导与认可。时龄近九旬的陈俊愉资深院士为书题写书名，年已七十余岁的孟兆祯院士亲自作序，近八旬的《中国园林》杂志老主编何济钦也为本书写序。作为全国第一本园林城市文化的书籍于2005年正式出版。当时，《中国建设报》在新书导读中介绍："从文化的角度，论述文化在园林城市中的地位、作用和意义；从哲学、人类学、美学等角度，阐述园林城市的哲学基础，特别是园林城市的价值取向和文化景观等，以求得对它本质的理解"。《中国公园》杂志副主编陈明松在书评中认为："园林城市文化的产生是园林文化和城市文化的交融与渗透、整合与优化而成的一种新的分支文化。本书研究其文化的内涵与外延、价值取向、文化的架构与景观、文化的境界和主旋律等。时下建设部又提出了创建'国家生态园林城市'的理念和要求，又要融合'生态文化'的内涵。本书的问世，为创建'生态园林城市'和'生态园林城市文化'，打下了一个良好基础"。《中国花卉报》介绍该书，引用中国工程院院士、北京林业大学教授孟兆祯在本书序言中的一段"在建设园林城市和在园林城市基础上建设生态园林城市的今天，这本书有现实的意义……这本书从概念和理性，结合半世纪的回顾，从中寻觅园林城市文化的内涵、格局、景观、意境间的内在联系和某些规律。对园林城市的文化因素作了较全面系统的探讨"作为该文结尾。省内知名学者也有多篇评论文章发表，安徽师范大学庄严老教授在"触摸园林城市之魂"文中，解读本书时认为："该书评古论今，自成体系，立足当代中国，视野已兼东西，它借助建立在多学科、跨学科研究基础上的智慧的目光和科学的思维，对'园林城市文化'进行了系统化、综合化、贯通化的观察与思考……《园林城市文化》以文为纲，它成为此书主导性、主体性的基调，并且打破狭义的眼界，超越科学、哲学、美学乃至社会学、文化学的固定的畛域，用开放、开拓的胸襟和眼力，来认识与看待现代的生活与现代的世界"。合肥学院许有为老教授在专家评审意见中肯定："从本书的理论体系和结构框架看来，它是一部带有原创性的专业著述，应予肯定……处于人文科学和

自然科学边缘地带的'园林城市文化'这样的新兴科学……在当前以人为本建设小康社会的历史进程中，本书对我国园林城市文化建设，以及一般城市的园林文化建设，必将具有实用参考价值和理论创新意义"。合肥市政协老常委、政府老秘书长韩子英在"丰富的内涵有益的探索"一文，采用读后感的形式评论该书："从哲学、美学、建筑艺术、园林艺术，以及生态、环境等方面，分九章二十七节，较为详实地对园林城市文化的兴起、发展，及其内涵和外延、文化构架和环境，以及未来发展趋势进行阐述、比较和思考，提出了很有见地的园林城市文化理论，其中不乏有新意的观点、有深度的思考、有针对性的意见。我认为《园林城市文化》一书的问世既适时又实用，概括了园林城市文化的产生、发展和走向，指出这一概念的提出，标志着我国城市建设进入一个以提升整体素质、改善生态环境为目标的新阶段。"2006年该书获得华东地区科技出版物二等奖，给本书作了充分肯定，也为省绿色文化与绿色美学学会与我所主持的省风景园林学会多年的努力与学术研讨，及多人参与耕耘画了个圆满句号。同时，我与学会结下了永远割不断的情谊，省绿色文化与绿色美学学会名符其实地成为我人生的推进器!今天在纪念学会成立二十周年之际，受老会长何迈之邀写篇祝贺文章，我想以这样的形式更能表达自己对学会的感激和对老会长的敬仰之情。同时，祝愿学会更加兴旺发达，在年富力强的黄志斌会长领导下，前景将更加光明远大，一定会结出更多丰硕成果，走出安徽，走向世界。

（原载"省绿色文化与绿色美学学会"成立二十周年纪念文集）

第二篇
绿梦实践

绿色是城市的生命。城市的园林绿化，一定程度上反映着该地区的政治、经济、文化事业发展水平。合肥市改革开放之初，紧跟时代步伐，在经济建设的同时，不忘环境建设，始终把园林绿化作为国土绿化的重要组成部分，城市建设的主要基础设施，环境建设的重要内容。正因为如此，合肥市多次荣获省及全国绿化先进城市称号，1992 年被建设部授予首批"国家园林城市"称号，赢得了绿色之城的赞誉。

我作为那个时期合肥市园林部门的领导成员之一，基本经历了园林绿化建设和发展的全过程，积极参与和倡导整个城市环境的改善工作。这就是把城市作为一个大公园对待，打破一般苑囿和城市公园的旧格局，落实"公园敞开化"，公园景物呈现街头，发展园林路，城市绿地均匀分布，注重植物造景，创建园林城市、优秀旅游城市和建设森林城市的试点。现仍从事所热爱的园林社团活动，创办《安徽园林》刊物等。通过实践和多年园林工作的磨炼，我既体会到了圆梦的艰辛，又体验到成功的喜悦。

第一章　园林绿化

　　园林绿化是在城市中以丰富的自然资源、完整的绿地系统、优美的景观和良好的设施，维护城市生态、美化城市环境，为人民提供休憩、游览和开展科学文化活动的园地，以利增进人民身心健康，同时还承担着保护、繁育、研究珍稀濒危物种的任务。其性质是城市重要的基础设施、现代化城市建设的重要内容，是改善生态环境和提高广大人民群众生活质量的公益事业，也是城市中唯一有生命的基础设施。

城园一体化的探索

　　20 世纪 90 年代初，著名科学家钱学森在给原合肥市吴翼副市长的信中提出："在社会主义中国有没有可能发扬光大祖国传统园林，把一个现代化城市建

　　全国城市园林绿化工作会议 1994 年春在合肥召开，让来自全国各地的代表感悟首批园林城市合肥城园一体的风貌，在全国掀起创建园林城市高潮。会后，出席会议的主要领导接见会议工作人员。图为时任建设部部长侯捷（前排右 10）、副部长储传亨（前排左 9）、李振东（前排右 8）、安徽省委副书记兼合肥市委书记王太华（前排左 10）、安徽省省委常委常务副省长汪洋（前排右 9）、安徽省人大常委会副主任江泽慧（前排左 7）、建设部城建司司长汪光焘（前排右 7）、城建司园林处处长郑淑玲（前排左 3）、成员李如生（前排左 2）、陈矼（前排左 1）、合肥市市长钟咏三（前排左 8）、副市长厉德才（前排右 6）、市建委主任李碧传（前排左 6）、作者（前排左 5）等合影留念。

成一座大园林"的设想。吴老在复信中充分肯定："合肥市的绿化也是按'把城市建设成一座大园林'的概念进行的。这次与北京、珠海共同荣获全国首批'园林城市'的光荣称号……说明这一目标和路子是正确的，可行的。"

合肥市在城园一体化的建设中探索出新路，成为全国首批园林城市，表明合肥市自新中国成立以来，特别是改革开放之初，城市规划建设与园林绿化，相对其他城市起步早、成效显著，在全国有一定的示范作用。

回首往事，1978 年底，党的十一届三中全会召开，随着改革开放的曙光，在园林行业重灾区拨乱反正之时，我由肥西县林业局调入合肥市园林系统。吴翼当时虽还是一位普通的工程师，但他对园林的热爱和执着追求，我早有耳闻。当时我作为一位刚 30 出头的青年技术干部拜访他时，他以长者的慈祥和言传身教给我留下终生难忘的印象。尤其他介绍自己大学毕业后，先在铁路苗圃工作 7 年的经历，使他一生对各种园林植物繁殖的难易，生长的快慢，四季枝叶的变化，以及生长习性等能够了如指掌，在园林设计和城市绿化中受益无穷。我经他的点拨和教诲，高高兴兴地到市苗圃，白天在苗圃深入苗床地块，晚上在家翻书本、查阅资料，实践中带着问题钻研理论特别入脑。短短 5 年的苗圃实践，使我如同再上了一次大学，技术功底更加扎实。同时，我从技术员被破格选优为工程师，从普通员工到苗圃主任，一年一个台阶。而苗圃在事业发展上更是蒸蒸日上，盆景、花卉和观赏苗木进入大发展期，一千多亩的圃地全栽上为城市绿化、美化服务的植物材料。1983 年初秋，自己培育的桂花还用 6 节火车皮运送进北京，在北海公园举办规模空前的"合肥市苗圃桂花展销会"。这是北京首次举办桂花展，也是安徽花卉首次赴京展销。这次活动既为北京的中秋与国庆佳节增添了情趣，又获得了自身可观的经济收益，同时还扩大了安徽园林在北京的影响。

改革开放之初的合肥，城市绿化用苗主要由市苗圃提供，市

1994 年，代表合肥市政府接受"全国园林绿化先进城市"荣誉

里每一重大绿化工程都离不开苗圃。1979 年绿化长江路桥头几块敞开式园林绿地，苗木大部来自市苗圃，吴翼虽已担任副市长兼市园林局局长，但仍常来苗圃，深入苗地亲自选苗。随着城市园林绿化局面的全面展开，时任市委书记的郑锐与市长魏安民也经常深入苗圃，一促苗木生产，二促盆景、花卉园的自身建设。尤其合肥与日本久留米市结为友好城市的初期，日方利用花木作先导，接连送来杜鹃、茶花与樱花树在苗圃种植。同时，还迎来国内著名花卉专家陈俊愉、王启超等来苗圃考察指导。苗圃还从皖南歙县卖花渔村购进龙游梅桩达数十辆卡车，栽了数十亩，形成一大特色景观。苗圃的快速发展，吸引中外人士络绎不绝前来参观，还被市外事部门定为对外开放接待点。合肥市赠送日本久留米的"合肥送春"梅花品种由苗圃提供。1983 年春魏安民市长在苗圃视察时，曾动情地说，在将离任时从不多的资金中挤出 20 万元支持苗圃征收门前大塘及周边土地 70 余亩，为绿化合肥添后劲。可见市领导对园林绿化事业的厚爱与支持力度之大。

1983 年 10 月，在干部年轻化、知识化、专业化和革命化的呼声中，我进入市园林部门的领导班子，分管技术与业务工作。正巧环城公园建设被提上日程，我立即筹备公园建设。1984 年 3 月 5 日，我与市园林处主任吴传成随张大为市长、吴翼副市长等列席省长办公会。会议原则同意环城公园建设规划和 10 处景点建设，明确动员全市人民采用人民城市人民建，公园公办人民助的建园方针。同时决定成立"合肥市环城公园建设指挥部"，由时任副省长侯永任总指挥，张大为、吴翼和省财政、建设、行管等厅负责人任副总指挥，我作为市园林处副主任兼任指挥部办公室常务副主任，具体抓环城公园建设。办公室设在环城公园施工现场，下设工程组、调度组和秘书组。市政府卓鹤群秘书长代表政府，为总联络人督办工程进度与质量。1985 年春夏之交，由于公园建管脱节，损坏严重，一度成为社会热点。市委书记郑锐、副书记丁之亲自过问，决定将公园圈内的园林单位与指挥部办公室合并，成立副县级的"环城公园"，并要我兼任大环城公园的首任主任。由于建管结合，端正了敞开式公园管理的指导思想，并且措施得当，公园面貌大有改观。从而保证环城公园建设因"功能齐全，布局合理，突出植物造景，生态效益显著"，而被建设部评定为 1986 年度全国的唯一一个园林"优秀设计、优质工程"一等奖，并指定合肥市环城公园上报建设与管理的经验交流材料，在当年 10 月召开的"全国首届公园工作会议"上做大会经验介绍。我与吴翼副市长出席了在湖南株洲召开的这次会议，由我在会上做了"建设环城公园，为合肥市人民提供优美的生活环境"报告，内容分三部分：一、环城公园建设的设想和实施；二、环城公园建设的做法和体会；三、公园建设的远景规划和近期打算。这里值得一提的点睛之作是环城公园大门广场建设。因为敞开式公园大门必然要打破"门楼"的陈规旧习。为此，我曾与吴翼副市长一道专程去中央美术学院，请当时已70多岁高龄的王熙民雕塑家，按照吴翼副市长的平面布局并结合九狮桥历史创作九狮雕塑。为了确定雕塑的高度，我还曾多次陪吴老与王教授到当时大东门土产门市部的现场，在院中矗竹竿，再到长江路北看竹梢效果，从而定下雕塑13米的高度。雕塑材质采用白水泥与白云石，由市雕塑办施工。雕塑座前采用彩色自控音乐喷泉，这在当时算是超前，为此我曾专程进京，请全国一流专家设计。为题写"环城公园"园名，我又曾陪市人大王化东常务副主任于1985年春赴京，通过曾在安徽工作过的赵守一部长转请时任国务院副总理万里题字。事后，我又专程到万里住处，通过他的夫人边涛同志帮忙落实，因为万里一般不题字。题字后由市政府正式转来万里办公室公函及题字复印件，我则结合边涛同志的建议落款时题写"万里同志1985年5月23日题"给予具体落实。这块长3米、高1.6米、厚0.3米，重5吨多的整块花岗石，则是总指挥侯永副省长于1985年夏给济南市委书记亲笔写信，由我专程去济南送交落实。为此，我三赴济南。碑文的内容则是通过合肥晚报公开征集，从数十篇文章中筛选出合肥教院许有为老师的作品，并由老红军书法家黎光祖书写。那时还不时兴留名，所以没留下个人的痕迹。至于碑文落款"合肥市环城公园建设指挥部"，则是我请示时任合肥市市长周本模定夺的。

　　至于公园规划与建设，由于仓促上阵，多为边设计边施工。银河与雨花塘的园林建筑为市园林规划设计室设计，而包河的茶社由省人防的王工程师设计。浮庄的一组园林小品，由扬州园林工程师吴剑剑设计，扬州古建公司施工。通往岛外曲桥旁的徽派亭子由黄山古建公司施工。东银河的地形整理，是在清淤和填埋污水截流管后的工地上，由施工技术指导葛守德现场创意的地形沙盘被认可后实施的。栽树、修路更是现场决定，技术与施工人员依据林间空地、地形现状、四周环境，在现场决定园路走向与植树点及植物品种。我曾多次陪同吴翼副市长深入现场，带着石灰筒，按照他的指点放样，安排苗木品种。可见，环城公园建设是一项综合型的系统工程，之所以能取得一定成绩，与各级领导的支持，全市人民的参与和众多园林科技人员的共同努力分不开。

1986 年底，我离开环城公园回市园林处任副书记、副主任，继续分管园林绿化业务。1987 年 3 月，市园艺场更名为市植物园。为此，我曾随吴翼副市长赴南京中山植物园考察与引种，后来又请了北京林业大学园林系的师生在陈俊愉教授指导下前来帮助规划设计，确定了"公园外貌，科普内容"的植物园规划设计原则和建设方针。紧接着，城乡一体的大环境绿化全面展开。首先，市里选择董铺水库边岸绿化与蜀山镇的经济林建设作突破口，成立市董铺水库边岸绿化指挥部，市长钟咏三亲任总指挥，市园林、农林与郊区负责人参加。我作为市园林局代表、万安永为农林局代表、裴区长为郊区代表，组成指挥部工作班子，具体抓落实，前后干了四五年。

合肥市荣获全国首批园林城市，直接受益于 20 世纪 90 年代初建设部开展的环境综合整治检查。因为建设部首次提出园林绿化必须达到的几项硬指标，合肥市根据实际情况，按照部里统一计算方法，重新给予校正，为当年年底荣获"园林城市"称号创造了先决条件。当然，这与合肥早期制定的绿地系统规划，楔形绿地特色和敞开式的公园布局，以带串块的"翡翠项链"公园系统和"园在城中，城在园中，园城相融，城园一体"的实践分不开。此外，与园林部门的自我宣传也分不开。记得 1992 年秋，中国园林学会在上海开会，建设部管园林的领导出席，并在会上指着我，叫合肥发言。我说合肥在环城公园建设的基础上，及时开展了大环境绿化工作。现又在建设 1000 亩的植物园，市中心将开辟 700 多亩的杏花公园（当时绿线控制范围的面积），正好符合了建设部工作的需要。部里管园林的部门领导在会议总结时批评一些城市不重视园林，同时赞扬合肥成千亩、数百亩地扩大园林绿地。可见多种因素，使合肥顺理成章，作为内陆省份的代表，于 1992 年底成为全国三个首批国家园林城市之一，这在当时对全国曾起

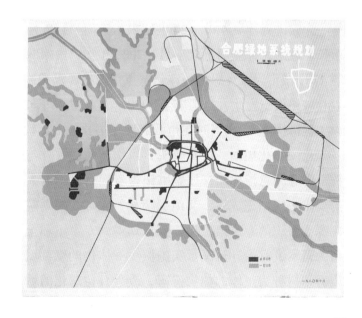

到一定的示范作用。

　　1994年春，建设部在合肥召开全国绿化工作会议，从此，创建园林城市活动在全国掀起高潮。紧接着建设部又在1996年、1997年分别在马鞍山、大连召开全国范围的园林会议，1999年又以中国公园协会的名义在杭州召开国际公园协会亚太地区会议。这几次会上均指定合肥上报经验交流材料，安排大会发言。我在这三次大会上的发言题目分别是：《让"园林城市"——合肥再上新台阶》、《以创建文明城市为契机，促进合肥园林城市再上新水平》和《可持续发展与合肥大园林建设——走中国特色的园林城市之路》，宣传了合肥市园林绿化建设的成就与经验。此外，合肥市在获得园林城市桂冠后，还在安农大教授指导与促进下，结合城郊大环境绿化，首次提出城市森林的概念。充分利用城郊丘陵岗地发展经济果木林、防护林和片林，引山林入城郊作为森林城建设的亮点。具体说，修筑连接大蜀山与紫蓬山的森林大道，拉近紫蓬山到市区的距离。这一设想最早得到杨振坦副市长的启迪，我在钟咏三市长办公室提出具体建议。钟市长当即在地图上反复比划、测算，觉得可行，当即采纳。1994年，当林业部部长徐有芳来肥视察时，我曾向这位安农大毕业的学长汇报森林城建设，提出实现城镇园林化、农田林网化、山岗森林化的设想。他当即表态：森林城就是这样。为争取林业部支持，市里要我牵头，与农林局合作，编写并上报《关于合肥大环境绿化建设项目的报告》，很快得到林业部的批复是："为改善城乡生态环境，探索南方森林城建设途径，以适应改革开放的需要，促进南方经济快速发展，原则同意合肥市大环境绿化规划，即森林城建设。"

　　为促进森林城建设，20世纪末，我们一行曾随市委周富如副书记和倪虹副市长，赴国家林业局争取项目。2000年初，国家绿委办公室下文，明确合肥市等12个城市为城乡绿化一体化试点单位，要求编制规划，实质上重申了合肥市森林城建设。为此，合肥市于2000年春成立以车俊市长为总指挥的"森林城建设工程指挥部"，我当时在市政府副秘书长任上，被任命为办公室主任。编制城乡绿化一体化规划，由我牵头，组织园林、农林与规划院等部门共同完成。指挥部常务副总指挥周富如副书记曾专门召集编制人员会议，提出许多好的建议与要求。规划完成后，又组织园林、农林、规划院负责人专门赴京，由我向全国绿委组织的专家组汇报。该规划得到专家组和全国绿委办的充分肯定，并认可为范本，有指导意义。实施城乡一体化的森林城建设，利于在城市周围形成以乔木树种为主体的植物群落，改善日益恶化的城市生态环境和降低城市的热岛效应，是城市人工环境与自然融合的重要生态措施。可见森林城的建设，是城园一体化最基础性的工程。

合肥市由园林城向森林城迈进的同时，又获得了国家首批优秀旅游城市的称号。这起步于 20 世纪 90 年代中，国家旅游局提出创建优秀旅游城市条件，明确园林城市可以加分，加之合肥市，吃、住、行、游、购、娱，旅游六大要素和城市基础设施条件，均优越于省内其他城市。当省旅游局领导向时任常务副市长的车俊传达这一信息后，车市长高瞻远瞩地将这一任务交给市园林局，要求我将任务先领回，旅游局职能待机构改革时再明确，关键是要敢于一搏。我当时作为园林局局长、党委书记，自 1995 年开始兼顾旅游，突出以园林城市为依托的优势，克服景点先天不足的弱点，提出以景点建设作突破口，推动园林与旅游事业同步快速发展。

1994 年底，由于地处市中心的逍遥津公园内的动物园因场地窄小，环境嘈杂，饲养的动物品种少，远远不能满足市民观赏需求，被新闻单位频频曝光。我随即找来动物园主任熊成培商讨对策，巧在 1983 年我曾与他分别作为植物和动物专家成为"合肥市赠送动植物友好团"成员赴日本久留米市。访问期间安排参观了日本九州野生动物园，给我们留下了特别深刻的印象。时隔 12 年，我们一拍即合，决定兴建合肥野生动物园。经请示市领导同意后，我在局系统内经多方协调，划出 1500 亩土地并组建野生动物园班子，利用林业系统支持森林城建设的 50 万元起步，于 1995 年 8 月 8 日破土动工，市长马元飞等领导出席了奠基仪式。在野生动物园建设中本着先易后难的方针，首期完成食草动物 330 亩，1997 年春建成对外开放。接着进行二期建设，选择 45 亩的百鸟园作突破口，争创国内一流，亚洲最大，并在百鸟园工艺上采用如同一把大伞形式，怀抱山林于笼中，具有新意。对于猛兽区筹划，则结合当时合肥建设五里墩立交桥的做法和国外的经验，规划提出采用高架桥穿越各猛兽区方式，让游人行走在桥上既有身临其境回归自然之感与精神享受，又能延长游玩时间。此外，还可节省购置大量观光车和驾驶人员等费用与日常开支。

为了发展旅游业，做足合肥"三国故地"文章，经多方努力同意我局征收"三国新城遗址"土地，1996 年开始办理土地征收 360 亩手续。之所以征收这块土地，因为我较早了解这座古城址，情有独钟。因为早在 1983 年初，时任市政府常务副市长魏瑞峰受市委书记郑锐、市长魏安民委派，专程来苗圃找我，叫我随他一道去三国新城遗址，并现场交代我负责丈量土地。经测绘古城内面积为 270 亩，后由于种种原因未能征用，仅在 1985 年由文物部门竖了一块"合肥市文物保护单位"石碑。该处被我局征用后，在 1998 年春被省政府命名为"安徽省文物保护单位"，进一步提高了知名度，为建设三国新城遗址公园奠定了基础。

同时，我局在 1996 年由园林局正式承担旅游局双重职能后，对逍遥津等老公园进行改造和挖掘文化内涵，适时提出包公文化旅游区景点规划与动工兴建"清风阁"。市文化部门也抓紧李鸿章故居的恢复，从多方面提升城市的文化内涵。我局为加大整个城市的宣传促销力度，力促合肥市定位为全省旅游中心，并经多方征求意见，提出简洁明了的合肥特有的"江淮明珠，包拯故里"宣传语。尤其全市注意旅游设施建设与城市基础设施建设有机联系，并和当时省市开展的轰轰烈烈创建文明城市活动紧密结合，加之时任市委副书记、常务副市长车俊对创建国家优秀旅游城市极其重视，亲自督办，保证创建的软、硬件工作有条不紊地展开，于 1998 年秋顺利通过国家旅游局验收，年底获得首批"国家优秀旅游城市"光荣称号。

从此，国家首批优秀旅游城市与首批国家园林城市称号成为孪生姊妹，犹如盛开的一株并蒂莲，展现在包拯故里，为城园一体化的合肥进一步提升了城市的品位和文化内涵。

总之，我在工作岗位上，能在职责范围内为合肥市获得首批国家园林城市和优秀旅游城市尽过力，做过贡献，最终心想事成，感到是人生的无上光荣和快慰。

（原载《合肥城市规划志》，该书由合肥市规划局编辑，作为"合肥地方志丛书"之一，黄山书社出版发行）

合肥环城公园银河景区

第二章　环城公园建设

　　合肥利用老城墙遗址，环城水系和林带，高低起伏的丘陵地形和"三国故地、包拯家乡"人文资源，在20世纪80年代中期，掀起环城公园建设热潮，这是改革开放的产物，也是我国拨乱反正初期在城市建设上的一个成功范例。

规划图

20世纪90年代中期，万里同志在亲笔题写的环城公园园碑前，听取作者现场介绍。

建设环城公园
为合肥市人民提供优美的生活环境

环城公园工作期间

公园如何更好地为人们日常生活服务？如何与市政建设融为一体，建设园林化的城市？是值得探索的一项工作。

合肥市环城公园建设于 1984 年春全面展开，本着"人民城市人民建"的方针，经两年多建设已初具规模，产生了良好的生态效益、审美效益和游憩效益，形成我市一大特色。

一、环城公园建设的设想和实施

我市结合自身情况，在贯彻绿化"以面为主、点线穿插"，公园绿地的发展"以小为主、中小结合"方针的同时，曾在安徽工作过的万里同志，要求把合肥打扮得更漂亮，他指出：现在人民生活宽裕了，要使大家有游玩、娱乐的地方，可以在环城林带的基础上，建设公园。为此，合肥将环城林带的利用提上日程。合肥建成区面积达到 60.44 平方公里，其中环城以内老城区占地 5.2 平方公里，市区人口 62.4 万，多数居住在老城区和环城林带周边。为了使园林绿地更好地为居民日常生活服务，满足市民的多种要求，建设环城公园反映了市民的愿望，创造出切合我国国情，并具有自己特色的城市中心城区公园系统。

合肥市环城公园面积 137.6 公顷，利用历史人文资源，展示出"三国故地、包拯家乡"的旖旎风光和利用庐阳八景的"淮浦春融"、"藏舟草色"等古迹展现了 2000 多年悠久的城市历史。公园结合林带宽、树木高大、地形起伏、水面开阔、水陆参半等有利条件建设公园，体现出城园一体的城市风貌。

现在，环城南段的包河、银河、西山三个景区已基本完善，北段正在充实提高。两年多来共清淤 6.3 万立方米，回填土方 7 万立方米，平整绿地 30 公顷，栽植各种观赏树木 4.5 万株，铺植草皮 20 公顷，砌石驳岸长 4800 米，铺设游步道 1.4 万平方米，铺水泥干道 5200 平方米，埋设排水管道 1500 米，安装园灯 180 盏，园凳 200 张，堆砌假山石 2600 吨，安装了雕塑 11 组，此外还拆迁房屋 11000 多平方米。新建成亭、榭、回廊、曲桥、桥亭等十座，茶楼四座、餐厅一座和浮庄的一组古建筑群等园林设施，以及游船码头、管理间、厕所等辅助建筑。与有关部门协作，对水质污染严重的包河、银河进行了污水截流工程，包公墓的重建工程即将完工。公园东入口处一座大型彩色喷泉雕塑广场，年前建成开放。全国绿化委员会主任、国务院副总理万里同志为我市环城公园题写的园名碑石，矗立在广场中央。

二、环城公园建设的做法和体会

1. 贯彻"人民城市人民建"的方针

根据"人民城市人民建"这一方针，本着"利益共享、公园共建"的原则，在我市的中央、省直和市直二百多个单位和系统，按照指挥部所分配的承建任务，有力出力，有钱出钱，有物出物。两年多来各单位承建或委托指挥部承包其工程任务，折合工程款 230 多万元，占全部工程投资近 1/3。此外，稻香楼宾馆、庐阳饭店、省武警总队、省气候局、市邮电局、银河大厦等临环城水域的单位，还根据"门前三包"精神，按公园要求修建驳岸、亭廊、曲桥，进行污水截流，重建围墙和修饰临园的楼房。1984 年春以来，我市掀起了人人关心环城公园建设，人人参加环城公园建设，全市军民参加建园劳动人数已达 40 多万人次。

2. 精心规划，认真设计施工

环城公园规划是在市政府精心组织下，邀集各方面专家和工程技术人员经过多次论证，反复修改，逐步完善的。公园规划重视环城的历史、环境和时代特点，结合人文和自然景观与城市建设互为衬托因借，讲究生态效益、审美效益、游憩效益，并适当兼顾经济效益。在总体上，北半环以葱郁的乔木林为主，呈现自然古朴的景观，使人产生浓郁的山林野趣之感；南半环水面开阔，以植物造景为主，并点缀具有传统风格的园林建筑和雕塑、山石小品，给人以清新秀雅之感。植物配置上各段选择不同树种，形成春、夏、秋、冬四季景色，以求得大面积、远距离的色彩效果。此外，在地形复杂、岗峦凹凸、水面宽阔的西山景区，因地制宜，建设"自然生态野生动物雕塑群"，各组雕塑造型生动、栩栩如生，不仅增添游人乐趣，还富有科普教育意义。

园林建筑设计则依据环境特点，把建设传统的形式和时代要求结合，形成自己的风格。在建筑布局上采取"得景随形"、"顺乎自然"的手法，有的浮水凌波（如稻香水榭、银河双亭）；有的居高眺远（如庐阳亭、迎曦阁）；有的能听到潺潺的流水声（如建在溢水口上的银河"听泉亭"）。建筑的选址上，考虑园林建筑之间的互为因借，也考虑借园外之景（如庐阳亭可借结构别致的庐阳饭店的景，迎曦阁借来远处晨雾迷蒙下的钟楼）；桥亭、银河茶社、需然亭等也能在银河景区互为因借，相互呼应。建筑的造型能注意吸收徽州民居风格，使古典的地方流派建筑与现代化建筑兼容并蓄，相得益彰，形成自己的特色。

在植物配置上按不同的地点、景段、景区的环境特点进行布局。例如西山景区当年城墙拆除后，在城基上堆置成起伏的山峦，地形变化大，依据这个特点，重点栽植枫、槭、乌桕、火炬树等秋季变色树种，形成秋天红叶烂漫的景观。同时，注意结合野生动物雕塑，配置与其生态环境相适应的树木花草，如《熊猫》旁栽竹，《鹿族》周围铺植开阔的草坪或临水。银河南岸因紧邻居民楼房，利用墙体多栽耐荫和藤蔓植物。银河、包河北岸向阳坡上栽植喜阳花木。环北景区除适当栽植常绿树和花木外，尽可能保留原有大树，使人虽处闹市，却如置身乡野林间，顿生幽静之感。还在不同的景段注意选择不同的树种，东西南北角建成四个不同景点，突出植物季相变化。东面以逍遥津为主形成冬景，南边的银河、包河以夏景为主，西山以秋景取胜，西北广植杏、桃、樱花形成春景，应用植物材料作为造景的主体，起到自然景趣浓郁，符合生态平衡的要求。全园还根据不同地段的历史人文和自然条件，打造成不同特色的六个景区：1. 以纪念宋代清官包拯为特色的包河景区；2. 以水景为特色的银河景区；3. 以

动物雕塑为特色的西山景区；4. 以现代化大型游乐设施为特色的环西景区；5. 以自然野趣为特色的环北景区；6. 以提供游园服务为中心的环东景区。各景区之间由城市主干道分隔，连接城市园林路和郊区绿化带，让园林绿化风貌辐射到城市的各个角落，使城市与公园融为一体。

在实施中，为了使环城公园规划成为现实，我们坚持维护规划设计的严肃性，任何人不得擅自更改。各单位分担的承建任务如果自己施工，由指挥部提供图纸，规定工期，施工中检查督促，竣工后负责验收。如果单位施工有困难，可以交纳承建任务的工程款项，由指挥部安排统建。对于影响公园建设的房屋根据不同情况有步骤地安排拆迁。施工中实行包工、包料、包质量、包工期等四包，并明确奖惩办法。

3. 建管结合，提高了公园三个效益

充分发挥公园的功能，更好地为人民服务，这是公园管理的核心问题。环城公园是个开敞式公园，尤其处于建设期，就招来了许多游客，客观上给公园管理带来了许多困难。1985年上半年由于重建轻管，造成建管脱节，建成的部分设施受到人为损坏，环境卫生也较差，受到了市领导和社会舆论的批评。同年七月，在市领导和市建委统一安排下，对环城公园进行了整顿，使园容园貌发生较大的变化。八月市委决定重新组建环城公园，将环城圈的原环城公园、包河公园、花木公司合并组成副县级事业单位，并将建设指挥部办事机构与公园合二为一。由于建管结合公园面貌发生了根本变化，管理进入良性循环。我们的体会是：

合肥环城公园西山景区

（1）重新认识公园的本质，明确公园的功能，端正业务指导思想，一手抓建设，一手抓管理。

由于认识到公园是人们游憩的场所，理应以社会效益，环境效益为主，因此，组建后的环城公园首先从改变园容园貌入手，加强日常管护和维修并举，保持园内各项设施完好无损。同时，完善公园的道路系统，加快建设公园的园路网，在各景区兴修了许多游步小道。在游客较多的包公祠和浮庄一带，还新建了一条宽3米的主干道，方便了游客。

（2）组建基层管理机构，理顺经营、管理、建设三者关系，制定必要的规章制度，实行岗位责任制和以承包为核心的经济责任制。

1986年年初，公园及时下达了《关于坚持经济体制改革，管好园容，搞活经济的意见》，作为公园管理的总纲。

（3）发扬民主作风，实行民主管理，力争达到全国一流的公园管理水平。

重新组建的环城公园机构，结合整党树立"领导就是服务"的思想，从各级领导作风抓起，高标准、严要求，充分发扬民主，及时建立职工代表会议制度。

与此同时，结合市创优活动的开展，努力提高职工素质，加强精神文明建设，明确园容管理的标准和优质服务的规范要求，实行目标管理，责、权、利统一。积极实现制度化、民主化、科学化，依靠群众的智慧和力量建设好、管理好敞开式的环形带状公园。争取在不长的时间内达到全国一流的管理水平。

三、公园建设的远景规划和近期打算

环城公园是城市园林绿地系统的骨架，也是把合肥建设成园林化城市的重要部分。整个公园以护城河水系和林带为中心，建设"绿线"范围包括河道和环城马路外侧，最宽处达200多米，实际面积可达137.6公顷。它涉及防洪、道路、上下水和截污等，是一项综合性工程，计划总投资3000多万元，需拆迁23000平方米房屋，应征土地125亩。

为了保证南环死水变活水，变污水截流为彻底断流，还需不断引进清洁水，进行换水工程。

总之，公园建设任重道远，必须继续努力，才能实现环城公园建设的宏图，为把合肥真正建成具有园林特色的花园城市奠定坚实基础。

（1986年10月"全国首届公园工作会议"的大会发言）

"翡翠项链"是合肥人的骄傲

——从波士顿"宝石项链"说起

摘要：合肥因为建设敞开式环形带状环城公园，将老城区四角的公园联结成一个整体，形成以带串块的公园系统，构成新老城区之间一个大的绿色空间，在我国开创了以环串块的公园系统先河。

关键词：合肥；翡翠项链；环城公园

1. "翡翠项链"是合肥人的骄傲

最近，合肥园林代表团在考察访问现代公园发源地——美国期间，领略到被美国人尊为"美国现代园林之父"奥姆斯特德的 19 世纪后半叶创作的多处现代公园作品，尤其是波士顿的"宝石项链"（或称"翡翠项圈"）给代表团留下特别深刻的印象。因为它透析出城市园林景观结构的规划思想发展历程，即从块状公园、公园道，到公园系统的形成过程，以及构成城市园林开放的空间和城市的绿色通道。它的特点就是将块状公园通过被喻为"项圈"或"项链"的公园道以及流经城市的绥德河（最终流入查尔斯河）有机联系成一个整体。这一规划使工业化时代的城市在急剧膨胀过程中，带来的环境恶化、空间结构不合理、交通混乱等弊端得以缓解与改善，使更多的市民就近能享受到公园的乐趣并呼吸到新鲜空气。由于公园系统的日趋完善，波士顿的 3 条主要河流均联结在这一系统中，并结合沿海的优势，还将许多海滩用地尽可能扩大为公共用途的绿色空间，让城市开放空间的范围扩大到整个波士顿市区，形成了一个完整的城市空间框架。波士顿以其自身的城市特色与风貌而享誉世界。

触景生情，不由联想到我们合肥市的"翡翠项链"及园林建设在全国产生的影响。合肥因为建设敞开式环形带状环城公园，将老城区四角的公园联结成一个整体，形成以带串块的公园系统，构成新老城区之间一个大的绿色空间，在我国开创了以环串块的公园系统先河。合肥因地制宜应用了环护城河的水系，环城墙基上形成的林带以及丘陵地形，建设敞开式的环形带状公园；并且通过环城道路和连接新老城区之间十处交接口，将公园风貌展现街头，融于新老城区之间，从而形成"园在城中，城在园中，城园交融，园城一体"的独特城市风貌。为此，建设部认为合肥市环城公园"布局合理、功能齐全、突出植物造景、生态效益显著"。1986年合肥市荣获当年全国园林唯一的"优秀设计、优质工程"一等奖，并在该年召开的全国"首届公园工作会议"上做重点经验介绍。

合肥市环城公园的建成并由此形成中国特色的"翡翠项链"公园系统，与美国波士顿的"宝石项链"相比，可以说毫不逊色。因为虽同是翡翠项链般的公园系统，但我国的特色却更为鲜明，公园系统更为完善与合理。我们的项链毕竟形成了一个完整的公园环，而且以环串块，抱旧城于怀，融新城之中，公园与城市的建筑、道路有机融为一体，又通过城市园林式的交通干道、绿树浓荫的城市干道与步行道，将园林景色辐射到城市各个角落。再结合风扇形总体规划布局，在西北、东北和西南形成三大片林地与都市农业用地，使三片绿色的扇翼如同木楔，楔入城市，构成城市楔形绿地系统。楔形绿地系统与新老城区间的"翡翠项链"公园环，一并构成了合肥园林的特有风貌，并以鲜明的中国城市园林特色，与北京、珠海一道被授予首批园林城市称号。

2. 合肥"翡翠项链"的鲜明特色

2.1 建园指导思想明确

合肥外侧有南淝河和护城河水系环绕，20世纪50年代将倒塌的城墙拆除后，修建环城道路并在道路两侧墙基上绿化植树，形成最宽达90余米的环城林带。为提高城市环境质量和方便人们游憩，通过敞开式公园布局，使环形的带状公园与城市空间相互连接渗透，引"满园春色"入城，形成特色鲜明的园林城市基础。

2.2 把城市作为大公园，重视综合功能的发挥

公园规划立足于城市大环境的改善，讲究综合功能的发挥，采用敞开式布局，构思新颖、布局合理、设计独具匠心。在保持绿带已形成的自然生态环境的基础上，结合城市的综合整治，与市政建设、防洪工程等密切结合，突出林带、岗峦起伏的地形和水景，把建筑、山水、植物组成一个整体。并通过叠山理水，力符自然之势，形成城园相接、园城一体、富有诗情画意的园林化城市艺术景观。同时，以带串块，连接老城四角的逍遥津、杏花村、稻香楼、包河等块状园林，构成城市公园系统，形成全市绿地系统的骨架，满足了市民对公园多功能、多层次的要求。

2.3 继承和发扬中国园林传统，努力营造现代公园系统特色

在合肥市城市总体规划中，环城公园作为"风扇形"绿地规划布局的轴心

环带，继承和发扬中国园林传统，通过范山模水，诸景联系呼应。结合地形变化，理水聚散有致，并利用城市干道，将公园自然分割成南北两个风格不同的半环和六个景色各异的景区，使园林空间有分隔、有变化。园城一体的敞开式布局，"巧于因借，精在体宜"的中国传统园林布局要法，不仅应用于造园细部，而且更注重于总体处理，使城市与公园景观互为因借。公园作为联结新老城区的园林空间，其景物外延于城市空间。同时，城市的景象也引入园内，给人以心理上的错觉。通过借景、对景、隔景、分景等多种技巧，取得了丰富的景观艺术效果。例如，环城公园西北侧的琥珀山庄居住区与公园联结的南北跨度 1500 余米，最大高差 15 米。在这块高低起伏的地块上，现代建筑夺目的色彩与皖南民居符号及传统色彩的调配，既有地方特色，又呈现出新徽派建筑氛围。红瓦、白墙、碧水、蓝天，与公园景色互借，相互响应，成为"翡翠项链"上的一颗灿烂明珠。城市建筑艺术与公园自然山水融合，构成了和谐、优美的整体。

2.4 突出植物造景，强调生态效益

在尽量保留原有环城林带 7 万余株大树的基础上，现场定园路走向和树木的调整以及林相的改造，主要采用植物来拓宽园林空间。在 20 世纪 80 年代大规模建设的 3 年中，新植树木 4.5 万株，铺植草皮 20 公顷。北半环以葱郁的乔木林为主，乔灌草结合，落叶与常绿树搭配，并在环城道路两侧的疏林中散植成丛、成片的花木，呈现自然浓郁的山林野趣，营造幽静之感。南半环水面开阔，仍以植物造景为主，水生、陆生植物结合。讲究植物的色彩变化和五彩缤纷的花木布置艺术，水岸坡地、道路两侧建植大片草坪，呈现清新幽雅的园林景色，达到以情寓于景，再以风景来陶冶精神，融入自然美之中。在植物配置上，不同地段选择不同植物作基调，着眼于季相变化，求得大面积、远距离的色彩效果，形成春、夏、秋、冬四季景色，不同时节皆有合宜的游览观赏点。

由于突出了植物造景，环城公园的林带每年至少可吸收有害气体 300 吨，滞留灰尘 1400~2800 吨，还可为城市每年提供 1.3 万吨以上氧气，吸收 1.7 万吨以上的二氧化碳。尤其在环城公园西南角，与公园联结的稻香楼宾馆区，由于公园水面环绕、绿树浓荫、大树苍天，引来 20 余种候鸟。树梢上常停留着白白一片鹭鸟，故获"都市鸟岛"的赞誉。

2.5 画龙点睛的园林建筑与设施，保障公园的功能齐全

园林建筑布局在整体上服从山水，山水在局部照顾建筑。采取"得景随

形"、"顺乎自然"的手法，化集中为零散，适应"山"无整地的条件和丘陵地形的特点，来增加山水起伏的韵律，使建筑得山水而立，山水得建筑而奇。临水建筑能浮水凌波，岗阜坡地建筑能居高临下视野开阔，登高眺远。建筑风格以中国传统古典园林建筑、安徽古民居为借鉴，并赋予时代新意，力求色彩明快、轻巧活泼。平面与立面错开跌落布置，既生动、富于变化，又利于观景、赏景。还注意结合历史、环境的特色和功能上的要求，使建筑有依托，环境有衬托，观之与山一体，游之成画成吟，形成具有合肥历史人文，环境和时代特色的园林建筑风格。建筑面积未超过公园总用地的 1%，真正起到画龙点睛和达到公园布局合理、功能齐全的作用。

2.6 发掘历史文化资源，丰富公园文化内涵

环城公园充分发掘利用历史人文特色。如：包河景区，突出包拯这个家喻户晓的历史人物，让丰富的历史内涵、古朴的人文景观透过包公祠、墓和浮庄景点构成包公文化旅游区。银河景区借用牛郎与织女银河相会的美好传说，将"鹊桥会"的典故融化于设计构思之中，通过桥、亭、山、水的组合，小岛、半岛的设置以及二亭连为一体的造型，呈现出银光波影，形成以水景为主的特色。淮蒲春融景点，亦是借助古庐阳八景之一的遗迹进行恢复的，并融入了服务内容，使它既成为欣赏淝河风光的佳处，又形成具有浓郁特色的临河景点。逍遥津公园，突出三国名将张辽 3000 兵马大败孙权的 10 万大军，以少胜多的"威镇逍遥津"战例，再现三国雄风。东门口古老的九狮河出口附近，还结合公园大门临街广场的建设，耸立起一座高达 13 米的大型九狮雕塑，烘托出欢乐祥和的氛围，展现现代城市悠久的历史与文化。

3. 结语

忆往昔看今朝，我国的城市园林随着经济建设的腾飞，整体水平上了一个大台阶，与先进国家相比，差距已大大缩小。合肥在巩固现有园林城市的基础上，将"翡翠项链"特色又进一步扩大到城区的更多范围，如：利用二环道路的绿带串连蜀山湖、大房郢水库、墨荷园、瑶海公园、湖滨公园和大蜀山为主景的西郊风景区，形成一个更大的"翡翠项链"。通过合肥的母亲河——南淝河的风景绿化带，将新老"翡翠项链"联结成特色更加鲜明的公园系统，并结合巢湖湖滨的绿化，联结大蜀山与紫蓬山国家森林公园的森林大道引山林入城郊，使具有 2000 余年历史的合肥，成为一座名符其实的依山临湖的湖滨城市。届时，合肥的绿色空间将更广阔、生态更健全、环境更优美。合肥的"翡翠项链"

也将以它独特的历史文化内涵，对中国传统园林艺术的继承和发扬，而立于世界公园之林。

（原载《中国园林》杂志 2001 年 5 期）

环城公园的主要特色

环城公园是采用敞开式布局，把城市作为一个大公园对待，在规划设计上构思新颖，布局合理，设计独具匠心。这主要体现在：

（略）

环城公园奠定了城园一体的园林城市环境基础，更好地展现了"四季秀色环古城，一腔深情为人民"的风采，从而成为合肥市精神文明建设的一个重要窗口，直观地反映着城市的文明程度、文化程度、精神状态、生态环境，因此也成为城市一个活跃的因素和闪光点。在整体上，它在一定程度上改善了城市经济建设投资环境和生产、生活环境，保证了公园建设以较少地投入所转化的社会宏观经济效益，反映出的经济价值和社会公益价值，直接服务于城市经济建设，成为振兴合肥经济的重要因素之一。凡是游览过合肥环城公园的人们都赞扬它："不是名园，胜似名园。"

（原载 1993 年《合肥文史资料》第九辑"我与合肥"）

擦亮环城公园　弘扬合肥特色

合肥的"大拆违"以环城公园拆违任务的按期完成而圆满地划上一个句号，由此进一步体现了环城公园在合肥市举足轻重的地位。合肥的"大拆违"的确为整治环城公园提供了千载难逢的机遇。

20 世纪 80 年代建设的环城公园，以带串块，敞开式的布局和突出植物造景开创了我国公园系统的先河，为合肥市成为国家首批三个园林城市之一奠定了坚实的基础。"翡翠项链"公园系统已成为合肥市一张靓丽的名片。

　　20世纪末，处于市场经济初期，由于部门利益的冲击，许多单位不同程度地在环城公园一带建起了一批不该建的建筑，甚至违章，严重地影响了公园的景观。多年来，合肥人民都希望拆除，翘首期待擦亮环城公园。然而由于种种原因，总是雷声大雨点小，成为顽症。去年，席卷全市的拆违"风暴"，拆掉了全市1000多万平方米的违章建筑，更拆除了人们思想上的一些"违章建筑"，使市民看到了城市品位提高的希望，从而为今年（2006年）环城公园的违法和影响景观建筑的拆除，营造了良好社会氛围。今天环城公园的绿地扩大了，公园景观呈现城市街头，翡翠项链的特色更充分显现，成为美化老城区的画龙点睛之笔。

　　为了巩固拆违给环城公园带来的新面貌，市拆违领导组专门召开了"环城公园建设与管理座谈会"。市拆违领导组主要负责人在听取各方意见的基础上，决心修改1987年经省、市人大通过的《环城公园环境管理条例》，以适应当前管理工作的需求。这充分体现了城市决策者从管理的源头入手，更好地依法行政的科学态度。

　　《合肥市环城公园环境管理条例》的制定，初衷主要就是要保护好绿色项链不被两侧高层建筑挟持成狭窄的甬道，保护好敞开式公园在城市空间中的绿色天际线和园城一体的城市风貌。为此，在新一轮《条例》修订中，在保留原条文特色的基础上，需改变过去的不足，变定性为定量，利于今后依法行政。至于绿线的划定更为重要，不宜仅限于现有管辖范围，而宜从城市规划入手，更好地彰显"翡翠项链"公园系统和城园相融的特色。

　　拆违后的环城公园维护和管理，还离不开创新思维。当前翡翠项链在管理机构上，除涉及环城公园，还有逍遥津和杏花公园。若公园管理体制采取合并统一，三家并一家则可减少重复机构的设置和管理人员。在弘扬敞开式公园布局上，若拆除逍遥津南广场一带的少量建筑和让寿春路桥头环城带上的泵房地上变为地下，以及将寿春路西侧中垂线顶端的杏花公园门楼拆除，即可让公园绿色景观呈现街头，更好地展现项链上的翡翠特色。

　　当然，公园水平的提高还离不开文化内涵。而合肥的翡翠项链恰好覆盖了合肥"三国故地，包拯家乡"的主要历史人文景点。因此，充分做足包公和三国故地的文章，更宜把公园内一些不符合这一文脉主题的现代设施迁移或拆除。例如"包兆龙铜像宜从浮庄迁往其后代曾投资建设的合肥市儿童医院较为恰当；宜将亚明艺术馆和久留米中日友好美术馆迁入合肥文化旅游区；个别严重影响环城公园景观的高层建筑宜有计划地清除。"

总之，通过综合整治，把翡翠项链擦得更亮，实现生态园林城市，更好提升绿色合肥、生态合肥、宜居合肥的总体形象，在全国乃至世界进一步提高开创中国公园系统先河的合肥市的知名度。

（原载《合肥晚报》2006 年 10 月 17 日）

彰显翡翠项链　体现生态文明

尽快将合肥建设成为一个区域性的中心城市，合肥市根据"141"空间发展战略，按照"新区开发，老区提升，组团展开，整体推进"的思路，突出生态文明。近年来开展的大建设使合肥发生了翻天覆地的变化。滨湖大城市的框架已经拉开，滨湖新区的启动区已见成效；而以宿州路改造为代表的老城区，面貌也焕然一新，大建设确实给合肥带来了大变化。本人作为一位老园林工作者，从职业的角度更希望合肥彰显更多的特色、更好地体现城市的生态文明。

"滨湖大城市"在合肥城市空间发展上，从园林的视野认为其本身就是一个很好的定位；而老城的特色则是人所共之的"翡翠项链"。翡翠项链以环城公园为主体，连接城市四角的园林，并介于 20 世纪后半期城市规模的新老城区之间。由于环城公园敞开式的格局，使翡翠项链抱旧城于怀、融新城之中，形成园在城中，城在园中，城园相融，园城一体的城市风貌，体现出一个特色鲜明的现代城市公园系统。这在当时代表了我国城市园林的一大特色，而使合肥毫不逊色地与北京、珠海一道成为我国首批三个国家园林城市。

当前，创建生态园林城市更需要与时俱进，在城市更大范围形成新的公园系统。谈及公园系统，应从现代公园说起，因为具有现代城市公园含意的概念，是以 1858 年美国纽约中央公园的落成而产生的，它构成城市大型的绿色空间，提供新鲜空气，成为工业城市中的一种自然回归和文明的体现。作为公园系统，就是将块状公园通过被喻为"项链"、"绿链"的公园道，以及城市中滨河水系相联系而有机形成的一个整体，让更多市民能就近享受到公园的乐趣和呼吸到新鲜空气。号称美国现代园林之父的奥姆斯特德在 19 世纪后半叶创作的波士顿"宝石项链"公园系统开创了先河，它以河道绿化为纽带，并结合沿海的优势，将许多海滩用地扩大为公共绿地，形成城市的特色风貌而享誉世界。现着手滨湖大城市建设的合肥，中心城区翡翠项链的彰显，更利于通过南淝河等多条水系、绿带，上连几大水库边岸绿化，下接滨湖新区绿地，突显合肥现代滨湖大城市新一轮公园系统，使公共绿色空间延伸到城市的更大范围。可见，彰显翡翠项链能够事半功倍。而如何彰显呢？笔者认为最佳捷径应尽快突破杏花公园、逍遥津公园的块状公园旧格局，从体制入手，与敞开式的环城公园共同组成翡翠项链的整体，以利统一规划、统一实施、统一管理。杏花公园大门一带低矮建筑与门楼宜拆除，结合连接寿春路与清溪路高架桥的兴建，让杏花公园的翡翠秀色呈现街头。而逍遥津公园沿寿春路，以及与环城公园交接处的建筑也宜拆除，形成敞开式的逍遥广场，让逍遥湖与环城林带更好呈现街头。若再结合淮河路步行街临寿春路一侧的房屋改造，适当增添绿地与逍遥广场相呼应，必将使合肥的翡翠项链更秀丽、更贴近市民。

现逍遥津公园虽然已免费开放，但老公园几百名职工不可能全由国家财政供养，同时公园的日常维护任务加重，其经费缺口更大。加之公园南门、西门同时敞开，使公园成了部分行人通道，影响了游客的情趣。笔者认为只要将逍遥津公园大门楼退到公园内二道桥，采用徽派特色的牌坊，还"古逍遥津"四字于牌坊石刻原貌作新大门，内部再进一步充实古逍遥津的内容，还"威震逍遥津"为"城市名片"的亮丽旅游景点（"三国邮票"第四组的四枚之一），弘扬合肥三国故地文化，展显合肥的厚重历史与文化内涵，并通过服务获取一定的经济利益。而外侧兴建占地一二百亩以绿化为主的广场，既可满足市民休闲所需和街头景观要求，让优美的城市生态环境作为自然进入城市一体化的方式，又可以提供给市民必要的多项功能需求，使创造的敞开式绿色空间更能展现合肥的生态文明。

（原载《安徽园林》杂志 2007 年 4 期）

园名石的情怀

坐落于环城公园东大门九狮广场的巨型园名石，是由时任国务院副总理万里题写园名，碑文经全市征集选定许有为文，并由老红军书法家黎光祖书写。2008 年因长江路扩建，迁移到包公园坎坡树丛旁，今年是环城公园大建设 30 周年，园碑石重归原址，无疑是最好的纪念。

1. 环城公园园名石——来历不寻常

公园大门为与敞开式环城公园相适应，兼于园名由时任国务院副总理万里题写，而他的夫人边涛告知：书写环城公园是万里同志一生中第一次题字，因此省里非常重视。我因为在苗圃工作时就认识了边涛同志，为题字也曾做过努力。边涛同志曾当面向我交代，领导不题名了，制作时只需注明："万里同志一九八五年五月二十三日题就可以了。"

为选择园碑石材，时任副省长兼合肥市环城公园建设指挥部指挥侯永同志亲自给济南市委书记写信，并指示我带他亲笔信去济南落实。在济南市的重视下，市建材公司负责人亲自陪同，在建材厂的堆料场，共同选择了这块济南青花岗岩石料，并由该厂切割打磨和刻字。由于园碑第一次送到合肥现场时发现一个字不正，又用 8 吨卡车运回返工。1986 年底这块园碑终于在合肥东门广场落成，成为公园大门入口标志。这块园碑宽 3 米、高 1.6 米、厚 0.3 米，重 5 吨多，是一整块"济南青"花岗岩的碑石，它与广场的九狮雕塑相映成趣、相得益彰、成为一景。1997 年，万里同志来安徽时曾在省市主要领导陪同下，亲临九狮广场，特别高兴地观赏了园碑。近几年来，为了园碑石迁回原址，省、市政协委员有提案，省文史馆资深馆员、著名美学家郭因等有建议。本刊也曾多次呼吁，因为这块园碑正如老专家郭因所说："已是文物了！"

2. 园名石回迁原址——紫气东来

1949 年，新中国成立，人民真正成为社会的主人，以公园建设为主体的城市园林绿化方兴未艾，进入大发展时期。然而"文革"的浩劫，把园林与封、资、修联系，园林行业成为重灾区。粉碎"四人帮"，拨乱反正后，安徽人首先在农业上实行大包干，拉开了改革开放的序幕。

1979 年时任安徽省省委书记的万里，作为改革开放带头人之一，率先提出在合肥建设环城公园的要求。经几年的准备，在充分利用原环城墙基和水系的基础上，借助新中国成立之初已绿化成林的大树和起伏的地形，以及"三国故地、包拯家乡"的历史文化遗迹，经 1984 年 3 月 5 日省长办公会议研究决定，成立以分管省长为指挥、合肥市市长、分管副市长以及省直相关厅局主要负责人为副指挥的"合肥市环城公园建设指挥部"，贯彻"人民城市人民建，公园公办民助"的方针，发动驻肥机关、企事业单位、学校、部队，全面进行环城公园建设。公园建设历时三年，在 1986 年以"布局合理、功能齐全、突出植物造

景、生态效益显著"特点,荣获建设部当年园林唯一的"优秀设计、优质工程"一等奖。并在全国首届公园工作会议上要我代表公园做大会经验介绍。环城公园也正是由于通过敞开式布局,连接城区块状的公园而被誉为合肥的"翡翠项链",成为我国城市首个公园系统、新中国公园建设的里程碑。

20世纪90年代初,合肥市城市园林也正是以"翡翠项链"的公园系统为骨架,在继承中国传统园林的基础上,敢为人先地把城市作为大园林对待,通过敞开式环城公园抱旧城于怀,融新城之中,形成"园在城中、城在园中、园城一体、城园相融"的城市空间格局,开创了城市园林建设新局面,成为当时我国内陆城市的典范,被评为首批三个国家园林城市之一。

今天,为切实改善城镇环境面貌,提升人居环境质量,促进生态强省建设,省政府发出号召,在全省城镇开展园林绿化提升行动。这无疑是又一次重大决策,再次掀起园林绿化新高潮。这次园林绿化提升行动,对促进全省生态文明建设将产生巨大影响和促进作用,因为合肥在环城公园"抱旧城于怀,融新城之中和绿地楔入、风扇形城市"为特色的基础上,将由"环城时代"进入"大湖名城、创新高地"为标志的环巢湖时代,意义更加深远。尤其,园碑石的回迁,意蕴和谐、紫气东来,在园林绿化提升行动中带了好头,展现出安徽人民改革开放、锐意进取的精神风貌,使城市依山傍水,更大、更美了。

(原载《安徽园林》杂志 2014 年 2 期)

合肥市老城区

第三章　建设中国特色的园林城市

　　园林城市是人类社会发展到一定阶段的产物，是人类为了自身需要而对自然进行重组，成为社会的一种文化现象，蕴含了人类文化的结晶。它的产生与发展离不开城市这个载体。

　　园林城和生态园林城市是国际上"花园城市"的延伸，既吸纳了国外园林绿化的经验，又升华了中国传统园林艺术的精髓，并将其应用于城市规划建设之中。

园在城中　城在园中

　　合肥市的园林，在 20 世纪 70 年代以前一直默默无闻，80 年代初像一支突然崛起的新军，令全国同行所瞩目。1982 年合肥市被评为省绿化先进集体；1983 年被评为全国绿化先进城市；1986 年再次被评为省绿化红旗单位和全国绿化先进城市，这因为抓住敞开式环城公园建设的契机，使公园抱旧城于怀，融新城之中，作为一个大园林建设。

　　党的十一届三中全会以来，合肥市植树近 200 万株，栽绿篱 680 万株，种攀缘植物 5 万株，草花 200 万株，铺草皮 57 万平方米。目前全市有公共绿地

176 公顷，防护绿地 38 公顷，生产绿地和专用绿地 938 公顷，近郊风景林 471 公顷，行道树 119 公里，城市园林绿地发展到 1625 公顷，绿化覆盖率达 26%，人均公共绿地由 1978 年的 1.3 平方米提高到 2.71 平方米，再现了"三国故地、包拯家乡"的旖旎风光。

1984 年全面动工兴建的环城公园，现已初具规模。它长 8.7 公里，总面积 137.6 公顷。公园以植物造景取胜，在原有林带基础上，又新栽观赏树木 35 万株，铺草皮 20 公顷，并利用护城河宽阔的水系，相应建了 10 多个亭、榭、桥、廊，点缀的雕塑、假山、花木与建筑错落有致，相映成趣。精心的构思、新颖的设计，达到了城园相接，园城难分，城园浑然一体的意境。合肥市环城公园及四景点被建设部评为 1986 年度城乡建设优秀设计、优质工程一等奖。

合肥市建设也由此在全国创下了"园在城中，城在园中，园城相接，城园一体"的最成功范例。

（原载 1987 年 6 月 7 日《中国市容报》）

从合肥看中国特色的园林城市

合肥和北京、珠海于 1992 年 12 月被首批授予全国"国家园林城市"称号，这对改善城市的投资环境，提高合肥市在全国，甚至在世界上的知名度，促进经济建设，推动社会进步，都必将起到一定的作用。

合肥自嬴秦置县，虽已有 2000 余年历史，但在建国初期仅是 5.2 平方公里，5 万余人，树木 1 万余株的小城市。她作为安徽省的省会，与新中国同步，经 40 余年的努力，形成了现建成区 70 余平方公里，城区人口 70 余万，人均公共绿地 7 平方米，城区绿化覆盖率 30.2%，树木近千万株的一座新兴的中等城市。尤其在改革开放十几年来，合肥市各项建设更是突飞猛进，创造出一套行之有效的好经验，使城市面貌发生着日新月异的变化。园林绿化作为国土绿化的组成部分，城市建设的一项重要内容，如何应用传统园林方法去创造今天的新环境，如何让传统的中国庭园空间的尺度延展到城市的大环境中去？合肥市做了有益的探索与实践，并日益形成了具有当代中国特色的园林城市风貌。

谈及园林城市，必然要涉及园林在城市建设中的地位、作用，乃至演变的进程。我国作为四大文明古国之一，历代园林都含有浓厚的时代色彩，成为社会历史发展的产物。无疑，我国也是园林艺术起源最早的国家之一。在三千多年的历史长河中，我国园林逐步形成了皇家园林和私家园林两种类型。而佛教的传播，寺院丛林的产生，亦成为我国早期的公共园林。由于中国园林以山水画为蓝本，诗词为主题，形成"妙极自然，宛自天开"的自然山水园林的特色，对世界园林艺术产生了深刻影响，颇享盛名。城市公园的出现，世界始于19世纪中叶，我国若以上海黄浦公园为起点则产生于1868年。进入20世纪，随着工业化进程的加快，人们对环境越来越重视，田园城市、花园城市成为世界上许多城市建设的目标。园林本身对于城市环境的保护与改善越来越起着举足轻重的作用。今天，我们创建园林城市，正是弘扬祖国传统园林这一瑰宝，将其应用于现代化城市建设之中，走具有中国特色的城市园林建设之路。

合肥市建设园林城市，其显著特点是有明确的指想导思想，科学的规划、一套行之有效的措施和办法。

一、把城市作为一个大园林对待

合肥市发展园林的出发点是为全体市民创造一个清新、舒适、优美的生活、工作环境，形成独具特色的城市风貌和为人们提供游览休息、科学文化活动的园地。因此，在园林事业上，立足于整个城市环境的改善，打破一般苑、囿和城市公园的格局，并应用我国传统的自然山水园林手法于城市的规划、建设之中，创造清新优美、生态健全、充满绿色和自然气息的城市环境。

根据这一指导思想，合肥市紧密依托自身的自然环境，按照国务院1982年批准"风扇形"开敞式城市总体规划结构，即以老城区为轴心，沿主要干道向东、北、西南发展三个工业区的特点。在轴心的环带，即环城林带和护城河水系的基础上，建设敞开式的环城公园，并连接旧城四角的园林，形成如同"一串镶着数颗明珠的翡翠项链"。它抱旧城于怀，融新城之中，再通过联结新老城区交通干道两侧园林式道路的建设，让园林的风貌辐射到整个城市中去。同时，结合"风扇形"城市总体规划布局，再建设西郊风景区，发展东南方向沿南淝河至巢湖低洼地带农田林网和东北角的片林，形成三大片绿色的扇翼，构成城市楔形的绿地系统，在总体规划布局上形成自己的特色，奠定园林城市的基础。

二、从实际出发，建设园中之城

合肥市在发展园林事业上，打破常规，从自身实际出发，形成了一套行之有效的办法。

首先，在发展方针上，坚持以面为主，点、线穿插。公共绿地的发展由于财力所限，坚持"以小为主，中小结合"，并强调绿地的均匀分布，缩小服务半径，以提供人们日常生活服务为主，兼顾节假日的游憩。

其次，在园林手法上突破块状和封闭式园林的旧格局，采用敞开式的带状或环状布局，提倡公园景物呈现街头。并以绿为主，绿中求美，突出植物造景，使公园与城市空间相互联结渗透，融生态、审美、游憩为一体，达到城园相接、园城难分、城园浑然一体的意境，实现园在城中，城在园中的市容风貌。

第三，发挥古城优势，在实施过程中，充分利用自身的自然条件，地形、地貌、水体和历史人文，因地制宜、扬长避短。如长 8.7 公里，面积 137.6 公顷的环城公园，就是在充分利用环城林带的大树、高低起伏的丘陵地形和宽阔的护城河水系基础上，结合包拯这位历史上的清官和三国时代的遗址进行建设，尽可能展现合肥"包拯家乡，三国故地"的特色。

第四，在道路园林绿化上，结合园林式道路建设，尽可能多树种、多层次、乔灌草结合，并力求消灭裸露的地面和点缀四时花卉。行道树由单一的遮荫功能，改为"净、景、荫"的综合功能，对不同性质的道路，在功能的发挥上注意强调不同的要求。如对主干道长江路上法桐行道树的改造收到事半功倍的效果。

第五，在发展方向上，注意园林建设与城市环境的综合整治紧密结合，做到"见缝插绿"，为树木花草争夺生存和发展空间。城郊结合农业产业结构的调整，发展大片的经济果木林，以及各种防护林和农田林网。力求创造良好的城市生态环境和优美的市容景观，尽可能地满足城市居民与自然融合的要求。

三、提倡全社会办园林，多渠道筹集园林绿化资金

合肥市在贯彻园林绿化以面为主的方针前提下，大力提倡全社会办园林，全民搞绿化。在园林绿化建设资金上采用多渠道筹集的办法。

首先，政府将园林绿化纳入国民经济与社会发展计划，保证每年从城市建设维护费中安排一定比例的园林管理与建设经费。同时结合城市改造和各项建设工程，安排适当比例的园林绿化费用，保证资金主渠道的落实。

第二，通过敞开式环城公园的建设，宣传对市民的效益，倡导利益共享、公园共建的原则，开展人民城市人民建。本着有力出力，有物出物，有钱出钱方针，依靠全市人民的力量，弥补建园经费的不足。其中 1984~1986 年大规模建设期间，就有近 1/3 的投入靠社会筹集，加速了公园的建设步伐。

第三，采用农民办公园的方式，不用征收土地，不要国家花一分钱，建设

公园。如占地 200 余亩，集游憩、生产、生态于一体的瑶海公园。

第四，对规划的公园，采取合并旧住宅基地的办法，划出一块土地进行开发，积累资金建公园。如杏花公园的建设。

第五，结合全民义务植树的开展，每年有重点地选择 1~2 个突破口发展园林事业。如植物园的建设和西郊蜀山湖边岸营造的防护林。

第六，通过绿化达标和花园式单位活动开展，鼓励各单位搞好自身范围内的绿化，以及"门前三包"中的绿化。要求列入各单位年度计划，安排一定的绿化资金。

第七，开展城郊大环境绿化，主要采用农业产业结构调整的办法，依靠农民自身的力量。

第八，积极引进外资，采用合资或独资的多种方式，提高园林服务设施的档次和水平。此外，还通过园林生产、服务，积极创收，弥补国家投资的不足。

四、立法巩固和提高园林绿化水平

为了保证各项措施的落实，巩固和提高园林绿化成果，合肥市采用立法的形式，制定园林法规，依法管理。先后经省人大批准的有《合肥市城市园林绿化管理暂行规定》、《合肥市环城公园环境管理办法》；市人民政府发布的有《关于处理砍伐、移植、损伤树木花草和临时占用园林绿化用地标准》、《合肥市贯彻执行（安徽省开展全民义务植树运动实施细则）的补充规定》等一系列法规、法令，并有法必依、严格执法，巩固园林绿化成果。例如：沿街绿地不得任意侵占，敞开式公园的周围建筑必须离开绿线一定距离，并在建筑的高度、色彩上受到一定限制。规划部门发照前，要求园林部门参与把关。

合肥市在建设具有中国特色的园林城市过程中，逐步形成了一套符合国情、市情的作法和经验，收到了事半功倍的效果。

今日的合肥，继承传统的园林手法创造了现代化城市的新环境，将中国庭园空间的尺度扩展到城市的大环境之中。为园在城中、城在园中、园城相接、融为一体，形成具有中国特色的园林城市探索了一条成功之路。相信合肥市人民在荣誉面前，一定能够百尺竿头更进一步，继续努力，去创造更加美好的"花园城市"，为面向 21 世纪对园林城市提出的更高要求而奋斗！　　　　（原载《中国园林》杂志 1993 年 1 期）

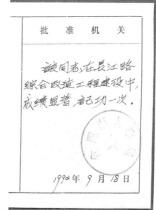

批　准　机　关

谈同志在长江路综合改造工程建设中，成绩显著，记功一次。

1990年 9 月 18 日

让"园林城市"合肥再上新台阶

合肥是一座古老而又新兴的城市，自秦置县虽有 2000 余年历史，但新中国成立初期仅是一座 5 万余人口的小城，园林绿化几乎是一片空白。新中国成立后，合肥市作为安徽省的省会，进入大发展时期，截止 1995 年底，全市园林绿地已达 2121 公顷，人均公共绿地 7.33 平方米，绿化覆盖率 30.7%。

一、探索中开拓创新，建设具有中国特色的园林城市

（略）

绿化方针上结合合肥中等城市的特点，"以面为主、点线穿插"，公共绿地的发展"以小为主，中小结合"，并要求绿地尽可能地均匀分布，缩小服务半径，服务以日常生活为主，兼顾节假日的游憩要求。在具体方法上提倡全社会办园林，多渠道筹集绿化资金和依法巩固与提高园林绿化水平，逐步探索出一条符合国情、市况的办法，促进了园林绿化事业的发展。

二、以建设现代化大城市为目标，努力提高园林城市水平

由于城市建设迅猛发展和人口急剧增加，园林绿化的各项指标很难相应增加。加之在计划经济向社会主义市场经济体制的转轨过程中，侵占绿地、破坏绿化的现象时有发生，给管理和发展带来了许多新问题。合肥市是安徽省省会，全国四大科教基地之一和建设中的交通枢纽。省委、省政府又决定把合肥作为全省政治、经济、科技、文化的中心，经济、社会发展的龙头，把合肥建设成为现代化大城市。朝着这个目标，对合肥的园林绿化工作无疑提出了更高要求，从国际的潮流和与国际接轨的高度来讲，发展园林绿化必须高标准、高起点。在今后世纪之交的五年中（1996~2001 年），已经确定的城市建设 10 项重点工程，已把城乡大绿化工程列为其中的第 8 项任务。从城市大环境绿化的角度，合肥立足于整个城市环境质量的改善和提高，加快发展城乡绿化已作为建设现代化大城市的重要内容。在城区，进一步巩固和提高园林城市水平势在必行，我们应有高度的政治敏感性和强烈的责任感，抓住当前关键时期，充分利用建设现代化大城市的机遇，持续不断地加速园林绿化事业发展，进一步提高合肥园林城市水平。

（一）从规划入手，持续不断地提高园林绿化水平

按照合肥市经济发展和现代化大城市的总体规划要求，园林与经济、城建

同步规划、同步实施、同步发展，实现经济、社会和环境效益同步提高。按此思路，除各个单项建设工程要把园林绿化纳入其中，更要在总体上全面考虑。为此，修订和编制了《合肥市1996~2010年园林绿地系统规划》。新规划以建设现代化大城市和向社会主义市场经济体制转变，创一流城市环境质量和继承发扬中等城市园林绿地系统为原则。依据合肥地形、地貌特点，靠山、沿河、近湖建立风景区、风景带，实施大环境绿化工程，进一步巩固、充实和提高楔入城市三大片绿色扇翼的绿化水平，构筑现代化大城市高质量的各项指标要求，合理布局各类城市绿化用地，并结合道路建设，大力发展园林路、花园街。让城市三道环路的绿色环带与纵横交织的园林路、花园街相连结，构成城区绿色的网络。并以线串块连结均匀分布于市区内的绿地和结合各单位的庭院绿化，形成优美的城市环境，满足居民游憩、审美、生态等需求。（略）

（二）千里之行，始于足下，全面实现合肥绿化目标

合肥市园林绿化主要围绕以扩大园林绿地为重点，完善老公园，建设新公园，选择开发区和重点工程建设配套绿化为突破口，实施城乡一体的大环境绿化工程。即把城郊的森林景观引入城市，把市内的园林景观辐射到郊县，城区形成以园林绿化为主体，城郊四周森林作屏障的多层次、多功能、多效益的大环境绿化生态体系。实现城镇园林化、农田林网化、山岗森林化，达到人与自然最大的和谐，融自然野趣与清新、优美的环境于现代化大城市建设之中。

当前工作重点是：以强化管理为中心，绿化养护上水平，公园面貌上档次，搬迁动物园，绿化一、二环；扩大园林绿地，增加游览景点；发展花卉草坪，体现园林特色，为建设现代化大城市增光添彩。近期具体任务是建成约30公顷杏花公园并对外开放；完成野生动物园首期20余公顷的建设任务，搬迁地处闹市中的逍遥津动物园；建成2600平方米的全天候温室和2000多平方米的花卉市场与2000余平方米的花卉信息中心；完成包公文化旅游区的部分景点建设。

（三）加强两个文明建设，强化城市管理水平

由于提倡公园敞开化，公园景物呈现街头等做法，给绿化养护管理带来一定难度。尤其城市中心地带车多人杂，绿地内时常发生树木断枝现象，甚至许多树丛成了藏污纳垢的角落。当前合肥市正在开展狠抓精神文明建设，以强化城市管理为突破口，深入开展清除垃圾、绿化环境、拆除违章建筑为内容的三大战役，城市绿化作为第二战役被提上日程。园林工作应以此为契机，强化园林绿地的养护和管理，努力提高园林城市的档次和水平。学习张家港经验，实

1995 年，在义务植树现场，作者向省四大领导班子主要负责人汇报合肥市园林绿化情况

行路长单位负责制，对全市 97 条主要道路的路长单位提出绿化要求。通过路长单位与区、街道、居委会相互促进，落实沿街人行道一侧绿地的"门前三包"。同时，路长单位配合区、街、居委会落实沿线居住区和庭院的绿化工作。创建过程中，市委、市政府对市民提出了"八不"，其中第八就是"不损坏绿化，侵占绿地"；对市民提出的"十要"，其中第九就是"要植树种花，美化环境"。使人人重视绿化、关心绿化、爱护绿化，并将绿化列为各级党委的重要工作内容。此外，园林局在统一负责全市主次干道绿化的同时，重点抓分车岛绿化，抓城市 8 条主干道绿化，逐步在快慢车道之间设立护栏，以确保草皮、花草不被践踏，实现黄土不见天。公园中在清扫垃圾，搞好环境卫生的同时，还对摊点、音响、车辆均做了限制，并坚决取缔低格调的演出，还公园一片宁静。

三、适应新形势更高要求，处理好几个方面的关系

（一）社会效益、环境效益与经济效益的关系

　　（略）见"可持续发展与合肥大园林建设"一文

（二）发展与保护的关系

　　（略）见"可持续发展与合肥大园林建设"一文

（三）园林部门与全民搞绿化、全社会办园林的关系

　　（略）见"可持续发展与合肥大园林建设"一文

（四）多渠道筹备绿化资金与建立自我循环机制的关系

　　（略）见"可持续发展与合肥大园林建设"一文

总之，我们要努力学习邓小平同志建设有中国特色的社会主义理论，探索园林绿化事业发展的新思想，发展、管理、开发三管齐下，适应市场经济对园林绿化工作提出的新要求，力求使"绿色之城"的合肥走出中国，向国际先进水平靠近，进一步提高知名度，为城市创造良好的工作、生活和投资环境做出贡献，为建设现代化大城市增光添彩。

（原载《中国园林》杂志 1996 年 3 期；1996 年建设部在我省马鞍山市召开"园林城市"工作座谈会，被指定做大会经验介绍）

以创建文明城市为契机
促进合肥园林城市再上新水平

合肥市作为首批"园林城市",在改革开放不断深入和建设现代化大城市的新形势下,如何适应两个根本性的转变,促进合肥园林城市建设再上新台阶,是摆在我们面前的迫切任务。近年来,我们以创建文明城市为契机,明确地提出了实现绿化、亮化、美化、净化、香化等市容环境"五化"要求,其中绿化、美化、净化、香化都与城市园林绿化直接相关。园林绿化作为提高城市品位与档次的重要措施,同样也成为创建文明城市的一项重要内容。随着创建工作的日益深入,一个全社会重视绿化的高潮也随之在合肥兴起,绿化越来越深入人心。过去,我市在探索建设有中国特色园林城市的进程中,虽曾在理论与实践上作了一些有益的尝试,但现在在建设现代化大城市和推进两个文明建设的进程中,又遇到了许多新问题,我们还必须积极探索,努力进取,借创建文明城市的东风,促进城市园林绿化事业持续不断地发展。

一、进一步理清思路,明确目标,持续发展我市园林绿化事业

今天在建设现代化大城市进程中,园林绿化的发展更需要高起点、高标准、高要求。建设现代化大城市的衡量标准很多,高楼大厦是标志之一,但不是重要标志。建设部负责人在我市指导工作时,曾提到八条标准,侧重强调了三点:一是现代化的基础设施,二是高质量的生态环境,三是不仅要物质文明,还要精神文明。作为城市可持续发展的城市生态措施和城市基础设施之一的城市园林绿化,在现代化大城市建设中的重要性自然不言而喻。

创建文明城市活动去年年初在我市全面展开,对全体市民提出的"十要"、"八不"准则中,均把"要植树种花,美化环境"、"不损坏绿化,侵占绿地"作为重要内容给予明确。在具体工作部署中,还把绿化植树作为创建文明城市的第二战役来抓。第二战役由于是在全市治"脏、乱"基础上展开的,是按照党中央十四届六中全会《决议》精神,以提高全体市民素质和文明程度为目标而进行的,因此在发展园林绿化的深度、广度和力度上都超过以往任何一年。通过创建文明城市活动,大大促进了城市园林绿化上水平、上档次和市民爱绿、

20世纪90年代中期，时任建设部部长的侯捷视察合肥园林，在现场听取作者汇报

护绿的自觉性，起到了"功夫下在创建之内，意义达到创建之外"的作用。

由于全社会对园林绿化的高度重视，去冬今春我市在制定今年园林绿化工作目标和计划前，一改过去由领导先提要求的老办法，而由分管副市长主持召开省、市有关方面领导和专家参加的"如何提高城市绿化水平"座谈会多方征求意见，并借鉴外地的先进经验，结合我市园林绿化现状再明确工作思路和今年的奋斗目标与任务。

发展城市园林绿化事业，是在城市这个特殊的人工环境中，以可持续发展的观点，服务于自然——经济——社会这一复合系统，采用人工造景的办法使人类在不超越资源与环境负荷的条件下，追求人与环境的和谐，保持资源的可持续利用，满足人们生活质量不断提高的要求，促进社会经济的可持续发展。（略）

目标是：苦战三年，消灭裸露土地，实现"黄土不露天"，确保城市绿化上台阶，园林城市上水平。

二、抓住机遇，乘势而上，努力提高园林城市水平

近一二年来，通过创建文明城市活动的实践，市民的主体意识、责任意识、文明意识的确有了显著增强。更为重要的是，就实践而言，创建活动被誉为"民心工程"、"德政工程"，已越来越为广大市民所认同、拥护和支持，因此，对城市绿化的关注程度，支持力度得到空前提高。

（略）

1. 建设新公园，完善老公园

（略）

2. 新建道路绿化突出特色，原有道路绿化充实提高

（略）

3. 普遍绿化为基础，"门前三包"绿化作重点，不断提高全社会绿化水平

随着创建文明城市活动的日益深入，市委、市政府进一步要求，各单位凡是有裸露黄土和荒芜土地的一律要绿化起来。住宅小区结合整治，拆除违法建筑，归还绿化用地。新建小区必须按规定搞好绿化配套建设，做到绿化与建筑同步验收，合格后方可交付使用。各开发区必须确保绿化用地占总用地面积的40%以上的标准，做到开发一片，绿化一片，凡闲置的土地必须先绿化起来。主要干道人行道一侧的"门前三包"包绿化工作，由区、街道、居委会负责落到实处，明确各门点维护好门前的绿地和防护设施。

三、处理好几个方面的关系，确保园林绿化事业持续不断地发展

为适应新形势对绿化更高要求，我们在处理好社会、环境和经济效益的关系、保护与发展的关系、园林部门与全民搞绿化全社会办园林的关系、多渠道筹集绿化资金与建立自我循环机制的关系，同时还注意处理好以下几个方面的关系。

1. 虚与实的关系

（略）见"可持续发展与合肥大园林建设"一文

2. 责任与机制的关系

（略）见"可持续发展与合肥大园林建设"一文

3. 重点与一般的关系

（略）见"可持续发展与合肥大园林建设"一文

4. 传统特色与开放引进的关系

（略）见"可持续发展与合肥大园林建设"一文

总之，通过创建文明城市活动，并以此为契机，抓住全社会重视园林绿化的大好时机，自我加压，乘势而上，在提高城市园林绿化的品位与档次上狠下功夫，适应两个根本性转变和建设现代化大城市对园林绿化的更高要求，满足人们随着经济的发展和生活水平的提高对环境质量越来越高的需要。目前，我市为加快旅游事业的发展，市委、市政府又决定将旅游局的职能划归我局，一个机构，两块牌子，以创建文明城市的契机，突出以园林城市为依托，景点为突破口，将旅游与园林的发展有机结合，推动我市园林与旅游事业加速发展。坚信我市只要树立可持续发展的观点，就能够不断促进园林城市上水平。

（原载《中国园林》杂志1997年增刊、《园林政工研究》1998年1期，在1997年"全国创建园林城市会议暨城市绿化工作会议"大会发言）

可持续发展与合肥大园林建设

——走中国特色的园林城市之路

摘要：合肥在建设园林城市实践中，从可持续发展战略出发，紧密依托自身自然环境条件，应用传统园林艺术手法，把整个城市作为一个大园林对待，逐步完善城园交融和生态、文化、审美、游憩于一体的独特城市园林格局与风貌。以建设现代化大城市和创建文明城市为契机，依靠全社会力量，逐步实现城乡一体大环境绿化工程，即城镇园林化、农田林网化、山岗森林化的战略目标和人与自然和谐的当代中国特色的园林城市风貌。文中还对建设园林城市需要处理的诸多关系做了概述。

关键词：合肥；城市园林建设；城园交融；城市生态环境；城乡一体绿色工程

合肥是一座既古老而又新兴的城市，改革开放以来，随着经济建设突飞猛进和城市规模迅速地扩大，人们更渴望在城市内保持优美的自然风景和野生、自然的乐趣。建设园中之城，即建设"园林城市"，就是力求使城市成为适宜的居住地，成为人工的，由科学园林体系环抱的城市环境。所以合肥追求的是建造现代化大城市，而又不破坏自然景观和生态体系。

一、立足于整个城市环境建设，把城市作为一个大园林对待

园林绿化作为城市建设的重要基础设施和环境建设的重要内容，是实现城市可持续发展战略的重要生态措施，在城市建设中的重要性日益显著。合肥市作为全国首批园林城市之一，园林绿化伴随着城市建设的步伐，应用中国传统的自然山水园林手法于城市的规划、建设之中，在把城市作为一个大园林，融生态、审美、游憩效益为一体，创造新环境方面做了有益的探索和实践，并逐步形成了具有当代中国特色的园林城市风貌。

优 秀 论 文 证 书

尤传楷 同志撰写的题为 可持续发展与合肥大园林建设——走中国特色的园林城市之路 学术论文，被评为安徽省第三届自然科学优秀学术论文贰等奖。

特发此证

证字 0-0033 号　　　　　2000年10月10日

今天，我们创建园林城市，正是将祖国传统园林的艺术瑰宝，应用于现代化建设之中，走具有中国特色的城市园林建设之路。做到自然野趣与文化艺术遗产和现代城市建设的有机结合，使城市既有自然野趣，丰富的历史文化内涵，又有现代气息的物质与文化集中的文明省会城市，进而加快人类交往的速度，更好地服务于城市经济发展和城市建设。因此，合肥市发展园林的出发点是为全体市民创造一个清新、舒适、优美的生活、工作环境，形成独具特色的城市风貌和为人们提供游览休息、科学文化活动的园地。因而，在园林事业上，立足于整个城市环境的改善，打破一般苑、囿和城市公园的格局，并应用我国传统的自然山水园林手法于城市的规划、建设之中，创造清新优美、生态健全、充满绿色和自然的城市环境。

根据这一指导思想，(略)，在总体规划布局上形成自己的特色，奠定园林城市的基础。

二、树立可持续发展观点，不断完善城园交融的独特风貌

园林不仅是提高城市品位与档次的重要措施之一，而且其绿色植物更是陆地生态系统的主体。因此，城市的发展必须与园林绿化资源相协调，才可能实现真正意义的可持续发展。然而，随着生产与城市扩张进程的日益加快和日趋严重的环境污染，直接给人类的生存与发展带来危机。为此，我国政府根据1992年联合国环境与发展大会通过的《里约环境与发展宣言》精神，首先制定了"中国21世纪议程"，强调环境保护是发展的必要组成部分以及人口、社会、经济、资源、环境综合协调可持续发展的观点。

发展我市园林事业，必须立足于追求人与自然的和谐，以及以提高人类生活质量为目标。面向21世纪的城市园林，就是要在城市这个特殊的人工环境中，树立园林建设可持续发展的观点，服务于自然——经济——社会这一复合系统。即采用人工造景的办法，在不超越资源与环境负荷的条件下，追求人与人工自然环境的最大和谐，保持资源的永续利用和满足当代及后代人的生活质量不断提高。按照市委、市政府提出的围绕城市建设的"三环"（即一、二环的道路绿化与环水工程）、"五化"（即美化、绿化、香化、净化、亮化）目标展开。环水工程主要是通过对南淝河环城水系的综合整治，提高城市防洪标准和变浊水为清水。水体在城市整体景观中越来越成为不可忽略的天然要素。我们园林旅游局的重点就是要依水造景或部分地段采用石林峡谷等造园手法构筑山水景观，增加城市的灵气和发挥城市水系的生态价值，形成独具特色的城市

风貌和具有现代氛围的城市气息。按照市委、市政府的要求，在 20 世纪末将基本形成环绕市区的水上风景带，恢复环城水系历史的风貌，建成一批新公园，使之进一步拓展和美化城市，造就一个与现代化大城市相适应的文明优美、生态健全的环境空间。继续以环城河水体为骨架而营建环城公园的园林绿化体系，进一步发挥它的特色在于开放，魅力在于水，以及发挥这条若断若结、时隐时现的环城河水体的资源潜能，统摄城市庞大的空间范围与整体环境，在一定程度上满足当代人复归自然，亲近自然的本性。

三、抓住机遇乘势而上，持续不断地提高园林城市的文化内涵与美学品位

尽快把合肥建设成现代化大城市，已成为安徽省"九五"规划和 2010 年远景目标纲要的重要组成部分。同时，创建"文明城市"作为配合现代化大城市建设的重要内容，已成为省委、省政府抓合肥带全省的战略举措。在这样的新形势下，园林部门为了更好地服务于经济建设中心，适应现代化大城市建设和两个文明一起抓的要求，必须抓住这一难得机遇，进一步解放思想，乘势而上，促进园林绿化与美化事业的持续发展。

建设现代化大城市和创建文明城市，对园林的建设与发展更需要高起点、高标准、高要求。作为城市可持续发展的城市生态措施和基础设施之一的城市园林，在现代化大城市建设中占居重要地位。因此，我们必须以建设现代化大城市和创建文明城市为契机，抓管理、促发展，抓机遇、促开发，自我加压、负重奋进，突出重点、带动一般。以扩大园林绿地为基础，完善老公园，建设新公园，选择开发区和重点工程建设配套绿化为突破口，重视道路绿化，从管理中求效益，养护中上水平。同时，在城区内见缝插绿，增加绿量、色彩，确保城市绿化上台阶，园林城市上水平。

根据合肥建设现代化大城市的新要求，总体将向巢湖方向拓展，近期向西南、远期向东南发展，形成以现城区为核心，呈组团式的总体布局，并且明确把建设著名的园林城市作为总体目标之上。因此，必须树立园林"可持续发展"的观念，保持园林城市的特色。依据合肥地形地貌的特点，靠山、沿河、近湖建立风景区和风景带，创造有山有水的园林城市格局。结合道路建设，大力发展园林路、花园街，让多环城市道路的绿色环带与纵横交织的园林路、花园街连接，均匀分布于市区内，并与各单位的庭院绿化相连接，形成优美的城市环境。在城区内按建设用地的比例留足绿化用地，采取精益求精、锦上添花的方式，树立绿地精品工程，在城郊接合部，通过把森林景观引入城市，园林景观

辐射到郊县的办法，使城市坐落在森林中，城市中到处能见林。城区形成以园林绿化美化为主体、城郊四周森林作屏障的一个多层次、多功能、多效益的大环境生态体系。实现城镇园林化、农田林网化、山岗森林化，突出人与自然最佳的和谐，融自然野趣与清新、优美环境于现代化大城市建设之中。而要达到这个目的，就须在园林城市中，注意提高文化内涵与美学品位，即在"结合"上多下功夫、多做文章。它们包括：传统文化与现代文化结合，民族文化与民俗文化结合，高雅文化与大众文化结合，硬文化与软文化结合，商业文化与科技文化结合等。果真如此，那就必会揽月观星，行可游山玩水，坐可诗书琴画，兴可双双对弈，乐可临池把钓，嬉可林间扑蝶，醉可醉卧花间。春可餐其秀色，夏能饮其莲香，秋可醉其菊熟，冬可饱其梅黄。这样，也只有这样，观之引人入胜，赏之心旷神怡，品之意味无穷。

四、处理好几个方面的关系，确保园林绿化事业持续发展

为了在"园林城市"高起点的基础上，确保园林事业再上新台阶，除了有宏伟的蓝图，还必须进一步拓展思路，加大力度，从实际出发，正确处理好以下几个方面的关系。

1. 社会效益、环境效益与经济效益的关系

城市园林绿化事业是社会公益事业。在社会效益、环境效益和经济效益中，必须以提高社会效益和环境效益为主。深化园林事业改革，应从园林绿化事业的特性出发，兼顾经济效益，否则它便不可能持久。因此，在投资体制、价格机制、管理模式等方面，必须把握好三个效益的辩证关系，努力探求改革的新思路。我们在工作中，提出建设、管理、开发三管齐下的方针，主张事业要发展，职工要富裕。实行园林与旅游结合，服务与创收兼顾，发展事业与提高职工的素质并举。从而增强职工创造性、积极性和凝聚力，促进园林绿化事业持续发展。

2. 发展与保护的关系

正确认识和处理好"发展与保护"的关系，适应经济体制和增长方式两个根本性转变的形势，更好地落实国务院颁布的《城市绿化条例》，在发展中保护好绿化，在保护中求得更大的发展，不断提高园林绿化水平。我市在新建、扩建道路时，对原有树木能保留的尽量保留，不能保留的在道路竣工时必须按更高的标准及时绿化好。为适应城市经济繁荣的要求，对城市主要干道的绿化由过去的"荫、景、净"，适时调整为"净、景、荫"，将道路两侧的高大落叶乔

本进行矮化修剪或树木更新，提高绿化的质量和档次。

为了进一步提高城市绿化工程设计和施工水平，成立了市园林绿化工程管理站，市政府发布了《合肥市园林绿化工程管理规定》，使园林绿化工程管理有法可依、有章可循。最近又经省、市人大批准，颁布了《合肥市城市绿化管理条例》，为我们做好发展与保护工作提供了法律保证，并使之逐步走上科学化、规范化和制度化。

3. 园林部门与全社会办园林的关系

城市园林绿化工作在强化行政主管部门管理职能的同时，必须发挥全社会的力量。按照全民义务植树和人民城市人民建的要求，号召全市人民积极搞好本单位绿化和完成市绿化委员会统一安排的植树绿化任务。同时，通过开展评选"花园单位"、绿化达标以及"门前三包"先进门点活动，充分依靠区、街道、居委会的力量，使绿化管理落到实处，使专业部门与全民办园林有机结合，相互补充，相辅相成。

园林部门在统筹规划，加速园林事业发展的同时，积极鼓励全社会办园林。依靠郊区新建示范镇的力量，建设起占地200余亩的瑶海公园。高新技术开发区新建了数十亩的科技公园。新加坡花园城住宅即将开工兴建400亩的花园。琥珀山庄、南苑新村等居住小区把绿化列为建设的重要内容，绿地率达30%以上。同时，结合苗圃优势办公园，公园带苗圃的思路，新征"三国新城遗址"土地360亩，加速了园林事业的发展。

4. 多渠道筹集绿化资金与建立自我循环机制的关系

园林绿化工作需要按经济法则办事。我们努力探索综合开发发展园林绿化事业的新思路，提出多渠道筹集绿化资金建立自我循环机制的设想。园林绿化事业的发展离不开资金的投入，经省、市人大批准实施的《合肥市城市绿化管理条例》明确，从城市维护税及附加和配套建设费中按比例切块给园林部门。在争取国家主渠道资金保障和各方支持的前提下，还重视和利用现有条件，努力发挥自身优势，合理组织创收。在发展园林绿地的同时，利用边角闲地搞开发；对长期规划未能实施的公园走商业开发的路，筹备建设资金；投资建设的项目，注重效益评估和资金的回收；游乐设施在对游人服务过程中，适当兼顾经济效益；公园增加游园内容，提高经济收入。经营管理水平上档次，争取以最小的投入换取最大的效益，保证园林建设与管理进入良性循环。

5. 虚与实的关系

从根本上说这是指精神文明与物质文明的关系，就园林绿化而言，是指绿化意识与绿化发展的关系。一方面通过创建文明城市活动，使人们深刻意识到园林绿化水平的高低是衡量一个城市文明程度的重要标志，也是建设现代化大城市的重要组成部分，进一步增强了人们爱绿、护绿和参加绿化的自觉性。另一方面，园林事业的发展依托了创建文明城市这一覆盖全社会的活动，有机地统一于建设有中国特色的社会主义实践中，起到了相互促进、相互提高的作用。优美的环境既能促进人们爱绿、护绿的环境意识和对园林绿地高质量、高品位的需要，有效地提高市民的思想素质和道德水准。同时，又反映出人们在创建文明城市活动中，形成的新精神风貌和较高的文明素质。由于我们注意处理虚与实相结合的关系，克服了单纯就绿化讲绿化的做法，使搞好城市园林绿化，成为各级政府和广大市民的自觉行动，从而，促进了我市园林绿化工作步入良性循环的轨道。

6. 责任与机制的关系

由于建设现代化大城市和创建文明城市活动与人们的日常生活息息相关，涉及面广，工作难度大，这就要求我们建立良好的运行机制，将园林绿化任务层层分解，落实到单位基层，责任明确到人。当前，在向社会主义市场经济转轨过程中，特别需要引入市场机制、竞争机制，激励机制作保证，才利于调动各方面的积极性、确保任务的完成。为此，我们从领导机制入手，提倡"一把手抓一把手"，坚持"两手抓，两手硬"，做到一级对一级负责。并通过层层签订目标责任状的办法，明确责任，奖优罚劣。此外，我市对大的园林绿化工程，均坚持绿化设计与施工单位的资质审查和公开招标的办法，公平竞争。这些良好的运行机制，对内凝聚了人心，对外树立了形象，调动了方方面面完成各项园林绿化任务的积极性。

7. 重点与一般的关系

为了提高城市绿化水平，必须树立园林绿地的精品意识。受财力、物力的限制，我们本着"突出重点，带动一般"的原则，在抓好普遍绿化的基础上，重点抓了一批形象工程、优质工程，提高了整个城市园林绿地的档次与品位。在公园建设上，一段时间内集中有限的财力、物力，重点抓好野生动物园建设，并以此为龙头带动了整个西郊风景区的建设。在公园综合整治方面，重点抓了市区内敞开式的环城公园和综合性的逍遥津公园，提高了我市公园的整体养护管理水平，使三个效益得到充分发挥。在道路绿化的养护管理上，重点抓好市区内的主要干道，通过检查评比，有效地促进了城市道路绿化水平的普遍提高。为了进一步提高园林城市水平，我市还重点抓好琥珀山庄等住宅小区的绿化，五里墩立交桥等街头绿地，高新技术开发区的科技公园，经济技术开发区的明珠广场等一批高水平、高档次的精品绿地，并以此为样板激励全市各部门、各单位树立绿化上水平、上档次的信心。这些样板也促使我们园林部门树立了信心，只要做到思想到位，工作到位，措施到位，就一定可以使合肥园林城市向更高水准的目标迈进。

8. 传统特色与开放引进的关系

我市在发展园林绿化事业中，注意在继承和发扬传统绿化特色的基础上，积极走开放开发的道路，吸收各地成功的经验和做法，取人之长，补己之短。尤其在花卉、草坪的引种上更注意吸收引进适合合肥地区的优良品种。为此，我们邀请了美国新泽西州州立大学杜威尔教授来市，在不同的季节做了不同品种的播种试验，筛选适合本地区的最佳草种和播种方式。邀请了荷兰园林专家汤姆先生来市讲学，并提供了百余种花卉品种进行试种，选用了适宜合肥生长的最佳花卉品种。另外，对主干道分车岛两侧的护栏，经过多次使用比较，选用了一种既美观大方，又经久耐用的新型网络格喷塑护栏，适应了市容市貌高标准的要求。新技术、新品种、新设施的引进，不仅提高了我市园林绿化的品位与档次，而且有效地保持了原有传统特色，并赋予其新的内涵。

在世纪之交，我们将继续以建设有中国特色的社会主义理论为指导，不断探索园林绿化事业发展的新思路，在不超越资源与环境负荷的条件下，追求人与环境的和谐，保持资源的可持续利用，满足人们对环境质量不断提高的要求，促进社会经济的可持续发展，以崭新的园林城市风貌迈向 21 世纪。

（原载《安徽大学学报》1998 年第 2 期并在 1999 年国际公园康乐协会亚太地区会议上作大会发言，并收入此次会议论文集）

合肥环城公园银河景区

园林城市是和谐社会的理想境界

我国所提倡的园林城市是园林艺术与城市建设的完美结合。园林与城市的趋同与融合，是现代化城市在全世界出现的一种新的结构趋势，是国际上"花园城市"的延伸。

当前，构建社会主义和谐社会正是维护人民群众根本利益，顺应人民群众共同愿望，全面建设小康社会而提出的一项重大历史任务。"和谐社会"包括社会关系的和谐，人和自然关系的和谐两个方面。社会关系和谐涉及面广，对和谐社会而言是主要的，但人与自然和谐则关系到人生存的居住环境。园林城市的提出正是适应了我国社会经济发展和人民生活水平的提高对环境越来越高的需求。人与自然和谐的园林城市无疑是和谐社会追求的最佳理想境界。

一、园林城市是和谐社会的基石

我们不折不扣地贯彻落实科学发展观，坚持走中国特色的城镇化道路。而园林与城市的趋同与融合，正体现当代现代化城市在全世界出现的一种新的结构趋势，正符合我们所倡导的大园林观和开展的创建"园林城市"活动。"园林城市"所追求的是把整个市区建设成为一座大园林，呈现出园在城中，城在园中，实现园林城市化，城市园林化。城市与园林融为一体，生态、审美、休憩运动效益相融，达到人与人造城市环境的和谐、物质与精神的和谐，从而达到人与自然的和谐。可见，园林城市保护了赖以生存的生态环境，创造可独具匠心的城市品位，适宜人居的绿色家园，展现出和谐社会的基本特征，成为人与自然和谐的基石，城市化进程的最佳形态模式。

二、和谐社会提升了园林城市水平

人与人、人与社会的和谐依赖于互动双方的对等反应，而人与自然的和谐只能依赖人的单方面主观能动性。一方面，由人来判定，又由人来调整；另一方面，资源环境对我国经济发展的约束在短期内也是刚性的、弹性不大。建设部开展的创建"园林城市"活动，适时颁布的《国家园林城市标准》，成为城市发展和解决不和谐问题的程序、方法和规则，改变了人民不习惯、不相信以法定的标准、程序来解决人与自然不和谐的矛盾。

现创建"园林城市"活动，代表了中国城市环境建设的发展方向，已成为我国建设生态环境的重要举措。生态园林城市的提出正是城市生态化发展的必然结果，是人居环境发展的高级阶段。让城市环境更加清洁、安全、优美、舒适，提升了城市品位和生态环境质量，实现自然化城市，使人与自然更加和谐。

三、园林城市文化是和谐社会科学发展观的体现

园林城市作为人与自然和谐共存的载体，从历史文脉上看，是中国园林文化思想的继承、扩展和升华。现代园林城市作为一种文化形态，超出了原有的园林思想。

弘扬园林城市文化无疑是构建和谐社会的一条捷径。作为中华文化组成部分的园林城市文化，是指人类社会历史实践过程中、所创造的人的行为系统、信息系统、生活系统、绿地系统、景观系统，以及具有历史、个性、意蕴、文脉等精神内容系统在城市中的集中表现。因此从历史文脉上看，现代园林城市是中国园林文化思想的继承、扩展和升华。

园林城市文化营造的是一种文化氛围，从一座座建筑到一个个景点，体现历史渊源、时代特征和文化品位。中国人要走自己的城建之路，把中国城市建设成生态与文态相统一的园林城市，其山与水则是园林城与园林城市文化赖以生成与发展的基础。山是生态的基础，水是生命的源泉，山与水的统一，构建了生态良好的环境，而文态环境指人文环境，是文态赖以生成的血脉。可见，城市与自然山水的融合，正是创建园林城市和弘扬园林城市文化的灵魂。

中国古代文化思想的核心是"天人合一"。这种"天人合一"思想是围绕着人如何了解自然、融合自然主题而展开的。我国古代"天人合一"的思想正是今天园林城市文化的总纲，只有这样，中国人通过创建园林城市活动，才会由此增添自豪之情，世人也才能进一步了解中国园林城市的伟大所在。

园林城市作为构建和谐社会的基石，弘扬"天人合一"的思想，有利于继承与弘扬中国园林的优秀传统，应用于现代化城市建设之中。让传统的中国庭院空间尺度扩展到城市的大环境之中，将传统的园林技法应用于创造美好的明天，这正是园林城市特色和文化精髓的所在。

当前，面向21世纪新的机遇与挑战，通过创建"园林城市"活动的健康开展，努力实现城市发展与自然的和谐统一。做到：一要理解、尊重园林城市模式的多样性和文化的多样性；二是走节约型园林城市发展之路，以尽可能少的投入换取最大的生态效益；三是重视城市规划，把保护城市生态环境贯穿到园林城市建设与管理工作的各个环节；四是树立以人为本的园林城市建设与管理

理念，引导人民自觉维护人与自然和谐相处的利益分配机制，保证园林城市全面协调持续发展，走出一条中国特色的园林城市发展之路。

（原载《安徽园林》杂志 2005 年 4 期）

从环城时代向滨湖时代的跨越

水口园林是古徽州以村落水口为中心的成片林木生态体系，具有自然性、生态性、公共性三大特征，成为村落整体建筑格局中的"门户"和"灵魂"。作为全国首批园林城市的合肥，曾以敞开式的环城公园布局"抱旧城于怀，融新城之中"，形成"园在城中、城在园中、园城相融、城园一体"的城市格局而赢得国家首批园林城市的盛誉。现在建设的滨湖新区位于城市主城区东南部，紧邻我国五大淡水湖之一的巢湖，处于城市的水口，成为合肥市构建现代化滨湖大城市的点睛之笔。它于 2006 年 11 月正式动工兴建，标志着合肥开始从环城时代向滨湖时代的跨越。目前，整个新区的发展轮廓逐步清晰，即将成为合肥通过巢湖走入长江，东向融入长三角地区的水上门户，这对合肥构建安徽省会经济圈及打造中国中西区域中心城市意义深远。

一、科学决策

人类的产生与发展离不开地球环境，具体说就是地球表面生物圈。人类赖以生存的这个环境不是单纯的自然因素，也不是单纯的社会经济因素，而是自然背景下经过人类长期利用自然、改造自然而形成的自然——社会——经济复合生态系统。合肥作为长江与淮河分水岭南侧的内陆城市，立市 2000 余年，离巢湖仅 10 余公里，但始终以流经东南向的南淝河与巢湖相接，使巢湖远离城市。这在生产力不发达的年代，城市规模小，主要为避免水患，这样的选择适应了当时的客观要求。然而，在今天世界市场形成与扩张的新形势下，城市化进入加速发展期，客观要求合肥融入长三角，尽快构建成省会经济圈和打造成我国中西部区域的中心城市，原有的城市规模与格局已不能适应要求。纵观世界，城市化发展的共同之处，就是城市一般都建在社会最发达的地区，而且无一不是在水陆交接重合的边缘地带。世界上几乎所有最繁荣、最有生命力的城市都坐落在水陆边缘，尤其是河流入海的口岸，是建立城市最优越的地区。今天，城市的决策者根据合肥的地理与地貌、历史与现实，将老城区和新建的开发区快速地向我国五大淡水湖之一的巢湖方向发展，让环城时代的城市特色风貌发扬光大，迅速辐射到整个城市。因此，建设滨湖大城市成为最佳的科学选择。打造好合肥的水口，发挥巢湖通江达海的优势，必然利于提升合肥改革开放的形象和城市品位，使合肥尽快融入以上海为龙头的江、浙、沪城市经济圈，走向世界，尽快成为环境优美、经济发达，科技领先，国内外知名的大城市。

二、突出生态

生态是指自然界中具有生命的物体（植物、动物、微生物）生存与发展的自然状态，包括赖以生存的空间环境和生存的客观条件。当前生态革命正在世界兴起，这是一场技术、经济、社会、文化领域的深刻革命，促进工业文明走向生态文明，由工业经济转向生态经济。人类社会也将由工业社会走向生态社会，由工业化发展模式转向生态化发展模式。因此，生态革命扬弃了只注重经济效益而不顾人类福利和生态后果的唯经济的工业化发展模式，而是以遵循整体优先和生态优先为原则，实现社会——经济——自然复合生态系统的整体协调，达到稳定有序的演化进程。合肥市现代化滨湖大城市建设，正是从打造城市的水口起步，提出生态优先的原则，把环境治理和生态建设作为城市建设的重中之重，使环保与项目建设同步。尤其今年初夏，江苏省太湖由于水质污染严重，致使蓝藻泛滥，一度造成太湖之滨的无锡市饮水恐慌，损失巨大。前车之鉴，为合肥的快速发展提供了经验和教训。合肥市的决策者们更加高度重视环境整治与经济的同步发展。目前，合肥正在积极吸纳国内外最新环保技术与成果，应用于现代化滨湖大城市建设之中，努力打造全国首家科技创新型城市

巢湖湿地景观

和探索我国中西部城市"大建设、大环境、大发展"的成功之路。

合肥的滨湖新区按照"世界眼光、国内一流、合肥特色"的总体思路，首先突出生态，不搞有污染的工业项目，在加强环保工作的基础上，高起点定位，大手笔规划，快节奏推进，创造性地做好了滨湖新区概念性规划和启动区设计。整合后的概念性规划总体框架是：高铁站、政务中心、商务金融、会展旅游等为主导的生态型城市功能新中心，规划总用地面积190平方千米。新区建设将按照点、轴、片、块的总体思路分片、分期实施。目前，启动区内11条主要道路及3所学校等设施与项目已完成。根据规划，2010年前后基本完成濒临巢湖核心中央商务区内的10~15平方千米的目标。到2020年前后基本形成起步区50平方千米内的城市滨湖风貌。合肥滨湖新区最终将建成1条环巢湖大道、2条贯穿东西南北的景观轴线，以及4个特色片区为主体结构的现代化滨湖新区。滨湖新区的规划与建设充分体现了生态优先的原则，还带动了全市的环境保护工作，是合肥由园林城市向生态园林城市迈进的重要举措。至时，合肥环境将更加优美、天更蓝、水更请、地更绿，成为当之无愧的国家生态园林城市。

三、提升品位

合肥滨湖新区规划范围：南依巢湖、北靠二环南路、西接上派河和合安高速、东临南肥河。它作为江淮分水岭南侧，背依江淮台地的巢湖之滨，东有四顶山脉，西有大别山余脉紫蓬山。按照我国古代的环境观，合肥环境优越、人杰地灵，尤其滨湖新区地处城市的水口，更是财富汇集的宝地。难怪历史上，合肥与大运河之畔的扬州并驾齐驱，被看作为北方京都的淮右与淮左咽喉，兵家必争之地。现滨湖新区的规划定位，与水口功能的要求完全相符，滨湖新区的规划与建设，使城市规划总体格局的特色更好显现。同时，在城市水口处形成金融中心也是最佳首选之地。至于滨湖新区如何更多、更好、更快地吸引人流、物流、资金流、信息流，凝聚人气，还要做更多的工作。

日前《合肥滨湖新区巢湖岸线、塘西河及十五里河综合治理规划》的顺利通过和即将付诸实施，极大地振奋人心。因为紧邻合肥的巢湖北岸将现16千米长的外滩，塘西河建生态湿地，多条河岸将形成动态滨水空间和生态湿地廊道景观。滨湖将打造成宜人适居的防洪保安新区和湖光翠影的生态湿地岸线，形成水岸交融的动态滨水空间，并将按照"形态流畅、高低自然、按填平衡，综合利用，规模适度，超前控制"技术要求，构建集防洪、防浪、防崩和亲水生态、景观等功能于一体的河湖生态修复，达到"水宁、水活、水清、水美"的综合治理目标，为营造并达到良好的生态环境奠定了坚实基础。同时，滨湖新区品位的提升还注意塑造完美的文态环境，即人文环境。在规划与建设中，不仅遵循自然界的"道理"，而且还遵从人类活动的"事理"与行为"情理"，相互协调，实现生态与文态的一体化。

将滨湖新区打造成城市的大客厅，使市民和外来客人的休闲、娱乐、观光旅游、举办的各项公益活动，办理的行政和金融业务都离不开滨湖。至时，滨湖新区的品位必将得到质的提升，产生巨大的生命力。该区今后不仅是合肥的水口，而且是安徽形象的窗口，形成八方来客，到安徽必来合肥，来合肥必到滨湖新区。滨湖新区落成，合肥自然也就成为名符其实的现代化滨湖大城市，以长三角城市圈内的重要国际大都市风貌展现在世人面前。合肥理所当然的成为安徽省会经济圈的龙头和中国中西区域的中心城市，合肥市民将得到更多殊荣和经济实惠。滨湖新区的建设必将为合肥创建国家生态园林城市增添浓厚的一笔和新的特色。

（原载《安徽园林》杂志 2007 年 3 期）

大发展、大建设、大环境促进合肥大绿化

合肥市无愧于国家首批园林城市称号，在新世纪之初通过"大发展、大建设、大环境"又有新的大提高。自 2005 年开展"大拆违"以来，新增园林绿地 1573 公顷，其中公共绿地 370.5 公顷。在"大拆违"中，实现三同步，即"拆一片、建一片、绿一片"，共完成拆违建绿 158 块，新增公共绿地 100.8 公顷，拆违地段实现绿化无缝对接，成为历史上新增园林绿地最快时期，较大改变了

大蜀山森林公园

合肥环城公园项链上的翡翠——杏花公园

城市形象，提升了园林城市水平。

一、扩大了城市"绿肺"功能

在蜀山森林公园西侧的 5400 亩土地，原计划作为工业园区和房地产用地，净收益可达 80 多亿元。合肥市委、市政府"以人为本"，贯彻科学发展观，高瞻远瞩从现实生态环境大局出发，改开发用地为园林绿地，充分发挥蜀山森林公园作为城市"绿肺"的功能，进一步提升了森林公园在城市生态环境中的作用。

二、扩大中心城区绿地，改善城市宜居环境

城市中心土地虽寸土寸金，但为了市民日常休闲游憩的需求，斥巨资增绿。

在环城公园包河景区旁，原马鞍山路与芜湖路交接口，搬迁了国风塑业集团办公楼和环城公园宿舍区，共拆除建筑 12000 平方米，拆迁安置及绿化投资达 5000 万元，新增敞开式街头绿地 15000 平方米，成为环城公园上又一颗璀璨绿色明珠。

地处市中心地带的淮河路与六安路交口西北角，原新华社安徽分社破旧危房 5636 平方米，围墙 400 米被拆除后，市财政投资 2400 万元移地复建。现场清运垃圾 6000 立方米，回填土方 3100 立方米，改造成 4336 平方米的街头公园绿地，方便了周边市民休闲娱乐的需求，同时又美化了街景。

三、建设高压走廊环形绿带

合肥市高压走廊环城市四周全长 49 千米。2006 年，结合"大拆违"从改善城市生态环境和提升城市形象出发，决定将高压走廊下的土地建设成第二条环城林带。建设过程中，坚持"凡违必拆、拆违务尽"原则，加大违法建设拆除力度，腾地建绿造园，目前已完成高压走廊绿带长 27.5 千米，宽 70~300 米，新增绿化面积 200 公顷。

建设部部长汪光焘在合肥考察城建工作时，对合肥市拆违建绿、拆迁扩绿给予高度评价，称合肥绿化再次给全国带了个好头。

（原载《安徽园林》杂志 2008 年 1 期）

大地园林化在合肥的实践与创新

摘　要：大地园林化是建国初期毛泽东主席提出，并经党八届六中全会明确的目标。本文通过合肥的实践，从科学的城市规划是实现大地园林化的前提、城园一体是实现大地园林化的重要途径、城乡一体绿化是实现大地园林化的重要手段、环巢湖时代对实现大地园林化提出更高要求的四个方面说明：早期城市开敞式总体规划结构，构成城市的楔形绿地系统，并通过环城公园敞开式布局，以带状公园连接老城区四角的公园绿地，形成若同一串镶着数颗明珠的项圈，开创了我国以带串块的公园系统先河，为城市园林发展奠定了城园一体的坚实基础，成为全国首批园林城市之一。1993 年又结合大环境绿化，提出建设森林城市，就是为了缩小城乡差距，促进城乡共同繁荣发展。明确：城镇园林化，山岗森林化，农田林网化，尽快提高城乡绿化覆盖率和增加城乡绿化面积，提高园林、林业在国民经济生产总值中的比重。2011 年，城市从濒临巢湖到环抱巢湖，为大地园林化展现了更大的发展空间。尤其，当前开展城镇园林绿化提升行动，以提高大地园林化的艺术水平和绿化质量为目的，进入了实现大地园林化的高级阶段，迅速形成"大湖名城、创新高地"的环境特色。

关键词：大地园林化；大园林建设；城园一体；城乡一体

文章编号：1003-6997（2014）10-0002-07
中图分类号：TU986 文献标识码：A

　　大地园林化是新中国成立初期，1958 年 8 月毛泽东主席在北戴河提出："要使我们祖国的山河全部绿化起来，要达到园林化，到处都很美丽，自然面貌要改变过来"。同年底，党的八届六中全会在农业发展纲要中明确提出了"实行大地园林化"目标。

　　合肥市虽有 2000 多年历史，但新中国成立时，城市仅有 5.2 平方千米、5 万余人口，　只有乡土树种 1.3 万余株，除个别私家花园外，几乎空白，完全是我国由一座小城迅速成长为大都市的典型。合肥从新中国成立初期开始在城市建设中摸索创新发展之路，并经历了从计划经济到市场经济大潮的全过程。20 世纪 90 年代初，合肥市成为国家首批三个园林城市之一，建设部认为合肥作为内陆省会城市，其城市园林绿化的做法在全国具有一定推广价值。从历史的高度看，其价值正如著名园林专家、合肥市原副市长吴翼在答复著名科学家钱学森的信中所说："合肥能与北京、珠海一道荣获全国首批园林城市光荣称号，完全受益于把城市作为一个大园林对待。"因此，合肥的基本经验概括为"实现大地园林化"比较确切，因为城市正是按照这个理念进行建设。

1. 科学的城市规划是实现大地园林化的前提

合肥市在1958年编制的城市总体规划，就已经开始注意大地园林化，将保护自然、美化大地来发展生产和满足人们生活环境需求作为指导思想。在规划中根据江淮丘陵地形走向和常年风向，将1898年英国人霍华德（Ebenezer Howard）"田园城市"的设想引进规划理念，把城市生活的优点同乡村美好环

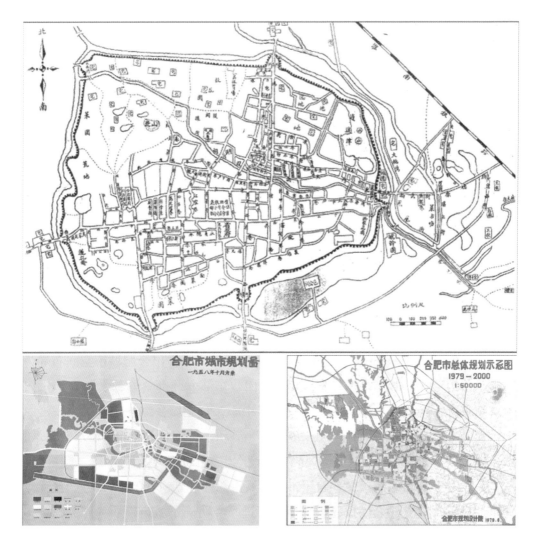

境和谐地结合起来。同时，在新中国成立初期全面学习苏联影响下，吸收了苏联的楔形绿地系统概念，采取"风扇形"开敞式城市总体规划结构。即以老城区为轴心，让田园、绿地从三个方向楔入城市，再连接老城区护城河绿环，较好地体现了合肥特色。1982年国务院批准的合肥市首个城市总体规划，进一步继承了风扇形发展格局，提出向东、北、西南发展三个工业区的特点和利用蜀山湖和大蜀山山水自然景色，形成农业、田园结合的风景区，以及沿南淝河至巢湖低洼地带农田林网和东北角片林，形成三大片绿色扇翼，构成城市的楔形绿地系统，正确引导巢湖新鲜空气入城。1984年，合肥市利用城市轴心即新老城区之间的护城河水系和原城墙基遗址上形成的林带，以及高低起伏的地形开始大规模建设环城公园，无疑是大地园林化在城镇辖区内的落实，为城市园林发展奠定了坚实基础。接着开展的城市大环境绿化，则是放大了的、综合性更强的城乡一体绿化，亦被称为城市大园林建设。

1993年，《中国园林》杂志第一期上曾著文"从合肥看中国特色的园林城市"，是从园林建设与管理的角度，总结探索如何把城市作为大园林建设的途径。随后在《中国园林》杂志上又相继刊登了几篇相关文章，特别是1999年国际公园康乐协会亚太地区会议，收录和交流了"可持续发展与合肥大园林建设——走中国特色的园林城市之路"一文，主要阐述了合肥在建设园林城市实践中，从可持续发展战略出发，应用传统园林艺术手法，把整个城市作为一个大园林对待，逐步完善城园交融和生态、文化、审美、游憩于一体的独特城市园林格局与风貌，并通过建设现代化大城市和创建文明城市的契机，依靠全社会力量，逐步实施城乡一体大环境绿化，努力实现人与自然和谐，走出具有中国特色的园林城市之路，以及建设园林城市需要处理的诸多关系问题。

进入新世纪，合肥市围绕国务院批复的第二轮《合肥市城市总体规划（1995~2010）》，明确城市作为省会和全国重要的科研教育中心，并于2002年开始编制"合肥城市发展战略规划"，2004年整合完成，提出合肥城市空间布局为"141"结构形式，既1个主城区、4个组团（东部、北部、西部、西南部），1个滨湖新区，将城市从单一中心发展为多中心，合肥城乡绿化进入了大发展时期。尤其2005年下半年开展的"大拆违"活动，拆违面积达1276万平方米，由于做到绿化无缝对接，对城市现代化建设产生了深远影响。

2006年合肥市编制了又一轮《合肥市城市总体规划（2006-2020)》，经专家评审通过后，由省建设厅报建设部审查，进一步明确了城市性质为省会、全国

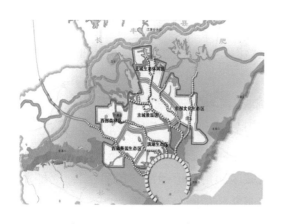

重要的科研教学基地、现代制造业基地和区域性交通枢纽、长江中下游重要中心城市。2009 年合肥市组织编制完成了《滨湖新区生态建设试点规划》，成为城市"141"空间发展战略的重要组成部分，从此现代化滨湖大城市框架迅速拉开，朝着区域性特大城市迈进。为配合规划实施，2008 年还完成了城市绿地系统又一轮规划，明确将合肥建设成为国内最适宜创业和居住的现代化、生态型滨湖大城市，构筑"依山傍水、环圈围绕、田园楔入、珠落玉盘"的城市绿地系统格局，创建生态园林城市目标。尤其 2010 年以来，通过全市开展绿化大会战活动，城区绿化取得突破性进展。滨湖新区公园建设更是进入快车道，将公园建设和水环境保护与治理结合，各种绿地成为建设的新亮点，追求"空气清新、环境优美、生态良好、人居和谐"的城市环境。这一轮绿化的特点在于，承接敞开式的园林布局，大面积、大手笔的以树木为主体，采用人工造园或造林办法将树木花草、地被、藤蔓等植物组成绿地、花园、公园、广场或森林，构成不同人工植物群落，展现出优美景观和气势磅礴的自然风韵，充分体现了大地园林化在环境、社会、经济、文化诸方面效益的充分发挥，使合肥保持了优良的城市生态环境。

2. 城园一体是实现大地园林化的重要途径

合肥进行城园一体的探索，把公园景物搬上街头，将城市作为大公园对待，形成自身特色，适合中国国情，也符合大地园林化的要求。我国是世界四大文明古国之一，其园林艺术是世界上起源最早的国家之一。在 3000 多年的历史长河中，注重"天人合一"、"师法自然"和"虽由人作，宛自天开"，强调人与自然的和谐，奉行的是朴素生态观，把文化艺术等文态氛围当作园林的灵魂对待。进入 21 世纪，随着工业化、城镇化进程的加快，园林绿化在继承优秀传统的前提下，对于城市环境的保护与改善起着越来越举足轻重的作用。合肥正是弘扬祖国传统园林这一瑰宝，通过建设环城公园作为典型案例，将城园一体理念应用于现代化城市建设之中，并在园林建设中采取"精、巧、细、奇"手法，走出了具有中国特色的园林城市之路。

合肥在 20 世纪 80 年代中期结合旧城改造，利用风扇形城市总体规划的轴心，建设长 8.7 公里、面积 137.6 公顷的环城公园。由于公园采取敞开式布局，使园林从封闭式的贵族化，走向开放式的民众化，从巧夺天工的人造化，走向天人合一的自然化。通过带状公园连结老城区四角的逍遥津、包河、杏花公园，以及稻香楼绿地，形成如同一串镶着数颗明珠的项圈，被喻为"翡翠项链"，构成了新老城区之间大的园林绿色空间，开创了我国以带串块的公园系统先河。它比 100 多年来，美国波士顿引为自豪的"宝石项链"更为完善与合理，因为美国波士顿虽将公园、林荫道与查尔斯河谷以及沼泽、荒地连接起来规划建设，但形成的公园系统只是匙形。我们的项链不仅环起来了，而且以环串块，抱旧城于怀，融新城之中。2011 年，我从美国考察归来即在《中国园林》杂志第五期上刊文："翡翠项链"是合肥人的骄傲——从波士顿"宝石项链"说起。

环城公园通过突出植物造景，营造城市的生态空间、艺术空间和文化空间。在建设中尽量保留原有环城林带 7 万余株大树，设计与施工人员不辞辛苦，现场定园路走向和进行树木林相改造。公园还通过城市主要干道横穿公园特点，将公园自然分割成南北两个风格不同的半环和六个景色各异的景区，使公园有分隔、有变化。北半环以葱郁的乔木林为主，在环城道路两侧的疏林中散植成丛、成片的花木，呈现出自然浓郁的山林野趣，突出一个"野"字。南半环因水面开阔，讲究植物的色彩变化和五彩缤纷的花木布置艺术和巧妙地利用水岸坡地，呈现清新幽雅的园林景观，突出了一个"秀"字。此外，不同地段选择不同植物，讲究植物季相变化，形成春、夏、秋、冬四季景色，不同时节都有合宜的景点供人观赏。

公园的园林建筑，在布局上采取"得景随形"、"顺乎自然"手法，化集中为零散，适应"山"无整地的条件和丘陵地形特点，依山水而立，使山水得建筑而奇。临水建筑能浮水成波，岗埠坡地建筑能居高临下，登高眺远。风格上既结合人文传统，又赋予时代新意，力求建筑色彩明快、轻巧活泼、跌落有致。同时，重视历史人文资源，利用城市"三国故地、包拯家乡"的人文与遗址资源建设景点，丰富园林文化内涵，彰显地方特色。

公园建设通过范山模水，体现"巧于因借，精在体宜"的中国园林传统。

城市与公园景色互为因借，给人心理上最大满足。例如，环城公园西北侧的琥珀山庄居住区与公园有 1500 余米相连，最大高差 15 米。在这块高低起伏的地块上，建筑既体现皖南民居符号及传统徽派特色，又使红瓦、白墙住宅与公园景色互为因借，成为"翡翠项链"上又一颗灿烂明珠，构成和谐、优美的城市景观。

公园敞开式的布局，将公园风貌展现街头，融于新老城区之间，形成"园在城中，城在园中，城园交融，园城一体"格局。建设部认为该公园"布局合理，功能齐全，突出植物造景，生态效益显著"，于 1986 年将该年度全国园林唯一的"优秀设计、优质工程"一等奖授予合肥市环城公园，并且在当年召开的全国"首届公园工作会议"上，要合肥作重点经验介绍。改革开放带头人之一的安徽老领导、时任国务院常务副总理万里还应合肥请求，首次破例题字，书写"环城公园"四字，以示鼓励。

进入 21 世纪，伴随着城市经济社会的大发展和城镇化进程的强力推进，园林已成为人们工作和居住生活环境的重要组成部分，在城镇建设中的作用日益显著。此外，市场化的进程，促进了园林绿化以工程项目出现，形成多元化的主体和多元的资金投入，使园林绿化在全市更大范围内大手笔展开，将特色园林风貌渗透到城市各个角落，辐射到整个城市市域空间。例如新建的生态公园、蜀山森林公园西扩、天鹅湖、翡翠湖、南艳湖、方兴湖公园、金斗公园、塘西河湿地公园等敞开式的园林雨后春笋般地涌现。

3. 城乡一体绿化是实现大地园林化的重要手段

实现大地园林化和今天建设美丽中国一脉相承，充分体现了革命导师的博大胸怀与革命浪漫色彩。21 世纪来临之际，园林界的资深院士陈俊愉教授也曾在"重提大地园林化"一文中，以专家学者的身份提出了具体实施步骤，明确大地园林化就是要构成万紫千红、有花有草的稳定而又可持续发展的人工植物群落，借以创造环境、社会和经济等诸多效益。这与著名科学家钱学森提出的"未来的中国应该发扬光大祖国传统园林特色与长处规划建设城市，把每座现代化城市都建成一座大园林"，完全一致、思想一脉相承。因此，合肥市在尊重自然、顺应自然、保护自然的理念下，倡导城镇园林化、山岗森林化、农田林网化，以及新世纪从整个国土角度，通过请教知名园林专家、清华大学朱钧珍教授，她赞成还应增加湿地公园化、牧场疏林化、沙漠绿洲化作为整个国土大地园林化的内涵。因为只有多样化，才符合地球除雪山、戈壁之外，在人力所至的各种陆地地貌中，人工自然所应取之策。

谈及大地园林化，自然也不能回避创建森林城市，因为它和创建园林城市来自国家不同部门提出的要求。森林城是在城市的更大范围，即整个城市市域范围内开展的城乡一体绿化。该项创建活动虽然起步于21世纪初，但合肥酝酿于20世纪。国内最早被公认为森林城市的是长春市，20世纪80年代，长春市区绿化

不仅大树多，而且城郊还有一片80余平方千米的森林。合肥市在获得国家园林城市荣誉后，1993年结合当时城市开展的大环境绿化，曾提出建设森林城市，开始涉及对森林城市的探讨，将城郊及农村林业与城市园林有机结合，融于城市更大的地域范围。由于园林城与森林城涉及的范围不同，前者指城市建城区，后者指城市的市域范围。城郊接合部的大环境绿化主要是城郊范围内的农村部分，城市园林和林业部门在这里绿化工作有交叉。当时，合肥市曾明确由政府牵头，园林与林业部门紧密合作，成立大环境绿化指挥部，市长钟咏三任指挥，园林和农林局领导都参与其中，可见改革开放之初的合肥，园林绿化及其理念已走在全国前列。1994年合肥市首次编制大环境绿化规划，上报林业部，曾以（林计批字〔1994〕199号）文批复，明确合肥市作为"探索南方森林城市建设途径，以适应改革开放需要，促进南方经济快速发展，原则同意合肥大环境绿化规划（森林城建设）"。

合肥市提出建设森林城的起因，就是为了缩小城乡差距，促进城乡共同繁荣发展。首先在规划中提出，城乡绿化建设应以园林绿化为先导、植树造林为主体、把森林景观引入城市，园林景观辐射到郊县，让森林环抱城市、城市拥抱山林、达到城林相融，作为宏观描述。而在具体工作上则明确：城镇园林化，

山岗森林化，农田林网化，尽快提高城乡绿化覆盖率和增加城乡绿化面积，提高园林、林业在国民经济生产总值中的比重。

世纪之交的 2000 年春，合肥市还专门成立"森林城建设工程指挥部"，时任市长车俊为指挥。根据全国绿化委员会办公室（全绿办［2000］2 号）文"关于做好城乡绿化一体化试点城市规划工作的通知"精神，组织农林、园林及规划院等部门编制《合肥市城乡绿化规划》，并于当年向全国绿委办汇报，并经专家组审定，反馈审查意见是："该规划总体思路清晰，建设范围划分科学；规划的指导思想和规划原则正确；总体布局合理；规划提出的建设目标明确、切实可行"，并于 2001 年 4 月正式批复执行。

2011 年，合肥市再次提出并申报创建国家森林城市活动并在 2012 年委托中国林科院作了新一轮森林城建设规划，积极开展城乡一体绿化。尤其，在组织机构上于 2009 年将园林和林业主管部门合并，成立市林业和园林局。

4. 环巢湖时代对实现大地园林化提出更高要求

2011 年随着国务院批准的区划调整，合肥市新增巢湖和庐江两县，市域扩大为辖四县四区和巢湖市，面积从 7776 平方千米扩大到 11433 平方千米；城市从濒临巢湖发展到环抱整个巢湖，地域越来越大。因此，禀赋这独特的地域资源、历史人文和特色优势，以及未来城市形象，在"141"空间格局的基础上，又编制了《合肥市空间发展战略规划和环巢湖生态保护及旅游发展规划》，提出

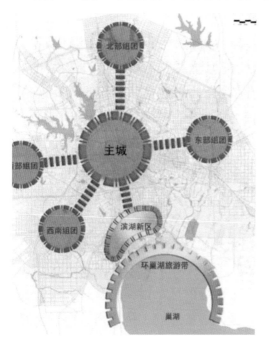

新的"1331"城市空间格局，即1个主城区（141整体）、3个副中心区（巢湖、庐江、长丰）、3个产业新区（合巢、庐南、空港）、1个环巢湖示范区。城市定位为"大湖名城、创新高地"，职能为泛长三角西翼中心城市，具有国际竞争力的现代产业基地，具有国际影响力的创新智慧城市，国际知名的大湖生态宜居城市和休闲旅游目的地。明确环巢湖发展理念，并且从经济发展的角度又提出合肥经济圈的大概念，在更大范围内奠定了合肥成为区域性特大城市的基础，为大地园林化展现了更大的发展空间。

　　今年，安徽省省政府又一次对园林绿化做出重大决策，提出开展城镇园林绿化提升行动，这为合肥市实现大地园林化提出新的更高要求，也为环巢湖在更大市域空间提升园林水平获得良机。合肥市坚持以精品绿化示范工程为抓手，通过创建国家生态园林城市、森林城市等活动，与"三线三边"环境整治、千万亩森林增长工程、绿道建设、旧城改造提升、河道水系整治等专项规划要求相衔接，以及通过新编《合肥市域绿道网络系统规划》和新一轮绿地系统规划为契机，统筹考虑，努力提升大地园林化的质量与水平。新一轮绿地系统规划结合"一岭六脉、五渠联湖众水汇巢"市域生态空间格局；按照生态控制区、生态保育区、生态协调区不同控制措施，结合市域绿地斑块和廊道，构建市域绿地系统，形成："一岭、两核、四楔、多廊"结构。这里"斑块"指市域重要山体、水库、湖泊、森林公园、风景名胜区、农业生态园、旅游度假区、自然保护区、湿地公园等。其"廊道"指市域重要水系，主要河流为南淝河、二十埠河、十五里河、派河、杭埠河、白天石河、裕溪河、兆河、丰乐河、柘皋河；主要干渠为淠河总干渠、滁河干渠、舒庐干渠、瓦东干渠、潜南干渠。"一岭"是江淮分水岭；"两核"是合肥都市区市域生态核、环巢湖生态核；"四楔"是西北城市水源保护区绿楔，东面浮槎山至白马山至龙泉山、半汤至平顶山绿楔，东南巢湖绿楔，西南大别山、紫蓬山绿楔；"多廊"是基础设施防护带、河流区域性廊道，以及公路绿化和市域绿道网连接的各类风景名胜区、森林公园、自然保护区、湿地公园等斑块。市级重要公园通过连接郊野公园，形成"大公园"体系。

　　而环巢湖周边地区的绿地系统结构为"一环、五片区、多廊、多点"特色。一环是巢湖生态环；五片区是大圩至南淝至滨湖森林湿地公园片区、姥山至四顶山至白马山风景旅游区、平顶山至半汤旅游度假区、银屏山森林公园片区、三河百塘源湿地生态区；多廊是南淝河、派河、丰乐河、杭埠河、白石天河、

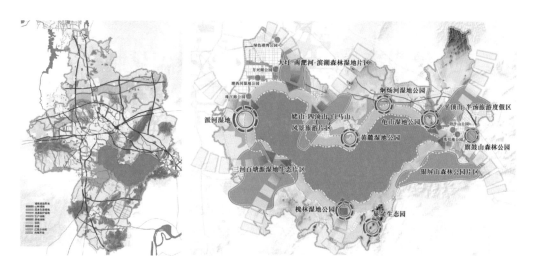

兆河、裕溪河、龟山至岠嶂山、浮槎山至白马山与四顶山等多条山水生态廊道；多点是绿色港湾公园、方兴湖公园、塘西河湿地公园、珠江路公园、派河湿地公园、槐林湿地公园、巢湖生态园、旗鼓山森林公园、卧牛山公园、洗耳池公园、龟山湿地公园、炯炀河湿地公园、黄麓湿地公园等。

其中特色鲜明的环巢湖 178 千米长的绿道，将串连起 10 座特色小镇、40 个美丽乡村、17 座湿地公园和 7 个山林景区，形成一条美丽的"项链"镶嵌在巢湖岸边。绿道分为三级，除主环线外，还包括 10 条次环线和 10 条联络线，总长约 248 千米。

合肥市新的城市绿地系统，既传承了"环城公园、绿楔嵌入"的经典模式，又结合了合肥市市区不断扩大用地的要求，形成"一岭、两核、四楔、多廊"市域绿地系统和在城区构建"依山傍水、环圈围绕、林水成网、城湖相映"的特色风貌。尤其市区还提出 300 米见绿、500 米见园，切实做到绿地均匀分布，处处为市民着想。

总之，合肥通过开展城镇园林绿化提升行动，以提高大地园林化的艺术水平和绿化质量为目的，在一切必要和可能的城乡土地上，因地制宜绿化植树、栽花种草，并结合其他措施修建文化娱乐设施，发展风景旅游事业和建设山川名胜景点，建设亭、台、楼、阁及其他游憩设施等，进入实现大地园林化的高级阶段，与美丽中国梦一脉相承、相得益彰；尽快形成"大湖名城、创新高地"的环境特色，实现大地园林化使其成为合肥市又一张新的靓丽名片。

（原载《现代园林》杂志 2014 年 10 期）

第四章　园林城推动建设森林城

　　建设园林城市指在城市建成区内进行园林绿化建设，追求的目标是城镇园林化。

　　森林城建设则指在整个城市的市域范围内通过大环境绿化和荒山造林，实行城乡绿化一体化，追求的目标是城镇园林化、农田林网化、山岗森林化，进而在全国范围内扩大到牧场疏林化、湿地自然化、沙漠绿洲化。

合肥市园林绿化的新突破

——大环境绿化建设

　　合肥位于江淮丘陵中部，是一座古老而新兴的城市。党的十一届三中全会以来，园林绿化结合城市的总体规划，实行"以面为主，点线穿插"，发展公共绿地，"以小为主，中小结合"的方针和采取"公园景物搬上街头"，以及提倡园林路，鼓励单位环境绿化等措施，收到事半功倍的效果。20世纪80年代初，结合城市改造，利用老城基两侧的环城林带和护城河水系，开始大规模兴建敞开式的环形带状公园，并串联逍遥津、杏花村、稻香楼和包河等块状绿地，形成独特的城市公园系统，被人们誉为绿色的"翡翠项链"，达到城园相接，园城难分，城园浑然一体的意境。1988年底，市区园林绿地已发展到1634公顷，城郊范围内共有树木近千万棵，城区绿地率达26%，人均公共绿地7.01平方米。70年代以前一直默默无闻的合肥园林，如今已具有相当规模，为合肥赢得了绿色之城的美名。

　　随着经济建设的发展，科学技术

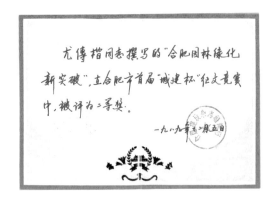

尤传楷同志撰写的"合肥园林绿化新突破"，在合肥市首届"城建杯"征文竞赛中，被评为二等奖。

一九八九年二月五日

的进步和城市规模的不断扩大，以及人民生活水平的改善，对城市环境、游憩、审美要求越来越高。如何让绿色植物渗透到城市的每个角落？合肥市如何在所辖三县一郊的7266平方千米范围内使人工环境与自然环境有机结合，提供良好的生态、游憩条件和优美的环境？合肥市委、市政府把大环境绿化建设提上了议事日程，园林绿化事业面临着又一次新的飞跃。

合肥市大环境绿化建设的核心就是城乡一体，把市区的园林绿化和郊县林业建设作为一个整体对待，在近郊458平方千米范围内，依据1982年国务院批准的合肥市以5.2平方千米老城区为轴心的风扇形城市总体规划布局，规划了91平方千米的西郊风景区建设，发展东南方向沿南淝河至巢湖低洼地带，规划数平方公里的通风林等三大片扇翼绿化方案。与此同时，要求三县一郊的城镇都应发展一定的公共绿地，每个县城至少应有一座公园，境域内的荒山荒地全面绿化，四旁能植树的地方都栽起树来，实现村村绿树丛荫，大地园林化。逐步形成点、线、面、片、网、带相结合的城乡一体的绿化体系；逐步把路、河、沟、渠形成绿色长廊；丘陵山地形成风景秀丽的森林公园和春华秋实的干鲜果品生产基地；圩区实现农田林网化，保证肥东、肥西二县的绿化覆盖率不小于20%，长丰县达到平原县绿化覆盖率10%以上的要求，市区绿化覆盖率力争达到35%以上。

如何形成具有合肥自身特色的大环境绿化？除在近郊尽快实现城市总体规划要求的三大片绿色"扇叶"之外，还应该充分发挥优越的自然条件和历史人文资源。

合肥北起舜耕山，南至巢湖边，岗冲起伏，垄畈相间，中部高，南北低，西部大别山的余脉自肥西县的大潜山，由西向东北蜿蜒，经将军岭至长丰县的吴山、土山和肥东县的八斗、广兴一带高地出境，横贯本市中部，隆起如脊，为长江、淮河的分水岭，所辖三县均有一定的山地。长丰县的舜耕山自西向东绵延20千米，为合肥与淮南市的天然分界线。肥东县东部边境有蜿蜒不断的山峦110公里长，其中浮搓山海拔418米，为全市最高点，自东北向西南还有元祖山、岱山、鸡笼山、龙泉山、白马山、四顶山等25座层峦叠翠，气势雄伟的群峰。肥西县的西部大小山峦绵延25千米，自西向东有莲花山、大潜山、紫蓬山、小蜀山等8座山，景色秀丽。合肥市尽快绿化好分水岭的高地和各县的山地，应是大环境绿化建设的重点。城市制高点和山地披上了绿装，无疑有利于城市的生态环境，同时又有利于开发多处森林公园增加游览点。如离合肥城东

35 千米，肥东县境内，巢湖之滨的四项山，素以"一山分四顶三面看平湖"之称，自古被列为庐阳八景之一。城西 30 余公里，肥西县境内的紫蓬山，旧有寺庙百余间，周围林木茂盛，天晴还可眺望巢湖船帆，风景如画，曾被赞誉为庐阳第一名山。

合肥的南郊是全国五大淡水湖之一的巢湖，湖滨一带为冲积平原，土地肥沃，最宜发展农田林网。巢湖的湖岸较曲折，且港汊密布，适宜营造以池杉为主的边岸防护林和风景林，还可与兀立湖心岛的姥山、孤山相呼应，秀丽的湖光山色可开发为游览胜地。

此外，形成合肥特色的大环境绿化，围绕"三国故地，包拯家乡"来作文章，重点绿化和建设多处历史遗迹。如三国遗址，市区的张辽威震逍遥津，城西郊 15 公里处的"三国新城"，肥东县八斗岭处的曹植墓等。另外，根据合肥气候冬寒夏热，春秋温和的变化特点，植物区系属北亚热带、温带相互渗透与交汇地带，南北植物 1900 种，种类繁多，在形成地区特色和充分发挥大环境绿化的生态、审美、游憩的综合效能方面极有潜力可挖。

合肥市大环境绿化建设任重而道远，具体实施本着先易后难，先近后远，先点后面的原则和以市促镇，以镇促乡的原则。近期重点建设西郊风景区，在规划的 91 平方公里范围内，充分发挥大蜀山、董铺水库一山一水的自然优势，利用丘陵岗地发展万亩果园，千亩茶园；利用荒滩、荒岗发展速生丰产的用树林，结合大蜀山的林相改造，建设樱花园、疏林草地等多个专类园；在三面临水的原园艺场基地上建设我省第一座融科普、科研和游憩为一体的植物园；蜀山东侧结合科学园区开发，筹建合肥市动物园；充实提高市苗圃的霁园和恢复三国遗址的古迹等。

今年，合肥市首先选择城市西郊董铺水库东南边岸蜀山镇的卫楼、蜀山、十八岗 3 个村为重点，结合开发性农业，搞"效益林业"。选择的 3 个村，是规划的西郊风景区一部分，这一地区东自水库大坝，西至通往科学岛的风景路西侧一公里处，边岸长 22 公里。我们在 28 米高程以上的水库水资源一级保护区范围内，营造以耐水湿且经济效益高的池杉为主的防护林。30 米高程以上，本着宜粮则粮，宜林则林，宜果则果的科学态度，丘陵岗地发展以早甜桃为主的果木林；冲田仍以稻麦为主，不影响粮食生产。水库的迎水坡和荒岗、地埂栽植可编制箩筐的紫穗槐等乔灌结合。家前屋后结合田园经济，发展果大质优的巨峰葡萄及柿树、石榴等经济果木。同时，利用风景路东侧的制高点和周围的茶园、桃园，以及背依大蜀山、面迎水库的优越自然条件，点缀多种观赏树木。计划适当配置园林建筑小品，逐步形成山清水秀、浓馥芳香，一派田野风光的农民公园，为西郊风景区建设增添又一颗明珠。

这3个村去年把社会、经济的发展与生态结合起来，把农业的产业结构调整与西郊风景区建设结合起来，把水库水资源的保护与林业生产结合起来。实施过程中还结合全民义务植树活动，6万余人参加了22千米边岸绿化，其中约5千人次参加植树劳动，5万人次以钱代劳筹集苗木经费25万元。

城乡一体着手合肥市大环境绿化建设，主要是在农村经济承包责任制的基础上，明确林木所有权和推广速生丰产经济效益显著的林木，使绿化植树与农民的切身利益紧密挂钩，使人民群众焕发前所未有的绿化热情，加速大环境建设，促进城市境域内绿化体系的形成。

我们相信，通过全市人民的共同努力，必将创造一个生态平衡、风景如画的城市环境。

（原载《国土绿化》杂志1989年5期，《合肥建设》杂志1989年4期）

合肥市强化省会意识

——提出"三年消灭荒山 五年绿化整个城市"

合肥市委、市政府积极响应省委、省政府提出的"关于动员全省人民实现五年消灭荒山、八年绿化安徽目标的决定"，强化自身的省会意识，把植树造林、绿化国土、改善生态环境真正作为落实"保护环境"这一基本国策的重要措施之一来抓，决心在全省带个好头，率先提出三年消灭荒山，五年绿化合肥。

合肥市的具体目标是：1992年底以前，消灭现有的6.54万亩荒山；1994年底以前，绿化市域境内的所有城镇、村庄、道路、渠道、水库边岸等四旁隙地。郊区1992年底以前，肥东、肥西、长丰三县1994年底以前全部达到部颁南方平原绿化标准。全市森林覆盖率提高到15.1%，其中肥东、肥西两县的森林覆盖率要达到20%。市区绿化要求上水平，在进一步扩大绿地、见缝插绿，植树种花、铺植草皮基础上，开辟西郊风景区，重点建设我省第一座植物园，以及花冲、杏花、瑶海等多处公园的同时，注意发展沿街绿地、游园等各种小型绿地，力求增加城区绿量，丰富城市色彩，方便市民游憩。1994 年底以前，市区绿化覆盖率由目前的 26% 上升到 30%。

今年是省委、省政府提出"五八"绿化宏伟目标的第一年，也是合肥市"三五"绿化奋斗目标的第一年。去冬今春以来，合肥市紧紧围绕一个目标，即"三五"绿化规划；狠抓一个中心，即以提高植树造林质量为中心；打好一个基础，即抓好育苗基础、做到一提高，即提高城市绿化水平；二突出，即突出消灭荒山、突出路渠绿化；三发展，即发展经济林、发展农田林网、发展村镇绿化。具体任务是：造林 4.8 万亩，四旁植树 1100 万株，农田林网控制面积 37 万亩，育苗 5500 亩。市区植树 15 万株，铺草坪 10 万平方米，栽草花 50 万株，发展公共绿地 10 公顷，城乡义务植树 835 万株。其重点项目概括为一个环、六大片、七条线，十条渠，简称"1670"绿化造福工程。一个环是围绕外围绿化带；六大片是肥东县的龙泉山 5126 亩，太子山、浮搓山的 6100 亩，肥西县的紫蓬山 6500 亩，长丰县的舜耕山 7000 亩（90 年计划 3000 亩）和吴山镇 3000亩，夏店乡 1000 亩的经济林。七条线是合淮、合六、合安、合芜、合浦、合蚌六条主干公路和水蚌铁路；十条渠是境域内的驷马山干渠、上派河新堤、滁河干渠、瓦东干渠、黄花山干渠、蜀山分干渠，以及肥东、肥西二县"2814"水产项目基地绿化和长丰县的车王乡、郊区的大圩农田林网项目。

合肥市已完成成片造林 5.473 万亩，超计划 14%，四旁植树 1192.47 万株，超计划 6.9%，城乡义务植树 15777.29 万株，超计划 88.9% 完成任务，城市绿化在提高城市绿化水平的基础上植树也超额完成了任务。

（原载省建设厅《建设信息》1990 年 5 月 15 日）

城市林业的发展趋势与合肥市经济林的建设

城市是社会经济发展的必然产物，建设一个既舒适、方便，又清洁、优美、文明的现代化城市生态环境，是人们的普遍愿望。为此，除了必须采取一系列措施控制和治理环境污染，还必须应用经济生态学原理，通过生物措施，发展城市绿化，建设城市林业。

一、国内外城市林业的发展趋势

近 20 年来，美国开展的"城市森林"运动，就是把森林引入城市，创造城市绿地系统中的绿岛，提供尽可能完善的城市环境。新加坡正在推行的"花园城市"运动、澳大利亚首都堪培拉的总体规划选择森林城市方案等。世界各国普遍重视改善生存的环境，把创造一个清新、优美的城市环境作为建设的目标。

我国是一个历史悠久的文明古国，历来十分重视城市环境与自然的融合。对城市与山林的结合，提法最早。我国历代提倡的"妙极自然，宛自天开"的自然式山水园林被公认为世界造园艺术的渊源之一。

现江南名城镇江市保存的碑刻中，就有我国北宋时期的书画家米芾题写的"城市山林"手迹，距今已有900年历史。可见重视城市的自然环境，无疑是我国悠久文明史的重要组成部分，与当今世界城市发展目标相一致。

随着城市社会经济的发展，保护环境，维护生态平衡，越来越受到人们的重视，现已成为我国的基本国策之一。由于城市人口密集，城内空地甚少，因此，我国不少城市已将绿化重点转移到城市周围，特别是城郊结合地带，创造了许多好的经验和切实可行的办法。我国北方的长春市提出建设森林城，就是立足于城市与森林的结合，从城市的总体绿化布局入手，以城为主，城乡结合，突出林带、林网的综合防护功能，把各类自然林，住宅树木、单位绿化、公共绿地、行道树、近郊风景区组合成城市森林。这与提高综合效益为主的现代林业发展方向一致，使城市成为一个较大的生态系统而实现良性循环。天津市结合城市外环道路外侧绿化，大力发展以经济果木林为主的绿化带，长73千米，平均宽500米，占地53万亩。杭州市在郊外也发展大片果园，

2003年，作者夫妇陪同父母在他们"钻石婚"时重返婚礼所在地镇江市，共享城市山林的情趣

扩大西湖风景区，从而提高了城市环境质量。

随着城乡一体的城市大环境绿化建设的展开，在城外发展多层次、多功能、多效益的立体林业和市内园林从单一的审美、游憩出发而转移到以整体的城市生态环境为主，促成园林与林业的有机结合。做到城乡结合，林城相融，园城一体，充分发挥整体的生态效益、经济效益和社会效益，这是现代城市林业的特点。它将林业多种功能、多种效益与园艺生产和城市的园林绿化有机结合；它突出植物造景，提倡多层次的植物生态结构，发挥复合林业的多种效益，它将立体林业与生态园林有机结合，并融合其精髓于特殊的城市地域环境。

二、合肥市发展城市林业的布局及经济林的建设

近几年，合肥市进行以城乡一体为核心的大环境绿化，使园林与立体林业有机结合，把发展城市林业、建设"绿色的城"作为城市大环境绿化的重要内容。

合肥市大环境绿化工作在面向所辖三县一郊 7266 平方千米土地的同时，发展城市林业的重点则是在城乡结合部 458 平方千米范围内，以环抱 5.2 平方千米老城一圈的敞开式环城公园为轴心，向东、北、西南发展相连接，形成"风扇形"城市总体规划布局。城市林业则主要利用城区三片扇叶间的大片农田，形成城市的楔形绿地，实现绿地系统规划。除大搞农田林网，荒山、荒岗造林绿化，以及利用四旁隙地植树绿化以外，着重利用大片丘陵岗地，结合开发性大农业，大力发展经济果木林，形成立体林业。在西郊风景区水库边岸种植以池杉为主的防护林，丘陵岗地适当发展早甜桃为主的水果树，重点发展板栗、银杏等经济果木，并且采用长短结合的方法，积极推行林粮、林菜、林药、林农牧各种形式的复合经营，实行多层次、多效益的立体林业。近期既不大影响农民的收益，远期又可获得永续的经济利益，并产生显著的生态效益。

中国栗是世界上四大栗类中的上品，也是目前果品出口创汇的拳头产品之一。国际市场每年需要量很大，仅日本每年需求 10 万吨，每吨可换外汇 1000～1900 美元。我国板栗出口量多年徘徊在 2 万吨左右，尚不能满足国际市场需要。合肥的气候和土壤条件均适宜板栗、银杏生长，只要注意选择适销对路的优良品种，发展板栗、银杏必将大有可为。

（原载《安徽农学院学报》1992 年 3 期）

从"园林城"到"森林城"

绿化在城市中不单纯要求美，更重要的是为缓解城市的温室效应，维持生态平衡。

作为安徽省的省会，合肥的建设目标是"现代化的大都市"，这一点已成为领导决策层和市民百姓的共识。"现代化的大都市"其中重要的一条，无疑与"美丽"、"美好"、"美化"这些美妙的字眼，有着密切的联系。作为"城市美容师"的园林绿化部门，在这种大目标的背景下，1993 年底为合肥市制定了《森林城建设规划》。1994 年 7 月，这个规划得到了林业部的批准。"森林城"规划的指导思想是，把森林景观引入城市，将园林景观辐射到郊县，使城市坐落在森林之中，形成城区以园林绿化为主体、城郊森林为屏障的一个多层次、多功能、多效益的大环境绿化生态体系，实现"城镇园林化、农田林网化、山岗森林化"的目标。

合肥随着人口的日益增多，建成区面积的不断扩大，园林绿化部门所承担

20 世纪 90 年代中期，时任林业部部长徐有芳（中）视察合肥园林，作者（左 2）汇报森林城建设提出"城镇园林化、农田林网化、山岗森林化"观点时，部长当即充分肯定地说："森林城就是这样"！

的社会责任也就愈加重要。本着"发展、管理、开发"三管齐下的方针，在发展园林绿地的"量"和"质"上下功夫，今年计划开辟大蜀山—紫蓬山的 18 公里绿化带，此举有"三得"。其一是培养经济林木，调整产品结构；其二可使方圆数百公顷的蜀山森林公园和方圆数千公顷的紫蓬山森林公园交融相连，将肥西的"森林景观"引入园林城中。其三是开发紫蓬山的旅游资源，为市民提供一个更为广阔的游憩空间。为了扩大生产用地，合肥市苗圃今年将在三国新城遗址附近征收 26 公顷土地，近期作为育苗基地，远期可作旅游景点。在公园建设上，完善花冲公园的内部设施，着手建设杏花公园，同时分别在两个公园内辟出宠物和花卉专业市场。蜀山公园的百米长廊建成开放，逍遥津公园丰富三国景点内容。今年计划专业队伍植树 18 万株，铺草 10 万平方米，发动社会义务植树 100 万当量株，新辟园林绿地 30 公顷。同时，进一步完善"门前三包"的"包绿化"内容，促进全市有更多的机关、学校、医院和各企事业单位达到"花园式"的目标。

几年前，合肥与北京、珠海一起，进入全国首批"园林城市"，这已成为璀璨的历史，而今"森林城市"的提出，将成为我市可望又可及的一幅美丽画卷。

（原载《合肥晚报》1995 年 3 月 12 日以答记者的方式发表）

从合肥看中国特色的城市森林
生态网络体系建设

摘要：本文从合肥园林城市的现状出发，分析了园林建设取得的成就，提出了今后发展规划，探讨了建立森林生态网络体系可能的途径。

关键词：合肥，森林生态网络体系

现代先进的生产力，加速了工业化进程，合肥城市的迅速扩张和人口的快速增长，使人们渴望在城市内保持优美的自然风景和野生情趣。建设园中之城，即建设城市森林生态网络体系就是力求使城市成为适宜的居住地，成为人工的森林生态网体系环抱的城市环境。所以合肥在满足人类对集中居住生活环境日益提高要求的基础上追求的是建造现代化大城市，但又不破坏自然景观和生态环境为前提。

一、立足于整个城市生态环境的改善，把城市作为森林生态网络体系的一部分

园林绿化作为城市建设的重要基础，作为森林生态网络体系建设的前提，是实现城市可持续发展战略的重要生态措施，在城市建设中的重要性日益显著。合肥市作为全国首批的园林城市之一，始终将发展与环境协调视为头等大事，让园林绿化伴随着城市建设的步伐，应用中国传统的自然山水园林手法于城市的规划、建设之中。把城市作为一个森林生态网络体系中的一个点来对待，融生态、审美、游憩效益为一体，满足持续发展所必需的生态环境要求，创造今天的城市新环境，让传统的中国庭园空间的尺度扩展到城市的大环境之中，这方面合肥市作了有益的探索和实践，并逐步形成了具有当代中国特色的城市森林生态网络体系。

城市公园在世界始于19世纪中叶，我国则产生于19世纪后半叶。进入20世纪，随着工业化进程的加快，人们对环境越来越重视，田园城市、花园城市成为世界上许多城市建设的目标。尤其园林本身对于城市生态环境的保护与改善，越来越起着举足轻重的作用。今天，我们创建城市森林生态网络体系，提倡建设健全的城市生态环境，正是弘扬祖国传统园林艺术这一瑰宝，将之应用于现代化城市建设之中，走具有中国特色的城市园林建设之路。让城市园林体现了自然与文化艺术和现代城市建设的有机结合，使城市既有自然野趣，丰富的历史文化内涵，又有现代气息的物质文明与精神文明，进而加速人类交往的速度，更好地服务于城市经济发展和城市建设。因此，发展园林事业应立足于整个城市生态环境的改善，打破一般苑、囿和城市公园的格局，并应用我国传统的自然山水园林手法于城市的规划建设之中，让城市环境与自然协调，建造科学适宜的人居环境，从传统的"装饰园林"向"生态园林"转变，满足城市迅速发展的要求。

二、从实际出发，树立可持续发展观点，创造优美的、生态健全的城市人居环境

园林不仅是提高城市品位与档次的重要措施之一，而且其绿色植物更是陆地生态系统的主体。因此城市的发展必须与园林绿化相协调，才可能实现城市真正意义上的可持续发展。

随着生产和城市扩张的进程日益加快，现代人类要对付的威胁远比古代人所受的威胁更为巨大而可怕。为了挽救人类自己，人类必须采取种种手段，使各种没有理智的残忍行为服从于人类自己的生物的机能和文化的目的。1992年

联合国环境与发展大会，通过了《里约环境与发展宣言》，强调环境保护是发展的必要组成部分。我国政府亦十分重视，首先制定了《中国 21 世纪议程》，提出了社会经济的可持续发展观点。

发展我市园林事业，立足于追求人与自然的和谐，提高人类生存质量为目标。面向 21 世纪的城市园林，就是要在城市这个特殊的人工环境中，树立园林可持续发展的观点，服务于自然——经济——社会这一复合系统，采用人工造景的办法，使人类在不超越资源与环境负荷的条件下，追求人与人工自然环境的最大和谐，促进社会经济发展和让人们回归自然与美好的环境享受，保持资源的永续利用和满足人们生活水平质量不断提高的需求。园林事业的发展应朝着人与自然和谐的目标，保证城市化与自然化在一定条件下达到统一，并赋予一定的文化内涵。合肥市加快城市化进程，并安排一定比例的绿地，建立城市森林生态网络体系满足人对自然环境的需求，在具体工作上除了使绿化的几大指标提高之外，还要按照市委、市政府提出的围绕城市建设的"三环"、"五化"目标展开。"五化"是美化、绿化、香化、净化、亮化，其中有四化均涉及园林绿化；"三环"即一、二环的道路绿化与环水工程。环水工程主要是通过对南淝河环城水系的综合整治，提高城市防洪标准和变浊水为清水。水体在城市整体景观和生态环境中越来越成为不可忽略的天然要素。城市的天然水资源、城市人工水体和空气，对人而言既是物质的也是精神的。水在塑造城市与自然环境融为一体方面起关键性作用。我们要依水造景或部分地段采用石林峡谷等造园手法构筑山水景观，增加城市的灵气和发挥城市水的生态价值，形成独具特色的城市风貌和具有现代氛围的城市气息。按照市委、市政府的要求，21 世纪将基本形成环绕市区的水上风景带，恢复环城水系历史的风貌，建成一批新的公园，使之进一步拓展和美化城市，造就一个与现代化大城市相适应的文明优美、生态健全的环境空间。要继续以环绕环城河水体周围绿化而营建的环城公园森林生态网络体系，发挥这条若断若续、时隐时现的环城河水体和森林组成的复合体系潜能，统摄城市这个庞大的空间范围与整体环境，在一定程度上满足现代人复归自然、亲近自然的本性和提高城市生态环境的质量。

三、从国情市况出发，建设高质量的城市森林生态网络体系任重而道远

随着改革开放的深入，经济的腾飞，我国人民生活水准从"温饱型"转向"小康型"，人们的"环境意识"、"生态意识"也随之显著增强。保护环境、绿化祖国已成为我国一项基本国策。为此，建设部专门制定了《城市绿化规划建

设指标》，规定人均公共绿地面积 2000 年达到 5~7 平方米，2010 年达 6~8 平方米；城市绿地率 2000 年达到 25%，2010 年达到 30%；绿地覆盖率 2000 年达到 30%，2010 年达到 35%。

合肥市现人均公共绿地 7.4 平方米，绿地率 25.2%，绿地复盖率 31%，虽已超过国家规定 2000 年达到的目标，但与已评定的 12 个园林城市的几大指标平均数相比，又低很多。可见合肥市虽是首批园林城市，但城市的园林绿地在量上已跟不上时代要求。要保证城市生态健全，让合肥在全国处于绿化领先地位，优势已经不多。我们应该清醒地面对现实，变压力为动力。合肥在城区用地占总土地面积比例与全国城镇用地比例平均数 1.8% 差不多的条件下，居住着合肥市三分之一以上的人口，国民生产总值和上缴利税的产出占全市的 78% 以上。城市的重要性不言而喻，我们必须从总的认识方面统一人与自然的相协调关系，城市自然环境质量的提高才有根本的保证。

为此，经省、市人大批准，今年（1998 年）元月一日起执行的《合肥市城市绿化管理条例》，在"规划与建设"一章中，明确规定任何单位和个人不得擅自变更城市绿化规划。城市新建区绿化用地面积不低于总用地面积的 30%，城市改建区绿化用地面积不低于总用地面积的 25%，城市苗圃、花圃等生产用地不低于城市建成区面积的 2%。

对城市各类建设项目，安排相应绿化用地：新建居住区不低于 30%，并按居住人口人均 1~2 平方米公共绿地，新建的城市主干道绿化用地不低于 30%，次干道不低于 20%，改、扩建道路不低于 15%，大专院校、部队、医院、宾馆、疗养院、休养所、体育场（馆）等大型公共建筑设施不低于 35%，工厂及大型商业、服务业设施不低于 20%，有污染的工厂不低于 30%，并按国家规定设立防护林带，城市规划区内的铁路、河道两侧及水库周围应建设多林种、多树种、多层次、多效益的防护林带。

为充分发挥每一块绿地生态效益，在植物种植上还是要符合植物的生态习性并讲究艺术效果，尽可能做到乔、灌、草的结合和人工植物自然群落的形成，最大限度地发挥植物光合作用的效能，减少城市的不利生态因素，减缓城市的热岛效应，最大限度地满足合肥市人民对环境质量越来越高的要求。

四、抓住机遇乘势而上，持续不断地提高城市生态环境质量和园林城市的内涵与品位

尽快把合肥建设成现代化大城市，已成为安徽省"九五"规划和 2010 年远

20世纪90年代初，安徽农业大学教授在合肥城郊绿化现场指导森林生态网络建设

景目标纲要的重要组成部分。同时，创建"文明城市"作为配合现代化大城市建设的重要内容，已成为省委、省政府抓合肥，带全省的战略举措。在这样的新形势下，园林部门为了更好地服务于经济建设这个中心，适应现代化大城市建设和两个文明一起抓的要求，我们必须抓住当前的这一难得机遇，进一步解放思想、乘势而上，促进园林绿化事业持续不断地发展，提高城市的生态环境质量。

建设现代化大城市和创建文明城市，对园林绿化的发展更需要高起点、高标准、高要求。建设现代化大城市，衡量的标准很多，高楼大厦是标志之一，但不是重要标志。因此，我们必须以扩大园林绿地为基础，完善老公园，建设新公园，选择开发区和重点工程建设配套绿化为突破口，高度重视道路绿化。同时，在区域内见缝插绿，增加绿量、色彩。

根据规划，合肥总体将向巢湖方向拓展，即近期向西南、远期向东南发展，形成以现城区为核心，呈组团式的总体布局，并且明确把建设城市森林生态网络体系作为总体目标之一。因此，必须树立园林"可持续发展"的观念，保持园林城市的特色。依据合肥地形地貌的特点，必须靠山、沿河、近湖建立风景区、风景带，创造有山有水的园林城市形象。结合道路建设，大力发展园林路、花园街，让多环城市道路的绿色环带与纵横交织的园林路、花园街连接，形成优美的城市森林生态网络体系。同时，重点发挥合肥包拯家乡的历史人文独特优势，抓住1999年包拯诞辰千年的机遇，打好包公牌，提高城市的文化内涵。在城市内按建设用地的比例留足绿化用地，采取精益求精、锦上添花的方式，树立绿地精品意识，提高园林绿地的质量和档次。在城市规划区的更大范围内，城乡一体实施大环境绿化工程，即在城郊结合部和远郊大环境区，把森林生态系引入城市，园林景观辐射到郊县，使城市坐落在森林中，城市中到处能见林。城区形成以园林绿化为主体，城郊四周森林作屏障的一个多层次、多功能、多效益的森林生态网络体系。实现城镇园林化、农田林网化、山岗森林化，突出人与自然最佳和谐，融自然野趣与清新、优美的环境于现代化大城市建设之中。

（原载《生态学研究》杂志1998年1期）

构建城市绿地生态系统
加速合肥大环境绿化

大自然孕育了生命和文明，人与自然共生、共存、共荣。人类热爱自然，感谢自然，追求与自然和谐相处，但随着现代化工业和城市的发展，对城市生态环境的危害已成为人类进入 21 世纪面临的最重要的挑战。绿色植物则缩短了人与自然之间的距离，将自然带回城市并使大自然融入城市环境之中，确保城市环境的生态平衡，人与自然的高度和谐。因此，我们应从拯救地球、拯救人类的高度，加快实施森林生态网络系统工程，保护和建设好生态环境，实现可持续发展。按照中国森林生态网络体系总体要求，点、线、面结合的原则，依据不同的自然环境、经济和社会状况，在江泽慧、彭镇华两位教授的精心指导下，对人口最集中的点的城市绿化，合肥大环境绿化工程已取得了阶段性成果。

一、构建城市绿地生态系统是城市建设的基础

森林生态网络点上的城市绿化，是城市基础设施的重要组成部分，由于各种基础设施是通过有生命的乔、灌、草植物群落组成，所以亦可称为生态基础设施。良好的城市生态基础设施，是城市生存和发展的基本条件，是城市经济、社会发展的基础。近代，城市理论上的每次重大发展都与周围的绿色有关。绿色象征着蓬勃的生机和绵延的生命。绿化通过植物及其生存的空间，共同造就的是充满生机的城市美丽景观。同时植物通过光合作用，吸收二氧化碳，放出氧气和蒸腾作用等缓解了城市热岛效应。绿地还可作为地震和火灾时的避难地与避难通道，提高城市的防灾能力，以及成为市民日常生活中丰富多彩的娱乐休闲和回归自然的场所。此外，通过乔、灌、草结合的复合植物群落，确保生物多样性的生存环境，使人们通过"绿化"，实实在在感受到四季的变化。可见，绿化是实现城市居民舒适而安全的工作、生活、学习环境必不可少的。

合肥森林城规划建设范围包括市区、郊区、蜀山镇和所辖三县临近市区周围的 5 个乡镇，总面积为 610 平方公里。建设任务为：新建和续建公园 30 个，完成道路绿化 165 公里，营造经济林 2000 公顷，东南引风林 800 公顷，防护林 1550 公顷，农田林网植树 210 万株，公路、铁路、河流、渠道两侧宜绿化的地

段全部绿化。计划至 2010 年，人均公共绿地达到 11.4 平方米，绿化覆盖率达 50%，城郊森林覆盖率达 30%。通过大幅度的增加绿量，形成自然与人类共生的郁郁葱葱的绿色城市环境，让市民能充分感受到充满生机的、优美的环境，展现在现代化大城市建设的始终。

二、因地制宜，形成特色的城市绿化生态系统

为适应社会经济变化和人民需求的多样化，依据城市和城郊农村的实际情况，采取利于操作的办法，重在创新、创造，侧重在创意上下功夫，努力突出地方特点形成特色的城市生态绿地系统，最大限度地发挥绿地生态系统的综合效能。合肥市的城市绿化就是本着这种思路，从本地区自然环境与历史人文的实际，把整座城市作为一个大园林进行规划与建设，融生态、审美、游憩效益为一体，让传统的中国庭园空间尺度扩展到城市的大环境之中。也就是说，努力让城市环境与自然协调，营造科学适宜的人居城市环境。（略）

在具体实施森林城规划中，因地制宜，结合城乡的不同条件，适时提出奋斗的总体目标（略）。其特征要求：一是树多、面积大，城区绿化以植树为主，让树木构成城市生态环境的主体；二是通过建设"森林城"，形成具有城市与森林两个特点的城市园林，这既是森林的一个分支，又是园林的外延扩大；三是形成以鸟为主的野生动物栖息环境的风景林、经济林、防护林等多树种，以及乔、灌、草相结合的复合植物群落；四是结合江淮丘陵地形和人文景观，以及全国重要科教基地的特点，赋予森林城内涵和增加绿化植树的科技含量。总而言之，以尊重和保护生态环境为宗旨，以可持续发展为依据，突出科技含量和文脉思想，通过生态环境的营造，创造出一种可观、可游和可居的城市空间，架起"以人为本"的物质转化为精神的桥梁，展示出合肥绿色之城呈现的经济繁荣、科教发达、环境优美、对外开放的城市绿地生态系统和城市的新形象。

三、抓住世纪之交的大好时机，加速城市绿地生态系统的形成

21 世纪将是我国政治、经济、社会全面发展的世纪。我们将逐步由传统社会步入现代社会，实现可持续发展已成为未来人类发展的必然选择。从国土绿化的角度，建设中国森林生态网络体系无疑是最佳选择。为了确保人口集中的森林生态网络点上的城市居民能充分享受到碧水、蓝天和新鲜空气，在把城市绿地看成资源和有生命组成的城市基础设施，即由乔、灌、草植物群落组成生态基础设施和城市第二自然的认识基础上，通过实施城乡一体的绿化，作为城市生态绿地网络形成保证。几年来的实践充分证明，只有在城市规划区的范围

内开展城乡一体的大环境绿化工程，才利于点上的城市绿化与线、面的国土绿化形成有机的网络联系，成为生态良性循环的统一整体。因此，城市绿化必须从能观赏、点缀与美化的认识中解脱出来，转变为多元的格局，并用生态理论来指导我们的绿化工作。

绿色植物都能产生生态产品，并不限于花花草草。我们要抓住世纪之交，人民生活由温饱型达到小康型，并向富裕型递进的大好机遇，大抓城市绿化。我们除不断扩大城市绿化外，屋顶、墙面也可作为人造"土地资源"，进行立体的、多层次的绿化。概括说，绿化讲究一个保证，二个注重，即保证有足够的绿化面积，注重绿地生态系统的形成和注重精品绿地的建设。

在城乡结合部实施大环境绿化具体作法上，除采取多渠道筹集绿化资金外，紧密地与农民经济利益挂钩，可采用多种创新模式。

1. 租地绿化形式

在城市重要路段，如机场路、二环路两侧，确定一定宽度的绿化带，采用每年付土地租金的办法，在不征用农民土地的前提下，由绿化专业部门统一搞绿化。

2. 绿化与经济结合

结合农业产业结构的调整，改变丘陵岗坡传统种旱粮的办法，引导农民大力发展适销对路的经济果林。这样既不减少农民收入，又可更好地为城市提供新鲜空气，改善环境，可见农业的本土化是生态化的好措施。

3. 绿化与开发结合

郊区七里塘镇结合城镇建设，采用开发建园办法，农民自己办公园，在镇中心地带辟建 200 多亩的瑶海公园，营造环境招商引资、开发房地产，扩大城镇影响，加快城镇建设。

4. 引山林入城郊，扩大点线面结合的绿地网络生态效益的提高

通过修建西郊大蜀山森林公园至国家级紫蓬山森林公园之间 18 公里长的森林大道，引数万亩森林入城郊。使城市向西绵延数十公里的紫蓬山脉通过线上的森林大道，与城市生态绿地网络相连形成整体。进而从国土绿化的角度，紫蓬山又作为大别山的余脉，与皖西的大别山森林有机联络成网，构建江淮之间更大范围的森林生态网络体系，确保生物多样性，客观上进一步促进了城市生态环境步入良性循环。

总之，合肥市实施的城乡一体大环境绿化工程，即森林城建设，就是走生态化、科学化之路。我们结合 60 年代在国际上兴起的城市林业，就是将森林引进城市，在城区多栽大树，实现生物多样性。流行的都市农业，就是直接为城市提供绿色食品和改善环境服务。我们在世纪之交，抓住森林城建设的机遇，提倡城市园林，城市林业和都市农业融为一体，构筑城市的森林生态系统，努力探索中国森林生态网络建设的特色之路。

（原载《生态学研究》杂志 2000 年 1 期，《安徽环境》杂志 1999 年 10 期以"构建城市生态绿地网络是跨世纪发展方向"为题刊登）

20 世纪 90 年代初，江泽慧（中）夫妇带领部分教师与作者（左 2）等共同考察苏北经济林和农田林网

从城市绿化看合肥生态环境的优化

合肥市荣获多项殊荣的城市园林绿化，面向 21 世纪理应有更大发展。合肥市现已确定新的更大目标：把合肥建设成人居最佳环境的城市。当然最佳的人居环境涉及众多方面，但城市绿化是非常重要的一项，而且是与市民生活与工作直接联系的生态工程。因此，关注人们的身心健康，发展城市园林，从提高市民的生活环境质量的理念出发，充分利用与发挥首批"园林城市"、"优秀旅游城市"的主体优势，迫切需要提高城市绿化水平，努力探索出一条最佳城市生态环境建设之路。

一、进一步完善特色鲜明的城市绿地系统

合肥市域，东西宽 110 公里，南北长 125 公里，总面积 7266 平方公里。江淮分水岭自西南向东北斜向横贯全境，地势分水岭向南北两侧递减倾斜，总体上是中部高，南北低的"屋脊状"地貌特征。城市绿化按照风扇形布局，绿地楔入的模式，开辟城市绿色廊道，以利进一步改善城市生态环境。按照事物发展规律，当城市规模发展到某一临界值时，合理的城市发展模式会发生转换，需建设新的城市功能区。新生的城市功能会将单一增长的核心转变为多个增长核心的发展模式。20 世纪 80 年代以来，合肥城市核心区已由 5.2 平方公里老城，扩大到近 20 平方公里的一环路围合区域。而目前由二环道路围合而成的核心区域将达到 135 平方公里。核心区的扩大，迫切需求尽快建成二环绿色林带及沿线集中相连的公园绿地。二环林带与环城公园之间的城市水系，需沿河建设生态绿廊，使林网、水网融于城市之中。尤其宜向东、向南和西南适当增加绿带。东南侧沿南淝河低洼地带可在改善防洪条件的前提下，形成城市的引风林，利于夏季的东南风，将巢湖的湿润新鲜空气源源不断地吹入城区。在城区西北侧，可利用董铺与大房郢两大水库之间宽阔地带，以及南淝河上游在扩大现有城市苗圃和植物园绿化用地基础上，发展成 6 平方公里以上的城市森林公园，与西部风景区的近 10 平方公里的蜀山森林公园相互应，形成城市的绿色之肺。同时结合高新和经济开发区的建设，发展大面积的城市公园。按照城市总体规划，还可选择合肥域区周边的店埠、撮镇、义城、上派、南岗、双墩等镇，形成多个城市核心区，配合实施城乡一体的大环境绿化工程，在各核心区之间

利用农田、绿地、水面间隔，构建成合肥的大城市生态保护圈，从城市发展的源头上优化合肥市的生态环境。

二、扩大绿地，夯实城市生态化基础

为了优化合肥的城市生态环境，必须在市域7266平方公里范围内，全面实施城乡一体的大环境绿化工程。按照全国绿委办〔2001〕4号《关于城乡绿化一体化试点建设规划的批复意见》，认为："经审查，合肥市城乡绿化一体化建设规划主要内容和建设指标基本合理，文本规范，符合我办下发的《城市绿化一体化试点城市建设规划提纲》的要求"，明确："切实抓好试点工作"。该规划的主要目标可概括为四点：一是让大地绿起来，在未来十年，重点在城市规划区范围内基本完成"城乡绿化一体化"建设。其主要任务是形成四大块、九大片各具特色的森林生态系统，最终使全市森林覆盖率由目前不到10%提高到16.3%，农田林网控制率达到95%。在城区绿化覆盖率由32%提高到45%，人均公共绿地由7.4平方米提高到11.4平方米。二是让环境美起来，城区以发展精品绿地为龙头，在进一步提高园林绿化水平的基础上，重点在城郊结合部因地制宜发展经济林、防护林、用材林和风景林，尽可能美化城乡大地。三是让经济活起来，重点绿化：工程与旅游景点建设结合，开发大绿化与大旅游结合，退耕还林与林木生产结合，让城乡经济活起来。四是让群众富起来，通过增加绿化的科技含量，结合农业产业结构调整，将发展绿化与农民的切身利益，以及发家致富联系起来，并通过植树造林和发展果木业切实增加农民收入。

由于合肥地处北半球，南北交汇处，阳光大多数时间是从南面照射过来，因此决定了采光是南向的。只要将大环境绿化好，尤其将江淮分水岭高坡岗地，通过国家的退耕还林政策尽快绿化起来，将城市东、西两侧的山地绿化进一步巩固、充实、提高，就可使城市西、北、东三面高坡、山地形成良好的森林，可抵挡寒冷的冬季风。南临巢湖水域的防护林，又可迎纳暖湿的夏季风，缓和城市的热岛效应，从而夯实城市生态化的基础，为形成优良的城市生态环境创造条件。

三、生态优先，促进城市的可持续发展

可持续发展是指导人类走向新的繁荣、新的文明的重要指南，目标不仅要满足人类的各种需求，还要关注各种经济活动的生态合理性，以利保护生态资源，不对后代人的生存和发展构成威胁。目前，优先生态环境促进经济发展，已逐步成为我国人民的共识。为了追求城市经济高速发展与生态环境优化的综

合效益，必须强调环境与自然资源的长期承载力对发展的重要性，以及发展对改善生活质量的重要性。

合肥市以人为中心，加大绿化工作力度，加快生态环境建设，必然要遵循生态学的基本法则，才能实现城市的可持续发展。城市绿化宜提倡以植树为主，以乔木为主，营造近似天然林的城市森林。同时，强调生物多样性，强调多层次的植物群落。城市的形态特征上要让森林环抱城市、城市与森林交融、建筑与自然生态环境互补，进一步拓展生存与活动的空间。在对城市水系保护与完善的同时，还应将中国山水园林的理水原理与城市的水利工程有机结合，充分发挥"水"这一生态因子在城市生态园林建设中的重要作用。

此外，合肥地处南北交汇处，植被兼有南北特色，以常绿与落叶混交为主，理应植物种类繁多，但现在合肥栽植的树木仅有 450 多种，其中含常绿针叶树 65 种，常绿阔叶树 28 种，落叶针叶树 6 种，落叶阔叶树 160 余种，以及常绿灌木 47 种，落叶灌木 70 余种，常绿灌木植物 5 种，落叶藤本植物 8 种，竹类 18 种。然而，在日常绿化中被利用的树木品种仅有 190 余种，其中被广泛应用的树种才 20 余种。从城市的可持续发展，生物的多样性和多层次的植物群落要求看，在植物的品种上应大幅度的增加。合肥植物群落具有承东接西，南北交汇的特点，可利用的植物资源非常丰富。紧邻合肥不远的大别山植物区系就有各种木本植物数千种，加之草本植物则有成千上万种，可见引种栽培的潜力很大，应作为城市绿化的努力方向。在注重生物多样性的同时，还应增加新建绿地和现有绿地的植物总量，形成多类型、多功能、多层次、多效益的植物群落，发挥绿化植物的生态产品优势，更好地展现合肥承东接西，南北交汇城市区位的绿化特色，确保城市环境适应可持续发展的要求。

四、充分发挥城市绿化在营造最佳人居环境中的作用

为了让合肥更好地展现作为全国重要的科技、教育基地的风貌，在江淮地带逐步形成以合肥为中心的经济区和城市群。城市的园林绿化必然要从侧重小环境的视觉效果，转变到以人的身心健康为主要目的的大环境之中，倡导的也应利于人的健康为首位的自然美、生态美。因此，宜应用城市绿化手段，在搞好城乡一体大环境绿化的同时，在城市闹市区中开辟大片的园林绿地。为此，合肥在一环与二环路之间的西段，将辟建 6 平方公里以上的城市森林，与董铺和大房郢水库的边岸防护林建设融为一体。同时与贯穿市区的南淝河相通，再与流经市区的板桥河、四里河、十五里河等自然水系的河滨绿化带连片成网，

再与西部 10 平方公里以上的蜀山森林公园互应，完善城市的"肺功能"建设。按照城市的总体规划，在继续保持与完善现已形成的以环城公园为主体，体现开敞式的"点、线、面"相结合的城市公园系统的基础上，需尽快形成"两环"、"四线"、"三带"、"八片"的新格局。"两环"即充实提高环城公园，尽快形成以二环路绿化为主体的城市第二条翡翠项链。"四线"即黄山路等四条重点道路的园林路，应作为精品绿地进一步充实提高。"三带"即南淝河绿化带、四里河绿化带和板桥河绿化带应尽快形成风景观光带。"八块"即市区的八大公园建设，老的公园要充实提高，增加绿量，丰富景观，上水平，上档次；新建公园要加快步伐。同时在城区公园建设上，宜继续采取以小为主，大、中、小结合的原则。发展公共绿地要因地制宜，注重绿地的均匀分布，缩小服务半径，使市民都能步行十几分钟即可就近享受到供人游憩的绿地。

此外，结合合肥的实际，大规模公共绿地的建设还应结合经济技术开发区、高新技术开发区、新火车站综合开发试验区的建设而同步进行。

然而，人居最佳环境的建设，必然不能忽视与人接触最多，与人关系最为密切的居住区和学习、工作区域的环境绿化。为了加速改善人居环境和不断提高人们的生活水准与生活质量，城市绿化还必须多学科、多部门的合作，才利于创造和谐优美的环境，将自然引入城市。对单位的附属绿地与居住区绿化，应按所处位置和单位的性质划分出不同绿化等级标准，分类要求，分类指导，以期在总体上既达到城市生态环境的需求，又能切合各家实际，短期内即可兑现。

总之，城市绿化体现了生态优先的原则，应形成以乔木为主体的植物群落，成为"生态健全"的城市环境的重要组成部分和现代化城市的重要标志。相信只要在城市远郊营造大面积生产和生态防护林带，在近郊建设森林公园，城区内营造高品位、高质量的园林绿地，以及提高绿化的科技含量，挖掘绿化潜力，强调生物多样性和多层次的绿化结构，选用生态效益更好的树种和采取多种措施增加单位面积上的生物总量等，就可以获得更高的生态效益。相信 21 世纪的合肥市城市绿化一定会实现跨越式的发展，不断提高绿化水平，创造出最佳的人居环境，满足人们对生态环境越来越高的需求。

（原载中国科协 2002 年学术年会《国家自然文化遗产保护和人居环境园林绿化建设》论文集和《当代建设》杂志 2003 年 2 期）

森林城 · 城市发展的战略选择

森林城的提出，在我国是 20 世纪 90 年代初的事。安徽省合肥市在获得国家园林城市称号后，提出建设森林城的目标，倡导城乡一体化，在城市更大的范围内进行环境绿化。1994 年原林业部原则同意《合肥市大环境绿化规划》，即森林城建设。2000 年初，全国绿化委员会办公室又进一步明确合肥市等 12 个城市为城乡绿化一体化试点单位，要求按照《城乡绿化一体化试点城市建设规划提纲》和结合本地具体情况编制城乡绿化一体化规划，肯定和重申了森林城建设。

全面建设小康社会，对城市环境质量提出越来越高的要求。现代城市经济的快速发展，城市生态危害已成为人类进入 21 世纪面临的最重要挑战。我们从拯救人类的高度，在城市周围扩大环境绿化。绿化也从单纯的观赏、点缀、美化转化为多元化，需应用生态学的观念。城市森林作为森林在城市这一特殊人工环境条件下的有生命的城市基础设施，它体现了生态优先的原则，使林木在城市这种特殊人工环境下，形成以乔木树种为主体的植物群落，成为"生态健全"的城市环境的重要组成部分和衡量现代化城市的重要标志。它有利于改善日益恶化了的城市生态环境和降低城市的热岛效应，是城市人工环境与自然融合的重要生态措施。

合肥建设森林城的重点，是在新建成区和城郊进行植树造林，将生态、社会、经济效益融合在一起，把森林引进城、城区内多栽大树，使城四周有森林环抱，城市中到处能见林，实现城镇园林化、农田林网化、山岗森林化、城乡生态化。将城市园林、城市林业、都市农业融合一体、构筑城市的生态绿地网络。

合肥市按照城市总体规划要求，在市域辖区内进行绿化总体规划，重点在城郊结合部，即城市规划区内，进行绿化详细规划，规划建设期为 10 年。规划中突出独特的地方特色，按照生态平衡原则，合理布局，统筹安排。规划注重城市与乡村的有机结合，使城乡环境与大自然更加协调。规划主要概括为四大目标，**一是让大地绿起来**，形成四大块、九大片各具特色的森林生态系统。全市森林覆盖率达到 16.2%，农田林网控制率达到 100%，城区绿化覆盖率达到

合肥市肥西县紫蓬山森林公园

45％，人均公共绿地 11.4 平方米；**二是让大地美起来**，城区以发展精品绿地为龙头，重点在城郊结合部因地制宜发展经济林、防护林、用材林和风景林，美化城乡大地；**三是让产业活起来**，以绿化为主的自然生态环境与人文景观相结合，突出水的灵气，绿化与水利工程结合，发展大旅游，让旅游业活起来；**四是让群众富起来**，将城乡绿化一体化建设与广大人民切身利益紧密结合，与农民的发家致富联系到一起。绿化规划的具体方案，涵盖城市绿化规划，乡（镇）、村绿化规划，平原、丘陵、山地绿化规划，还有历史文化街区园林景观规划、古树名木保护规划、绿化树种规划、分期建设规划及投资估算等，以及规划实施的主要措施。

推进城市生态环境建设，实施可持续发展战略，是全面建设小康社会的根本任务。随着全面建设小康社会的日益深入，为广大人民群众创造优美、舒适、健康、方便的生活环境更显重要。社会经济的快速发展必然要求在城市的更大范围内应用大园林的观念，迅速让大地绿起来、美起来，促进人和自然的和谐，推动整个社会走上生产发展、生活富裕、生态良好的文明发展之路。

从全国的角度看，虽不同部委对创建良好生态环境城市的提法不完全相同，但健全的生态环境是共同的目标。作为一个城市主要还是从自身实际出发，根据社会经济发展水平的不同阶段，制定切实可行的目标，以期达到促进城市经济、社会、环境的协调发展。当前，建设部提出创建"生态园林城市"，是对森林城建设的一个有益补充，是引导城市发展，形成市域范围内健全生态体系，与森林城的目标相辅相成。可见森林城的建设，是环境建设中最基础性的工程。

（原载《中国绿色时报》2005 年 1 月 10 日）

城乡共享创森的绿色发展成果

——对森林城市的时代内涵与创建理念的思考

2014 年青岛"世园会""让生活走进自然"的主题和"当前办世园，长远建新区"的要求，催生了生态都市新区建设，助推了国家园林城市青岛提出"创建森林城市，建设美丽青岛"的新目标。

园林城市与森林城市虽都将生态建设置于首位，但涉及的范围不同，功能上也有所差别，前者指城市建成区范围，后者指城市的市域范围。创建目的都是为更好地立足本土优势，用世界眼光、国际标准进一步推进城市生态和各项事业的发展。

森林城市面向市域范围

谈及森林城市，这是在城市更大范围，即整个市域范围内开展城乡一体绿化的创建活动。该项创建虽是 21 世纪初才起步，但酝酿于 20 世纪。

国内最早被公认为森林城市的是吉林省长春市。20 世纪 80 年代，长春市区绿化不仅大树多，而且城郊有一片 80 多平方公里的森林。

笔者所在的合肥市是 1992 年建设部首批授予的 3 个园林城市之一，紧接着在 1994 年就提出创建森林城市的目标。在安徽农学院教授的指导下，结合当时城市开展的大环境绿化工作，开始涉及对森林城市的探讨，将城郊及农村林业与城市生态园林有机结合。

由于园林城市与森林城市所涉及的范围不同，前者指城市建成区，后者指城市的市域范围。而城郊结合部的大环境绿化则主要指城市规划区范围内的农村部分，城市园林和林业部门在这里的绿化工作有交叉。当时，合肥市明确政府牵头，园林与林业部门紧密合作成立大环境绿化指挥部。可见，改革开放之初的合肥，园林绿化及其理念已走在全国前列。

1993 年合肥市首次编制《大环境绿化规划》。1994 年上报林业部后获正式批复，明确合肥市作为"探索南方森林城市建设途径，以适应改革开放需要，促进南方经济快速发展，原则同意合肥大环境绿化规划（森林城建设）"。

当时提出建设森林城的根本目的，就是为了缩小城乡差距，促进城乡共同发展。合肥市在规划中提出，城乡绿化建设应以园林绿化为先导、植树造林为主体、把森林景观引入城市，园林景观辐射到郊县，让森林环抱城市、城市拥抱山林、达到城林相融，作为宏观描述无疑是正确的。在具体工作目标上则明确：城镇园林化，农田林网化，山冈森林化，尽快提高城乡绿化覆盖率和增加城乡绿化面积，提高园林、林业在国民经济生产总值中的比重。

可见，森林城市与园林城市创建相辅相成，只是森林城市的范围更广、更大而已。

2000 年春，合肥市还曾专门成立"森林城建设工程指挥部"，笔者任办公室主任。当时，根据全国绿化委员会办公室《关于做好城乡绿化一体化试点城市规划工作的通知》精神，笔者作为市政府副秘书长曾牵头组织农林、园林及规划院等部门编制《合肥市城乡绿化规划》，并于当年向全国绿委办汇报，于 2001 年 4 月正式批复执行。

青岛创森以乡村绿化为重

2013 年初经专家评审通过《青岛市创建国家森林城市建设总体规划》，标志着青岛市的生态建设又在新的起点上展开了更宏伟的蓝图。该规划改变了从上至下的工作方法，形成了自下而上提出绿化工程的工作方式，由市林业局牵头，成员单位包括市规划局、市城乡建委等 9 个部门。在认真细致调查全市森林资源现状的基础上，结合创建生态园林城市目标，使创建森林城市的每项工程任务能够落实到地块、落实到群众的房前屋后。

在宏观上，青岛市的森林城市规划将城市和农村两个绿化规划系统有机融合，既统一制定了城乡绿化生态体系，又能有所区别。青岛市森林城市规划明确，到 2020 年，林业森林覆盖率稳定在 40% 以上；林分质量不断提高，森林蓄积量增长到 1150 万立方米以上；青岛市森林体系健康、稳定，城市宜居，社会和谐，充分体现了乡村绿化为重点的特色。城市园林的生态服务功能价值也从物质层面上升到精神层面。

森林城市目标清晰、责任明确，城市和农村的相关部门能够同心协力开展工作，既不会越位盲目追赶城市热点，又能顾及偏远乡村和国土绿化的难点。同时，青岛为放大世园会效应，还在世园会园区及其周边规划建设生态都市新区，优化全市区域布局、统筹城乡发展，成为生态文明的重要启动区和带动区。

多元化特征是森林城市内涵

20 世纪 90 年代合肥市创建森林城市，提出城郊农田林网化、山冈森林化，体现了内涵的丰富和全局性。

我们人类赖以生存的地球，主要由水和陆地组成。水是生命之源，土地是人立身之本，加上空气和阳光，既提供了人类和生物的生存条件，又产生和促进了人类社会的进步与文明。随着时间的推移，新世纪创建森林城市工作在全国逐步展开，加之湿地保护与生态修复日益提上日程并加大力度，从整个国土绿化的层面看，创建森林城的内涵可在过去"城镇园林化、山冈森林化、农田林网化"3句话的基础上，再增加"湿地自然化、牧场疏林化、沙漠绿洲化"，则更为全面、合理。

因为这"六化"基本上代表了国土绿化的各种地貌特征和不同类型城市的特点，更利于调动方方面面的积极性，形成工作合力，在创建森林城市中可以营造更好氛围，否则仅从建成区提出森林化就不科学、不现实了。人类虽然从森林里走出来，但人类社会的生存和迈向文明的各种需求，尤其在森林防火上都必须留足与森林的隔离空间，保持一定的距离。所以创建森林城市，在市域范围内提出城镇园林化为首的多元化要求，则是对人居需求与地貌特征的最佳选择，也是对生态宜居城市建设的要求。

因此，凡城镇未能实现园林化的城市，理应没有资格在市域范围内达到森林城市标准。只有分层次去抓，才更有利于城乡人民思想统一，形成合力。

创森模式体现美丽中国特征

新中国成立之初，毛泽东主席就提出实现大地园林化，与今天建设美丽中国一脉相承，充分体现了革命导师的博大胸怀与革命的浪漫色彩。

在新世纪来临之际，园林界资深院士陈俊愉曾在《重提大地园林化》一文中，以专家学者身份提出具体实施步骤，明确大地园林化就是要构成万紫千红、有花有草的稳定而又可持续发展的人工植物群落，借以创造环境、社会和经济等诸多效益。这与著名科学家钱学森提出的"未来的中国应该发扬光大祖国传统园林特色与长处规划建设城市，把每座现代化城市都建成一座大园林"思想一脉相承。

因此，倡导"六化"作为创建森林城市的内涵，符合地球除雪山、戈壁之外，人为所致陆地所有特征的基本描述。

今天在创建森林城市大背景下，青岛世园会注重人与自然和谐共生，以积极乐观的姿态走绿色发展之路，呵护了人类赖以生存的地球家园。在世园会中采用特色各异的景点进行规划布置和建设，必然成为生态文明建设的样板。新区建设，更体现了青岛"生态文明建设"展现低碳生态城市的环境风貌，切实从改善人民群众生产、生活条件入手，追求城乡科学发展之美、生态之美、人居环境之美、人文环境之美、生活幸福之美，达到事半功倍效果。美丽的青岛成为从园林城市基础上创建森林城市的成功范例，为建设美丽中国带了个好头。

（原载《中国绿色时报》2016 年 5 月 3 日）

附：

青岛"世园会"感言

从承办一届展会到建设一片新区，青岛"世园会"立足于城市的高度来进行展会的规划、筹备和举办。青岛"世园会"组委会领导和青岛市委、市政府也立志要将青岛"世园会"打造成为生态文明建设的一个样板，将以青岛"世园会"园区为核心的地域构建的"生态都市新区"打造成美丽青岛的一面旗帜。

青岛为放大世园会效应，在"世园会"园区及其周边规划建设生态都市新区，优化全市区域布局、统筹城乡发展，成为生态文明的重要启动区和带动区。由此可见，青岛市从规划起步到"世园会"建设示范都市新区，充分体现了政府的正确引导，使园林城和森林城的创建工作循序渐进，在全国带了一个好头。青岛"世园会"作为沟通中国与世界交流的桥梁，探讨人与自然和谐共生、天人合一的至美境界和以积极乐观的姿态走绿色生活和发展之路，共同呵护人类赖以生存的地球家园，关注生态与环保，采用不同类型景点进行展会的规划、筹备和展示，必然成为生态文明建设的样板。

从承办一届展会到建设一片新区，青岛世园会立足于城市的高度来进行展会的规划、筹备和举办。青岛世园会组委会领导和青岛市委市政府也立志要将青岛世园会打造成为生态文明建设的一个样板，将以青岛世园会园区为核心的地域构建的"生态都市新区"打造成美丽青岛的一面旗帜。

尤传楷
安徽省风景园林学会秘书长

青岛为放大世园会效应，在世园会园区及其周边规划建设生态都市新区，优化全市区域布局、统筹城乡发展，成为生态文明的重要启动区和带动区。由此可见，青岛市从规划起步到世园会建设示范都市新区，充分体现了政府的正确引导，使园林城和森林城的创建工作循序渐进，在全国带了一个好头。青岛世园会作为沟通中国与世界交流的桥梁，探讨人与自然和谐共生、天人合一的至美境界和以积极乐观的姿态走绿色生活和发展之路，共同呵护人类赖以生存的地球家园，关注生态与环保，采用不同类型景点进行展会的规划、筹备和展示，必然成为生态文明建设的样板。

第五章　园林城催生优秀旅游城

　　创建"中国优秀旅游城市"的活动，是使中国真正成为世界旅游大国的战略举措。从合肥而言，通过创建"中国优秀旅游城市"活动使合肥旅游得到发展，有力地推动了合肥两个文明建设。三年的创建活动，使合肥的旅游环境发生了显著的根本变化。

　　（摘自国家旅游局验收组组长林山 1998 年 11 月 16 日的《对合肥市创建"中国优秀旅游城市"活动的验收意见》）

合肥盛开的一株并蒂莲

——首批国家园林城和优秀旅游城

　　"园林城市"是建设部依据我国国情，为推进城市园林绿化建设，提高城市建设管理水平，而设立的一项以反映城市综合生态环境质量为内容的光荣称号。

　　1992 年，北京、合肥、珠海三个城市被首批授予园林城市称号。合肥市作为内陆省份的城市，能与首都北京和沿海改革开放的城市珠海同获此殊荣，反映出合肥自新中国成立以来，特别是在改革开放之初，城市规划建设与园林绿化，相对其他城市起步早、成效显著，在全国有一定的示范作用。推出合肥等首批园林城市，亦标志着我国城市建设进入以提高城市总体素质为目标，改善城市生态，提高城市环境总体质量的新阶段。

一、合肥人民的奋斗

　　改革开放之初的合肥，紧跟时代的脉搏，在城市的建设与编制总体规划中，始终不忘突出城市园林绿化，较早地编制出特色鲜明的《城市绿地系统规划》。

　　（略）

　　为了运筹环城公园建设，分管园林的吴翼副市长曾在 1983 年春末夏初之交，带队赴天津学习海河绿化经验。当时由于苗圃将在秋季赴京举办首届桂花展销会，需提前拿出设计方案，所以本人时任市苗圃主任有幸成为考察组的 4

20世纪90年代中期，作者与时任国家旅游局局长的何光暐（右）在旅游活动现场合影

位成员之一。

（略）

二、园林城市的榜样

1992年春夏之交，建设部开展环境综合整治检查，园林被列入其中的重要内容。通过检查，对合肥园林产生良好印象，为年底授予园林城市称号奠定基础，成为城市园林绿化的楷模被推向全国。（略）

1994年春，建设部针对全国经济高速发展的形势，选择在合肥市召开了规模空前的"全国园林绿化工作会议"，全面总结了改革开放以来的城市园林绿化工作，以合肥市为典型，首次提出每个城市都要结合总体规划编制绿地系统规划。开创园林绿化新局面，在全国掀起创建"园林城市"热潮。

1996年春，建设部又选择安徽，在马鞍山市召开"园林城市"工作座谈会，指令我市在会上再作经验介绍。我代表市园林部门作了《让"园林城市"合肥再上新台阶》的重点发言，提出发展、管理、开发三管齐下，适应市场经济对园林绿化工作的新要求。

1997年夏，建设部在大连市召开的"全国创建园林城市会议暨城市绿化工作会议"上，又指令我市在大会上作经验介绍。我代表合肥市结合正在掀起创建文明城市活动，作《以创建文明城市为契机，促进合肥园林城市再上新水平》的报告，再次受到好评，尤其租地绿化的经验得到大会的肯定。

1999年在杭州举行的"国际公园康乐协会亚太地区会议"，于1998年初要求上报经验交流材料，进行审定。我市"可持续发展与合肥大园林建设——走中国特色的园林城市之路"被收入专集，并在会上指定我作大会交流报告。合肥又与北京一道，成为倡导大园林观的城市之一。

创建园林城市活动，是一件长期的、持久的、全面的社会系统工程，是城市生态化和基础设施现代化的集中反映，是功在当代、利在千秋的事业。合肥作为首批园林城市，无疑在全国创建园林城市初期发挥了应有的示范作用。

三、创建经验的真谛

好的城市园林绿化离不开好的城市总体规划。特色鲜明的城市绿地系统在

20世纪80、90年代，曾作为大学教科书的实例，广为传播。合肥市结合风扇形的城市总体规划，三大片农田与绿地楔入城市，尤其东南方沿南淝河低凹地带的绿地，利于夏季引来巢湖新鲜湿润的空气入城区，再通过西北与东北方向农田、绿地，让市中心污浊的空气被吹散掉，保证了城市空气的新鲜。

（略）

环城公园的建设，除提倡公园敞开化之外，在总体规划设计上做到"布局合理、功能齐全、突出植物造景、生态效益显著"。同时，结合城区各出入口，让公园景色呈现街头，美化市容。再通过城市主、侧干道绿化和提倡园林路建设，大力发展街头绿地。

（略）

四、优秀旅游城的催生

合肥市获得首批国家园林城市殊荣，极大地鼓舞和激励着全市人民奋发进取。20世纪90年代中期，国家旅游局提出创建优秀旅游城市条件，明确园林城市可以加分，加之合肥市"吃、住、行、游、购、娱"的旅游六大要素和城市基础设施条件，均优越于省内其他城市。当省旅游局负责同志向时任合肥市常务副市长车俊传递这一信息后，车市长高瞻远瞩地将这一任务交给市园林局，要求任务先领回，旅游局职能待机构改革时再明确，关键是要敢于一搏。由此，我市于1995年就开始运作，突出以园林城市为依托的优势；克服自身景点先天不足的弱点，提出以景点建设作突破口，推动园林与旅游事业加快发展。

1995年夏，野生动物园开始奠基；1996年"三国新城遗址"土地360亩开始办理征用手续。蜀山森林公园索道上马，逍遥津等老公园进行改造和文化内涵的挖掘；包公文化旅游区的适时提出和新景点的建设，李鸿章故居的恢复等，均采取了一系列行之有效的措施。旅游设施与城市基础设施建设有机联系，并结合文明城市的创建，各项软件建设也有条不紊地展开。同时，还加大了对整

20世纪90年代中期，省市领导杨多良(左)、车俊(右)为合肥市园林局、旅游局(一个机构两个牌子)挂牌仪式揭牌

个城市的宣传促销力度，将合肥市定位为全省旅游中心，提出简洁明了、合肥独有的"江淮明珠，包拯故里"的宣传促销词。终于，合肥市在1998年秋顺利通过国家旅游局验收，并在年底荣获国家首批"优秀旅游城市"称号。从此，首批国家优秀旅游城市与国家首批园林城市称号成为孪生姊妹，犹如盛开的一株并蒂莲，展现在包拯故里，大大提升了合肥市城市的品位。

（原载《安徽园林》杂志2004年2期）

发展旅游经济
努力把合肥建成皖中旅游中心

旅游是现代经济的产物，是一种服务贸易，日益受到各国政府的重视。目前，世界旅游业的经济收入，已超过机械制造业、汽车业和石油工业的产值，成为全球第一大产业。1996年全世界旅游总产出达36万亿美元；旅游业税收实现6530亿美元，占总税收的10.4%。并且以每年4%的增长率呈持续、稳定的发展趋势，给不景气的世界经济注入了活力。

我国的旅游业是随着改革开放而发展起来的新兴行业，是对外开放政策的产物。1996年接待入境旅游者达5112万人次，排世界第五位；外汇收入102亿美元，国内旅游收入1600多亿元，排世界第九位。旅游业占国内生产总值的比重尚只有3.73%，而发达国家一般都在10%左右，其中"吃、住、行"和"游、购、娱"一般各占50%，而我国"吃、住、行"的比例达75%~85%，由此可见潜力很大。尤其我省、我市的旅游业尚处于起步阶段，潜力更大。为加快旅游业的发展，省委、省政府继去年（1996年）11月在黄山召开旅游经济工作会议之后，今年5月25~26日，又在巢湖召开了"开发巢湖旅游经济调研座谈会"。车俊常务副市长代表市委、市政府，在马元飞市长去年黄山会议发言的基础上，作了重点发言，谈了体会，讲了思路，表明了态度，受到省委主要负责同志的赞扬。今春分管旅游工作的厉德才副市长亲自带队参加了南京区域旅游经济促销会。旅游业作为第三产业的重点发展行业之一，作为加快培育的合肥新的经济增长点之一，已正式提上了日程。我们作为市政府的工作职能部门，今年是旅游局与园林局合署办公的第一年，作为一个开端，一个契机，总的设想是：

今年调整梳理迈小步；明年作为发展年，落实迈大步；后年形成气候出效益，努力使旅游业成为合肥一个新的经济增长点。

为加快发展合肥旅游业，必须从合肥的特点出发，明确目标定位，形成合肥特色。

一、合肥旅游业的市场定位和发展目标

合肥旅游业的"九五"计划、2010 年远景目标，已明确在建设现代化大城市进程中，把旅游业作为第三产业中的重点发展行业之一，作为加快培育的合肥新的经济增长点之一，内抓开发建设，外抓宣传促销。经过 5~15 年的努力，形成初具规模的旅游产业体系。把合肥建成具有园林特色和现代旅游设施的全国优秀旅游城市，成为连接黄山、九华山、巢湖等风景区，辐射全国联系海外的区域性旅游中心。

对我市发展旅游业的定位，主要针对合肥作为安徽省的省会，全国重要的科教基地，华东地区乃至长江中下游的中心城市之一的特点，主要为都市型旅游。其旅游特色应融都市风光、都市文化和都市商业为一体，并成为辐射周边旅游景点的皖中旅游中心城市。

在旅游业的准确定位和明确奋斗目标的基础上，采取切实有效的措施，能够实现既定的目标。从旅游业的自身特点出发，有利条件有：

1. 前景广阔，旅游产业劳动性比较大。"吃、住、行、游、购、娱"构成的旅游六大要素，可以带动相关产业。旅游部门每收入 1 元，带动社会综合效益 4~5 元。世界上旅游业增加的就业岗位占总就业人数的 10.7%，目前上海已占 4.3%。合肥未测算，基数也小，今后带动的就业人数肯定会更大。

2. 潜力大，国际经验表明，人均收入 500~800 美元是国内旅游的急剧扩张期。我国现人均收入已在 500 美元左右，旅游需求必然逐渐增多。特别是实行一周 5 天工作制和每年 10 天休假制后，短途和周末旅游机会大大增加，长途和中途旅游成为可能。

3. 已具备一定的基础条件，有一定的景点、旅馆和旅行社。

二、发展旅游的思路和工作重点

我市发展旅游业的思路是：以现代化大城市建设为依托，充分发挥合肥自身优势做好山水文章，搞好大旅游经济的开发开放，把合肥建成全国优秀旅游城市与区域性旅游中心。

做法是：以景点建设作突破口，发掘包公、三国历史文化遗产，发展商贸旅游、会议旅游、观光旅游，以及休闲旅游。结合启动环水工程，加强旅游基础设施建设，开辟新的旅游景点，建设一批高档次、高水平的旅游设施。具体是：

1. 开发建设高档次的大蜀山文化娱乐旅游区

（1）引进外资，兴建一个占地1200亩的合肥科技梦幻大世界。

（2）野生动物园建设，完善第一期的330亩工程，着手开工第二期的1200亩工程。

（3）修建一条约18公里长的森林大道，连接大蜀山与紫蓬山两大景区，借山林景点入城郊。

2. 沟通环城水体，开发建设以南淝河、环城河为主体的水上风景带

3. 开发与治污结合，合巢联手开发巢湖风景区

在南淝河出口处以四顶山为中心，开发古庐阳八景之一的"四顶朝霞"景点和"巢湖月夜"景区，以及巢湖水上娱乐区。让整个南淝河及环城水体形成一条水上旅游风景带，开辟水上交通，发展水上观光旅游。

修建好合肥通往巢湖景点忠庙的道路，并沟通合肥与巢湖湖滨大道的道路。

4. 开发人文资源，建设人文景观

利用合肥特有的人文资源，突出打好"包公"牌，做好"包公"文章，在现有包河景点基础上，规划建设好包公文化旅游区，恢复李鸿章故居、开放刘铭传故居、开发建设三国新城遗址，充实提高蜀山画廊的安徽名人馆。

同时，结合新的文化建设，兴建市府广场、开发区的明珠广场、花冲游乐场，以及融观赏、娱乐为一体的电视塔工程等景点。

5. 加强旅游配套设施建设，增强旅游服务功能

按照发展大旅游、大商贸、大流通、大市场的思路，形成合肥区域性的旅游综合购物中心。

提高宾馆、餐饮设施的档次和管理水平，发掘和发展徽菜等具有地方特色的饮食文化。发扬庐剧、黄梅戏等地方戏种特色，直接为旅游观光服务。

6. 不断改善城市环境，提高园林城市水平，加强对外的宣传促销工作，拓展旅游市场，大幅度提高合肥在国内外的知名度和市场占有份额

强化行业管理，抓好旅游行业的软件建设，提高服务质量。同时办好旅行社，开辟合肥一日游、二日游等不同要求的特色旅游线。例如：三国故地游览线、包公文化游览线、园林城市观光游览线、郊野风光游览线、科普与现代化大城市建设成就游览线、爱国主义教育游览线等。

三、加快发展合肥旅游业的具体措施

1. 从改革开放，加快合肥现代化大城市建设的高度，真正把旅游业摆上重要议事日程。进一步充实、健全以市长为主任的市旅游工作指导委员会，建立高层次的旅游决策机构，协调解决好全市旅游产业发展中的重大问题。设立日常工作办公室，加强对全市旅游工作的领导。

巢湖中庙

2. 加快建立我市旅游"一条龙"服务体系，进一步完善配套服务设施把发展旅游业同调整本地区产业结构结合起来，加强旅游商品生产等城市型工业。对直接服务于旅游业的单位，归口管理，努力发挥旅游相关行业的带动作用，形成我市旅游大集团骨干。走集团化道路，形成资金实力雄厚，经营功能齐全，管理水平先进的旅游骨干队伍，提高合肥整体发展水平。

3. 为促进皖中大旅游格局的早日形成，建议在土地、规划和各种税费等方面，给予旅游商品的生产、景点项目建设，享受开发区的同等优惠政策待遇。

4. 建议开征涉外宾馆、饭店和旅游景点门票收入中的旅游宣传促销费，统一用于发展我市的旅游事业。同时，给涉外企业一定的优惠待遇，做到责权与利益的统一。

5. 建议设立旅游发展资金，财政上每年拨出一定经费，扶持重点旅游项目建设。争取建成一批高品位的旅游设施。同时，拓宽旅游发展引资渠道，鼓励园林旅游部门，招商引资，开发建设；鼓励国家、集体、个人一齐上，扩大利用外资途径。

6. 进一步加强旅游业的法制建设，制定市旅游行业管理的有关法规和章程。强化行业管理，规范市场行为，提高服务质量，搞好我市旅游业的直接、间接、带动三个层次的产出效益，实现发展旅游业，以提高效益为目标的目的。

此外，进一步建立和加强旅游产业的统计工作。

总之，我市的旅游产业刚刚破题开篇，我们应抓住当前发展旅游产业的难得机遇，大力拓展市场，开发新产品，提供新的服务，适应新的要求，开创我市旅游工作新局面。

（原载《旅游生活》杂志1997年秋季版，并收入1997年《安徽旅游》专辑）

力争把合肥建成中国优秀旅游城

自去年全省旅游经济工作会议之后，合肥的旅游业进入快速发展的阶段。今年合肥的旅游业到底取得哪些进展？明年又有什么新举措？

我们经过反复论证和研究，已制定了全市《旅游业"九五"计划和 2010 年远景目标纲要》。总的指导思想是：贯彻省"两点一线"和"政府主导型"方针，树立"大旅游、大市场、大产业"的观念，大力开发国际、国内两个市场，打好"包公牌"、"巢湖牌"、"科技牌"，外抓宣传促销，内抓开发建设，适应不同消费层次的需要，逐步形成重点突出区域联动的新格局，把合肥建成集商贸、会议、观光、休闲度假为一体的江淮旅游中心，争创国家优秀旅游城市。

根据这个总体定位思想，今年我们加大了旅游开发力度。主要是发展园林优势，加强景点建设。重点抓了野生动物园的建设，初步形成集自然野趣与人造环境为一体的具有山林韵味的观光点。此外，花冲水上游乐园、亚明艺术馆、蜀山索道、清溪花园度假区也正在加紧建设；安徽名人馆的改造工程即将开工；包公文化旅游区、环城公园石林峡谷、三国新城遗址公园、巢湖旅游区（合肥段）规划也在进行。

合肥旅游市场的开发，今年重点抓国际、国内两个市场的宣传促销工作。在国外，我们参加了赴新加坡、马来西亚、韩国、德国与法国的宣传促销活动。在国内，参加了"南京周边地区旅游交易会"，并参与组建了"南京周边地区旅游协作会"；参加了大连的"中国旅游促销会"并设立了展台。在省内，参加了马鞍山市举行的"全省旅游商品展销会"；配合南京、无锡、镇江在合肥举办的3 次旅游促销会，从而使合肥的旅游市场大有拓展。

由于合肥是第一批国家园林城市，自我市园林局和旅游局合并以来，我们特别注重从旅游的角度发展园林事业，力争园林城市上水平，旅游工作创局面，使园林绿化成为合肥旅游业的重要内容和突出特色。为此，今年我们在巩固和提高园林绿化水平方面做了不少工作，正向"环境绿化覆盖全市"的目标迈进。合肥市为提高"园林城市"档次，今年特地邀请了美国新泽西州州立大学教授杜威尔、荷兰园林专家汤姆先生来肥讲学和指导。现在，合肥的"园林城市"正在更高的水准上发展，在全国已初步形成独树一帜的城市园林旅游景观。明年和今后一个时期合肥发展旅游业主要从 6 个方面开拓：一是明年将野生动物园的规模扩展到现在的 4 倍；加快安徽名人馆的建设；建议肥西县尽快建设连通蜀山至紫蓬山的森林大道，以引万亩山林入城郊；将三国新城遗址公园作为招商项目，使此公园尽快上马，从而尽快形成具有 91 平方公里的西郊风景区。二是抓住纪念包拯诞生一千周年的机遇，加大硬、软件建设力度，以形成包公文化旅游区。这主要包括：改、扩建包公祠；充实包公墓园内容；在浮庄地段开辟与包公有关的新景点；建设一条具有包公文化氛围的旅游购物街；建议将芜湖路更名为"孝肃路"，使之逐步成为具有宋代徽派风格的商业娱乐风情街。三是多方筹集资金，充实杏花公园内容，建集观光、旅游功能为一体的景点；沟通环城水系，并力争建石林峡谷水上风景线。四是加快巢湖景区合肥段的建设。五是调动全社会力量，加快旅游服务设施和娱乐项目的建设，如在花冲公园建水上游乐园；在经济技术开发区，以明珠广场为中心，建休闲娱乐设施；在逍遥津公园充实三国古战场的内容；加紧修复李鸿章、刘铭传等名人故居。六是对宾馆、旅行社强化行业管理，规范市场，并准备组建国际旅行社。

同时，我们正着手制定"创建中国优秀旅游城市的方案"，相信通过全市人民的不懈努力，一定能把合肥建成"中国优秀旅游城市"和"江淮旅游中心"。

（注：江淮旅游中心即安徽省旅游中心的简称；《安徽日报》1997 年 12 月 23 日，以答记者问方式刊登）

沿海归来话旅游

短短一个星期的赴珠海、中山、广州等地旅游工作考察，由北向南，再由南向北，借助现代交通，参观了自然的、人造的、历史人文的、现代风格的各种景点与度假区，以及现代化旅游设施，较系统地体验了"吃、住、行、游、购、娱"旅游六要素的综合水平。尤其是海南作为中国旅游业重点发展区，旅游业已成为该省经济支柱产业，他们的许多好经验对我们启发很大，使我们感受颇深，进一步开阔了眼界，拓展了思路，坚定了加快发展合肥市旅游业的信心和决心。

旅游作为现代经济的产物、朝阳产业，对于合肥这样一个省会城市，理应尽快形成新的支柱产业、新的经济增长点，这是社会发展的必然要求，也是合肥向现代化大都市迈进的必然趋势。尽快提高对旅游产业的认识，全面落实省委、省政府加快发展旅游业的战略决策，是加快发展合肥市经济工作的重要战略举措之一，切不可等闲视之。为此，通过考察，认为发展合肥旅游经济，当前重点要注意以下几个问题：

一、树立大旅游、大市场、大产业的战略

旅游业是一种朝阳产业，涉及"吃、住、行、游、购、娱"六大要素，具有较强的关联带动功能，是一个综合性产业。它如同一个晶体的晶核，对相关产业具有很大的联结、凝聚作用，作为社会经济发展的核心之一，其关联带动功能，不仅直接涉及交通、通信、旅游饭店、餐饮等商业网点、景点、景区等，而且间接带动和影响了农林牧渔、城市建设、加工制造、文化体育等方面的发展，甚至还衍生出一些新的行业。同时，旅游业是融集了相当知识和技术水平的劳动密集型产业，具有投资少，吸纳劳动力多，就业成本低等特点。大力发展旅游业，有利于带动相关产业的发展和结构升级，有利于促进经济结构和产业布局的调整，尤其在当前工业结构调整和深化改革的新形势下，作为朝阳产业的旅游业更具有极大的发展潜力，前景十分广阔。在向社会主义市场经济转轨的过程中，必须立足于大市场、大产业，发展我市的大旅游。

二、积极引导、协调，充分发挥政府主导作用，推动我市旅游业的发展

由于旅游业涉及许多部门，是一项综合性、公共性的产品，既包括有形产品，又包括无形的服务产品，就经济规律而言，其综合性、信息性、公共性产品在很大程度上要靠政府组织推动，在经营上旅游又是跨区域的，自身也需要一体化的市场和充分的空间，客观上也需要政府的积极协调和市场的培育。

加速发展合肥市的旅游业，必须实施"政府主导型战略"，靠政府各个部门之间的支持形成合力，其中：计划、财政等综合部门和工商、税务等职能部门起着关键的作用。旅游局作为政府主管旅游的职能部门，是这一战略制定和实施的倡议者、组织者、推动者、协调者，必须在这一过程中充分发挥自身的重要作用。

实施"政府主导型"战略，主体必须是政府，基础在市场，旅游企业是战略的受益者。因此，我市可从五个方面入手：

（一）建立和完成旅游法制体系，加强对旅游企业和市场的规范化管理。

（二）强化旅游业的领导体制，充分发挥职能部门的作用，增强其综合、协调能力。

（三）开征旅游的有关税费，保证发展旅游的经费来源。

（四）加大宣传促销的投入力度，进一步扩大合肥旅游的宣传和提高合肥市的知名度，招徕更多的中外客人来合肥。

（五）加强旅游行业的归口管理，努力探索促进旅游发展的所有制结构，加快建设现代化旅游企业的步伐。

三、发展合肥旅游业的思路和工作重点

合肥市发展旅游业的思路是，以建设现代化大城市为依托，充分发挥自身优势，挖掘历史人文资源，做好山水文章，搞好大旅游经济的开放开发。结合创建文明城市，把合肥建成全国优秀旅游城市与区域性旅游中心城市。

做法是：以景点建设作突破口，发掘包公、三国和近代名人文化遗产，发展商贸旅游、会议旅游、观光旅游以及休闲旅游。结合启动环水工程，加强旅游基地设施建设，开辟新的旅游景点，建设一批高档次、高水平的旅游服务设施，具体抓好五大片景区建设。

（一）建设高档次的大蜀山文化娱乐旅游区

以野生动物园为核心，建设高档次、高品位的安徽名人馆、科技梦幻大世界、新加坡花园等，以及开辟通往紫蓬山的森林大道，重点突出山林韵味，生态旅游和现代娱乐的特色。

（二）完善市区内的"翡翠项链"，重点建设"石林峡谷"和杏花景区。融观光旅游、文化娱乐、科普教育为一体，建设一流的城市园林与旅游服务的基础设施。

（三）发展历史人文资源，打好包公牌，做好三国故地的文章，开发近代刘铭传、李鸿章等名人资源，尤其做好包公和威震逍遥津的史迹文章，结合1999年包公诞辰1000周年，举办形式多样的宣传促销和必要的项目建设。

（四）建设以明珠广场为核心的经济开发区现代旅游设施；结合开发区建设，发展乡村俱乐部、现代体育与娱乐设施，国际水平的花卉研究中心等高档次、高品位的旅游项目建设。

（五）开发与治污结合，与巢湖联手开发巢湖风景区。巢湖边岸的"四顶朝霞"、"巢湖月夜"景观，均属合肥的老庐阳八景。开发巢湖的重点应以肥东县境内的四顶山、黑石嘴为中心，规划、建设我市巢湖边岸的旅游景点，与巢湖的忠庙、姥山景点连片，形成我国五大淡水湖之一的巢湖新貌，主要满足周边城市的旅游需求。

总之，发挥合肥地处江淮之间区位和作为省会城市的优势，形成以合肥为

中心，南连黄山、九华山，西连大别山、北连寿县、亳州，东连凤阳与琅琊山的特色旅游线，并连线成网，使合肥成为我国东部与江淮之间名符其实的旅游中心城市。

（原载《旅游博览》杂志 1998 年 1 期）

生态旅游是旅游业发展的方向

旅游是经济、社会、文化等现象的综合反映，其旅游活动是人们的一种高级精神享受。近年来，全球旅游业发展迅速，年增长率为 4%，占全球商品和服务生产总值 7%。世界旅游组织（UNWTO）预测下世纪旅游业将成为世界最大的产业。而生态旅游是旅游业中发展速度最快的部分，年增长率达 30%。我国开展的"99 生态环境游"与 99 昆明世界园艺博览会"人与自然——迈向 21 世纪"主题，确有异曲同工之妙，互相呼应，共同体现了人类迈向新世纪的"人与自然"和谐相处美好愿望与对新的生活时尚的追求。

一、生态旅游及其特征

人与自然的和谐相处，是人类社会在漫长的历史岁月中逐步认识和竭力追求的完美境界。现代科学技术的飞跃发展，高新技术取代传统技术，人类需要"人与自然"更高层次的和谐。旅游科学作为人民追求高级精神享受的专门学科，日臻完善。该学科的核心概念是"经历"，这"经历"的概念是"旅游者通过对旅游目的地（广义上指旅游过程）的事物或事件的直接观察或参与而形成的感觉与体验"。旅游业生产与销售给顾客的产品正是这种"经历"。可见，"经历"是游客主体与旅游吸引物、设施、服务与人的客体角色互动的产物。

旅游业发展初期，由于一般盛行的大众旅游，只注意旅游带来的经济效益，而没有进行综合效益的评估，把旅游业作为优先发展项目，对旅游资源过度甚至掠夺式开发，旅游项目大量上马，病态扩张，景点粗放式管理。这一切破坏了旅游业赖以存在和发展的环境，影响了旅游业的长期利益，因此对旅游业形成不同的观点。保护主义者常常反对旅游开发带来的压力，最关心"承载力"这一概念。而另一些人又极力主张接近名胜点乃至敏感性资源招徕游客。可持续发展观点认为必须两者兼顾，"即要满足当代人的需要，又不损害后代人满足其需要的能力的发展"，体现人类需要、资源限制、公平的三个要素原则，从而出现了自然旅游，即生态旅游的概念。

生态旅游产生于 20 世纪 80 年代，是人类认识自然、享受自然的一个整体概念，含有"生态旅行与生态旅游"两层含义。生态旅行是以提高生态保护观念为目的的，组织一定人数参加，通过调查、了解、鉴赏获得乐趣，不损害环境、自然景观、野生动物及生态系统的活动。而生态旅游则包括生态旅行及目的地的自然与文化地域内的旅游设施、旅游服务等在内的一种旅游形态。1993年在我国北京召开的首届东亚国家公园自然保护区域会议上，对生态旅游定义为"倡导爱护环境的旅游，或者提供相应的设施及环境教育，以便旅游者在不损害生态系统或地域文化的情况下访问、了解、鉴赏，享受自然及文化地域。"我国开展的"99 生态环境游"正适应了这一历史潮流，进一步宣传普及了相关的生态知识，使广大游客关注自然、感受自然、提高环境意识，从而达到自觉保护旅游目的地的生态环境。

可见生态旅游有着自身的基本特征，一是生态旅游必须在保护当地生态环境的基础上进行，尽量减少对环境影响；二是以自然为基础，突出对游客的环境教育，增强游客的环境保护意识；三是有目的的帮助游客了解旅游吸引物的自然与文化，从中增加见识，丰富旅游的经历；四是为自然资源保护和当地居民福利创造经济条件。其核心就是生态环境得到保护，又谋富当地百姓。

生态旅游的范围有广义和狭义之分。狭义的生态旅游是指到偏僻的、人迹罕至的生态环境中进行探险或考察的旅游。广义的生态旅游包括一切在大自然

2002 年考察西藏"世界柏树王"时留影

中进行的游览、度假活动。

我们所倡导的广义的生态旅游与过去的大众旅游的主要区别在于：规模小，景区通常由本地开发，在相对未受破坏的自然区域观赏、学习、享受自然和当地文化，以保护环境与维护当地人民的福利为目的，进行集约式的管理等。可见生态旅游的兴起，是人类对自然环境的热爱和环境保护意识不断增强的结果，是大众旅游的替代品，也是当今旅游的转折点。

二、"99 生态旅游活动"促进了环保思想的普及

加强对旅游资源的保护，同时教育公众，提高全民的环境保护意识，通过99 生态旅游年活动和昆明世博会展示的"人与自然和谐"的环境，的确收到了显著效果。

大自然孕育了生命和文明，通过开展生态旅游活动，进一步展示中华大好河山、秀丽景色，激发旅游者热爱大自然情怀，增强保护环境意识，同时也展现了我国人民热爱生活的高雅情趣，追求真善美的高尚情操，体现人类与自然的美好契合。

今天当我们驱车旅行在长江上游的景点途中，已见不到往日川流不息装满木材外运的大卡车，代之而起的是"国家生态治理重点工程"等醒目的建设山川秀美生态环境，以及宣传大江大河源头及上游两岸的生态公益林保护标牌。国家统一实施的天然林保护工程（简称"天保工程"）的启动，为生态旅游夯实了基础，创造了更好的生态环境条件。新近对外开放的与西藏紧邻的云南迪庆（藏语：吉祥如意的意思）藏族自治州，国家级"三江"并流风景名胜区腹地，自 20 世纪 70 年代就成为我国重要的木材产区，去年实施"天保工程"，已形成支柱产业的森林工业下马，代之而起的就是生态旅游业。这里山青、水秀、人美、物阜，有着极为独特的人文与自然景观，田园诗般如梦如幻，同英国作家詹姆斯·希尔顿笔下的香格里拉十分相似。香格里拉原是藏语，表示"心中的日月"神圣的地方。当游客前往这雪域高原上的碧塔海自然保护区欣赏丰富的生态旅游资源时，在海拔 3540 米的原始森林人口处，醒目独特的宣传牌吸引着每位好奇的游客。不妨抄录如下：

△要尊重地方文化，不要把城市生活习惯带到你所参观的地方。

△不要太靠近野生动物，同时不要去喂养他们。

△不要采集被保护的生物。

△不购买、不携归被保护生物及制品。

△将所有的废物丢人垃圾箱内，不要污染水和土壤。

△在参观一个地方之前，要了解当地的自然和文化特点。

△通过访问，对你的日常生活与环境的关系要取得更清楚的认识。

这样柔和的话语，打动着每位游客的心，引导公众善待自然，保护环境。尤其，游客身临其境在"心中日月"的神圣、吉祥如意的香格里拉，天时、地利、人和的大自然环境中，更感受到自己身心的内在和谐。迪庆州的所在地中甸县（现为香格里拉市），南北相距两个纬度，绝对海拔 4042 米，几乎包罗了从中南亚热带地区到北半球极地纬度水平带的生物，自古有"群山蕴玉，众水流金"之美誉的雪山草原、峡谷激流、高原与民族风情，使游客产生浓烈的多民族文化情趣，充分享受大自然的乐趣，产生对多元文化的和谐与生活质量的执着追求。生态旅游的需求多元化即满足了游客身心内在的和谐，又外在地要求人与人、人与社会的和谐，从而达到高层次的人与自然更完美的和谐。三大和谐融入整个旅游的"经历"之中，这就达到了生态旅游的最高境界，这与我们所弘扬的绿色理论也是相一致的。

中国的旅游开发，总的说起步比较晚，而且资源这么多，国土这么大，对外国人是很具吸引力的。可以说开发旅游是容易的事，但要保证发展不衰却很难。发展生态旅游，开展"99 生态旅游活动"是实现旅游可持续发展的最佳选择。如何对游客提供持续长久高质量的旅游经历则完全取决于对自然资源、环境和文化遗产的保护。以发展较晚，起步于 20 世纪 80 年代的川西北高原上的九寨沟自然风景区为例，现已列入世界自然遗产和世界生物圈保护区网络。它在总长 40 公里游览山道两侧，阶梯般分布着 100 多个清幽明净的高山湖泊，宛如粒粒珍珠，颗颗碧玉，晶莹闪耀，构成如梦如幻、似有似无的绝妙特点。为了吸纳更多的游客并将游客迅速地分散到各个景点，景区内统一实行天然气环保公共客车，门票和公交车票均采用一票制，每人票额近 200 元。这样既利于环境的保护，又有可观的经济效益。据介绍，山沟谷地中原有的 9 个藏族村寨，随着旅游的发展，寨中每家每户都吃旅游饭，结余至少数十万元。为了确保生物资源的保护，更好的展示"黄山归来不看山，九寨归来不看水"胜境，广泛宣传和实施生态旅游，借助生态旅游年活动，宣传普及保护生态环境，计划不久将动迁景区内所有住户。这样既能保护环境，又能为旅游者提供高质量的旅游经历，实施旅游景点的可持续发展，并从根本上保证当地百姓经济效益的最大化。可见生态旅游只有用可持续发展观念和先进技术装备旅游业，才可能在未来世界竞争中具有优势，充满活力。

三、依托生态旅游，推动社会经济发展

中国的旅游开发，起步较晚，但资源丰富，对外国旅游者有很大吸引力。发展生态旅游，是实现旅游业可持续发展的最佳选择，同时也会对社会经济的发展起到积极的推动作用。

由于生态旅游的根本思想是尊重自然的异质性，尽量减小对环境的影响，达成"天人合一"的和谐。开展生态旅游年活动，则拉开了绿色旅游时代，生态旅游成为下世纪旅游的发展方向。如何综合考虑社会、经济与生态效益，满足需求的多元化，这需要公众的参与，人人有责，各自从不同的角度对发展本地旅游业提供宝贵意见，把创造优美的环境变成有力的营销工具。

以合肥为例，作为省会和全国重要的科研教育基地，如何以生态旅游年活动为契机，发挥首批双获国家园林城市和优秀旅游城市的殊荣，尽快使旅游业成为城市经济的支柱产业，最近本人做了一些调查。以我之见，应充分肯定，近几年合肥致力于现代化大城市建设，已初步形成大城市格局，交通便捷，基础设施建设良好，会务旅游、商务旅游已具有一定规模。按照旅游业发展规律，合肥市旅游业已进入中投入中产出阶段。目前主要是缺少旅游景点和无休闲度假区，以及市民私费出游意识不强。合肥市旅游资源虽不富有，但也不贫乏。现已有国家级重点文物保护单位 1 处、省级重点文物保护单位 17 处、市县级 73 处；国家森林公园 2 处。此外，北有江淮分水岭、淠史杭总干渠；东南濒临巢湖；西与西南有蜀山湖、大蜀山与紫蓬山；市中心区还有南淝河流过。历史名人亦众多，还有科大、中科院合肥分院等高科技研究、教育单位。

因此，发展合肥市旅游业必须树立大旅游、大市场、大产业观念，跳出旅游抓旅游，精心组织各方力量，重点在特色上作文章，把合肥建成集商务、会务、观光、休闲度假为一体的江淮旅游中心和安徽省旅游枢纽城市，做到旅游业与现代化大城市相互适应，协调发展。当前首先立足江淮，面向全省，辐射周边兄弟省市，打好"包公牌"、"巢湖牌"、"科教牌"。外抓宣传促销树形象、内抓开发建设增后劲，适应不同消费层次需求，逐步形成重点突出，区域联动的旅游发展新格局。

开发设想是：

（一）建立三大旅游区，即：大蜀山至紫蓬山的生态度假旅游区；巢湖沿岸及肥东四顶山、浮槎山为主（含岱山湖）的巢湖观光旅游区；利用滁河干渠，将肥西县将军岭至长丰县双凤湖，以及郊区三十岗附近的鸡鸣山、三国新城遗址等景点为一体，组建娱乐休闲旅游区。

（二）争创国家级名牌旅游产品。一在包河景区的基础上，融包公墓、包公祠等景点为一体，完善景点配套，积极申报国家级包公文化区；二是在现有国家级文物保护单位——瑶岗渡江总前委的基础上，积极申办渡江战役纪念馆，扩大名牌效应。

（三）强化宣传促销力度，树立合肥旅游新形象。促销口号是：在"包拯故里，江淮明珠"的基础上，提出一山（大蜀山）一水（巢湖）一城（三国新城）一岛（科学岛），一包（公）一李（鸿章）一刘（铭传）一杨（振宁），高度概括，利于宣传、普及合肥的特色。同时，省市联动，开展"合肥人看合肥"、"安徽人游省会"活动，把省会合肥旅游牌打响。

（四）组织形式多样的旅游活动，重点开辟一日游特色旅游线。如开辟现代化大城市建设观光游、现代农业观光游、科教基地观光游、包拯故里游、三国故地游等。

（五）加强对旅行社的行业管理和政策扶持，充分发挥旅行社组织客源的龙头作用。同时争取省里支持，把合肥旅游资源与周边地区旅游资源融为一体，省市两级旅游部门统一宣传促销、统一培训队伍、统一合肥旅游市场管理，形成大旅游格局。

合肥科学岛

（六）按照发展旅游业统一规则的要求，编制好各景点规划，确定开发建设项目库，公开发布，也可上网招商，按照"谁投资、谁收益"原则吸引各方资金，国家、集体、个人一起开发旅游资源，建设旅游景点和旅游设施。

（七）引导企业开发特色旅游产品，设立旅游商品市场、地方特色商品市场，开发包括徽菜、曹操鸡、吴山贡鹅等特色佳肴为主的美食街。

（八）改善投资环境，除必要的政策扶持和引导外，还要进一步提高工作效率和服务水平，学习舒城开发万佛湖景区经验，实行"一站式服务，封闭式管理"办法等。

总之，各地有各地的优势，但只要立足于生态环保，坚持生态旅游景点的合理开发利用，切实抓住生态旅游这个龙头，旅游业必将成为国民经济新的增长点，成为地方经济的支柱产业，并通过跨世纪的生态旅游，实现旅游业的可持续发展。

（原载《中国绿色时报》1999 年 11 月 1 日，《旅游博览》杂志 1999 年 5 期）

永续利用风景名胜资源

风景名胜既是国土资源的组成部分，也是发展旅游业的重要基础，两者关系历来紧密相连。而世界旅游业的崛起是近半个多世纪以来的事。随着经济的发展和人民生活水平的提高，旅游日益成为人们精神文化的需求，开阔视野，增长知识，寻求友谊的手段。为了让游人真实得到回归自然，感受历史文化，体验与名山大川和历史文化氛围相交织的精神愉悦，我国自 1978 年加入世界遗产公约，现已有 27 处名胜古迹和自然风景区被列入世界遗产名录，居世界第三位，保持了风景区原汁原味的国际公认标准。因此，管理宜借鉴世界上一切有益的经验，按照政府经济学的公共选择理论，公共物品的资源配置不能简单通过经济市场解决，而应通过政治市场去解决。这需要机制创新，建立一套改进公共部门工作的制度，以强化绿色意识，倡导绿色文明，传播绿色文化，使这些属于国家乃至全世界人类的共同文化遗产的真实性和完整性能时代传播，永续利用。

（摘自《风景名胜》杂志 2001 年 12 期的"中国风景名胜区的挑战与展望"一文）

黄山风景名胜区

野生动物园就这样走出来的

——贺合肥野生动物园建园 20 年

摘要：建设野生动物园，我国始于 20 世纪 80 年代末、90 年代初。合肥野生动物园于 1995 年 8 月 8 日奠基，1997 年春正式对外开放。

合肥野生动物园自 20 世纪 90 年代中期动工开建，今年恰好二十周年。回首往事，当时我在园林局领导岗位上，建设野生动物园从动议到落实，的确圆了一个很好的梦。

这要追忆到 1983 年 11 月，合肥市为加强友好城市的联系，决定派我和逍遥津动物园主任随市外办负责人赴日，携一对丹顶鹤和 50 株送春梅赠送给久留米市。圆满完成交接任务后，主人安排我们参观了多个知名的植物园与动物园，其中留下最深刻印象的是九州野生动物园。该园的动物采用野生饲养方式和游人以车代步的参观形式，使游客在行动中与动物隔车相望，感悟到一个"真实"的动物世界。这在改革开放之初，给人的视觉冲击和震撼是可想而知的！当时，我虽已进入园林部门的领导班子，但建设野生动物园各方条件尚不成熟，羡慕之余只能成为美好的梦想。

作者（左1）与市领导共同奠基

日月如梭，瞬间十年。1994年下半年，逍遥津公园动物园因场地狭小、环境嘈杂、笼舍破旧、品种稀少和脏、乱、差等问题被省市新闻单位集中曝光，这时对已是园林局主要负责人的我压力很大。逍遥津公园虽全力进行动物园整改，但不足五十亩的园中园无论怎么整修翻建，也难以改变与兄弟省会城市的差距，更难以满足市民日益增长的文化生活需求。如何才能跟上时代步伐？我利用星期天，首先约来逍遥津公园动物园主任熊成培，他当年曾与我同为代表团成员赴日本，提及九州野生动物园，立即拉近了我们之间的距离。要改变合肥省会城市动物园的旧貌，就要敢于舍弃破旧的老城区动物园，重新到郊外建一个新的，而且是新一代的野生动物园。发展思路一拍即合，新的目标明朗了。1995年，我把这个想法向时任市委书记钟咏三汇报时，他高兴地说：园林部门能主动提出建野生动物园，就如同我们市里提出建设三大开发区！他的赞扬与肯定更加坚定了我的信心与决心，以及努力实现建设野生动物园的愿望。

如何建设具有合肥特色的野生动物园呢？俗话说：万事开头难。首先，我从最关键的选好具体干事人入手。逍遥津动物园主任熊成培是有一定名望的动物专家，与日本和国内动物园均有交往，有一定知名度，他的态度和决心至关重要。我与他多次交换想法后渐成知音，在我们思想一致的基础上，决定先从蜀山森林公园旁的局属珍稀动物养殖场入手，再扩大到周边的公园用地。于是我再次利用休息日，请来时任养殖场主任杨元凯和熊成培一道畅谈野生动物园的设想和建设。杨主任也是一位动物专家，虽已50多岁，但事业心依旧很强，他一听合肥要建野生动物园十分赞成和支持。共同的事业心将我们三位技术人员出身的干部凝聚到一起。有了这样的基础，再做通杨主任的工作就不难了。他愿意让贤提前到二线，支持年富力强的熊主任主持动物园的建设。在此前提下，我又主动去做逍遥津公园主任的工作，因老动物园是公园的二级机构，要求逍遥津公园从大局出发，统一承担起园中老动物园的园容管理，并取消动物园上缴的经费指标，保证野生动物园筹建期间能轻装上阵。

为了野生动物园尽快开工，一边抓紧专家论证，积极向市里申请项目立项，一边在局长办公会研定的基础上，邀请熊主任列席局党委会议，讨论野生动物园建设。熊主任在党委会上主动表态，立下军令状，由此促进党委一班人达成共识，统一了思想。在规划上决定从蜀山森林公园划出千余亩土地，保证野生动物园达到 1500 亩。与此同步，安排园林设计院抓紧编制野生动物园总体规划，尤其先做出首期食草动物园区的详细规划。总体思路上虽借鉴了日本九州野生动物园的模式，但能否青出于蓝而胜于蓝，还应注意结合自身实际，在思路上要求避开当时国内野生动物园普遍采取九州野生动物园乘车游览的模式，并且注意降低今后经营成本和增加游客在园内逗留时间，还提出具体要求：一是动物园门楼可参考九州野生动物园餐厅外立面形式，突出"野"字；二是猛兽区宜采用市里当时正在建设的五里墩立交桥形式，运用高架桥连接各猛兽区，让游客步行上桥，站在桥上看动物；三是先从食草动物园区起步，修筑园林式游步道和隔离门。总之，本着先易后难的精神分期实施。

在建园初期，虽然有人对合肥野生动物园建设产生过怀疑，但这项颇具远见的方案，赢得了合肥市各级领导的共识，得到市委、市政府的全力支持。野生动物园的建设立项不仅迅速获得通过，而且迎来了 1995 年 8 月 8 日的奠基仪式，市长马元飞、市政协主席马学模等主要领导亲临现场破土动工。

在实施过程中，为了确保野生动物园建设尽快形成新的亮点，初期重点抓了大鸟笼的规划，从 1 万多平方米扩大到 2 万平方米，最终再扩大到 3 万平方米，数易方案，终于确保鸟笼成为当时亚洲最大的。鸟笼在设计中，最初计划建造十多座塔柱，成本高又不美观。事也凑巧，我恰好赴京出差途经北四环，见到占地 2.2 万平方米的大鸟笼，其结构简洁轻巧，周边仅采用立柱式，只有中心建一塔，形似一把伞。于是我回来后，立即在局长办公会上作出决定，请熊主任陪同设计人员赴京参观学习，并在北京的基础上又有所创新。事后专利之争时，由于创新部分超出专利权标准的 15% 以上而胜诉，大鸟笼终于将 45 亩山林完整地用一张大网罩起来，成为建园初期的主要亮点和特色。

为了保证建设的快速推进，让 1500 亩土地尽快到位，建园的同时还抽时间重点做好蜀山森林公园的工作，同意 60 名员工与土地一并转入新建的野生动物园。人和土地解决了，影响建设进度的关键就是经费。建设起步的 50 万元是来自省林业厅支持的森林城建设补助费，而 1996、1997 年每年投入的 200 万元，则靠市里同意从财政直接切块给园林的经费，正因为园林局获得了使用经费计划的主动权，才保证了动物园能利用少量的几百万元，提前干了一千多万元的工程，确保首期工程 1997 年提前对外开放，迎来了八方宾客。

这里还值得一提的是建园首期工程中，熊成培的功劳最大，他除了具体组织实施还争取日本友人赠送了一群 76 只日本猕猴，为野生动物园增添了一处新亮点——开放的猴园。他本人也因建设野生动物园，而名扬动物园界。1998 年春，他被上海动物园选调进沪任总工，我与继任者曾亲自送他赴任，后来他升任该园园长。

总之，合肥野生动园的建设者和管理者，经过近二十年的努力，一任接着一任干，成效日益显著，尤其一座飞虹，占半个园的诺亚方舟高架桥，早成为野生动物园的新标志，串起了多个猛兽区，实现了动物回归"自然"的愿景。人与动物和谐相处，动物品种日益增多，同时野生动物园在创新的基础上，能与时俱进，还结合自身实际新建了多座特有动物专类馆，例如熊猫馆、大象馆等，走出野生散养与适度圈养相结合的特色之路。野生动物园在全国产生了一定影响，兄弟城市前来学习观光不断，吸引着大量中外游客。现每年游客量已达 170 万人次以上，尤其野生动物园成为儿童和青少年最喜爱的游乐处，早已成为合肥地区收益名列前茅的景点，社会效益和经济效益最好的单位之一。

（原载《安徽园林》杂志 2015 年 2 期）

1997 年，合肥野生动物园首期工程完工对外开放，作者在现场向时任省委书记的卢荣景（右）、市长马元飞（中）等领导汇报规划和建园情况

第六章 园林形象展示

　　花事活动就是举办以花卉为主题的活动。花卉在极右时代被认为与
"封资修"相联系，曾一度被封杀。改革开放之初，花卉事业获得了新
生，成为人民大众十分喜爱的精神文化生活的重要内容，与人民精神和
物质文化生活紧密相连。各地开始通过举办各种花卉展览，取得了显著
的社会经济效益，进一步促进了花卉事业的大发展。

打响安徽赴京花卉展销第一炮

——合肥市苗圃赴京桂花展销 30 周年

　　1983 年中秋、国庆佳节之际，合肥市苗
圃与北京市北海公园在京举办桂花展销会，
这是北京首次举办桂花展销会，也是我省花
卉首次赴京展销。

　　展销会从 9 月 19 日开始预展，9 月 20 日
正式展出，10 月 3 日结束，历时 15 天，接待

作者(右)在桂花展销现场

群众近 20 万人次，售出桂花 2 万余盆。展销的品种有金桂、银桂、丹桂、四季桂和月月桂等。

为了保证展销成功，筹备期间合肥市苗圃组织专门班子，订立赴京人员纪律要求。桂花自 8 月 10 日开始起苗，9 月上旬装运。技术上采取苗根部带小土球，稻草包裹，外套塑料袋的方法，并注意在火车运输停靠站时，经常对叶面喷水、降温保湿。抵京后及时装盆，除正常浇水养护外，用 400~500 倍磷酸二氢钾进行叶面喷雾施肥和结合地面喷水降温，提高空气相对湿度，促进桂花及时返青复棵和花芽膨大，保证国庆期间桂花盛开，增添节日气氛和展销会的影响力。销售上本着薄利多销原则，低于北京市价并配有"桂花养护管理"说明书供顾客养护花卉参考，受到了首都人民的普遍欢迎和好评，确保了展销会的圆满成功。

注：赴京展销花卉是按照时任常务副总理万里夫人边涛同志来信中的倡议："打响安徽赴京花卉展销第一炮"。

（原载《安徽园林》杂志 2013 年 3 期）

中国首届桂花展将在合肥举行

中国首届桂花展览决定 2003 年 9 月 25 日至 10 月 20 日在合肥植物园举办。这次花展由中国花协桂花分会与合肥市人民政府联合举办，合肥市园林局承办，安徽省园林学会协办。

桂花是我国传统十大名花之一，为我国原产，栽培历史达 2500 年以上。桂花由于终年常绿，树姿挺拔秀丽，秋季开花，芬芳馥郁、香气沁人，享有"独占三秋压群芳，何夸桔绿与橙黄"的盛誉，自古以来深得中国人民喜爱，成为人们心目中美丽、友谊、爱情、荣誉、崇高的象征，辟邪的吉祥物，又被视为吉祥之兆。桂花除欣赏外，亦是重要的经济实用名贵香花，可食用、入药、提炼香精。桂花味甜，可以窨茶、浸酒、拌糖渍后制作各种糕点和甜食，如桂花元宵、桂花芋艿、桂花藕粉、桂花年糕、桂花瓜子等。桂花的根、叶、花、籽均可入药，健脾开胃、帮助消化，治咽干、除口臭，去痰、治牙痛，提精神、和颜色、滋润肌肤、增强血管弹性、促进血液循环、提高人体机能素质。作为香花，花内含有葵内脂、紫罗兰酮、芳樟醇等多种芳香物质，可提炼芳香油。其木材质密而坚实，为细木加工和雕刻良材。总之，桂花浑身是宝，是极其重要的经济树种。

古往今来，许多诗词歌赋，以及农书中常有桂花记述。民间流传着不少有关桂树美丽动人的神话，尤以"月中吴刚伐树"最为广泛，月中桂树高 500 丈，随砍随合，永砍不倒。每临中秋，馨香四溢，只有这天吴刚休息，与家人共度团圆佳节。毛泽东主席诗词"问讯吴刚何所有，吴刚捧出桂花酒"诗句，使故事更加生动、富有诗情画意。

可见，桂花具有多元的价值。在我国淮河流域以南地区均能露地栽培，而北方则多为盆栽。很早以前我国就形成了苏州的吴县（现为吴中区和相城区）、浙江的杭州、湖北的咸宁、广西的桂林、四川的成都等五大产地。现又增加了合肥、南京等更多的新产区。全国已有 22 个城市选择桂花为市花、县花。作为文化、艺术、产业的桂花，其前景十分广阔，充满希望。丰富的桂花资源提供了物质保证，博大精深的桂花文化奠定了深厚的文化基础，人民群众对桂花的喜爱提供了潜在的巨大市场。因此，举办全国桂花展无疑是对弘扬桂花悠久文化、展示桂花品种资源、发展桂花产业的巨大推动，促进桂花产业产生更大的

社会与经济效益。同时利用花展，还可推动申报桂花品种国际登录权和提高学术研究水平。

20年前合肥市苗圃曾组织数万盆桂花赴北京北海公园，成功地举办过桂花展销会，有实践经验。这次在肥举办中国首次桂花展，无疑是最好的选择。通过花展的成功举办，以花为媒、以花会友、让花展搭台、促销唱戏、达到增进友谊、进一步促进桂花产业的开发与应用。

此次花展，主要采取市场运作的办法办花展。俗话说，"万事开头难"，桂花虽然花香，但花朵小，花色不那么鲜艳。品种虽有60多个，但外形、色彩只有简单的几种，广大百姓只能粗略区分品种的几大类型，很难区分品种间的差异。因此，举办桂花展除了需有大面积闻香赏桂的桂花林，以及集中展示的各个品种和科普展台外，形成特色的捷径就是利用桂花在园林绿化应用中的传统与手法，结合各地、各单位景点的展示进行装饰，让桂花展办出自身的特色。也就是说，各参展单位可结合自身优势或产地、或市花、或城市特色、或主要桂花品种，结合民俗风情和人文景观，利用桂花植物材料，借鉴旅游行业"宣传促销"的行话，制作景点，达到宣传各自城市、企业的目的。特色各异的景点可结合文字说明，使桂花与建筑小品、山石、雕塑相配。如：丛生灌木桂花结合园林小径，或山坡或山下，形成丛植或片植。园路转角处可采用散植或丛植；庭院亦可对植，呈"两桂当庭"、"双桂流芳"的布局。现代园林也可利用桂花与荷、山茶、梅、牡丹等其他名花相配，使盛开的桂花成为秋景，体现四时景色。总之，景点的布置要与参展单位自身的宣传目的紧密结合，使布置的室外景点能长期保存，又能成为合肥植物园的一大特色，使参展城市留下永恒景点和宣传的窗口。同时，还可结合参展城市桂花系列产品的展销，获取直接经济利益。这次整个花展将设立赏桂区、桂花品种展示区、桂花景观区、桂花科普区和桂花产品展销区五大部分，达到参展单位与举办单位双赢的目的，相信桂花展一定能够越办越有生气。　　　　　　（原载《江淮时报》2003年9月2日）

徽梅技艺享誉京华

时任副省长龙念(右1)作为省市代表与全国人大副委员长陈慕华和农业部部长何康共同为展会剪彩

园林界最早工程院院士汪菊渊、陈俊愉教授,在首届全国梅展安徽展厅欣赏家乡的梅花

由中国花协牵头举办的首届全国梅花、蜡梅展览会,于1989年1月26日至2月15日在北京宣武艺园展出。全国人大常委会副委员长陈慕华,中国花卉协会会长、农业部部长何康,以及我省因公在京的龙念副省长参加了开幕式,并为展览会剪彩。我省在京的省委书记、省长卢荣景同志在1月29日也兴致勃勃地参观了梅展。

梅花是名列我国传统名花之首的中华特产,花型雅丽、花期长、开花早,具有迎风雪而怒放的"梅花精神",与人民生活、文学、艺术、习俗有着传统的不解之缘。这次展出的盆栽梅花,来自我国梅花、蜡梅主要产地的10个省市,1500余盆、100余个栽培品种。

我省是梅花的原产地之一,皖南歙县的卖花渔村已有1100余年的栽培史。梅花树桩盆景素以苍古、奇特的风姿神韵见长,尤其是龙游式的梅桩成为徽派盆景的代表作,曾与徽墨、歙砚齐名于世,在中华民族的文化艺术史上独树一帜。这次我省送展的有合肥、马鞍山、安庆、芜湖、黄山五个市的100余

时任全国人大副委员长陈慕华(左)在听取作者介绍

时任省委书记、省长卢荣景(中)听取作者介绍

盆梅桩盆景。这些盆景都是近几年来，在原传统手法的梅桩基础上，吸收了自然、古朴的艺术特色，做到源于自然、高于自然、美于自然。

这次展览会的安徽展厅，徽梅技艺受到来自全国园林同行和广大首都群众的赞誉，并被展览会授予传统技艺金奖和展厅布置金奖。我省的展品共获得金奖 15 枚、银奖 11 枚，占整个展览会 75 枚奖牌的 1/3 以上，名列榜首。省委书记、省长卢荣景同志观展后高兴地说：**"我们有梅花的品德，梅展的精神，安徽各行各业就能上去了。"**

在展览会期间，成立了全国梅花蜡梅协会，龙念副省长被聘为名誉会长。

（原载《安徽画报》1989 年 3 期）

来自香港花卉展的启示

作者(右 1)与时任安徽省花协第一副会长江泽慧夫妇(右 2、3)等在展会现场。

一年一度的香港花卉展览，1992 年 3 月 6 日至 15 日在香港本岛维多利亚公园举行。今年是自 1987 年开始，由香港市政局及区域市政局联合主办的第六届花展，其主题是"奇花异卉汇香江"，较集中地展示世界各地的国花、市花，以及奇花异卉。"萱草"获选今年的主题花。这次参展的有荷兰、美国、南非、新加坡、印尼、马来西亚、中国香港、中国澳门、中国台湾省，以及我们内地的广东、江苏、江西、福建、河南、安徽、吉林、陕西和北京、上海、广州等省市，计 70 多个园艺团体。安徽省由安徽农学院与合肥市园林局派出 5 人参加。合肥市园林局是第二次参加香港花展，新近成立的安徽省花卉协会则是首次参加这样大型的花事活动。通过花展，我们较好地实践了以花为媒，宣传安徽，开阔视野，广交朋友，振兴花卉产业，直接为经济建设服务的目的。

一、花展情况

合肥市园林局在 18 平方米的展台上，围绕"徽州民宅，桂花飘香"这个主题，布置了一座充满乡土气息的"徽园"。展台由彭镇华教授题写的"香港花展称盛事，安徽灾后表深情"醒目的对联，表达了安徽人民对香港同胞热心赈灾的感激之情。港人姚贴凯 3 月 7 日在参观"徽园"后留言，"观后随感：安徽馆设计简朴，乡土气息具特色，对联新颖寄厚意，深受港人欢迎"，较集中地表达了香港同胞的心声。展台的布置获得香港花展优异奖，中国花卉协会的一等奖。此外，"满天星"盆景获盆景三等奖。

参加这次展销也带来了一定的经济效益，我们带去的寿心桃、真柏、瓜子黄杨、满天星、华山松等 400 盆小盆景全部抢购一空。同时，进一步探索了香港花卉市场盆景的需求，以及对品种的要求。一般来说，对小型盆景需求超过大、中型的；带花、果的好销，耐荫的植物比喜阳的花木更受欢迎；花和盆质量高的易寻买主。总之，品种上求新、造型上求形、规格上要小、质量上要高。

我们利用参加花展的机会，与香港园艺界的各种民间组织和有关人士进行了广泛接触，并实地考察了花卉拍卖的集中地和不同层次的花店、花摊。总的感受是，我国十年来的改革开放，也带动了香港的经济繁荣，同时，花卉行业也得到迅速发展。香港作为一个国际性的自由贸易都市，根据香港政府的统计，与我们内地的贸易总额，十年来增长 114 倍；自 1985 年以来，内地一直是香港最大的贸易伙伴。香港的花卉业 60、70 年代并不兴旺，近十年间才发展很快。全港已有大小花店 1000 间左右。根据香港统计处公布的数字，1991 年从海外进口的鲜花价值超过 l 亿港元，鲜花的种类不断增加，品种也不断改良，人们对鲜花的兴趣日渐大增。鲜花属一次性消费品，消费量肯定越来越大。我们内地对香港的花卉出口，主要是广东省。然而目前，广东的鲜花在香港市场仅占 15%，花少、多木本，且质量不高。例如：广东的切菊花销量在香港虽占 60%，但因档次低，花店不接纳，只能摆在菜市场和流动摊上，批发价每打仅 5~6 港元；广东的月季花在港批发每打 15~18 港元，仅是荷兰进口花价格的一半。香港花墟道有鲜花批发商店几十家，但兼营大陆花卉的仅 2 家。由荷兰进口的花则较贵，其中切花中的兰花，有的甚至以每朵花 10 港元计价。惠兰品种的切花在切口处还套有保鲜液的塑料管，质好价高。荷兰的香槟花一束 20 枝，价 150 港元；10 枝一束的马蹄莲 50 港元，香石竹 30 港元，非洲菊 35 港元，郁金香 50 港元，月季 30 港元，唐菖蒲 25~65 港元。从地处九龙的花墟道花店看，盆栽花卉的质量比我们带来的好。例如，我们带去的寿心桃虽也着花，但花朵稀少，枝条只有两三个叉，仅卖 20~30 港元，而花店的矮干桩型盆栽，售价达 280 港元，小型的贴梗海棠也卖到 50 港元一盆。中国内地去的兰花售价高，例如品种为青松、贵临的每盆 1.2 万港元，妙婵 2.5 万港元，贵夫人、白牡丹每盆 8000 港元，徽州墨每盆 600 港元。可见兰花是可供开发的极好花卉资源。

香港人生活紧张，工作繁忙，放置鲜花或盆栽植物于工作台或布置家庭环境，已成为松弛神经、怡情悦目的时髦享受。随着经济的不断繁荣，尤其香港转口贸易的日益增长，香港花卉市场前景十分广阔，潜力很大。

二、发展花卉业的启示及建议

花卉是世界上近十年来发展较快的一种新兴产业，根据联合国粮农组织的最新统计，过去 10 年来，世界花卉产品出口额增加了 4 倍，年达 40 亿美元。我国号称"园林之母"，花卉资源十分丰富，并且栽培历史悠久，自然条件优越，具有发展花卉产业的有利条件。尤其，我们安徽是农业大省，花木盆景栽培已有千余年历史，徽派盆景一直是我国主要盆景流派之一，发展花卉产业潜力大。目前，由于我国现代技术和设备未普及应用于花卉行业，种花、赏花的知识也不普及，品种少，以及鲜切花的工厂化生产、保鲜技术、包装容器、卫生检疫和常年批量供应等问题均未解决，致使我省的花卉质量不高，品种少，花卉行业还十分落后。目前盆景虽可以进入香港，甚至国际市场，但我省至今没有上规模的盆景生产基地，无法批量化、规格化供应，更谈不上提供大量的出口商品。花卉作为一个产业，在人工及土地费用上还是低廉的，且资源又是丰富的，因此，无论在国内或国际市场上都具有很大的竞争力。我们应该抓住当前世界花卉业大发展和我国改革开放的机遇，奋起直追，努力开发花卉这一新兴的、具有前途的产业。

为了尽快开发这一新兴的产业，我们认为应结合自身的实际，采取以下切实有效的措施：

1. 合肥作为安徽的省会，为适应改革开放，经济腾飞的要求，首先应在合肥建立鲜切花和盆景生产两个基地。鲜切花的发展要与生物工程、组织培养的高新技术结合。我们可以依靠安徽农学院的科学技术和合肥市园林局的生产骨干、经济实体，联合进入科技工业园，并购置必要的生产鲜切花的工厂化设施，争取享受优惠的税收政策，促进这一新兴产业的兴起。

盆景生产基地的建设，也可以挂靠科技工业园的特殊政策，依靠安徽农学

1992 年,香港花展中的"徽园"

院的技术,合肥市园林部门的生产苗地,以及必要的经费支持,尽快发掘我省的植物资源,着手规范化、批量化盆景生产。销售上可与江苏、深圳,乃至香港有关厂商合作,努力拓宽销售渠道,尽快变资源优势为产业优势。

2. 为了适销对路发展我省的花卉产业,结合国际、国内市场的需求和我省资源的优势,宜选择兰花作为发展花卉产业的突破口。组织上在省花协领导下尽快成立我省兰花协会,并依靠安徽农学院的植物专家和园林部门有种兰经验的专业技术人员共同普查我省的兰花资源,在合肥建立兰圃,在山区建立兰花基地,使我省丰富的兰花资源尽快得到开发利用,争取早日打入国内、外市场。

3. 积极发挥省花卉协会这一行业组织的作用。可以采用花展,举办各种类型的花卉学习班,以及花卉学术交流、信息传递等多种形式,增加花协的凝聚力并对各地市的花卉行业起到指导作用。逐步在全省各地建立起各种类型的花卉基地,与省会合肥相互补充,发挥出各自的优势,使花卉真正成为发展我省农业多种经营中的一项新兴产业。

4. 要使花卉真正成为产业,还必须依靠科学技术作为第一生产力。在培育优良品种、优质花株和配套的现代化设施、器械、药肥和快速运输与保鲜上下工夫。有条件的地方均应逐步建立花卉生产科研机构。已建立科研所的地市则应充实完善现有研究机构,充分发挥科研在花卉生产中的龙头作用,提高花卉产业的科学技术水平。

总之,各个地市都应逐步形成自己的花卉拳头产品,并在此基础上形成具有我省特色的花卉品种,并生产大宗的花卉商品,让花卉真正成为振兴我省农业的一项具有较大经济效益的产业。

(原载《合肥建设》杂志 1992 年 2 期,《安徽林业》杂志 1992 年 4 期)

"徽园"首次亮相中国花博会

为争办奥运锦上添花的第三届中国花卉博览会，于 1993 年春在北京农展馆举办，这是新中国成立以来规模最大、内容最丰富的一次花卉盛会。全国 33 个省市和 3 个部，以及美国、荷兰、日本、韩国、以色列、新加坡、中国香港、中国台湾等国家和地区参展。

安徽省以省人大副主任江泽慧为团长，首次组团参展。合肥、马鞍山、铜陵、芜湖、安庆、蚌埠、淮南 7 市和安徽农业大学选送了展品。合肥市创作了具有民族风情和安徽特色的"徽园"，马鞍山市在室外布置了一座"皖江风情"园林景点。"徽园"被评定为展区的布置金奖，是安徽省获得的唯一一个金奖；安徽省参展的花卉盆景和花卉科研获银、铜奖牌共 20 枚，总分进入全国前 10 位，并获得博览会特设的农业部"部长杯"。

展览期间，中共中央总书记、国家主席江泽民和宋平、万里、迟浩田、陈慕华等中央领导同志参观了花展，并仔细欣赏了"徽园"展区。江总书记在"徽园"现场详细听取了合肥市园林局尤传楷的全面介绍，在"徽园"参观了近20 分钟。次日，因公在京的傅锡寿省长也观看了花展，对送展的花木盆景和所弘扬的安徽人民改革、开放的精神风貌给予了高度评价，要求以花展为动力，把花木作为一项新兴产业大力发展，将资源优势转化为产业的较大经济效益。

（原载 1993 年省建设通讯，《合肥晚报》1993 年 5 月 7 日）

在北京举行的第三届中国花博会现场，作者向时任安徽省省长的傅锡寿（左）汇报安徽馆特色和获奖情况

省首届花卉博览会

时任马鞍山市委书记苏平凡(右)、马钢总经理王秀智(中)等领导为开幕式剪彩

安徽省首届花卉博览会于1992年国庆前后在马鞍山市雨山湖公园举办，其宗旨是：以花为媒、加强交流、繁荣经济。时任马鞍山市委书记苏平凡、马钢董事长王秀智，在鲜花点缀的博览会彩门前，为开幕式剪彩。

会长周蜀生主持开幕式，马鞍山市市长周玉德和省花卉协会副会长江泽慧，发表了热情洋溢的讲话。

副省长龙念、汪涉云发来了贺信。省人大副主任杜维佑、省政协副主席孟亦奇也参加了开幕式。

来自全省20多个市县、大专院校、大型企业和兄弟省市、海外侨胞，带来展出的盆景精品、珍品，奇花异卉和观叶植物，盛况空前。

郁金香首溢合肥

为了促进花卉事业的发展，丰富广大人民群众的精神文化生活，市园林局从荷兰引进郁金香种球10万只，举办"合肥首届郁金香艺术节"。1996年3月30日预展，4月4日正式展出。郁金香是国际上著名的球根花卉，原产于地中海沿岸及中亚细亚、土耳其等地。四百多年前引入欧洲，随之传入荷兰、英国、法国、丹麦等国家，得到了广泛的栽培。荷兰现为世界栽培中心，因此郁金香也是荷兰的国花。郁金香品种繁多、色彩鲜艳、花形优美，深受各国人民的喜爱。

本届艺术节本着洋为中用，中西结合原则，在布展上，融科学性、艺术性、趣味性为一体，共设置10个景点，2个展室，特色各有千秋。

"迎宾"景点，以高大壮观的艺术节节徽为中心：四周簇拥着盛开的郁金香，迎接着四方游客的到来。

"五彩路"景点，在公园主干道 5 个花坛中分别植以 5 种颜色的郁金香，形成了色彩鲜明的五彩大道。

"一帆风顺"景点，在一只象征着船身的大木鞋上竖起 3 个错落有致的风帆，祝愿人们在人生的航程中一帆风顺。

"异国风情"景点和"荷兰风车"景点，分别以欧式教堂建筑造型和荷兰大风车造型为主要表现内容，结合具有异国情调的雕塑小品和不同色彩的郁金香，形成浪漫的、洋溢着异域风情的优美图画。

"花中情"景点，以一位手持鲜花的少女雕塑为中心，表现了人们对花的热爱和对美的追求。"呐喊"景点，以一组抽象的动物造型为主景，反映了保护动物，维护大自然生态平衡的主题。

"插花馆"景点，在原有的临水长廊上采用蒙太奇手法制成一座古朴典雅的哥特式建筑造型，馆内以形态各异的插花造型尽情地显示插花艺术的无穷魅力。

"精品馆"景点，设在具有典型的中国建筑风格的陈列室内，向人们展现了各种郁金香精品的绚丽风采。

"林缘花趣"景点，在树林和道路的两旁间断片植色彩各异的郁金香，形成了一种生机盎然，色彩斑斓的大自然美景。

这次共展出郁金香和洋水仙、孤挺花、风信子、萱草、杜鹃、牡丹、月季、茶花及 1 万余盆观叶植物。由于精心筹备，首次让绚丽多彩的郁金香成规模地盛开，象征着合肥人民团结、奋进、欢乐、祥和的氛围，同时表达园林职工为市党代会胜利召开奉献的一份爱心，为正在建设现代化大城市的合肥人民增添一份情趣和美的享受。

（原载 1996 年安徽园林科技情报）

1997 年,作者主持迎春花展开幕式

菊花在肥独领风骚

　　为了推动我国菊花事业的发展，让菊花更好地美化人居环境，丰富广大人民群众的精神文化生活，促进我国花卉事业的发展。由中国风景园林学会和合肥市人民政府联合主办，中国风景园林学会花卉盆景分会和合肥市园林局承办的"第六届中国菊花品种展览"，于 1998 年 10 月 28 日至 11 月 28 日在合肥市逍遥津公园举办，这是 20 世纪全国历届菊展中规模最大的专项花展。全国有北京、上海、天津、重庆、南京、扬州、常州、金坛、南通、苏州、无锡、盐城、长沙、衡阳、湘潭、株洲、开封、洛阳、武汉、南昌、杭州、成都、唐山、马鞍山、阜阳、滁州、蚌埠、淮南、淮北、宿州、安庆、芜湖、六安和合肥市等近 40 个城市参展。来自全国各地的菊花精品 1000 多个品种，以菊花为主体设置的特色各异景点 23 个，展示菊花 28 万余盆(株)。合肥市为配合公园内花展，还在市区主要广场和主干道上，摆放了 17 万余盆菊花。千姿百态的菊花争奇斗妍，盛况空前，充分展现了 20 世纪末的中国菊花栽培水平和中国花展高品位的布展水平。

主题明确，盛况空前

　　金风送爽的季节，昔日三国名将张辽"威镇逍遥津"的古战场，31 公顷的公园内到处是盛开的菊花，使人宛若置身于菊花的海洋里。五彩缤纷，造型各异的菊花给人带来了喜悦与欢乐，拓宽了人们的视野，舒展了人们的情怀。菊展设置：展位展区、品种案头菊展区、盆景菊展区、造型菊展区、悬崖菊展区、大立菊展区、塔菊展区、插花艺术展区、科普展区等 9 大部分和"旭日东升"、"聚会庐阳"、"莫愁烟雨"、"三潭印月"、"拥抱明天"、"五狮共庆"、"人与自然"、"陶公诗源"、"战洪魔"、"秋水渔歌"、"战地黄花分外香"、"文园秋色"、"相王建国"、"皖江新貌"、"虎闹今秋"、"孔雀开屏"、"开元通宝"、"逍遥黄花"

1997 年,参加菊展筹备会的代表合影(作者位于前排右 7)

等 23 个景点，紧紧围绕本届菊展主题："人与自然和谐共存的环境——文明城市和菊花"。充分展现本次展览的宗旨：继承和发扬我国人民养菊、赏菊、爱菊的历史文化传统，以花为媒，广交朋友，交流和提高菊花的栽培技艺，美化城市，丰富人民群众的精神文化生活，促进我国花卉事业和社会主义精神文明建设的发展。展览及参赛项目包括：展位布置、景点、品种菊、新品种、优秀切花品种、案头菊、盆景菊、造型菊、悬岩菊、大立菊、塔菊、栽培新技术、插花、百菊赛等 14 大类。

公园大门"逍遥津"广场，万朵菊花组建了"聚会庐阳"（合肥古称庐阳）立体造型。安徽省副省长和中国风景园林学会甘伟林等领导出席，并发表了热情洋溢的讲话。

品种创新，艺菊汇翠

第六届菊展的显著特点之一就是规模大、档次高、质量精、主题鲜明。展览除了制作 23 个大型景点外，136 个展台按不同的性质、内容分布在公园内的九大展区。各个展台既强调布展艺术，又倍加重视花卉质量，尤其是参赛的展品更优良精致、技术含量高。其中品种菊中的南通市"绿毛龟"、"钢铁意志"，开封的"千丝万缕"、"秋结晚红"、"十八凤凰"，唐山市的"得意缘"、"碧海英凤"等，个个花大、色艳，生长健壮，性状特征表现得淋漓尽致。在切花的优良品种上也有较高的科技含量，如唐山市的"小切球切花菊"，安徽农业大学的寒菊"金辉"与"皖辉"都是近几年来重视科研选育优良品种的成果。

科学技术就是生产力，菊花新品种的层出不穷，博得了与会专家和同仁们的一致好评。这次花展特设的新品种展区，集中展示了来自全国各地的菊花新品种。

尤以唐山市和天津市的新品种较多，如唐山市的"祥云缀宇"、"红梅阁"，天津市的"嫩竹玉笋"、"秋庭漫舞"等，还有合肥的"墨皇后"。此外，还展示了一些应用栽培新技术培育菊花的实例，如北京市的"无土栽培在菊花生产中的应用"、"切花菊小型系列品种选种、筛选应用的研究"等。

艺菊的各种优美造型，高超的技艺更吸引着广大游客。阜阳市送展的大立菊直径达 49 米，六枪十二档十八圈，花朵数达 2856 头，令人惊叹。杭州市塔菊"金桂台"，高 55 米，共 21 层，神形兼备，栩栩如生；造型菊更是令人惊叹不已，如株洲市的"盘龙"、"虎啸"，开封市的"孔雀开屏"，上海市的"神龟跳天都"等。精罕的菊花技艺，使游人大饱眼福，流连忘返，回味无穷。

城市名片，精神展现

遍布整个公园的菊花造型景点，其艺术水平、花卉质量之高低是办好菊展，烘托气氛，吸引更多游客的关键。第六届中国菊花展的各参展城市抓住这个切入点，高度重视，充分准备，舍得投入，精心设计制作的特色各异、文化底蕴丰厚的 23 个大型景点和 136 个展台，借菊花为载体，千方百计在花展中展示各城市的精神风貌和地方特色，成为参展城市利用生物材料编制的一张形象名片。

在公园中心广场，利用绿树丛林为背景的"旭日东升"景点，由上海市浦东新区制作，它采用写实与微缩景点的手法，在五彩缤纷的菊花丛中，呈现出改革开放的上海取得的宏伟成就与勃勃生机，展示新区人民"立足浦东，面向上海，服务全国"的精神风貌。南京市的"莫愁烟雨"景点，应用亭、廊、水池、石桥、假山、莫愁女，并结合菊花造型，组成小巧玲珑、优雅别致的中国古典园林，形象地再现"金陵第一名胜，六朝胜迹莫愁湖"的优美景观，与旅游宣传促销结合，以期招揽更多的安徽游客去南京旅游。长沙市的"拥抱明天"景点由"名亭新葩"、"初阳"、"霓虹"和"古城新貌"四组造型组成，采用"摆、插、粘"花朵等多种艺术手法造型，场面宏大、色彩鲜明，寓情于景，展现出古城长沙在改革开放中，发生的日新月异的变化和即将拥有更加光明美好的明天。常州市的"文园秋色"突出红梅公园文笔塔景区中的"文园"为主题，并按比例缩小的手法，浓缩文笔楼、墨香榭、梦笔轩、文思桥、砚池等，再现常州园林特色和浓郁的文化韵味。无锡市制作的"人与自然"景点，通过木屋、草地、小桥、流水与菊花有机结合，创造古朴典雅、人与自然和谐的优美人居环境，进而展现出地处太湖之滨的无锡人民的精神风貌。上海嘉定的"五狮共庆"，以中华民族的文化传统中的吉祥物——狮子为题材，利用菊花造型艺术精心制作，展现出东方"醒狮"威震山河的豪迈气势和迈向未来的宏伟壮志与光明前景。芜湖市的"皖江新貌"景点，以即将建成通车的长江大桥为原型，在长 30 米，高 8 米的大桥造型上，配以 2000 多盆菊花组景成型，充分展示出地处皖江的芜湖市在改革开放中的巨大变化。合肥市还借助公园内原有三国名将张辽"威镇逍遥津"的塑像，利用菊花和其他植物材料，制作古城墙、烽火台，并配植大面积黄色菊花，烘托成新的景点，将历史与现代公园风貌有机结合。湘潭市的"战洪魔"景点，结合当年夏季长江流域的特大洪水，表达英雄的湖南儿女与洪水搏斗，严防死守，保住家园，战胜洪水的精神风貌；借用菊花绑扎造型技艺，创意制作了"哪吒闹海，大战龙王"的场景，喻义湖南人民在党中央、国务院英明领导下战胜洪水的英雄气概和取得抗洪斗争胜利的喜悦心情。

由于各地在营造景点上都充分利用菊花植物材料，结合自身特点，选择不同切入点，注意展示各自风采，在展台的布置上不失时机地宣传自己。例如成都市的展台，结合五彩缤纷的菊花，形象再现了"杜甫草堂"这一具有悠久历史文化色彩的人文景观。开封市的展台规模宏大，品种繁多，其品种菊、悬崖菊、大立菊和桩菊等一应俱全，并争相竞放，风采各异，尤其品种菊花更千姿百态，绚丽多彩，结合展台布置，充分展示出开封市人民育菊、养菊的高超技艺。上海市的南市水厂展台，制作精细，格调高雅，陈列的菊花，盆盆花大色艳、异彩纷呈，充分体现了上海市人民办事的精明与认真。北京市的展台采用北方宫廷式长廊的建筑特色，将5个展位连成一个整体，背景为蓝天白云，并配以浮雕造型，展现出北海公园的白塔与小桥等标志性建筑，在数百盆色彩艳丽，婀娜多姿的独本菊衬托下，更显得宏伟壮观，再现出北京市鲜花盛开的金色之秋和一片繁荣昌盛的情景。总之，各地通过多种多样的艺术手法，有的呈现出古朴、典雅的园林，有的浓缩出雄伟壮观的名山大川，有的再现现代亮丽的都市风光，还有的突出自然淳朴的乡村景色，展现个性，突出特色，展示出不同的风采和辉煌的成就。

效益显著，经验可贵

"秋菊有佳色"，金秋少不了菊花。菊以其多种多样的花形与花色，自古以来深受人民喜爱。菊展期间，共接待了来自全国各兄弟省市的参展代表和园林界同行 3000 余人。主展区逍遥津公园一个月内迎来游客 20 余万人次，人海如潮，宾客不断，盛况空前，甚至公园周围的宾馆、饭店也沾光，创纪录的天天爆满，获得了明显的经济效益和社会效益。

以菊花为媒，菊展作载体。在菊展期间迎来了"中国菊花研究会第七届年会"在肥召开。25 个城市的 52 位菊花专家云集合肥，重点研讨传统菊花如何走向商品化生产的热点问题。与会代表一致认为传统菊花只有走与商品化生产相结合的道路，菊花优良品种才能得以保存和迅速发展。要使菊花商品更快走向市场，过硬的技术是首要前提和保证。由于第六届菊展汇集了全国名贵的菊花品种和大批量优质的各类菊花，拓展了人们的视野。参展者和生产商都从不同的角度，用市场经济的观点，找准各自的发展目标。同时，在菊展期间，还举办了"南京区域旅游协会第二届年会暨宣传促销会"，利用花展与旅游结合，进一步拓展了花展的内涵，为招来更多的周边城市游客，开创了新的途径，成为本届菊展的又一新特色。

菊展承办者之一，中国风景园林学会花卉盆景分会，为了使本届菊展参展者都能获得公正、应得的荣誉，利于促进菊花事业发展，高度重视评选工作，特制定《第六届中国菊花品种展览评比办法》。菊展聘任了由各参展城市和部分参展单位推荐的评委，组成评委会。评委会本着坚持标准，公平、公正、合理的原则，制定了《第六届中国菊花品种展览各评比项目的评选条件和评分标准》。下设 6 个评比小组，于 11 月 7 日至 9 日，对专项品种、新品种、优秀切花品种、案头菊、菊花盆景、造型菊、栽培新技术、悬崖菊、大立菊、插花艺术、百菊赛、景点布置艺术和展台布置艺术等评比项目，认真负责的进行了评选，并经评委会主任、副主任委员共同现场复审和菊展组委会批准，评出各项目的获奖作品。第六届菊展，共评出各种奖项 437 个，其中一等奖 39 个、二等奖 108 个、三等奖 206 个，特别奖 1 个、最佳奖 12 个、优秀将 12 个、最佳布置奖 36 个、优秀布置奖 23 个。其中唐山市获奖最多，其次开封、南通、常州，上海也获得好成绩。

1. 竞争办展，倍加重视

作为三年一度的全国菊花展，自 20 世纪 80 年代开始举办以来，越办越红火，越办越显示出它的凝聚力与号召力。承办花展的城市从中不仅获得经济收益，而且社会效益更加显著，城市的综合水平得到充分展示。因此，申办的城市越来越多，争先恐后。为确定第六届菊展举办城市，早在 1995 年第 5 届菊展期间，在成都就开始商榷。合肥市园林局的主要负责人亲自带队申报，并得到当时园林界首位工程院院士汪菊渊为首的花卉盆景分会的倾向性支持。接着经合肥市人民政府正式批准，于 1996 年再次前往扬州，在花卉盆景分会理事会上正式竞选申办成功。由于申请举办得来不易，筹备菊展倍加重视。早在 1997 年初即纳入合肥市园林局及承办地点逍遥津公园的工作计划之中。1997 年 6 月由全国花卉盆景分会副会长韦金笙牵头，在合肥市园林局新落成的办公楼会议室召开第六届中国菊花品种展览筹备工作会议。北京、上海、天津、重庆等 27 个城市的园林局和花卉界代表出席，共商展览的各项具体事宜。

2. 早作准备，展出水平

1998 年初，建设部城市建设司即以建城园便字［1998］1 号文，下发《关于举办第六届中国菊花品种展览的通知》，明确"由中国风景园林学会与合肥市人民政府联合主办的第六届中国菊花品种展定于 1998 年 10 月 28 日～11 月 28

20 世纪 90 年代末，作者向时任副省长张平和合肥市副市长倪虹汇报菊花展盛况

日在合肥市逍遥津公园举办"。为确保成功举办，承办地的安徽省建设厅在 1998 年 5 月 21 日亦下发建〔1998〕53 号文，要求本省各地市高度重视、精心组织、积极参展。合肥市人民政府办公厅也以合政办〔1998〕87 号文转发了市绿化办、市园林局《关于办好第六届中国菊花品种展览的报告》，要求认真组织实施。1998 年 8 月 20 日又以合政办〔1998〕134 号文，《关于成立合肥市第六届中国菊花品种展筹委会的通知》。让参展城市有充足时间准备展品、制作景点，展出各自风采，提供了保障。

3. 重视景点，展示形象

艺术造型与展台布置能够体现各城市的水平，力求透过每个景点与展台，展示出参展城市所处不同地域、不同文化底蕴形成的各自风采和菊花培育与养护水平。实践证明，景点与展台的布置成为城市风貌与形象宣传的一种形式。许多参展城市舍得投入，领导和工程技术人员多次谋划设计方案，并赴合肥现场指挥制作。因此，这次花展真正成为展示各自形象的一次难得机遇。

4. 舆论先行，市场运作

这次花展，除了主办和承办单位充分利用快报、简报、会议纪要等多种形式报道菊展的筹备与开展的各方情况外，宣传部门也自始至终密切配合。从决定在合肥举办第六届菊展开始到最后圆满结束，新闻部门始终积极参与，并做了大量全方位的报道。据不完全统计，对整个菊展所作的新闻、短消息、特写、采访、侧记、花絮、专栏、图片、录音、录像等多种形式的文字报导 80 余篇，宣传照片 50 余幅，电视 20 多次。除了地方性的新闻媒体为主外，部分中央新闻单位也参与了宣传报导。由于宣传舆论先行，第六届菊展从一开始就造势成功，多次报导了盛况空前的第六届菊展，从而保证菊展的顺利进行。这期间，许多企业也乐意积极参与，有的主动进园利用菊花展，结合自身企业形象与广告宣传设置景点或展台，有的冠名积极赞助，借花展入市场。由于经费的多元化筹集，保证了花展的高标准、高水平的展出，市场的参与无疑为花展持续不断地在各地举办注入了新的活力和强大的吸引力。

（第六届中国菊品种展的总结上报材料）

园艺博览　世纪盛会

中国 1999 年昆明世界园艺博览会，是中国政府在 20 世纪末主办的一次大规模全球性盛会，也是专业性国际博览会的最高级别展示，会期 184 天，5 月 1 日开幕，10 月 31 日闭幕。博览会主题为"人与自然——迈向 21 世纪"。展区占地 218 公顷，分室内展区、室外展区、专类园区三大部分。其中室内展馆有 5 个，即国际馆、中国馆、科技馆、人与自然馆、大温室；6 个专类园，即树木园、药草园、盆景园、竹园、茶园、蔬菜瓜果园；室外展区又分国际室外、中国室外和企业室外。园区内种植 2000 多种植物，各类树木 40 余万株，草坪 50 万平方米，花卉百万盆。1999 年昆明世博会将展现悠久的园艺传统和丰富多彩的园艺品种；传统文化与现代文化相结合的庭院建设；保护自然环境，维护生态平衡的成就；独具特色，充满魅力的花坛；经济发展与自然环境的完美结合；与园艺、园林相关的先进技术、书籍和设备；与园艺、园林和环境相关的纪念品以及各地的风味食品等等。来自 5 大洲的 68 个国家和 26 个国际组织，以及全国 31 个省区市和香港特别行政区、澳门地区、台湾民间参加了这次盛会。

博览园东北两侧树木繁茂，森林覆盖率达 76% 以上，各类建筑隐现于翠绿之中。新建的 9 条纵横相通的游览干道，把各主要景点连接在一起。主入园口朝向西南，由宽 80 米，高 20 米的空间网架作为大门，门前广场中心布置了世博会的吉祥物——滇金丝猴"灵灵"。入园后是宽 40 米、长 850 米的花园大道和世纪广场，并以 3630 平方米的大温室作为轴线收头和景观对景。温室外中心广场，以"花开新世纪"雕塑和大型喷泉组景，四周飘扬着各参展国国旗。大道南侧有水系贯通，主要有竹园、蔬菜瓜果园、盆景园和药物园；北侧为商业服务设施，结合岗坡上的中国馆布置主席台，满足会期活动需要。

大温室向北，花园大道与友谊路并汇处形成开阔的广场，东侧为儿童游乐场，正北是树木园，正西是人与自然馆及中国馆，西北侧是中国室外展区及地处最北端的企业展区。向东的友谊路，作为游览干道的延伸，两侧为风格

作者与著名园林专家、上海市园林局老局长程绪柯在中国 1999 年昆明世界园艺博览会上

各异的国际室外展区，在国际展区中段利用断崖，布置了展演广场，为会期各种表演活动提供良好场所，最终端收尾于国际馆，郁郁葱葱的山林离主入口约2公里。国际馆的造型由一圆形主体和100多米长的弧形墙组成，斜向弧形建筑特点给人一种向上的动感和气势，象征着人与自然共同奔向21世纪。门前花坛内5棵色彩缤纷的"花柱"，体现出五大洲繁荣昌盛。

作为全园景观收束处的68米高的标志塔，兀然耸立在国际馆后侧的博览园制高点上，供游人登高俯瞰。国际园区内还结合地形辟有茶园，34个国家和国际组织在园区内建设具有各自特色的庭园。法国园展现了欧洲风格的庭院绿化和建筑风格；瑞士园的主题是纯洁的冰雪风光，将阿尔卑斯山"搬"进世博园，并从国内运来先进的制冷技术和设备，首次在室外模拟人造雪山；荷兰园占地1645平方米，内设风车、木屋等富有异国情调的景观，栽植的植物也从荷兰运来，包括11米高的大柳树，共投入200万荷兰盾，目的就是形成特色鲜明、异国情调浓郁的一座标准荷兰花园。

中国室外展区占地4.8万平方米，中部有两条南北贯通的绿化隔离带，象征长江、黄河。各省区市基本按照地理方位分别建造永久性庭院，展示出不同文化、不同特点的地域园林艺术。紧靠安徽两侧的是北京和山东。北京建的"万春园"，位于中国室外展区的中心位置，该园以皇家园林中自然山水园为蓝本，展现皇家园林雍容华贵、庄重大方、做工精细的特点。山东的"齐鲁园"，围绕"一山一水一圣人"即泰山、趵突泉、孔子的主题而展示博大精深的人文景观与雄奇秀美的自然景观。我省参展的室外展区叫"徽园"，占地1184平方米，人造石山、水溪、徽派庭廊建筑，以"水口园林"的布局手法，错落有致，体现出朴素、清秀的徽派园林风格。省建设部门为建好"徽园"，组织园艺专家和专业建设者远赴昆明施工，所需的原材料甚至重达五六十吨的石牌坊部件也是从省内专程运去。高标准的设计和施工赢得前去参观的国家领导人的高度评价。

博览会在集中展示各国园林、园艺精品及奇花异草基础上，还将举办文化活动、联欢活动、庆典活动、学术活动、各馆日活动，以及其他形式的活动。其中5月6日至12日是我省的省周活动，将集中展示特色鲜明的安徽人文自然资源和主要成就。

这次百年之交，千年之汇的世博会，充分体现了人与自然的和谐相处，也预示着五大洲的朋友以地球为家园，共生共荣，一起迈向21世纪。

（原载《江淮晨报》1999年4月29日）

建设绿色城市　缔造绿色文明

　　面向 21 世纪，如何建设绿色城市，激活绿色经济，倡导绿色文明，实现城市的可持续发展，已成为世人关注的焦点。

作者（右 2）向参观的外宾推介合肥市

　　在新世纪的第一年，全国人大环资委、建设部、国家环保总局基于人与自然和谐共存的城市发展理念，以期推动绿色环保事业的发展，促进中外绿色环保界的交流与沟通，促进城市政府与公众、与企业开展良性互动，建立起有利于环境、资源与经济协调发展的绿色生产方式、绿色工作方式、绿色消费方式和绿色生活方式，于 6 月 29 日，在厦门召开"中国（厦门）国际城市绿色环保博览会"筹备工作会议，博览会简称为"绿博会"。我市参加了这次筹备会议，并确认了 80 平方米的展区。会上全国人大环资委、建设部和国家环保总局的有关负责人要求办好"绿博会"。指出这样一个层次高、规模大、深受中央有关领导和中外环保界重视，以及国内外媒体关注的绿色环保事业，与会城市应高度重视。

　　本届"绿博会"的主题是：绿色城市、绿色经济、绿色生活、绿色文明。通过展示我国绿色环保事业的伟大成就和各城市的园林风采，以期推动城市在规划、建设和管理中贯彻可持续发展战略。同时，也为企业推介自己的绿色产品与技术，寻找洽谈与合作伙伴。

　　本次"绿博会"的主要内容是：城市园林绿化与环保成就展；园林绿化高新技术与机械设备展；环保高新技术与机械设备展；中外环境标志认证产品展；绿色食品展、绿色建材及日用家居产品展、绿色办公用品与节能产品展；公众环保教育及其实践活动。在"绿博会"期间还配套举办了"21 世纪绿色城市论坛"、国际城市人居环境设计大赛、城市生态环保建设项目投资合作洽谈会、专

合肥参展人员与建设部城建司负责人现场合影

题研讨会、环保及园林绿化新技术新产品信息发布会、专题文艺晚会等多项活动，形式多样，精彩纷呈。

尤其突出的是，这次集中展示了我国城市园林的成就及园林风貌，这在全国还是第一次。建设部侧重要求，组织好各市园林项目参展，以图片为主，大的比较好的建设项目模型亦可，也可以用一些实物点缀各自的展厅。园林绿化的国家一级企业，省内二级企业和高等院校均可参加，一拿作品、二展示各自的技术与科技能力。

此外，污水处理、垃圾处理也是展示各城市绿色环保事业成就的重要内容。

这届"绿博会"将于 2001 年 11 月 8 日至 10 日在厦门国际会展中心隆重举行。我市是全国首批三个园林城市之一，这次无疑是展示我市风彩、宣传合肥的一次机会。

会议后，建设部城建司杨鲁豫司长和建设部城建司园林绿化处曹南燕处长，还召开了"全国部分城市园林绿化工作座谈会"，传达和宣讲了国务院国发正〔2001〕20 号文件《国务院关于加强城市绿化建设的通知》。明确了近期到 2005 年的工作目标和主要任务是：全国城市规划建成区绿地率达到 30% 以上，绿化覆盖率达到 35% 以上，人均公共绿地面积达到 8 平方米以上，城市中心区人均公共绿地达到 4 平方米以上。文件的贯彻执行，必将改善我国生态环境和城市景观环境，促进城市经济、社会和环境的协调发展。

（摘自 2001 年 7 月 9 日上报的参会汇报材料）

合肥最早举办的全国性花展

第四届全国荷花展在合肥市展出

1990年夏，在合肥逍遥津公园举办第四届全国荷展，这是安徽省举办的首次全国性花展

由中国花卉协会、中国花协荷花分会、合肥市园林局、合肥市逍遥津公园联合主办的第四届全国荷花展览会及逍遥灯会于7月1日在逍遥津公园举行。省委副书记杨永良等同志和来自全国的130位园林专家与从事荷花研究的学者参加了开幕式。

荷花又称莲，是多年生水生植物，原产中国，已有近2500年的栽培历史。我国劳动人民在长期生产实践中，培育出花莲、子莲、藕莲三大类型，200多个品种。莲一身是宝，除观赏外，其根茎——藕，种子——莲子还是营养丰富的滋养食品，叶梗是包装和工业的原料，全株各部均可入药。

我省是藕莲的重点产区之一，荷花遍布全省各地。当前，提倡发展荷花，既有经济效益，又对教育人洁身自爱、廉洁奉公有着更为广泛的现实意义。合肥是我国历史上著名的廉政清官包拯的故里，自古传言，包河藕内无丝，藕断丝不连，象征包公断案无私。今年在我省省会办此次展览，对推动城市的两个文明建设都有着重大意义。

参加本届荷花展的有来自北京、上海、江苏、浙江、福建、广东、广西、河南、河北、江西、安徽、山东、山西、陕西、湖北、湖南及黑龙江等17个省市的54个单位。共展出荷花170多个品种，5000余缸。其中有引自美洲的黄莲花，有来自北疆的野生莲花，有花瓣数达两千余的"千瓣莲"，还有适于家庭阳台莳养的袖珍荷花——碗莲。

展览会还辟有科技画廊、插花馆。为了丰富展览会的内容，特邀了镇江市润州古典彩灯厂举办古典彩灯展览。展出各种宫灯 800 盏，彩灯一千余盏，大型织灯 40 组。其中有张辽、包公、曹操等历史名人组灯，还有"二龙戏珠"、"海狮顶球"、"西游记"等动物、人物造型组灯等，形象幽默逼真，栩栩如生。

夏日的逍遥津，白日莲花争艳，晚间灯火满园，上接星斗，下连逍遥湖，给城市人民带来了美的享受。

（原载省建设厅《建设信息》1990 年 16 期）

第三届全国梅展在合肥举办

1993 年早春 2 月正是江南赏梅之时，第三届全国梅展在合肥举办。2000 多盆梅花、腊梅在合肥市逍遥津公园俏开枝头，迎来了络绎不绝的参观者。全国 20 多个城市送来了展品。曲曲弯弯的徽梅、舒放自然的江汉梅，疏瘦有致的苏锡地区梅以及各种造型的劈梅，花篮梅、疙瘩梅等，多姿多彩，各展风韵。尤其可喜的是，腊梅同时开放，红、白、黄、绿相互辉映，显示了人们巧夺天工的技艺。几十年乃至一百多年的梅花古桩与七八百年的腊梅古桩都枝繁叶茂，令观者赞叹不已。

1993 年初春，在合肥逍遥津公园举办的全国性梅展，时任安徽省人大常委会副主任江泽慧（左 3）、省政协副主席、二梅协会名誉会长龙念（左 4）、合肥市市长钟咏三（左 1）、二梅协会会长陈俊愉（左 6）等领导出席开幕仪式，共同为花展剪彩

中国花协荷花分会召开第五次产业论坛

10月中旬，中国花协荷花分会在宁波市召开以荷花水生植物企业家为主体的诸多领域内的专家参加。研讨的内容从单一的荷花栽培技术、新品种选育发展到今天的荷花企业异地集群产业经济管理的大课题，形成又一新型产业人才队伍——湿地环境治理的智囊库，为湿地环境治理发挥引领作用。

一、荷花产业向集群方向发展

在发展荷花产业理念上，吸收了美国哈佛大学在1990年提出的"集群"概念，即在一定区域由某个特定领域不同寻常的竞争胜者组成的关键集合，通常用来指产业方面，也就是产业集群。

荷花分会利用异地企业之间的紧密合作，形成一个良好体系，集群联系密切的企业和相关支撑机构在空间上集聚，并形成强劲持续竞争优势，使企业具有良性的竞争，共同发展、同步前进，其重要特征：一为专业化、二为区域化。

二、集群在经营上的主要形式

荷花专类园经营主要四种形式：

1.公园、植物园等大面积的引种栽培，以门票收入为主。2.以荷花、睡莲为主体景观的天然荷池、湖荡，稍加开发，形成旅游区。3.荷花为媒介，利用其形成的优美景观作为载体带动茗茶、饮食、度假等的发展。4.荷花、睡莲及其他水生花卉为主要经营产品，以生产、销售种苗为主兼顾相关的资源开发、科学研究，形成水生花卉专类园，进行产业化开发。

三、产业集群的特点

1. 市场空间扩大，销售量猛增。2. 资源的多样性需求向单一荷花睡莲的挑战，总体价格明显下降。3. 市场对产品质量要求提高。4. 水生植物产业集群地域分布不均衡。5. 产业集群的载体主要在小城镇。6. 产业集群优势主要是低成本优势，认为低成本运作有利于荷花产业的发展。宜利用低成本，更多的荷花企业可以迅速发展起来，可以凝聚各地的资源团体运作，产业才得以进一步前进，形成专业化强，区域化紧密的一个优秀系统。

四、产业集群的发展方向

由于水生植物繁殖快的特殊性，要求不断培育和引进新品种，尤其注意发展荷花的深水品种和切花品种。同时，追求新的经济增长点，例如从单纯生产型向旅游观光型、科普教育基地等多功能方向转变。

总之，以荷花企业家为主体举办的论坛，成为推动产业发展的催化剂，不断把产业推向新高度。

（原载《安徽园林》杂志 2006 年 4 期）

舞动荷香莲韵　尽展圆明园风采
——第 22 届中国荷花展在北京圆明园举办

北京圆明园遗址公园喜迎开放 20 周年纪念日，6 月底，第 22 届中国荷花展在圆明园拉开帷幕。400 多个品种 1 万多盆荷花将圆明园 1000 多亩水面装点得宛如江南水乡。反映各省水景特色的 24 组荷花造景更为荷展增添了浓郁的地方风情。

从 1987 年济南举办首届中国荷花展以来，荷展年年办，年年有新意。荷花展为普及荷花栽培、发展荷花产业、弘扬荷花文化发挥了积极作用。以迎奥运为主题，把荷花与湿地保护结合起来，今年北京圆明园举办荷展成为向北京奥运献上的特色厚礼。

具有 300 年历史的皇家园林，圆明园的荷花种植历史悠久。为了打造全国第一荷花观赏区，圆明园管理处加大水环境治理力度，完善旅游配套设施，今年对荷花观赏进行了全面规划，种植荷花 1000 多亩，引进 400 余种荷花新品种，还通过人为控制，有意推迟了荷花的花期，让花期更接近北京奥运会开幕时间。

水景园布置讲究疏朗有致，水面是主体，植物为配角，荷花池里一片又一片荷花堆叠到一起，远处的荷花摇曳生姿，岸边的垂柳倒映水中，又有几丛水草陪衬看起来特别别致。

野生古莲区，是对圆明园古风遗韵的传承。这片古莲起源于清朝圆明园建园时，开花呈红色，是单瓣型的，保持了荷花的原始状态，与现代莲花形态有一定区别，成为今日圆明园景观的又一重要特色。

（原载《安徽园林》杂志 2008 年 3 期）

花香乐满城

——参加澳门荷花展随感

第23届全国荷花展暨"荷香乐满城"第9届澳门荷花节于6月10日揭幕，我作为中国花协荷花分会的副会长受著名荷花专家、80高龄的王启超会长委托，于9日赴澳门出席花展和分会的换届执行人。

荷花又名莲花，古称"芙蓉"，是中国十大名花之一，为多年生水生植物，在华夏大地上广为分布。由于出淤泥而不染的特性，荷花文化也因此升华为精神世界的传统而广为应用。澳门与荷花更有着不解之缘，因澳门未大规模填海扩地之前，其半岛地势宛如莲花，与内地相连的一条十里长沙堤，雅称"莲花茎"，其"茎"在澳门一端的尽头为莲花峰。澳门的地名、街名、知名的历史与传统建筑有很多与莲花有关。如："莲茎沙堤"、"莲峰庙"、"莲茎巷"、"莲花大桥"、"金莲花广场"、"莲峰球场"、"莲峰普济小学"等。就连澳门特别行政区的区旗和区徽也把莲花作为主要的构图图案。在澳门这么一个只有50多万人口而面积不大的国际性城市，能有如此之多的地名冠以"莲"字，正说明澳门人对莲花有着强烈的感情，深切的喜爱。今年恰逢祖国60周年大庆，澳门回归特别行政区成立十周年，在澳门举办第23届全国荷花展暨第9届澳门荷花节，更显得意义重大。花展的举办，对澳门弘扬荷花文

作者（左）作为荷花分会副会长于2011年12月5日牵线搭桥，陪同江西省莲花县领导拜访澳门民政总署时，接受澳门民政总署赠送的纪念品

化，丰富居民文化生活及促进旅游业也起着积极作用，因此本届荷花展显得更加隆重。

当我从合肥乘下午的班机，经广州再乘汽车到澳门，天色已晚，新老葡京等特色建筑的轮廓灯饰均放出五颜六色的光彩，大海为背景的银光烘托出的多座跨海大桥灯饰将澳门的夜空打扮得格外美丽动人，展现出国际大都市的风采，强烈地吸引着我们这些初访者。接待方澳门民政总署的工作人员热情地将我们从入境口岸送往酒店，总署谭伟文主席早已在等候，他们采用"荷花晚宴"的形式，招待来自全国的荷花界嘉宾。为迎接本届荷花展，澳门民政总署与饮食工会及工联饮食服务厨艺培训中心合力，以荷花为题再配合各款食物材料制作的菜肴特别爽口。仅以荷花晚宴十二道菜为例，它在原有烹饪技艺上，又通过荷花各部分独有的功效，创作出各式荷香佳肴，色、香、味、形俱全，令人大开眼界。仅每道菜的菜名就文采浓厚，如：莲城处处飘荷香、香莲翡翠藏珍品、瑶池玉液荷仙子、莲莲好景荷花艳、出水芙蕖耀霸皇……让每位宾客在尽情享受口福之余，又同时品味着荷文化的风采。

花展的主会场设在龙环葡韵，有24个结合参展省市地方特色与荷花结合的展区，每个展区都展现出当地的风土人情及区域特色，并融入各种荷花元素。我省由省风景园林科技发展中心与合肥植物园等单位联合布展的"皖韵"，吸引了广大游客，达到了宣传安徽，进一步提升安徽在境外良好形象与知名度的目的。

6月10日的荷展开幕式更显得隆重而又简朴。澳门特首何厚铧因赴内地，代理行政长官陈丽敏、外交部驻澳特派员公署特派员卢树民、中联办文教部副部长张晓光、民政总署主席谭伟文、旅游局副局长白文浩等领导出席。仪式除必要的致辞之外，剪彩采用向荷花盆中投放题写荷花诗词帆船的形式，由台上领导共同主持仪式。我有幸以荷花分会的身份与中国花协、澳门莲艺文化协会的领导一同登台参与了投放活动，会场显得既热烈而又活跃，称得上别开生面。

本次荷展除了龙环葡韵作为主要展区之外，同时在多个公园、广场、部分道路绿化带、圆形地、主要名胜及旅游景点等处，都摆放有荷花，由澳门花卉园艺师创作的以荷花为主要素材的花坛，展出的荷花品种主要有白鸽、孙文莲、红建莲、大丽锦、艳阳天、濠江月、呈火、蝶恋花等，体现了澳门的荷花特色，以及到处荷花飘香的浓厚氛围。除此之外，承办方还举办了一系列以荷花为题材的展览和文娱活动，如龙环葡韵住宅式博物馆及外围分别展出"莲缘"、马元

2009 年，中国花协荷花分会会长陈龙清（左 6）、作者（左 5）与澳门负责人在花展开幕式上

浩摄影展、历届全国荷花展回顾图片展等。荷花展期间，还开展一系列文娱康体活动，采用多种形式普及荷花知识，弘扬荷花文化。呈现大街小巷的花展宣传标志，让澳门人借助全国荷展的举办，从多角度、全方位地去欣赏荷花的风采，丰富和提升了澳门居民精神与文化需求，体现出中西方文化融合的特色，这对于内地城市无疑起着借鉴与推动作用。

荷花展在澳门的成功举办，为改革开放以来举办的二十余次全国荷花展又增添了新的色彩，注入了新的活力。我作为老园林工作者亲身经历了全过程，尤其这次借助澳门这块莲花宝地，我按照老会长荷花专家王启超的委托，通过主持本次六届年会，成功地将会长接力棒移交给四十多岁的博士生导师、华中农业大学园林系主任陈龙清教授，相信中国花协荷花分会的未来会更加充满生机，荷花展将大放异彩。

（原载《新安晚报》2009 年 7 月 9 日）

布展从"徽园"到"徽艺坊"的跨越

20世纪80年代改革开放之初，深圳市率先采用微缩景点造园，如"锦绣中华"等，逐步影响到各种花展，尤其自20世纪末兴起的各种园博园、园博会、世园会等，应运而生出一个个各地微缩景观的大集锦。

当今伴随着经济社会的发展，再大搞微缩景观，必然越来越过时。园艺必须回归园艺的本质，就是在各种花展、花博会中，让花卉唱主角，让植物造景成主体，成为展会中最主要的素材。采用多元的、最优美的艺术手法展示花卉，越来越成为展会是否成功的关键。

回顾我省自20世纪90年代之初，笔者1992年在香港花展上首次展现"徽园"，紧接着在1993年春第三届花博会上再现"徽园"，迎来党和国家最高领导人观赏，"徽园"从此在各种场合不断出现。时隔22年，今春合肥植物园在昆明全国梅展上，结合公园环境，推出"徽艺坊"，的确在原有基础上，进一步弘扬了徽文化。"徽艺坊"在展会上广受好评，不能不说是一次成功的创新！合肥植物园的园林工程师和技工们为安徽园林的创新写出了精彩的一章，实现了新的跨越！

（原载《安徽园林》杂志2014年1期）

1993年全国花博会安徽展厅

2014年，合肥在昆明14届梅花腊梅展的徽艺坊展区

弘扬园林文化艺术　展现生态创新技术

——武汉园林博览园观感

中国第十届（武汉）园林博览园于 2015 年 9 月 25 日开幕，以"为民办会"的宗旨，体现"生态园博，绿色生活"的主题，坚持"创新、转型"原则，集中示范"用自然生态改善城市格局和社会生态"，综合治理和着力消化城市发展中的历史遗留问题，打造了中国中部新的生态地标。中国风景园林学会会员日期间，笔者考查了该园博园。

一、集中展现了园林艺术成就

武汉市园博园位于城市硚口、东西湖、江汉三区结合部，占地约 2 平方千米。规划实施"一园多点，一点全域"战略，结合园林绿化大提升三年行动和城建攻坚五年行动的计划，依据园区地形特征按照"北掇山、南理水、中织补"的总体设计方案，构建起山水"十"字双轴。建有港澳台地区及城市展园 82 个、创意园 9 个、大师园 4 个、国际园 10 个、企业园 1 个、众乐苑 6 个、主题园 4 个、湖北园 1 个，共计展园 117 个。主体建筑是：园林艺术馆、长江文明馆、汉口里、汉江塆等 4 个。在造园手法上侧重创意，特色鲜明，风格各异，荆风楚韵尤为浓郁，成为武汉市新的城市名片。

建园初期空前困难，内有 780 亩、总量达 500 万立方米的垃圾场，地表附着物繁杂，土地权属复杂，拓展区域狭窄。由于主办方举全市之力，园内办会，园外互动，全城行动并运用一流世界眼光和现代科技，化腐朽为神奇，变废地为宝地，再现了厚重的历史文化，荟萃了国内、外园林艺术多种流派，终于建成了一座高品质、高品位的永久性公园。

二、现代园林创新理念和科技的展现

园区展园，是博览会体现园林创新的核心组成部分，各种园林流派在这里传递着对历史和未来的尊重，体现了对乡土诗意的眷恋。园林是传统文化与生态的有机融合，成为人与自然对话的世界语言，联系着世界人民的友谊纽带。正如汪菊渊老院士生前所言："园林是指在一定的地域运用工程技术和艺术手段，通过改造地形（或进行筑山、叠石、理水），种植树木花草，营造建筑和布

滁州市展区的琅琊山醉翁亭

置园路等途径创作而成的美的自然环境和游憩境域"。在这里通过风格各异、不同特色技法营造的景点，很好地体现了"生态园博、绿色生活"的主题，倡导出一种绿色幸福生活的模式，彰显了生态文明与绿色福利为全民共享的人文特色和环保理念，实现了生态安全和景观效益的最大化。

在宏观上，园区结合水系径流种植的水岸植物，突显出特色水岸的景观，形成四条特色花溪，让昔日脏乱差的垃圾变成看得见的山、望得见水的生态景观带，同时也为周边数十万居民创造了舒适的生活环境。园中长江馆是园林与生态科技的主题馆，其建筑结合山体打造成生态覆土型绿色节能建筑，以"长江之歌，文明之旅"为主题，围绕"走进长江"、"感知文明"和"最长江"三个部分内容设计成序厅、自然厅、文化厅、体验厅和临时展厅，全方位、立体地展现了长江流域的自然生态环境和优美的自然景观相结合的长江文明。园林艺术馆的建筑则以"旅程"作为理念，集对游客服务、园林展示、艺术交流为一体，展现出各大园林流派特色及代表人物，展示了世界不同地域的著名园林景点。在布置方式上以"汇聚园林、共筑美梦"为主题，透过园林与城市、园林与文化、园林与生活三个板块，弘扬了园林艺术，传递了绿色观点。

为了结合我国当前倡导的海绵城市、节约型生态园林的举措，园区建设优先利用自然排水系统和建设生态排水设施，充分发挥园区绿地、道路、水系等对雨水的吸纳、蓄渗和缓解作用，使建成后的水文特征接近建设前。探索保护和改善城市生态环境对有效缓解城区内涝、削减城市径流、减少污染负荷、节约水资源，达到建设具有自然积存、自然渗透、自然净化功能的海绵城市提供重要参考。例如绿地采用下凹式、雨水花园、植物自落办法，广场与道路的渗透采用透水铺装、花园加树池、周边绿地等措施。具体方法上更是多样，使大地像海绵一样，适应环境变化和应对自然灾害等具有良好的弹性，把有限的雨水留下来和利用更多的自然力量排水、自然积存、自然渗透、自然净化，实现补给地下水和供应绿化景观用水的目的。在节约园林方面，创新和废弃物的利用上更体现了艺术手法的丰富多彩、多种多样，富有艺术创意，水平极高，令人耳目一新。

三、展现了我省的园林成就

近两年，我省开展城市绿化提升行动以来取得了显著成绩，省内新的园林城市不断涌现，绿化精品工程层出不穷。在这次园林博览会上，不仅"合肥园"继续亮相，而且后起之秀的滁州市首次以"山水亭城"的园林风貌特色呈现在全国人民面前。"滁州园"占地2400平方米，是这届园博会的开篇展园，它以其深厚的历史文化底蕴和独具创新的建设风格获得了社会各界的普遍赞誉。建设中新材料大量应用和废弃旧料的利用，在减省开支的前提下搭建起一个充满历史韵味的城市展园，呼应了这届园博会所倡导的"生态"、"节约型园林"特色。如：入口处的山水抽象形态雕塑和园内的山石抽象元素的几何图案的重复组合，以及后现代不锈钢的镜面水池等，展现了现代化都市城市面貌的剪影，表达和提炼出城市的气质，也对滁州市地理环境"环滁皆山"作了交代。尤其名闻天下的欧阳修 "醉翁亭记"文和号称天下第一亭的"醉翁亭"的呈现，使滁州市深厚的文化底蕴与崭新城市面貌有机融合，得到淋漓尽致的展现。

合肥园则已多次亮相全国园博会，均由全国首批一级园林绿化施工企业的合肥绿叶园林绿化公司承建，所以施工较精细，尤其在植物造景上一届更比一届强。绿叶园林企业曾在2013年北京举办的园博会上获得建筑小品优秀奖和室外展园金奖，在武汉园博会的植物造景更胜一筹。其植物品种更丰富，乔、灌、草结

合肥市展区的包公祠廉泉亭

合、常绿与落叶树种搭配、观花与观叶搭配得更合理。特别是注重植物株型和乡土树种的应用，甚至草皮也做到耐践踏与冬季常绿草种的间作，达到了四季均有景可观的效果。在总体布局上，合肥园还能依托地形现状和地貌特征，通过亭、阁、桥、牌坊和水体的合理布局，达到背山面水、天人合一、开合成趣的完美融合，同时巧妙地将城市历史、现状与未来融合到一起，以"徽韵"为表现形式，"清风"为文化内涵，弘扬了合肥是包拯故里、大湖名城、创新高地的悠久历史和城市特色，打造出既具有传统徽派风格，又具有现代园林手法相结合的特色园。

　　最后，值得一提的是参观结束前，在园林艺术馆最后一幅展墙上呈现我国自1992~2014年，20多年间开展"园林城市"评定以来的各批次城市名单。合肥在展墙上紧随首都北京名列榜首，马鞍山市列在1996年第三批的榜首，清楚地表明全国在只有八个国家级园林城市时，安徽竟占了1/4，可见园林曾经的辉煌史永远是安徽人民的骄傲！希望这样的成就能展现在安徽土地上的展馆里，更好地激励安徽人民奋发进取！

（原载《安徽园林》杂志2015年4期）

　　展会展出的园林城市名录，全国只有三个园林城市时安徽占1个，8个园林城市时安徽占2个，可见安徽园林事业在20世纪90年代处于全国领先地位

第七章 参与社会组织、创办《安徽园林》

学会、协会作为社会组织，是推动各行各业快速发展不可缺少的有力补充力量。我由于多次参与相关学术或行业自律活动，对发挥好社会组织的作用，有深刻认识。我自 20 世纪 80 年代初，进入市园林部门领导班子，尤其退休后更积极参与园林相关行业的各种学会、协会活动，服务社会的同时也丰富了自身的精神生活，添加了人生的经历和生活情趣，圆梦园林绿化事业，更好地体现人生的价值。

成立安徽花协势在必行

根据省政府办公厅的批示要求，我出席了 1990 年 7 月 12~17 日在山东省烟台市召开的全国花协第二届秘书长会议。

参加这次会议的有 25 个省、市，自治区和专业花协以及国家有关部委的代表共 60 人。中国花协副会长，原林业部副部长刘琨同志自始至终主持了会议。北京市绿委常务副主任单昭祥同志也参加了会议。

这次会议的中心议题是讨论制定"八五"花卉行业规划，交流各专业花协和各省地方花协几年来的工作经验。六天的会议，通过多种形式的座谈交流，使大家进一步开拓了发展花卉业的视野，洞察了全国花卉业发展的动向，进一步明确了发展方向，增进了交往，密切了兄弟省市的联系。

现将会议的主要精神和中国花卉协会组织的有关情况汇报如下：

一、会议主要精神

会议分析了当前花卉业的生产与消费形势，肯定花协成立以来所做的工作。

我国花卉业是在党的十一届三中全会后才重新起步的。中国花卉协会的成立，给刚刚复苏的花卉业以很大的鼓舞和推动，花卉业出现了一个稳步发展的新局面。据全国 17 个省，自治区，直辖市统计，1989 年花卉种植面积已达 4 万公顷，产值约 12 亿元，比 1984 年的 1.4 万公顷，6 亿元翻了一番，对外贸易创汇约 2000 万美元，比 1984 年 200 万美元增长 9 倍。

各地区、各部门能够逐年挤出一些资金，用于花卉基础设施和基地建设。从 1985 年开始，农业、林业、建设、经贸和中科院等部门，先后拨出专款同地方合作，筹建了一批现代化的花卉生产基地。其中农业部先后拨款 700 万元，安排低息贷款 110 万元，拨出外汇指标 130 万美元；建设部安排了 100 多万元投资；林业部继在北京引进现代化温室之后，又发展山东菏泽牡丹、掖县月季、河南的南花北移并在江苏、浙江、上海、广东的一些生产科研单位，也安排了近百万元的专项投资。

几年来，落实了"花卉科研七五规划"，加速了科技开发。野生花卉资源的利用，并成功选育出一些新的品种。通过信息交流，产销沟通，建立多种渠道。举办两届全国花卉博览会，三届城市市花展和连续三年参加香港一年一度的花展，以及其他各种花展，促进"以花为媒，振兴经济"的内涵和外延，被愈来愈多的领导和企业家们所认识。

当前国际花卉生产、贸易十分兴旺。最近十年，世界花卉消费额已由 1980 年的 100 多亿美元，发展到 1989 年的 299 亿美元。花卉出口国家的出口额增长也很快，如荷兰 1980 年出口额为 13 亿美元，1988 年已达到 23 亿美元。哥伦比亚出口值已由 1980 年的 2990 万美元增长到 1988 年的 2 亿美元。日本、意大利，新加坡等国已成为花卉净进口国。香港的花卉贸易额由 1982 年 1000 多万美元增长到 4090 万美元，主要来自荷兰、泰国和中国台湾省。

目前我国花卉生产在香港市场所占比重仍然很小，花卉行业基础仍很薄弱。会议认为"八五"期间发展花卉应本着从实际出发，实行分类指导，向多品种、优质批量、适度规模、专业经营的方向发展。要求稳定花卉种植面积，建设、改进花卉生产基地和种苗基地，合理利用和开发当地资源，建立和完善流通体系。立足内销、努力开拓国外市场。

二、中国花卉协会的基本情况

中国花卉协会是推动全国花卉事业发展的行业组织，目的是为了组织和协调各方面的力量，合理利用和开发我国丰富的观赏植物资源，把资源变为财富，对内满足园林绿化和城乡人民美化生活的需要，对外满足外贸出口的需要。1984 年 11 月在陈慕华同志的倡议下，由农业部、林业部、城建部、外贸部和水电部五家联合，并得到十几个部委支持，成立中国花卉协会。花协的宗旨是研究有关发展花卉的方针，政策和规划，向主管部门提出建议；协调全国花卉科研、生产、销售和出口；沟通信息、交流技术以提高花卉事业的现代化水平和经济效益，为国家的建设和美化人民生活服务。

中国花协成立几年来，花协组织有很大发展。全国除已成立三个部门花协（林业、水利、铁道）外，现已有 21 个省、直辖市成立了地方花协，部分计划单列市也相应建立组织。同时，中国花协还成立了 12 个全国性的专业花协作为二级机构。

《中国花卉报》作为中国花协的机关报定编 19 人，发行量达 8 万多份。

现中国花协挂靠农业部，编制 5 人、回聘数人，下设办公室、联络部、科教部、展览部，财政每年拨款 20 万元。

中国花协由陈慕华同志任名誉会长。原农业部长何康任会长，副会长由林业、城建、外贸、水电等部门负责人（副职）兼任。各省市花协挂靠单位各有千秋，多数挂靠农业厅，部分挂靠林业厅，也有挂靠绿办或其他部门。

根据国家和各省市花协成立几年来的经验，也正如原林业部副部长刘琨副会长在会议总结时所强调的，要充分发挥地方花协的作用必须做到以下三点：

1. 应推荐当地德高望重的领导同志担任会长或名誉会长，会长最好是现职干部，才可以协调好有关业务部门之间的工作，向业务主管部门提供建设性意见。

2. 要有一个行政挂靠单位，不强调上下统一归口，挂靠到哪一家都可以，但挂靠单位必须要有积极性。

3. 要有一个专职或兼职的人负责办公室的日常事务。

三、我省成立花协势在必行

我省虽有多个学会相应建立了花卉盆景组织，开展了以花卉学术交流为主的相关活动，但作为一个花卉行业，全省尚无跨部门的行业管理组织，部门之间缺乏交流。

我省是一个植物资源非常丰富并且花卉生产在历史上就有一定地位的省份，如皖南的徽梅盆景已有 1100 年历史，享誉国内外；亳州的牡丹、芍药，明、清时代就已远扬全国；怀远的石榴、铜陵的牡丹，以级合肥周围的桂花、梅花，现已在全国享有一定的声誉。开展多种经营发展花卉盆景事业，尤其当前如何与我省"五年消灭荒山，八年绿化安徽"的奋斗目标相结合？如何与创建文明城市活动相结合？可见，在我省建立花卉行业组织势在必行。我省努力发挥行业组织的优势作用，让花卉更好地进入城乡，进入千家万户，进入国际市场，促进我省花卉事业有一个较大的发展，显得越来越必要。现诚恳建议尽快成立我省花卉行业组织。

（原载《安徽园林科技情报》1990 年 2 期，是 1990 年 7 月 26 日上报省政府办公厅一室，转报省领导批示的汇报材料）

省花协成立之初重点办的三件事

1992 年 1 月 28 日，安徽省花卉协会在合肥召开成立大会，副省长汪涉云到会作了热情洋溢的讲话；省花协会长周蜀生作了主报告，副会长江泽慧向新闻界通报了花协的工作，并欢迎新闻记者为花协活动多作宣传报道。

会议选举产生了安徽省花协组成人员，周蜀生当选会长，江泽慧、胡继铎等七位同志当选副会长。

时任省林业厅长、省花协会长周蜀生在成立会上说，1990 年 8 月 8 日，经副省长汪涉云批准成立安徽省花卉协会，1991 年 9 月 7 日再次批示要求成立花卉协会，发展我省花卉产业。经多次协商，决定由省绿化委员会牵头组建省花协，日常工作由省绿化委员会办公室兼办，并在成立大会上特别表扬了合肥市园林局做了许多具体工作。

我省花卉协会的性质是，集生产、科研、教育普及为一体，通过组织和协调各方面的力量，合理利用和开发我省丰富的观赏植物资源，把资源变成财富，真正把花卉业开发成一个新的产业。

一、1992 年赴香港花展

20 年前，江泽慧作为省花协常务副会长参加 1992 年香港花展。我作为合肥市园林局负责人以及省花协副秘书长具体承办参展事宜，这也是省花协成立后的首次花事活动。

第六届香港花卉展览，花展的主题是"奇花异卉汇香江"。集中展示世界各地的国花、市花，以及奇花异卉。省花卉协会则是首次组团参加这样大型的花事活动。

18 平方米的室外展台，布置上围绕"徽州民宅，桂花飘香"主题，布展了一座充满乡土气息的"徽园"，唤起同胞内心深处对祖国的热爱和向往，同时反映了安徽人民在百年一遇的洪涝灾害之后所显示的精神风貌。

（略）

二、举办省首届花卉博览会

（略）见"省首届花卉博会"一文。

三、我省首次组团参加第三届中国花卉博览会

（略）见《"徽园"首次亮相中国花博会》一文。

1993 年，我作为省花协副秘书长具体承办了安徽馆的策划与布展。在总书记参观花博会临近安徽馆时，由于对面兄弟省展馆灯饰明亮，吸引着领导，我在大厅过道上大胆地连喊两声："请总书记到安徽馆看看！"总书记听到喊声，侧身过来进入我省"徽园"展馆，因此我也荣幸地为总书记当了 20 分钟的导游。

北京绿化委员会副主任单兆祥在陪同总书记视察花博会返回途经我省展馆时，竖着大拇指对我说："你干得真棒！你干得真棒！"

（原载《安徽园林》杂志 2012 年 1 期）

大力发展现代桂花业

中国花卉协会桂花分会自 1992 年成立至今，已进行了五次换届。本着"宏观指导，抓住重点，积极有效"的办会原则，围绕突出重点，提高办会质量为中心，促进桂花事业的健康发展。在桂花产业发展模式、木樨属植物品种国际登录、桂花品种繁育栽培、桂花文化发掘等方面，分会主动有效地开展工作，指导与推进了桂花科研、产业建设与发展。

荣誉证书

尤传楷同志：

荣获中国花卉协会组织评选的全国先进花卉协会工作者。特颁此证，以资鼓励。

中国花卉协会
二〇〇四年十一月一日

一、把握社会经济动态，全面推动桂花产业发展

在产业增长方式上力求改变由依靠增加投入、铺新摊子和追求数量的粗放型经营，转变为依靠科技进步和提高劳动者素质的集约型经营，在提高经济效益上狠下功夫。诸如桂花分会与上海农委合作，共同开发桂花盆栽品种的筛选与培育；四川日香桂开发有限公司在四川大学食品学院的大力支持下，开展了从日香桂中提取桂花香精的实验；四川香满林苗圃首创的桂花苗木造型，为解决桂花小苗销售寻找出路；杭州绿地种业公司依托自身强有力的科技队伍，在桂花容器苗繁育、栽培等方面进行了大胆的创新，制定出桂花容器苗栽培标准。

二、坚定信心，为促进地方经济牵线搭桥

2003年秋，在合肥植物园举办首届桂花展览会，开创了举办全国性桂花展的先河。接着，广西桂林市、福建三明市清流县相继举办全国桂花展和桂花文化书画展，对提高桂花加快产业进步，推动地方经济发展起到了积极的作用。

三、沟通信息，增强为桂花企业服务意识

一是坚持以科研成果为导向，借助南京林业大学、河南大学等理事单位的科研实力，积极为桂花生产、应用提供技术咨询服务。诸如木樨园建设规划，桂花容器苗区和优良母本区建设；桂花品种收集、鉴定，桂花抗寒适应性研究，桂花食品安全性分析和香气测定等。二是坚持依靠科技进步，加大推动桂花科研成果向产业转化，提升我国桂花产业水平。三是坚持以市场为主导，社会化服务体系为依托，依靠政策扶持和科技进步，确保在市场竞争中能够生存和发展。四是坚持开展国际交流与合作，引进、消化国外先进的经验和技术成果，快速提高我国桂花产业的综合实力。五是坚持发挥行业组织的作用，采取灵活多样的服务手段和服务方式，推动我国桂花产业发展。

实践证明桂花分会是中国桂花行业的极好组织者，在上情下达，下情上达上起到了桥梁和纽带作用，针对性与实践性很强。桂花分会今后将进一步遵循桂花行业的特点，与产业紧密结合，通过服务，积极疏通科研成果的转化渠道，鼓励与推动桂花产业发展。

桂花产业作为一项新兴产业，应努力找准发展方向，大力发展桂花业，使桂花产业实现由传统向现代的根本性转变。

（原载《安徽园林》杂志2009年4期，作者作为分会副会长受权代表中国花协桂花分会在五届二次会议上作的报告）

真诚服务　办好学会

　　安徽省园林学会在合肥市原副市长、园林老专家吴冀的倡导下，成立于1982年11月，并任理事长近20年。在他的领导下，园林学会充分发挥了这一民间学术团体在全省园林科技工作者中的桥梁与纽带作用。

　　长期以来，学会协助业务主管部门，推动了全省园林绿化事业的发展。1996年，全国园林城市只有8座时，安徽省就有合肥与马鞍山两个城市。

　　21世纪初，经省园林学会吴冀老会长的力荐，由分管合肥市园林绿化的副市长倪虹同志接任理事长。在倪虹理事长的领导下，明确要求学会秘书处处理日常事务工作，充分发挥园林学会的学术交流主渠道和科普工作主力军的作用，真正把学会办成园林科技工作者之家。

　　新一届的省园林学会在中国风景园林学会的统一指导和省科协、省民政厅与省业务主管厅具体领导下，认真领会中央和省以及各地市政府对发展园林绿化事业的精神实质，充分发挥"学会的灵魂是学术、学术的灵魂是思想"的精神实质，紧紧围绕各级政府的工作中心，通过多种形式与方法、广泛联系广大园林科技工作者和实际从业人员，开展学术活动，充分发挥学会的桥梁与参谋、

时任省人大副主任的苏平凡(二排右5)、老理事长吴翼(二排右4)、新任理事长倪虹(二排右6)、省科协副主席程荣朝(二排右3)等参会，与代表们合影

助手作用。

2003 年是学会工作全面铺开、发展的一年。学会从提高学术水平，促进园林绿化事业发展作为履行职能的第一要务，自觉、主动地开展工作，参与社会活动，扩大学会影响。学会的生命力、凝聚力、影响力产生于学会的活动。而学术要为广大园林科技工作者所接受、被社会所承认，就必须围绕我省园林工作重点、社会热点、政府工作中心，有方法、有步骤地积极开展学术与社会实践活动。

2003 年，在抗击"非典"过程中，人们的生活方式在发生着变化，尤其"通风透气"逐步成为预防非典的最佳方法，为人民普遍接受。学会通过报纸，及时宣传"通风透气更需绿化"的道理，阐明新鲜的空气，来自室外绿化环境，呼吁广大人民，通过抗击非典，更应重视对园林绿地与花草树木的爱护，积极参与到今后每年的义务植树与园林绿化建设中去。

同时，学会利用对外交往的优势，积极倡导和协办了 2003 年秋季在合肥举办的中国首届桂花展。为了确保首届桂花展的成功举办，学会自始至终积极参与策划、筹备、献计献策和联络工作，为弘扬桂花悠久文化、展示桂花品种资源、推动发展桂花产业作出了积极的贡献。同时，利用花展，还协助了有关部门积极推动申报桂花品种国际登录权和学术研究。为了将广大园林科技工作者的智慧和力量都凝聚到整体推进现代化园林事业大发展上来，学会出实招、鼓实劲、办实事，努力体现自身存在的价值，发挥自身应有的作用。2003 年春，学会秘书处主要负责人自驾车几乎走遍全省各地的园林部门，虚心听取各理事成员单位意见和建议，加强沟通和感情交流，团结广大园林科技工作者共同推动我省园林事业的发展。

2003 年还部分调整了常务理事成员，新增理事 31 名，新增常务理事 7 名。尤其扩大了一些民营园林企业人员，授牌给合肥与皖南有代表性的 6 家民营园林企业为学会理事单位。

为规范管理，在社会上扩大学会的影响，2003 年下半年开始对各地会员换发新会员证 106 个。对条件成熟、有牵头人、有挂靠单位、有地方相关部门支持的专业学会给予全力支持。2003 年 11 月，由合肥市绿化施工养护管理处牵头在阜阳市召开了城市绿化养护专业委员会成立大会。

淮南市风景园林学会于 2003 年 10 月 22 日召开第三届会员代表大会，产生了新一届理事会，由淮南市建委丁立坤副主任任理事长、市园林处主任疏友斌任常务副理事长、市园林处副主任刘宝玉任秘书长。我学会秘书长出席了淮南市第三届会员代表大会，代表省学会对地方学会全力支持。

按照中国风景园林学会的统一部署，在省科协、民政厅、建设厅的领导下，新的一年里，将进一步深化对学会性质、地位、作用的认识，通过广泛联系，将支持和帮助在园林事业发展中遇到困难与问题的园林科技工作者，提高理论水平，解决难题。同时，学会积极参加国家风景园林学会及相关的各专业委员会的活动，加强与兄弟省市同行之间的学术交流。

有关信息，通过学会办的简报，及时发布，供各位理事和理事单位及从事园林工作的同志参考。为扩大园林工作者的视野，学习各方经验，学会在夏季组团赴"亚洲四小龙"之一的韩国，进行园林绿化考察活动。为期一周的考察，除考察了首都汉城（2005 年改名为首尔）的城市绿化，还到了全州、庆州二座朝鲜"古三国时代"的古都，以及现代化的南部港口城市釜山市。同时，从发展旅游的角度，还实地勘察了韩国最南端的济州岛景点建设。

学会秘书处在继续办好《安徽园林学会通讯》的同时，2003 年克服各种困难，编辑出版了《安徽园林》内部刊物。秘书处将以此为开端，不断征集稿件，努力将刊物办下去，尽可能为会员创造一个学术交流和文章发表的宽松平台。

为了鼓励广大园林科技工作者踊跃参加园林学术活动，积极推荐撰写园林学术的有关论文。2003 年，学会按照省科协的统一部署，参与近二年发表的安徽省自然科学优秀论文评选工作。上报的论文 10 余篇，含地方科协上报转学会初评的 4 篇论文，学会本着认真负责的态度和鼓励为主的精神，对照评选的条件，认真评审推荐，再经省科协组织的专家审定，安农大的 1 篇获二等奖，获三等奖多篇。

表彰先进，促进发展。对热心学会、支持学会工作的单位与个人进行表彰，这也是我们去年登门走访各理事单位时吸纳的良策。学会决定评定 2003 年先进集体和先进个人多名。

2004 年将举办"省首届园林盆景花卉展览"，为配合展览决定开展评定省盆景大师工作，并制定了评定标准。通过评定盆景大师的工作，进一步推动徽派盆景的复兴，促进我省盆景事业发展。

为了活跃学术气氛，将在工作中突出三性，即：一、主动性，对事关园林发展大局的重点学术问题，做到主动超前思考、超前调研、超前谋划，力争为政府和有关部门决策提供鉴依据、佐证。二、创新性，要用发展的观点指导学

会工作，不断提高学会的桥梁与参谋助手作用，研讨选题本着少而精的原则，增强精品意识。三、实效性，从实际出发，在选择课题、组织活动、提出建议等各个环节上，充分考虑实际情况、实际需要和实际效果，使所提建议科学、实用、可操作，能够解决实际问题。总之，要从学会的实际出发，鼓励会员广泛参与学会活动，积极拓展学会与会员的学术交流，及时把广大会员好的学术思想、好的经验宣传普及开来。

学会的领导成员要加强自身建设，不断提高工作水准和参谋能力，履行好职能。只有这样，才能增强人格魅力和凝聚力、向心力，以宽阔的胸襟、良好的人格和高尚的情操去感染人、团结人，营造学会的和谐氛围，使园林学会更好地"汇八方之才俊，集园林之精英"。

目前，城市园林已成为全面建设小康社会环境建设的重要内容，正值园林事业大发展，我们一定要围绕这个中心，全面推进园林事业发展而不懈努力。

（原载《安徽园林》杂志 2004 年 1 期）

"加强城镇园林化促进生态省建设"
科技论坛胜利召开

我学会于 2004 年 12 月 4 日举办"加强城镇园林化、促进生态省建设"学术论坛。这次论坛被列为第三届安徽科技论坛重点专题项目。省委副秘书长李祖顺，省政府副秘书长余焰炉，省科协副主席程荣朝，安徽农业大学校长李增智，省园林学会理事长、合肥市副市长倪虹等出席了论坛开幕式，并向获得我

安徽省首批盆景艺术大师

省委副秘书长李祖顺，省政府副秘书长余焰炉，省科协副主席程荣朝，安徽农业大学校长李增智，省园林学会理事长、合肥市副市长倪虹等向我学会授予的省首批盆景大师，从左至右为宋钟铃(蚌埠)、樊顺利(合肥)、陶洁之(阜阳)、王恒亮(蚌埠)、杨台明(安庆)、刘胜才(滁州)颁发"安徽省盆景艺术大师"荣誉证书

省首批六位盆景大师颁发荣誉证书。会议期间，百名与会园林专家还在"创建生态园林城，呼应生态省建设"倡议书上开展签名活动。

上海同济大学刘滨谊博士，浙江省蓝天园林集团董事长陈相强博士分别作了"创建生态园林城市十大战略"和"花木产业的前景"学术报告。与会者分别结合本地市开展绿化工作情况进行了坦诚的交流，并就今后加强城镇园林化建设进行了认真研讨，提出了许多新的思路和见解。此次论坛达到了提高认识、促进交流、推动工作的目的。

创建生态园林城　呼应生态省建设倡议书

我国已进入经济快速增长的发展阶段，面临着提高社会生产力，增强综合国力和提高人民生活水平的历史重任。同时，庞大的人口基数、人均资源不足、环境污染，对社会经济发展又带来很大压力。我们从事的城市园林绿化事业是向城市输入自然因素，治理和建设城市环境的有效手段。为此，建设部在创建"园林城市"基础上，又提倡创建"生态园林城市"。我们应紧跟形势，以人为本，树立全面、协调、可持续的发展观，高度重视城市生态环境建设。学会将以此次论坛为契机，动员广大园林科技工作者和一切热爱、关心园林事业的人士，努力促进创建生态园林城市活动，特倡议：

一、基于生态优先和整体优先的原则，采用绿色植物和充分注意水这一环境因子，努力创造一个人工环境与自然环境相协调、和谐共存、面向未来和可

持续发展的人居环境。

二、以规划为指导，重视城市生态网的规划与建设，从本质上理解城市的自然进程，再依据生态原则合理规划利用土地，力求人工系统与自然系统相协调，形成每个城市特色鲜明的自然开放空间，建立一个良性循环的新型城市生态关系。

三、绿化应以栽植高大乔木树种为主，乔灌草结合，并注意生物多样性；以形成复合、多层的植物群落，尽可能扩大单位绿地面积的生态效益。

四、注意适地适树原则，绿化中多利用乡土树种，让绿色植物最大限度地占领城市空间，实现生态效益最大化。

五、注意与悠久的人文历史联系，对人民群众情有独钟的植物配植，及构成的主要植物景观，应延续与弘扬。

总之，我们创建生态园林城市，呼应生态省建设，正是为了满足人民生活水平不断提高的需求。愿我们通过这次论坛，大家携手共进，为创建美好的明天而努力奋斗！

（原载《安徽园林》杂志 2005 年 1 期）

构建和谐社会园林环境平台学术研讨会

2006 年 12 月 26 日，省园林学会在合肥市三国新城遗址公园召开学会年会暨"构建和谐社会园林环境平台学术研讨会"。省政协副主席赵培根，原副省长、省政协副主席张润霞，省林业厅厅长韩柏泉，省建设厅厅长、园林学会理事长倪虹和省民间组织管理局局长王泽华、合肥市政协副主席盛志刚等出席了会议。来自全省 20 多个市、县园林部门、风景园林学会和会员代表近百人参加了会议。

会议首先由合肥市园林局副局长王华友致欢迎词；省园林学会副理事长兼秘书长尤传楷作了学会工作报告。省建设厅厅长、理事长倪虹作了总结性讲话，他充分肯定学会一年来的工作并结合全省园林行业实际，提出了学会下一步的工作方向并指出建设厅作为行业的指导单位，将进一步发挥学会这一群众团体在全省园林行业发展中的作用。同时，他还充分肯定《安徽园林》杂志作为学术和技术交流性刊物的作用，并表示在此刊物上发表的文章在建筑行业评定职称时可作为重要参考依据。

参加会议的赵培根、张润霞、韩柏泉、王泽华、盛志刚等领导也均在会议上做了热情洋溢的讲话，并对我会工作提出了殷切的期望，会议开得非常活跃。

会议根据各市有关部门推荐和学会秘书处组织专家的考察与考核，并经常务理事会议研究决定，授予倪长全（蚌埠）、张世云（铜陵）、王庆和（合肥）、王新水（合肥）、朱秀文（合肥）、朱伟强（南陵）、朱学维（舒城）、郑国顺（安庆）为第二批安徽省盆景艺术大师；白新华（合肥）为山水盆景艺术大师；吴绍明等为省杰出盆景鉴赏家、周礼明等为省杰出赏石鉴赏家，以及一批省杰出盆景艺术家、杰出花卉园艺师等命名和颁发证书仪式。

会议还邀请了合肥安达电子（集团）公司董事长王正前硕士、桐城市园林管理所所长张文超、合肥佳州园林绿化公司董事长胡志、蚌埠市园林学会沈家虎分别作了经验交流和学术报告。

（原载《安徽园林》杂志 2007 年 1 期）

省园林学会召开理事扩大会议

——授予第三批盆景艺术大师和颁发首次优秀绿化工程奖

安徽省园林学会于 2009 年 4 月 11~12 日在合肥市召开理事扩大会议，学会理事长、省建设厅厅长倪虹，省人大城建环资委主任厉德才，省民间组织管理局局长王泽华，省学会副理事长、合肥市园林局局长洪家友，省学会副理事长、合肥市林业局局长李博平和学会副理事长兼秘书长尤传楷在大会主席台上

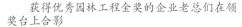

获得优秀园林工程金奖的企业老总们在领　　被学会授予第三批盆景艺术大师的专家们接
奖台上合影　　　　　　　　　　　　　　　受领导授牌及证书

　　安徽省园林学会理事长、省建设厅厅长倪虹，省人大人资环委副主任厉德才等领导向新授予的省盆景艺术大师王华峰、汪传龙、白强、王森、徐长启、何金发、朱祥勇；省杰出盆景艺术家夏国、汪荣辉、姚志友、李志保、潘一琦；省杰出花卉园艺师陈贵民、王祥明、李俊山、李正春；省杰出盆景鉴赏家黎坚颁发证书。同时授予：合肥植物园的艺梅馆园林景观工程、合肥绿叶园林公司的合肥市世纪阳光小区工程、安徽明珠园林景观工程有限公司的"和平花园"二期景观园林工程、安徽省亚新园林绿化有限公司的滨湖新区滨湖明珠景观工程二标段、安徽华艺园林景观生态建设有限公司的合肥滨湖新区初级中学园林景观、道路、排水及铺装工程等优秀工程奖。

（原载《安徽园林》杂志 2009 年 2 期）

办好风景园林学会　服务风景园林行业

——省风景园林学会工作

　　我学会自去年九月换届以来，继续在我们理事长，省住房和城乡建设厅倪虹厅长领导下，为我省的风景园林事业，发挥了学会作为民间社团应有的作用。

一、开展"盆景大师"评选活动，促进全省花卉盆景事业发展

　　为了增强学会凝聚力，发挥学会功能，适应市场经济要求，学会开展评定盆景艺术大师活动。几年来，学会共评出安徽省盆景艺术大师 21 名，安徽省山

石盆景艺术大师 1 名，安徽省杰出盆景艺术家 34 名，安徽省杰出盆景鉴赏家及安徽省杰出赏石家 17 名、花卉园艺师 11 名。有力地促进了花卉盆景界同仁提高技艺水平，在一定程度上推动了花卉盆景事业的发展，提高了花卉盆景从业者的艺术层次和本人经济收益。

二、成功举办了学术论坛和协办首届绿博会

我学会本着"服务自主创新，加快经济发展方针转变"的宗旨，积极协办了由省住房和城乡建设厅、省林业厅和合肥市政府联合主办的"2010 中国园林绿化工程资材博览会"，并于 5 月 20 日至 22 日在肥西县三河古镇召开"2010 安徽省风景园林学会学术论坛"，讨论在经济全球化，加快城镇化背景下，如何传承发展传统的风景园林文化艺术，如何兼顾保护和发展，实现人与自然和谐共生，促进城市健康可持续发展。省厅城建处分管副处长赵新泽受分管厅长委托，在会上作了重要讲话。论坛特邀了中国风景园林学会副理事长、北京林业大学博士生导师王向荣教授做《风景园林改变生活》学术报告。园林机械专家就城市节水灌溉问题作了喷头选择适用技术报告。我省华艺园林集团董事长胡优华结合自身实践做了《边坡生态植被修复技术创新》学术报告。会议安排与会代表出席了"2010 中国园林绿化工程资材博览会"，参观了三河古镇。通过实地考察，认为三河古镇保护和发展很好，水系若能全环绕古镇和增添水上文化活动内容就更好了。

12 月 10 日—12 日在芜湖市繁昌县马仁奇峰风景区举行了安徽省风景园林学会 2010 年会暨五届二次会议。会议由秘书长作了工作报告，省住房和城乡建设厅城建处赵新泽副处长受省厅领导委托代表省厅作了重要讲话。会议由台湾东吴大学郭中一教授做《现代社会中的美人香草》、安徽省博物馆文保中心主任郑龙亭教授做《文物保护在风景园林规划建设中的意义及我省发展情况》学术报告。会议还安排考察了欧亚大陆最早人类活动的人字洞遗址和马仁奇峰景区，代表们尤其对景区保存的楠木林进行了认真的调研，会议取得了圆满成功。

三、充分发挥学会桥梁和纽带作用，做好服务工作

学会作为社团组织，不断适应计划经济向市场经济转型的要求。今年较好地承担了省厅城建处交办的申报二级资质专家评审工作，以及参与省级园林城市（县）专家组和相关规划设计方案的评审工作。学会秘书长代表学会出席了省厅主持召开的省城市园林绿化工作会议和省风景名胜区工作会议，并通过《安徽园林》杂志报导了会议主要精神，利于督查落实和扩大省厅影响力。

学会负责人积极参加中国风景园林学会举办的各项活动，沟通我省与国家学会，以及兄弟省市同行之间的联系，扩大安徽园林界在全国的影响力。同时，又通过《安徽园林》杂志传播全国最新的园林信息。尤其，今年我国承办的国际园林师大会上，表彰的三个为园林作出杰出贡献的市长就有我们学会的创始人、首届理事长吴翼，这也是我学会的光荣。会前，为了更好宣传吴翼，我学会根据倪虹厅长指示积极上下联系，及时保证了合肥市按要求提供相关材料。为此，我学会与合肥市园林局均受到国家学会的表彰。召开国际大会时，我学会理事长作为现任省厅厅长亲自出席开幕式，得到国家学会的赞扬，大大提升了我学会的知名度。

四、积极服务学会成员单位和广大会员

为了增强学会凝聚力，发挥学会功能，学会无论在信息、技术、咨询，或业务指导、扩大宣传等方面，都尽可能地做到力所能及和有求必应。

学会与各地学会、协会加强联系，甚至与一些县的同行社会组织如：铜陵县、金寨县协会等保持热线联系，相互支持。

今夏，为了使我们学会自去年大会更名，加"风景"后的证件能体现"安徽省风景园林学会"的名称，重新印制证件，并办理更换。同时，调整和重新印制会员通讯录，秘书处做了大量的事务性工作。

学会为了促进我省园林绿化事业的发展，鼓励园林绿化设计与施工企业提高设计水平和施工质量，增强企业的社会信誉和公信度。近期在请示理事长同意后，正着手组织评选安徽省优秀园林绿化工程"园林杯"奖活动。同时开展优秀项目经理评选。现该项活动已得到众多企业支持并上报了材料，为了慎重起见将认真评选后再对外公布。

学会还组织会员参与国内外交流活动，参加了全国梅花、月季、荷花、桂花等花事活动与学术论坛。合肥植物园今年还承担了全国荷展在合肥的再次举办，进一步提升了合肥乃至安徽的知名度。同时，在不增加学会支出的前提下，采取多种形式组织相关企业到美国、韩国学习考察。

五、继续办好《安徽园林》，提升学会品牌效应

为了提升学会在社会上的影响力，更好地普及风景园林科学知识，《安徽园林》自2003年创办，2005年正式成为季刊以来，始终坚持面向党政机关、企业、学者，构筑三者相互联系的平台。杂志由于采用全铜版纸彩色印刷，图文并茂，有形象有声音，在全国具有独创性，多次受到花卉界泰斗人物，工程院

资深院士陈俊愉教授的赞扬。今年春节期间，陈院士在上海梅展会上动情地说：《安徽园林》原来是全国地方性园林杂志办得最好的两家之一，现在是第一了！今年五月，我刊编辑部正式收到国家图书馆来函，明确告之"通过对所征集文献的认真遴选，贵编辑部编辑出版的《安徽园林》拟纳入我馆正式馆藏"。在所附征集函中告之样刊入藏标准即："公开发行的正规出版物，在业内影响较大、发行量好的内部资料"，我刊明显属于后一种。

《安徽园林》由于发往省、市、县四大班子以及周边省市，以及全国所有省会园林部门，同时送往所参加的国内各种会议，影响力越来越大。今年结合安徽承接产业转移和合肥的航拍照片，为合肥出专刊，得到合肥市领导好评。最近，中国林业出版社，作为我们行业主要国家级出版社与我刊结为战略合作伙伴，我刊除及时报导该社新书，凡本刊读者购书可 8.5 折优惠，出版专著等书籍，可重点得到该社支持。《安徽园林》杂志在行业中的影响越来越大。

六、遵纪守法办好学会

按照省科协和省民政厅办好学会的有关规定，每年及时按要求进行年审，加强组织建设，财务上严格按照规定办，各项工作符合社团组织的规定要求。同时，学会与时俱进，适时调整充实了理事会成员。

今年是我国"十一五"完美收官，并为"十二五"发展起步做好铺垫之年。在新的一年里我学会将进一步认真学习和实践科学发展观，积极探索新时期做好学会工作的新思路和新方法；积极开展学术研究和交流，认真完成省厅交办的工作；切实加强学会的组织建设，进一步激发学会的活力。总之，希望通过自身努力，进一步增强学会亲和力和向心力，团结全省广大风景园林工作者，促进风景园林事业健康发展。

（2010 年上报国家学会的汇报材料，原载《安徽园林》杂志 2011 年 1 期）

安徽省风景园林学会
第六次会员代表大会在肥召开

4 月 25 日至 26 日，安徽省风景园林学会第六次会员代表大会在合肥召开，来自全省各地市园林部门、园林企业和高校相关专家近 200 名代表参加了此次会议。会议选举产生了新一届理事会成员，表彰了一批取得优异成绩的先进集

体和先进个人。

大会听取并审议通过了安徽省风景园林学会秘书长尤传楷所作的第五届理事会工作报告，选举产生了第六届理事会成员，会议还进行了学术交流和参观考察。

安徽农业大学林业和园林学院院长黄成林教授、合肥工业大学建筑与艺术学院书记陈刚教授分别主持了会议。合肥工业大学建筑与艺术学院城市规划系主任顾大治等八位代表在大会上作主题发言，他们分别就城市道路绿化的提升，风景园林学科的发展兼论徽州园林的地域特征，现代园林景观的体验与表达，徽州园林的地域特征浅析新徽派园林的传承与创新，合肥经开区人居环境的营造等内容，进行了精彩的论述。中欧合资企业的华贵园林外方技术负责人，在会上介绍了欧洲植树的技术规范，会议自始至终充满了浓厚的学术氛围与和谐气氛。会后，与会代表集体参观考察了合肥市滨湖新区的风景园林绿化项目。

（原载《安徽园林》杂志 2014 年 2 期）

回顾　探讨　展望

——贺合肥环城公园建园 30 年暨植物造景专题研讨会

合肥环城公园重组建园 30 周年之际，由中国风景园林学会园林植物专业委员会主办，安徽省风景园林学会承办的植物造景专题研讨会于 10 月 20~23 日在合肥被誉为"翡翠项链"上明珠之一的稻香楼国宾馆举行，省住房和建设厅领导代表出席会议并致辞祝贺。《中国近代园林史》主编、清华大学朱钧珍教授，中国风景园林学会顾问、原北京市园林局张树林老局长，中国风景园林学会园林植物与古树名木专业委员会贾祥云主任、中国风景园林学会园林植物与古树名木专业委员会张志国副主任、徐佳副主任等出席了会议。贾祥云主任作为会议主办方代表表示，此次植物造景研讨会在合肥召开具有特殊的意义。

来自全国主要城市和省份的园林行业专家学者聚集一堂，规模虽不大，但档次很高。与会代表在这里亲身感受到20世纪80年代中期建成的环城公园风貌。该公园由于突出植物造景，强调生态平衡，重视人文历史和倡导公园敞开化、系统化、园城一体化，开创了我国城市公园系统先河。其思想与实践正如北京林业大学园林学院院长、博士生导师、今春国家园林城市复查专家组组长李雄教授文中所言："在当时均是超前的，为当时园林行业同行们参观学习的热点城市。因此，在1992年，合肥与北京、珠海一同获得了首批国家园林城市的荣誉，这也足以说明合肥在园林绿化方面所取得的巨大成就。"中国林业出版社副总编辑邵权熙教授在来信中赞扬"30年前，合肥的建设者们引领全国城市绿地建设思想与实践之先，创造了城市园林建设史上的成功范例"，并认为"这种大胆创新，勇于实践的精神，在当今仍是我们保持高昂斗志的精神财富。"

《中国近代园林史》主编、清华大学朱钧珍教授，虽86岁高龄，在中国园林博物馆专业人员陪同下仍亲自参会，并作了精彩的《植物造景研究》学术报告。她回顾了新中国成立以来，从开展普遍植树到城市绿化，再到全国园林化即大地园林化的过程，尤其以植物造景为主的公园建设最早出现在建设部1986年召开的首届公园工作会议的文件中。这恰好是合肥环城公园当年成为全国唯一"优秀设计、优质工程"一等奖的核心，即"突出植物造景、生态效益显著"，可见温故而知新，进一步认识到植物造景是立园之本。

中国风景园林学会顾问，曾在2008年园林城市复查，任合肥专家组组长的

原北京市园林局张树林老局长，以她多年工作实践和走遍世界的经历，结合植物造景作了《国外新优园林植物鉴赏》学术报告。她围绕植物造景主题，就国外植物彩色、常绿植物、乡土植物应用以及育种、选种、引种阐述了她的观点，并通过精彩的图片给大家带来了一次视觉盛宴。

同济大学博导张德顺教授、上海应用技术学院张志国教授和杭州园林专家、中国风景园林学会园林植物与古树名木专业委员会乔敏副主任等一批学者也作了精彩的学术报告。《安徽园林》杂志主编尤传楷作为承办方的东道主代表，对合肥市环城公园作了重点介绍，并将环城公园特刊赠发给各位代表，突出了这次会议的宗旨。

（原载《安徽园林》杂志 2015 年 4 期）

安徽省风景园林学会等四学会联合举办
"新型城镇化与地域景观传承创新"学术论坛

党的十八届五中全会指出："加快建设资源节约型、环境友好型社会，形成人与自然和谐发展的现代化建设格局。"要求生态建设发展理念和方式实现根本转变，在发展中正确处理好人与自然的关系，关键是实现人与自然的和谐。

为此，2016 年元月 15 日，由安徽省风景园林学会、安徽省生态学会、安徽省绿色文化与绿色美学学会、安徽省美学学会四个学会联合举办的"新型城镇化与地域景观传承创新"学术论坛在池州市青阳县成功召开。省内外共 80 多名专家学者、相关领导及企业代表出席了此次论坛。论坛围绕主题进行了精彩的学术交流和对话。

论坛由安徽省生态学会副会长、风景园林学会副理事长黄成林、安徽省风景园林学会副理事长兼秘书长尤传楷分别主持，安徽省绿色文化与绿色美学学会会长黄志斌、安徽省美学学会会长陈祥明等到会并致辞。

会上来自上海北斗星景观设计工程有限公司董事长虞金龙，合肥宜和景观工程有限公司董事长彭飞、安徽三普机械董事长胡先进、池州市职业技术学院院长许信旺、四川国光农化股份有限公司经理等专家学者在大会上做了精彩的学术报告。报告结束后，会议组织参观了九华山涵月楼酒店及度假村项目，并由设计方现场解读。该项目景观设计深刻挖掘了徽州地域文化，利用基地生态条件，设计建设了与九华山风景相映生辉的现代化酒店，将传统与现代进行嫁接和结合，营造出适合中国现代人居的传统居住环境，形成了可游、可想、可忆、可思的综合旅游度假村，成为从心灵出发的优秀设计作品，为当今新型城镇化建设提供了优秀案例，给与会代表很大启发。

此次会议在全国城市工作会议精神的指导下，对新型城镇化建设达成共识。会议认为应当尊重城市发展规律，综合考虑城市功能定位、文化特色等因素，让人民群众在城市中生活得更方便、更舒心、更美好。会议建议将好山好水好风光融入城市，提高城市发展宜居性；同时，乡村建设应让千年古树、百年老屋、时代特色的老旧标语，细致入微地融入城镇建设，留住浓浓乡愁，呈现现代世外桃源。会议针对新型城镇化建设中的地域文化保护与传承问题进行了讨论，对于今后城镇化建设转型与健康发展具有一定的指导意义。

（原载《安徽园林》杂志 2016 年 1 期）

中国首届亭文化暨园理学研讨会在滁召开

亭子作为中国古建筑门类中的一种，在时空发展的长河中具有深远的历史意义。我省滁州亭文化源远流长，以醉翁亭、丰乐亭为代表的古亭闻名遐迩，为世人所称赞。

经朱钧珍教授倡导，2016 年 5 月 13 日 ~15 日，中国首届亭文化暨园理学研讨会在"天下第一亭"醉翁亭所在地的滁州市召开。本次研讨会主办单位为中国建筑协会古建筑与园林施工分会和清华大学建筑学院景观系，承办单位为安徽省风景园林学会，支持单位为安徽省琅琊山旅游发展有限公司，协办单位为中国园林博物馆。

会议前期，邀请了众多相关专家学者、业界精英人士参会并撰稿，论文收入大会论文选集，开幕式由安徽省风景园林学会尤传楷秘书长主持。《中国近代园林史》主编、清华大学朱钧珍教授讲述了对滁州亭文化的了解与认识，及园理学的确立过程，并在大会上作了园理学学术报告。滁州市政协副主席兼琅琊山管委会主任苏虹致辞，热烈欢迎来自全国各地的专家学者及业界精英人士的到来，并向参会人员介绍了滁州源远流长的亭文化和"天下第一亭"醉翁亭的相关史迹。中国建筑协会古建分会副会长沈惠身代表主办方致辞。

国务院参事、中国风景园林学会副理事长刘秀晨、中国风景园林学会顾问、杭州市园林文物局原局长施奠东、中国风景园林学会原常务副会长甘伟林、《中国园林》杂志主编王绍增分别讲话。中国园林博物馆张满作了"史海亭踪"、华中科技大学建筑与城市规划学院赵纪军教授作了"中国古代亭记中的亭文化"。

研讨会上，与会学者从亭之组合和亭之文化两条思路引经据典研讨中国亭的起源、发展、亭在中国园林中的地位以及亭的文化。会议期间，与会学者还实地考察了"天下第一亭"醉翁亭和丰乐亭等古建筑群，并参观了滁州市市容和琅琊山风景区。

此外，与会专家学者还对园理学进行了专门研讨，达成进一步深入开展园理学研究的共识，认为这是建立中国园林系统理论的重要一步。

（原载《安徽园林》杂志 2016 年 2 期）

打造行业与社会交流平台

——《安徽园林》办刊感悟

风景园林主要以营造户外空间为核心内容，以协调人和自然关系为根本使命，融合了工、理、农、文、管理学等不同类知识和技能的人居学科群的支柱性学科。因此，针对风景园林具有广泛社会性的特点，《安徽园林》杂志作为安徽省风景园林行业的刊物，打造了行业与社会交流的平台，扩大了园林行业在社会上的影响，八年来办刊感悟如下。

一、《安徽园林》杂志的定位

中国风景园林的理论研究和普及，在国内有《中国园林》、《风景园林》等权威性刊物，各省也都有以园林技术性为主的多种刊物。因此，如何形成《安徽园林》的特色，必须有自己明确的定位。

1. 办刊确定十六字方略"避免雷同、扬长避短、彰显个性、突出园林"。

2. 突破行业界线，沟通政府、企业与学者的交流渠道，目的为实现行业与社会交流，处理好企业与政府、企业与学者、学者与政府，以及三者与读者之间的关系，增加刊物的可读性与亲和力。

二、内容与形式的统一

1. 文章侧重在思想上、理念上对读者的启迪。

2. 注重在大建设、大发展、大环境方面的信息交流。

3. 重视企业形象的展示与宣传。

4. 突出先进理念、先进技术、先进设备，侧重沟通需求。

形式上采取图文并茂，既有广泛信息，又有形象展示，知识性与可读性结合。

三、决定成败的几个问题

1. 减少商业味，增强公益性，不登"明广告"，采取"软广告"的方式，以杂志养杂志。

2. 关注亮点和特殊点。"软广告"采取艺术创意的手法认真对待，题目力求新颖，同时适当借助"肩标"、"副标"强化亮点、特点，给读者产生一定冲击力；注重图文并茂引人入胜，增强可读性。

3. 图片要有针对性，突出作者形象、体现文章特点，供读者先图后文增强亲和力，适应新时代的需求。

4. 纸张要好，杂志亮丽，页码适当，便于携带。

5. 为主流社会服务不动摇，但服务不盲从、不顶撞，即使观点不同也只弘扬科学发展观，侧重技术知识供参考。

6. 发行量要大、散发面要广，采取邮寄与亲自面送相结合。

四、强化品牌意识，创新中求发展

1. 办好杂志，持之以恒是根本、创新是关键、提升质量是保证。

2. 定期发行雷打不动，扩大新领域向专刊发展，不断扩大杂志社会覆盖面和增强杂志影响力。

3. 办刊做到脚勤、手勤、脑勤，撰文与摄影并举。同时，积极参与社会活动，即扩大刊物影响又增加信息来源，丰富办刊内容。

总之，人活到老学到老。我现虽已退休多年，但力争读万卷书，行万里路，通过办刊为行业和社会服务的信念不动摇。我要持之以恒忘掉年龄，随着时代脉搏跳动，做一位风景园林的有心人，将办好杂志作为生活重要内容、精神食粮和人生的追求乐趣。

（原载《安徽园林》杂志2011年3期，在中国风景园林行业媒体联谊会上的发言）

立足行业制高点　服务社会为人民

《安徽园林》杂志办刊八周年之际，国家风景园林学会于9月16-18日在广州市召开21世纪首次"中国风景园林行业媒体联谊会"，会议宗旨是：促进交流，共谋发展。

中国风景园林学会理事长陈晓丽和副理事长兼秘书长刘秀晨出席会议，并作了重要讲话，会议要求媒体站在行业制高点，担负起行业的社会责任，要求大家抓住当前"天时、地利、人和"的大好时机，出理论、出思想、出人才，在继承中国优秀园林文化艺术传统的基础上，吸收各行各业的理论为我所用；

要求切实以科技为依托，到实践中去，走理论与实践相结合的道路，更好地服务政府、服务行业，为风景园林绿化事业服好务。

我刊将努力贯彻这次会议精神，以执着的信念与追求，弘扬省会合肥市的城市精神，不断"开明开放 求实创新"，服务于风景园林事业，为迈向生态文明作出应有的贡献。

（原载《安徽园林》杂志 2011 年 3 期）

《安徽园林》援疆特刊广受好评

《安徽园林》创刊八周年之际，编辑的特刊报道了安徽高起点、高水准地对口援疆情况，体现了多元一体、民族团结，在社会上产生了广泛影响。

2011 年，时任安徽省人大副主任的郭万清题赠作者

广大读者认为这期"特刊"立意高，符合国家大政方针，让读者从中了解到对口援疆工作所做的实实在在业绩，进一步加深理解了援疆工作的必要性和重要性，增添了支持对口援疆工作的自觉性。同时，特刊还恰如其分地介绍了有关新疆知识，使读者增添了对新疆人民的感情和热爱祖国的感情。

《安徽园林》编辑部感谢社会各界同仁朋友对本刊的长期关心和支持，社会的肯定就是对喜迎《安徽园林》创刊八周年的最好献礼！

我刊自 2003 年创刊以来，已出刊 33 期，并在去年 5 月被纳入国家图书馆馆藏，年底又与中国林业出版社结为战略合作伙伴关系。办刊八年被社会广泛认可，《安徽园林》已成为有特色的园林刊物之一。原合肥市市长、现任安徽省人大常委会副主任郭万清老领导专门为本刊题词"安徽园林气象万千"，以示对本刊和主编的充分肯定和祝贺。

（原载《安徽园林》杂志 2011 年 3 期）

安徽园林伫立珠峰大本营　日月同辉攀高峰

——以独特的方式喜庆杂志创刊十周年

矗立在中尼边境上的世界第一高峰珠穆朗玛峰海拔 8844.43 米，在藏语中珠穆朗玛的意思是"第三女神"，与南极、北极相提并论，称为世界第三极。珠峰在我国一侧呈现出金字塔状，无论远眺还是近观都给人雄伟俊美之感。金字塔形的珠峰终年冰雪覆盖，雪山溶水灌溉着山下万顷牧场和农田，孕育的大小河流成为藏文明的源泉。

1994 年，珠穆朗玛峰被批准为国家自然保护区，命名为国家公园。珠峰大本营海拔 5200 米，是登山运动员攀登珠峰的第一个营地，可以容纳上千人在此搭帐篷露宿。本刊主编尤传楷于 2013 年 6 月 4 日入宿大本营帐篷，体验登山者的艰辛并目睹珠峰的雄浑俊美。（原载《安徽园林》杂志 2013 年 2 期）

"杂志"交友　情溢林都

作为 20 世纪 60 年代的林学专业大学毕业生，终身从事林业和园林绿化事业的我，对中国林都——黑龙江省伊春市原始大森林早就仰望。去年 8 月赴中国鸡冠之首的最北漠河欣赏大兴安岭林区风貌时，曾计划赴小兴安岭的伊春。然而，天不作美，不仅伊春大雨，尤其堂弟来电，97 岁的伯父在南京病危，必须立即返程。今年天赐良机，逢铁岭市举办第 28 届中国荷花展，我作为副会长，参加完荷花的花事活动，于 7 月 27 日从哈尔滨搭乘客车前往伊春。在车上听到后座一位 50 岁乘客电话不断，知他是一位返乡旅客，于是利用空隙向他打听伊春情况。说来有缘，他是 20 年前从伊春走出的企业家，现在回报家乡，参与危旧房和林场棚户区改造。我比他虽年长 20 岁，但改革开放的大环境使我们有许多共同话题。话到投机处，我顺便送了一本随身携带自己主编的《安徽园林》杂志。谁知他看杂志那么认真，提出要我这位主编在杂志上题名，并相互留下电话。次日，我在原始林中畅游时，接到他多次电话，向我转达了投资地的友好区领导愿与我见见面。由于我已买了次日（29 日）中午赴牡丹江市的车票，盛情之下只能利用当晚时间相聚。

交谈中，欣闻伊春市是全国唯一政企合一的城市，友好区的区领导，同时也是友好林业局的领导，对我这位远方同行的"学者"客人，乐意相识与交友，我被他们的真情所感动。作为回报，我以一位老绿化工作者的视野，利用《安徽园林》杂志作好政府、企业、学者三者的平台，宣传所到之地环境建设和优质的绿色产品是我的责任，能够紧密为改革开放服务，更是我人生的最大乐趣，何况是我早已仰望的林都伊春让更多人知晓，何乐而不为！《安徽园林》杂志在立足安徽、面向全中国，应成为广交八方宾朋的纽带，这样必然丰富人生的精神文化生活。由此可见这次杂志又交新友，使我再次尝到人生的最大乐趣，坚定了我退休后应走的人生之路！

（原载《安徽园林》杂志 2014 年 3 期）

作者（左 3）与伊春市友好区有关领导及企业家（右 2）合影

创建国家级蓝莓基地　打造世界级蓝莓之乡

中国蓝莓看伊春　伊春蓝莓看友好

伊春市地处黑龙江省东北部，所辖友好区（局）由原友好林业局、双子河林业局和友好木材综合加工厂合并而成，现行政企合一体制。面积 2347 平方千米，施业区总面积 28 万公顷，森林覆被率 83.2%。下辖 7 个社区、11 个林场、3 个农业行政村，总人口 6.7 万。

友好区始终坚持以经济建设为中心，全面推进改革开放和经济社会发展。特别在以蓝莓为主打的森林食品产业和建设国际康体养生旅游度假集散地为目标的旅游产业方面，取得了显著成绩，成为伊春市最具发展活力和潜力的区局之一。赴伊春市投资创业、产业转移是首选理想之地。该区突出"城在山中、城在林中、城在水边、城在景中"特色风格，打造成林都西湖、伊春北方外滩和小兴安岭的亚龙湾。将滨水新区打造成康体、养生、养老、休闲度假集散地。

友好区拥有 6.1 万公顷的国家级自然保护区，地下蕴含着丰富的温泉资源，水温度达到 50 度以上，为偏硅酸锶水质，对治疗心脑血管疾病和皮肤病有着很好的功效。同时，丰富的物产资源，和 7326 公顷野生蓝莓资源，以及蕨菜、刺嫩芽、松仁等食用野菜野果有 11 类 496 种，黑熊、野猪、林蛙等野生动物有 289 种。人工种植矮蓝莓品种 1 万余亩，获得授予的全球良好农业规范认证，"友好蓝莓"还被国家工商行政管理总局商标局授予中国地理标志。

近年来，友好区按照国家林区新型城镇化建设的要求，全力打造宜居、宜业、宜学、宜养、宜游的"五宜"之城。友好区在原有 1 万亩蓝莓种植面积的基础上，又投资 3300 万元对 2.7 万亩土地进行了整理，为引进有实力企业种植蓝莓储备了发展用地，也为规模化打造蓝莓产业蓄积了后劲。友好区将建成全国最大蓝莓人工种植基地、最大蓝莓加工基地、最大蓝莓销售市场和最大蓝莓冷链物流中心，着力打响"中国蓝莓看伊春，伊春蓝莓看友好"的产业品牌。创建国家级蓝莓基地，打造世界级蓝莓之乡，力争实现蓝莓产业产值超百亿元。的确，这次来伊春市友好区真正认识到"来友好，皆好友；好友发财，友好发展"这句名言的真谛和表达了友好区人民招商引资的真诚情怀。

（原载《安徽园林》杂志 2014 年 3 期）

学会组团赴非洲等地考察园林绿化

为从全球的视野，提升城市园林绿化水平，我学会2005年春组织省园林绿化考察团，出访非洲、西亚和新加坡。从中感受人类起源最早的非洲，尤其四大文明古国中的埃及，同时，目睹了热带沙漠中的国度，亲身体验到水对植物和人类的重要。从中感悟城市绿化应注意节水、节能、节工、走节约型之路的必要。

好望角：地处开普半岛，视为非洲大陆最南端，为印度洋和大西洋交汇处。

这里，陡峭的山道连接无数的小海湾和沙滩，被环球航海家喻为最美丽的海角。

为了保护好这里稀有的动植物，早在1936年就建立了好望角自然保护区，占地7750公顷。

人造休闲环境——南非太阳城：坐落于约翰内斯堡以西约200千米处，在皮兰斯堡国家公园附近。

内设赌场、电影院、餐馆、世界级高尔夫球场和许多酒店。其中，失落城综合区"非洲皇宫"为五星级超豪华旅馆，建在人造热带树林中。

苏伊士运河：位于埃及东北部，为埃及非洲部分与亚洲部分的分界线。

运河全长173千米，其中双向航道长68千米，平均深度20米，河宽180~200米。

运河的通航使欧亚两洲之间的海

好望角

南非太阳城

苏伊士运河

路缩短了 6000~14000 千米，为世界上航运最高的运河。

博斯普鲁斯海峡大桥：大桥跨欧亚大陆，长 1560 米，宽 33 米。

该海峡位于欧洲与亚洲大陆之间，长 31.7 千米，衔接地中海与黑海。现海峡两岸布满了树林、茶馆、咖啡厅、酒吧、餐厅等公共场所，是人们盛夏消闲和假日、周末散心的好去处。

博斯普鲁斯海峡大桥

阿亚索菲亚博物馆：位于土耳其伊斯坦布尔城，原为建于 6 世纪的教堂；是目前世界上保持完好的最早古代建筑。

该建筑为三拱长方形，占地 7570 平方米，其中大厅长 75 米、宽 70 米，圆顶高 55.6 米，为世界有名的五大圆顶之一。

（原载《安徽园林》杂志 2005 年 3 期）

阿亚索菲亚博物馆

学会组团考察拉丁美洲五国

拉丁美洲是指美国以南的美洲地区，包括墨西哥、中美洲、西印度群岛和南美洲。因曾长期沦为西班牙和葡萄牙的殖民地，现有国家绝大多数通行的语言属拉丁语系，故被称为拉丁美洲。

安徽省园林学会园林绿化考察团于 8 月中下旬赴拉丁美洲的巴西、阿

之一：出访期间，作者（左）与《今日中国》杂志负责人（右）合影

根廷、秘鲁、古巴、墨西哥五国考察访问。历时 20 天，飞机起降 13 次，考察

之二：伊瓜苏大瀑布

了5国10座城市的园林绿化、公园、植物园和多处世界自然与文化遗产及印加文化、玛雅文化。

之一：我刊与《今日中国》拉美分社友好交往

墨西哥太阳和月亮金字塔位于墨西哥城40千米处的"神的都城"遗址，这里是美洲大陆第一个城市中心。金字塔为古代印第安人的祭坛，用来祭神，一般塔内无墓葬。

之二：南美第一奇观——伊瓜苏大瀑布

"伊瓜苏"在印第安语中意为"巨大的水"。该瀑布位于巴西和阿根廷交界处，其瀑布为美国、加拿大边境尼亚加拉瀑布的4倍。瀑布呈马蹄形，平均落差72米，为世界最大瀑布之一，被誉为"南美第一奇观"。现该处建有伊瓜苏国家公园，面积22.5万公顷。

之三：列为最年轻的"世界文化遗产"的城市——巴西首都巴西利亚

1960年，巴西为了开发西北广大地区，使内地与沿海得到均衡发展，将首都从沿海迁往内地的巴西利亚，其规划和建筑都有独到之处，城区基本没有遭到破坏。1987年，联合国教科文组织把它列为"世界文化遗产"，成为世界最年轻的文化遗产，对城市进行重点保护。

　　整座城市的布局就像一架昂首待飞的大型喷气飞机，所有建筑物都在机翼、机身和机尾上，象征着它将带领巴西迎着朝阳展翅高飞，翱翔世界的雄心。中心城市布局则是"十"字形，南北轴线大街为主要交通干线；东西轴线大街两侧为联邦和市政楼，西端有市府大楼，东端三权广场四周有行政、司法、立法机构大楼。其三权广场位于城市中央机头处，其议会大厦由2座并肩而立的28层大楼组成,由一过道相连呈"H"，是葡萄牙语"人"的第1个字母，语寓"一切为了人"的立法宗旨。大楼两侧的平台上，由两只巨碗形的奇特建筑，右边碗口朝上是众议院，体现民主、自由、开放、广纳民意，左边碗口倒扣为参议院，象征集中民意。

　　整座城市设计构思大胆，线条优美，尽量采用曲线与弧形，使得建筑整体

之三：巴西首都巴西利亚全貌

轻盈飘逸、瑰丽多姿，给人耳目一新的艺术感受，被誉为城市建筑的世界博览城。（原载《安徽园林》杂志2007年3期）

机头

左翼

右翼

机身

机尾

第三篇

绿梦升华

如何提升园林城市、绿色城市的内涵与水平，在更高的层面上领会绿色文化与绿色美学的精神实质？这就要求园林建设理论有一个新的跨越，使绿色的梦想不断得到升华，人的素质有一个新的提高。上世纪末，我曾在"国际公园与康乐设施管理协会——1999年亚太地区会议简报"第5期谈道：面向21世纪的绿色文化，应从大园林的概念着眼，弘扬中国传统园林文化的主旋律，吸纳外来多元文化有利因素。与此同时尊重与维护生态环境和可持续发展原则，突出生物多样性、科技含量与文脉思想。追求人与自然的生态和谐，人与人的人态和谐，人自身的心态和谐，体现多样统一、多元互补的绿色哲学思想，致力于人的自身质量的提高，人际关系质量的提高，人类生存环境质量的提高，人与生存环境关系质量的提高。新世纪生态环境和文态环境的营造，要创造出可观、可居、可游、更加优美宜人的人居环境，架起"以人为本"的桥梁。只有这样，才能服务于社会，发挥正能量，使自己的绿色梦想不断地得到升华。

第一章 绿色文化的启迪

文化是人类追求愈来愈好地生存与发展而进行的一切设想、设计与创造，而绿色文化是最具蓬勃的生机、旺盛的活力与绵延生命的一种文化。

赋予合肥园林以新内涵

我作为一名城市园林绿化工作者，从城市园林绿化的角度，与"绿"应该说有着不解之缘。无论从绿色文化与绿色美学所强调的克服三大危机，还是从追求三大和谐来说，都涉及客观世界的生态，以及人与自然和谐的问题。从城市的角度而言，当务之急追求的必然是人与人工自然环境的和谐。应该说城市园林绿化是进一步研究绿色文化与绿色美学的客观载体之一。反之，进一步提高城市园林绿化水平和文化内涵，又迫切需要绿色的文化与绿色的美学给予指导和充实。尤其合肥作为省会城市，全国城市绿化先进典型之一，与"绿"早已联系到一起了。

合肥20世纪80年代初就曾赢得了"绿色之城"的赞誉，90年代初又被首批授予全国三个"园林城市"之一。合肥之所以能赢得这些殊荣，除有一个全面绿化的基础和绿色风貌外，根据建设部的评价：合肥的经验与作法在全国具有一定的推广价值。因为合肥有一个好的城市总体规划，较好地按照敞开式风扇形城市总体规划布局展开。把整个城市作为一个大园林对待，提倡公园的敞开化，公园的景物呈现街头，形成园在城中，城在园中，园城相接，融为一体的独特城市风貌在全国颇具特色。具体的做法上也探索出一套适合国情市况的措施与办法，走出了一条具有中国特色的园林城市之路。显而易见，合肥在重视城市绿化，创建园林城市的实践中自然也有许多经验可总结，这其中自然蕴含着具有自身特色的绿色文化与绿色美学。同时，合肥市作为全国首批授予的

作者（左3）和绿学会的主要成员在一起

三个园林城市之一，如何进一步提高它的内涵和水平，让合肥园林城市再上新台阶，这又迫切需要绿色文化与绿色美学的内涵。尤其，我们从事城市园林绿化的实际工作者，更要善于学习、刻苦钻研，从更高层次上去领会绿色文化与绿色美学的精神实质，以便更好地指导自己的实践，在改造主观世界的同时改造客观世界。换句话说，美化主、客观两个世界，在理论上应有一个新的跨越，素质上应有一个新的提高，奋斗目标上应瞄准世界的标准。具体说，21世纪城市绿化所追求的正是人与人工自然环境的最大和谐。发展我市的城市园林绿化事业，就应该朝着人与自然和谐的目标，并赋予它应有的文化、美学内涵。同时，注意以人为本，通过园林与旅游的结合，让优美的园林城市风貌更好地服务于人的需求。

人总是要有点精神的，我们合肥园林城市再上新台阶，应该强调精神与文化的作用。物质文明与精神文明两个建设必须一起抓，并赋予合肥园林城市绿色文化与绿色美学的精神内涵，走出一条具有中国特色的、一流水平的园林城市发展之路。

（原载《安徽日报》1997年1月24日）

赋予园林城市建设以绿色美学内涵

——郭因城市建设思路给人的启迪

无论是创建园林城市还是不断提高园林城市水平与文化品位，都离不开一个"绿"字。正如安徽省绿色文化与绿色美学学会创始人、著名美学家郭因老先生所说，"绿"象征着蓬勃的生机，旺盛的活力，绵延的生命；同时也象征着理解、宽容、善意、友爱、和平与美好。最近，有幸通过以何迈为会长的省绿色文化与绿色美学学会，阅读了郭因老先生《水阔山高——我的审美跋涉》一书，对"绿色"有了进一步的理解和更深的感情。郭因书中说得好："生命呼唤绿色。没有绿色的大地，人类将趋于消失。"我由于长期从事城市园林专业，对郭因在论述城市建设时所迸发与闪烁的思想火花深感受益匪浅。郭因倡导以全面协调的手段达到整体和谐的目的，以多样统一、多元互补作为城市建设的指导思想，的确令人耳目一新，并有它一定的实际指导意义。

一、园林城市建设必须赋予绿学内涵

园林是一种空间艺术与时间艺术相结合的艺术品。它由建筑、山水、花木等组合而成，是天然大自然与人工自然之美的集中表现，造就的是一种体现勃勃生机、令人赏心悦目、富有诗情画意的境界。而园林城市的提出，则是当今人们面对工业化进程中的城市生态失衡，结合中国国情提出的城市建设目标。郭因在书中给予城市建设这一发展趋势充分肯定。他在《风景区的建设应首先考虑环境效益》一文中说："全世界城市建设的发展趋势是城市园林化、城市自然风景化"。"我一贯认为，人类的最终追求，也是美学的最终追求是：人自身的和谐，人际关系的和谐，人与自然的和谐。而人与自然的和谐是人自身和谐与人际关系和谐的基础。"园林城市作为城市建设的目标，必然离不开多样统一、多元互补以实现三大和谐的城市建设指导思想。

郭因在《历史文化名城的保护与建设》一文中预言："我认为，未来的人类文明的格局，将是一种多元的大文化，大美学的格局。那时，丰富多彩的文化与美学将深入渗透到生产、生活的各个方面"。可见，园林城市水平与文化品位的提高，必然要物质文明，制度文明，精神文明同步发展、同步繁荣，并都有利于实现人自身、人与人、人与自然三大和谐。这就显然离不开绿色文化与绿色美学的内涵，简言之即绿学的内涵。

二、赋予绿学内涵离不开绿色哲学

哲学，自古以来一直被看成是智慧的象征。哲学就其本质规定和本质特征而言，是一种世界观的理论形式，是自然科学和社会科学的总结和概括。

绿学，即绿色文化与绿色美学，其理论根据自然离不开人类安身立命的根本观点体系——哲学。它也需要探求如何通过最佳途径，应用最佳方法去实现人类的根本任务。郭因在《未来的哲学应该是绿色哲学》一文中，提出"绿色文明的核心，建设绿色文明的指导思想应该是绿色哲学"。郭因在《谈谈绿色文化与绿色美学》一文，又进一步阐述了绿学"理论根据在于古今中外的哲人们分别涉及三大和谐的不绝如缕的思想与言论。根据更在于伟大的马克思主义。马克思对于共产主义的表述是：人复归人的本质，全面发展，自由自觉劳动创造，各尽所能，按需分配；人与人、人与自然对立冲突根本解决；人彻底自然主义，自然彻底人道主义，这种对于共产主义的表述，在我看来，就意味着人自身、人与人、人与自然三大和谐正是共产主义的内涵"。"和谐的涵义又是什么呢?我认为，从积极的意义说，是多样统一，多元互补"。因而，他认为"绿色哲学理所当然是人类走向未来的赖以安身立命的根本观点体系"。并进一步提出"绿色哲学的本体论应该是宇宙统一和谐论，绿色哲学的认识论应该是主客互动共进论，绿色哲学的方法论应该是主体全面协调论"。从而在理论上点拨了以园林城市为目标的城市建设，要以绿色哲学为指导，以全面协调的手段去达到城市建设整体和谐的目的。这种和谐必然又是动态的和谐，必然是在发展中不断打破旧的平衡以寻求新的和谐。而且这种和谐，要以城市的整体观点，全局观点去审视我们的各项具体建设项目和日常管护。由此可见，对城市建设赋予绿学内涵离不开绿色哲学，在不断建设与不断提高园林城市水平的实践中，必须应用"多样统一，多元互补"的绿色哲理，以全面协调的手段，综合考虑各种因素，协调各方关系，硬、软件均要达到和谐的目的。

三、弘扬绿色文化与绿色美学，走中国特色的园林城市发展之路

我国倡导"园林城市"已成为当前建设城市生态环境的一种积极方式，代表了中国城市环境发展的方向。它立足于整个城市环境的改善，把中国传统的庭园空间和园林绿化的尺度扩展到城市的大环境之中。追求的是人与人工自然环境的最大和谐，并朝着人与天然自然和谐的目标前进。因此赋予它应有的文化美学内涵，已成为建设有中国特色园林城市的重要任务。

郭因先生在《试从城市美学谈到城市风格》一文中强调城市美学"应该是在城市这个范围内完成美学的任务，实现美学所最终追求的三大和谐"。"就具体城市的具体建设风格来说，最要紧的是要与自然景观的风格相和谐"。他在《当务之急是改善城市生态环境》一文又提及"生态环境的改善是城市美化的前提，是城市建设的前提，而且甚至是整个人类生存与发展的前提"。在《历史文化名城的保护与建设》一文中，又进一步强调"未来的人类文明的格局，将是一种多元的大文化，大美学的格局"。可见，赋予园林城市以文化内涵，必然离

不开绿色文化与绿色美学，园林城市的提高更离不开绿色文化与绿色美学。郭因在《城市绿化和未来的社会》一文还谈及城镇建设应该"不是自然景观成为城镇的衬托，而是使所有建筑都似乎成为自然景观的点缀。每一个建筑都必须是艺术品，层次、体量、造型、色彩都很适宜，而且都摆在合适位置"。并要创造"一切以维持生态平衡为主要目的的人与自然和谐相处的社会"，做到人与自然融合为一体。我们走中国特色的园林城市之路，正是顺应现代人这种崇尚自然的普遍心理。我们应在继承传统的基础上，借鉴欧美文化之精华，融中西造园艺术和回归自然的现代意识于一体，将园林之美扩展到整个城市的环境之中，造就一个城市生机勃勃的意境。同时，把城市的绿地系统同郊区、郊县的自然环境与农林水网有机结合起来，形成一个广阔空间的，多层次、多样化的网络结构良好，生态健全的大环境绿化体系，使人生活、工作在赏心悦目并与自然相通的城市物质环境之中。我认为，这正是人类追求与实现物质文明与精神文明的重要体现。

绿色文化与绿色美学涉及的面很广，从园林城市的角度而言，当务之急是追求人与人工自然环境的和谐。充实与提高绿色文化与绿色美学的内涵，应从更高的层次上领会绿色文化与绿色美学的精神实质，在理论上有一个新的跨越，素质上有一个新的提高，奋斗目标上瞄准世界最先进标准，让园林城市的美体现在自然生态系统的能量流动、物质循环和信息传递的优化之中。在 21 世纪全球信息高速公路开通之时，世界新经济即将来临。在新旧经济交替时期，中国作为发展中国家面临着既要加速完成工业化，又要实现信息化的双重任务。因此，决策、构思、规划、设计和行动都应纳入生态思维的轨道，以维护生态健全，缓解环境危机，实现园林城市环境艺术的美的创造。把城市作为一个大公园对待，使园在城中，城在园中，园城相融，城园一体，成为城市建设的时尚。同时，通过园林与旅游的结合，园林与居民的保健与休闲结合，让优美的园林城市风貌更好地服务于人的需求。这也与我们当前创建精神文明城市的目标相一致。力求园林城市再上新台阶，除了绿化水平要不断提高之外，更应该强调精神与文化的作用。物质文明与精神文明两个建设一起抓，赋予园林城市绿色文化与绿色美学的精神内涵，走出一条具有中国特色的赶超世界一流水平的园林城市发展之路。

（原载《安徽大学学报》1998 年专辑）

文化是园林和城市的灵魂

——郭因先生绿色美学观对我的影响

与郭因老先生在一起

《郭因文存》600万字、共12卷书的巨著出版发行，无疑是我省思想界与文化界一件意义深远的大事。因为这部文存体现了当代大美学家郭因先生对人类所作的贡献，书中阐述了他绿色思想的形成与发展，提出了追求并递进实现人与人、人与自然、人自身三大和谐，美化两个主、客观世界，走绿色道路，追求人人幸福的共产主义红色目标的基本观点。文存中还倡导了传统与现代、人文与技术、普遍性与特殊性的三个结合，这些无疑促进了社会发展的正能量，对当前各行各业圆好中国梦，建立和谐社会具有指导作用。

文化作为园林和城市的灵魂，正如郭因先生在《大文化与大美学》等文中概括的，是人类追求越来越好的生存与发展，进行的一切设想、设计与创造的大学问。而美学则是按照美的规律美化主观世界与客观世界的一门科学。绿色象征着蓬勃生机、旺盛活力与绵延的生命，象征着理解、宽容、善意、友爱、和平与美好，作为文化与美学的冠词，体现了绿色文化的广面涵盖和绿色美学的终极追求。郭因先生在《哲学与园林》一文中提出："我的哲学观与我的文化观、美学观是一脉相通的，因为我搞的是绿色哲学、绿色文化、绿色美学。我谈哲学与园林，当然会渗透着我的整个绿色观。我有一部拙著就叫《我的绿色观》，那里面涉及的领域就比较广泛。" 我作为一名老园林工作者，受到教育和启发也颇深，受益匪浅，这里仅从园林角度谈点体会。

一、"绿、文、美"对我的影响

人生活在地球上，必然与自然共存、与环境共生。而园林绿化作为人造的第二自然，则是人类打造宜居生活与工作环境，成为改善城市生态的唯一手段；它体现了"生态优先"、"以人为本"、"生物多样性"等基本理念，成为展现城市文化的重要载体。而郭老倡导的绿色文化与绿色美学，则切中了园林绿化在城市建设中的作用。因为园林绿化改造了被破坏了的自然，创造出更适合人宜居的工作与生活环境，有助于生态系统的良性循环，提升了人民的福祉。同时，通过绿化、美化、香化、彩化还有利于改善城市的投资环境，有力地促进城市现代化建设。我在园林绿化实践中曾体现"绿色文化与绿色美学"的思想，这应从我认识郭因先生说起。20世纪90年代中期，我在合肥市园林局的领导岗位上，通过参与以何迈为会长的省绿色文化与绿色美学学会的活动，明白和理解了园林城市应赋予绿色文化与绿色美学内涵。这正如郭因先生文中所言"和谐为美，而美源于绿，绿是盎然的生意，蓬勃的生机，充沛的活力，是生生不息的生命，是一种共存、共荣的宽容，是一种互动互助的善，是一种互渗互补的爱，是一种协调共进的和平，是一种普天同庆的欢乐"。于是我顺其自然地将他的观点与我所从事的园林工作紧密相连，在 1997 年 1 月 24 日的《安徽日报》上，发表了"赋予合肥园林以新内涵"，接着又在1998年《安徽大学学报》专辑上发表"赋予园林城市建设以绿色美学内涵——郭因城市建设思路给人的启迪"，较详细地说明绿色理论对我的影响，对合肥园林工作的启发，并成为我圆不完的绿色梦想暨城乡园林一体化探索的重要组成部分。在绿色文化与绿色美学学会成立 20 周年之际，我还特地撰写了"绿色人生的推进器"一文，进一步阐述了郭老倡导的绿色观对我的教育并使我的思想得到升华，使我与绿色文化与绿色美学结下了终身割不断的姻缘。

二、大美学、大园林、大城市

郭因先生倡导大文化、大美学，这与合肥市 20 世纪 80、90 年代提倡的大园林建设不谋而合。合肥市作为 20 世纪全国首批三个园林城市之一和森林城早期建设的南方试点城市，曾在全国较早倡导了城乡一体大环境绿化。而郭老的大文化、大美学，对大园林、大城市建设的影响与作用，正如他在《大美学与中国文化传统》一文中所言："我搞的大美学是从我的一些特有的想法出发的……第一，人应该成为一个什么样的人；第二，人与人之间应该有一个什么样的关系；第三，人类应该有一个什么样的生存与发展的空间，也即应该有一个什么样的社会物质文化环境与自然环境，以及人与这个环境应该有一个什么样的关系"。在《哲学与园林》一文中他进一步阐明了："人不爱护自然就是慢性自杀，因此，人只能在顺应自然的前提下，根据人类生存和发展的合理需要，适当利用自然和改造自然，决不能竭泽而渔，杀鸡取卵。"他提出人应致力于三个提高"第一，提高人自身的质量；第二，提高人际关系的质量；第三，提高人类生存与发展空间的质量"。认为只有这样，人类才能更好地生存与发展。而园林的核心内容正是进行户外空间的营造，协调人与自然的关系，成为人类文明建设的重要载体。弘扬中国优秀传统文化，合肥市园林建设正是应用了大文化、大美学的思想，在中华文化自觉、自尊、自强过程中，让大园林观与大文化、大美学结合，增添了园林城市的文化内涵。可见，绿色文化、绿色美学功不可没！

三、树立品牌效应、服务生态强省

最近，《中国近代园林史》主编、清华大学近九十高龄的朱钧珍教授，在为我即将出版的《园不完的绿色之梦——城乡园林一体化的探索》书的序言中称"'以哲理韵入园林'是中国传统园林的特色，安徽省的一些哲学家早就涉入了园林，并成立了绿色文化与绿色美学学会"，其中指的哲学家就是以郭老为代表，因2015年10月22日我借"合肥环城公园建园30年暨植物造景专题研讨会"之机，安排考察巢湖时，曾在游艇上举行了一次小型研讨会。以郭老为首的安徽文化与美学大家与朱教授等国内园林专家直接面对面磋商，形成共识才有了上述朱教授一段肺腑感言。会后，郭因先生还专门写了篇《关于"园理"研究的点滴思考》，指出"'园理'的研究应有助于推进与提高当代中国的园林建设，特别是应有助于当代中国的新农村建设和新城镇建设"。由此可见，郭因所倡导的绿色文化与绿色美学，无疑已成为安徽一张响亮的名片，名片即名牌。当前，我省正在实施生态强省战略，生态与绿色密不可分，园林绿化在生态建设中的作用日益显要。郭老在《关于"园理"研究的点滴思考》一文中，强调了造园"应该宜人（适合人的身心需要）、怡人（能怡悦人们的心灵），还能育人（化育人们的精神境界，提高人们的精神境界）"。而在手段与技术上则提出"尽量减少人工造设的痕迹，尽量显示自然的原生态"，这些建议为我们打造生态环境具有重要的指导意义！相信《郭因文存》的出版发行，必能成为我省名牌战略的组成部分，使绿色文化与绿色美学思想更好地服务于生态强省建设，通过传统与现代、人文与技术、普遍性与特殊性的三个结合，定能适应新型城镇化和新农村建设的需求，达到事半功倍的效果！

（原载《安徽园林》杂志2016年2期）

第二章　园林文化的响应

中国园林妙在含蓄，一山一石耐人寻味，其中有文化、有历史。而园林文化作为人类文化的结晶、高层次生活的追求，是人类与大自然和谐的一种文化现象。

园林城市与文化

——由合肥"高新区"园林建设说开

摘要：园林作为城市的孪生姊妹，乃是一种内涵丰富的文化艺术现象。这个现象，不仅是人类智慧及其创造力的结晶，而且是人类文明生活的高层次追求。

本文正是从这一基本点出发，论证了园林、城市、文化三者的关系，揭示出"园在城中，城在园中"这个富有特色的发展趋势。

合肥高新技术产业等开发区，由于钟情文化、特别是钟情绿色文化，因而创造性地营造起一个集生态与文态于一体的大环境，走出了一条建设有园林、城市、文化三位一体的新路子。

关键词：园林城市；园林文化；绿色美学；生态和谐

分类号：F299.22 文献标识码：A

文章编号：1001－5019（2000）01－0023－05

根据恩格斯的考察，城市是伴随着国家的产生而产生的。他说："在新的设防城市的周围……屹立着高峻的墙壁"。这种"城楼已经耸入了文明的时代了。"正是这种"建筑艺术上的巨大进步"，标志着人类的进步和文明的重大飞跃。

园林作为城市的孪生姐妹，乃是一种文化艺术现象。在源远流长的中华文化中，园林文化不仅蕴含了人类文化的结晶，而且是人类智慧及其创造力的凝聚，更是人类生活的高层次的追求。而园林城市的提出，则是城市生态化、基础设施现代化的集中反映，体现了中国园林艺术的应用、继承与创新，体现了城市这个当代文明的大空间、大环境的生态化和艺术化。

中华民族素有崇尚自然、"以人为本"、"以和为贵"、追求"天人合一"的思想传统。当代的中国"园林城市"是国际上"花园城市"的延伸。它一方面吸收了国外园林建设的有益经验，另一方面则又是中国园林传统艺术精髓的升华。合肥市的园林建设就是本着这种思路，从本地区自然环境与历史人文的实际出发，把整座城市作为一个园林进行规划与建设。正是在这种思路的引导下，合肥市的城市和园林的建设，形成并体现了"园在城中，城在园中"的富有生态特色的一种发展趋势。简言之，这是合肥人追求城市自然化、生态化的一种新尝试。

一、园林文化是塑造园林城市形象的灵魂

园林、城市和文化本是"三位一体"的。现在，三者越来越走向一体化了。合肥高新技术等开发区的园林绿化建设，拓展了合肥城市园林绿化建设的新视野，体现了"园在城中，城在园中"的新水平、新特色，丰富了园林城市的文化内涵，提高了园林城市的文化水平与档次。

中国文化是世界三大文化体系之一。以中国园林为代表的东方园林，亦属于世界园林三大系统之一。这种园林体系，一开始就影响到日本、朝鲜与东南亚，它的主要特色是自然山水或仿自然山水，抑或是植物与建设物相结合。而西亚园林主要特色，则是花园与教堂。欧洲园林基本以规则式建筑布局为主，自然景观为辅。近代，他们那里又注意把生态平衡与环境保护结合起来，表现了园林文化发展的新趋势。

中国园林文化的形成，从殷、周时代"囿"的出现，至今已有 3000 多年的历史。它在世界园林史上占有相当重要的位置，被世人公认为世界的"园林之母"。中国园林文化和园林艺术，影响之广、之大、之深、之远，自是不言而喻的了。

工业文明的进步，一方面为人类带来了财富，另一方面则又给人类带来了灾难。现代工业化的高速发展，无情而任意地改造和掠夺了大自然，把人和大自然割离开来，把人淹没在水泥森林之中，人为地迫使人愈来愈多地远离了大自然。这种日子，不是幸福，而是痛苦。城里人因此而愈发崇尚自然，愈来愈强地产生了"回归自然"的意念。正因为这样，强化园林城市绿化建设，改善人类的生存环境，应当越来越受到各国政府的重视，以及越来越引起全人类的普遍关注了。

20世纪90年代以来，建设部倡导创建园林城市活动，就是一项长期、持久、全面的社会系统工程。多年来，城建工作以创建园林城市为重点，搞好城市环境综合整治，美化城市绿色空间，营造城市文化氛围，促进并体现了人与自然的融合。而园林城市文化的基点，则又在于创造与创新。通过突出生态环境与植物造景艺术，强化并体现园林城市的文化艺术氛围，进而形成园林城市的文化艺术特色。这里的关键，就是要树立园林精品意识，要讲究植物配置品位，要讲究园林文化上水平，要讲究园林绿地上档次等。

城市空间是城市文化的物质载体，是城市形象与城市精神的重要体现。合肥高新技术开发区紧靠城区西侧，高新技术特殊性决定它科技含量高。不仅如此，开发区由于坐落于西郊风景区，紧邻蜀山森林公园，因而经济建设与环境建设就形成同步的发展态势。园林绿化与整个环境相当协调，可以说代表了未来经济社会的走向。这就是说，开发区的园林绿化，在发挥自身优势的同时，不拘一格地创造了特色，即走出了一条新路子，因而上了一个台阶。现已建成较高水平的公共绿地23.75万平方米，绿地率46.5%，绿化覆盖率49.6%，人均公共绿地18.62平方米。绿化格局亦已形成整洁、明快、清新、柔和、优美、舒适的新城区，扩大了合肥城区绿地的范围，较好地体现了人与自然的融合，显示出雅俗共赏的文化特征，反映出合肥人对自然风景的渴望与要求。应该说，这是一个难得的创举。

当今，谁拥有良好的自然环境与人工自然环境，谁就拥有良好的发展空间。合肥高新技术开发区营造出的良好环境，在一定程度上赢得了发展的主动权，现已列为国家向亚太经济合作组织开放的5个园区之一。在开发区现已开发的5.5平方千米园区内，已集科研、生产、生活、教育、金融、商业、文化、娱乐和公园环境于一体，初步形成了综合配套、功能齐全的现代化高新科技产业园区，这是一桩很值得庆幸的事。合肥经济技术产业开发区亦如此，在已开发建设的7平方公里范围内，经济建设与环境建设都得到较快较好的发展，经济发展和现代文明亦相应地得到了和谐与统一。

从几个开发区园林绿化建设态势上看，主要特点就是以尊重和维护生态环境为宗旨，以可持续发展为根本，突出科技含量与"文脉"思想，通过生态环境和文态环境的营造，创造出一种可观、可游和可居的空间，架起"以人为本"

的物质转化为精神的桥梁，展现出合肥市这个绿色之城经济繁荣、科教发达、环境优美、对外开放的园林城市的新形象。

二、园林文化体现园林城市的时代特色

合肥高新技术产业开发区，西依大蜀山，北临蜀山湖，内有人工湖。可以说，它们依山傍水，没有工业污染，为建设园林化新城区提供了环境保障。他们本着"发展高技术，实现工业化"的宗旨，以市场经济为导向，综合规划，合理布局，处理好开发区与城市、局部与整体的关系，既有严格的道路网系统，亦有富有弹性的功能分区，并且十分注意经济建设与环境建设同步发展。在园林绿化上特别讲究一个保证、二个注重：保证有足够的绿化面积；注重绿化系统的创立；注重精品绿地的建设。在保证绿化覆盖率不低于40%的前提下，形成了以天乐公园为中心的绿化广场、中心公园等绿地系统。同时，通过道路林带联结各庭院绿化，形成了成块、成带的各种绿地的绿色网络。再者，通过起点于大蜀山、连接城区的城市横轴线——即55米宽的黄山大道绿带，与城市绿地系统紧密相连起来。此外，开发区由于东接城市二环道路绿化带，西依蜀山森林公园，北连蜀山湖，西南通过18千米长森林大道，借来紫蓬山（数万亩森林）国家级森林公园入近郊，因而显现出独具特色的点线面相结合的园林绿化大空间。在绿化手法上它强调回归自然，突出植物造景，高低不等，疏密有致。在重点建筑物周围，亦已形成疏林草地，并与周围建筑造型和淡雅色彩形成和谐统一的局面，展示出开发区中西文化兼容和改革开放的时代气息。

在继承、发扬中国园林传统文化方面，高新技术产业开发区特别注意到：源于自然，而又高于自然；建筑美与自然美相融合；诗画的情趣；意境的涵蕴等。与此同时，还注意适当吸纳外来文化。这样，在客观上就形成了园林文化艺术上多样统一、多元互补的大环境绿化与美化的格局。这种格局既反映了一定的社会物质财富的基础力量，同时又涉及文化的各个层次，即物态文化层次，制度文化层次，生态文化层次，文态文化层次，心态文化层次。它的涉及面之广、综合性之强，颇具中国园林文化的代表性。

自古以来，重现实、尊人伦的儒家思想，一直占据着中华意识形态的主导地位。高新技术等开发区在认真清理、继承、发扬文化遗产的同时，还明确把新园区建设为由温饱型到达小康型，并向富裕型不断递进的园林，以满足人们在精神生活上日益增长的高层次追求。当然，它的服务对象，不再是少数的帝王将相、才子佳人，而是广大的人民群众。因此，园林城市文化自然而然地就形成具有大众性，具有文化内涵的园林精品了。不仅如此，园林城市大环境的文化构架，还必须在继承中国传统园林基础上，巧妙地吸收外来文化并应用于大环境建设之中。开发区坚持走开放兼容、自立自强之路，既树立了对自己文化的自信，又明确了对外来文化的容纳。这样，无论在园区建设上，还是在园林绿化上，都体现出中西文化的融合、传统与现代的交融。

开发区园林绿化以尊重和维护生态环境为宗旨，潜心营造"殷切花解语，悉心叶传情"的文化氛围，创造出新时代具有中国特色的园林城市文化。

首先，在中西、古今文化文脉结合点上，不仅形成了敞开式的园林绿化布局，而且形成了点、线、面结合的格局。这种布局与格局，吸取中西、古今等文化的精髓，适应现代城区的要求，使点上绿化精雕细刻，应用于大自然山山水水之中，创造"虽由人作，宛自天开"的人与自然和谐统一的高尚境界。线上的主次干道绿化，主要地段和交叉路口均结合高低错落的地形，花草成片栽植，乔灌木立体种植，基本做到上有乔木，中有灌木，下有地被花草，使整个道路显得深远、开敞，具有绿色植物的层次感与色彩感。同时，结合穿园而过（150米宽）的高压线走栏，利用叠山理水的手法，结合园路、小桥、流水，形成高低起伏的地形，宽狭不一的绿色植物带。在植物配植上与苗木生产有机结合，做到成片育苗而不见成墒成垄，品种栽培不单一化，植物色彩有红有绿、有浅有深，十分注意叶色的变化和韵味。正是通过这种中西结合、现代栽培技术与环境艺术结合的手法，从而求得大面积植物色块的效果，既给人以渴望自然的满足，又显示出自然环境的生物属性。

其次，立足于本土历史与文化，体现出共性与个性的统一，形成独有的特色和魅力。高新技术产业开发区园林绿化，通过借山引水的手法，借来了西侧大蜀山森林公园高绿量森林式群落和烟波浩渺的人工湖水景，通过宽敞的黄山路花园大道，形成赏心悦目的植物群落，从整体上构成一幅有节奏有韵律的绿色画面。为了突出园林文化，还规划了面向海外、招商引资的新形象的亚太广场，以体现向亚太经合组织开放的人与自然和谐的园区。广场基本功能突出了以人为本，建成了一个开放的生态乐园，为人们提供"回归自然"的人文活动空间，让人的理想与追求在人与人感情交流中尽善尽美地发挥，体现了人与人之间的和谐，以及人在自我陶冶情操中求得自身的和谐。

为了丰富园区的文化内涵，蜀山脚下还辟建了安徽名人公园，体现了开发区所在地历史悠久、人杰地灵、人才辈出，更好地展现出合肥"三国故地，包拯家乡"的历史人文特色和"江淮明珠"的地域文化风貌。蜀山森林公园向东南新建 18 千米长的森林大道，每侧形成 50 米宽的绿带，与国家级紫蓬山森林公园相连，在总体上形成引数万亩山林入城郊，更好地展现资源丰富兼有南北方植物的优势，客观上为园林城市文化奠定了丰厚的绿色文化的根基，鲜明而又突出地揭示出"人与自然"这个永恒主题的和谐底蕴。

三、园林绿化开创了园林城市的新局面

文化是明天的经济，对经济具有先导力、工作效率和效益增效力。我们应从理念、形象、行为同时规范建设着手，从共同的文化价值观念上求得一种共识，建造起一个与自然和谐相处的命运共同体。

开发区首先在思想观念上讲究开拓性，主要体现在经济建设与环境建设同步发展，生态技术与环境艺术互补交融。每一座单体建筑都与周围环境配套绿化，显示出互补与交融的特色。无论是淡雅的建筑，还是绿色的植被，利用植物造景艺术，注意吸收东西方艺术精髓、科技水平，体现文化内涵，形成了集明快、清新、柔和、文明于一体的时代风格，充满了文化艺术韵律和生态健全的环境氛围，给人以一种积极向上、奋进、祥和、安逸的生活环境与工作环境。在手法上，有的采用自然式山水布局与现代建设小品有机结合，如天乐公园的创建，就体现以人为本、现代园林的一种创新，给人以趣味无穷的美感享受；有的还以欧式园林为主，如合肥经济技术产业开发区的神马集团的庭园，应用欧洲传统规则式的园林布局，形成宽敞的草地、色彩艳丽的花丛、平坦宽阔的游步道和葡萄栏架，令人赏心悦目，而成为人们休闲的好去处；明珠广场则是欧式皇家园林风格，喷泉瀑布，现代声控、光电的应用，规则式的广场，修剪齐整的绒毯式绿地，烘托出建筑的宏伟和改革开放的时代气息。当然，也有以中国传统园林风格为主的，如神鹿集团的庭院，通过中国园林的传统文化与现代文明的交融，建造了具有时代特色和传统风格相结合的自然式山水园。园中突出点缀了安徽独有的、全国四大名石之一灵璧石（其中最大的一块重达 60吨），个性十分鲜明，包容了石文化于园林绿化之中。而正在规划建设的安徽纪念园，更加突出了江淮文化风情，体现了地域文化和城市特色。可见，创造、创新是建造园林城市文化的基本点。开发区就是通过突出生态与植物造景艺术创造了高质量的绿色空间环境，体现了人类持续生存发展的文化氛围。

文化是无声的指令，对人心、民心具有凝聚力和感染力。文化通过人的共识而产生协调力，促进经济建设与环境建设的持续发展。园林城市文化既然以植物造景艺术为核心，那么就必然要树立起共同的绿色价值观，建筑人类与自然持续发展的命运共同体。

大自然孕育了生命和文明，人与自然共生、共存、共荣。人类热爱自然，感谢自然，追求与自然和谐相处。而绿色植物则缩短了人与自然之间的距离，将自然带回城市并使大自然融入城市环境之中，实现人工城市环境的生态平衡，确保人与自然的和谐，充实和丰富了园林城市的绿色文化与绿色美学的内涵。合肥高新技术产业等开发区钟情文化，特别是钟情绿色文化，创造了一种集生态与文态于一体的大环境，形成了一个多元互补的大文化，一个可观、可游、可居的大空间，一个可供观者知园、游园和品园的大精品。一句话，他们走出了一条建设有园林、城市和文化三位一体的园林城市的大路子。

（原载《安徽大学学报》2000 年 1 期，哲学社会科学版）

园林城市文化

园林是人工创造美的户外空间。它一方面是人工打造的环境艺术品，另一方面又是具有丰富文化意蕴的艺术品；一方面是人工创造的第二自然，另一方面又是具有文化特色内容的第二自然。这充分说明园林与文化密不可分。一句话概括，"园林与文化"是比翼双飞的孪生姊妹。

对于文化的重要性，过去没有引起人们足够关注。今天随着世界多极化、经济全球化、文化多元化时代的来临，尤其我国当前提出构建社会主义和谐社会，作为一项综合型的系统工程，提出和谐文化，使文化的力量、精神的力量越来越显得突出。

从文化层面考虑园林已是不可忽视的重要内容，尤其建设部自 20 世纪后期倡导创建国家"园林城市"和近年来提出的创建"生态园林城市"活动，在构建社会主义和谐社会的新文化中，其重要性更为显现。

一、充分认识文化在园林城市中的地位与作用

（一）文化在园林城市中的地位

1. 文化

①文化概念

关于文化的定义，学术界不下百余种，这里姑且不论。

从园林角度，我认为文化就是通过实践的创造和历史的积淀，形成的精神文明成果，体现人类知识、精神与文明的社会意识形态。

②园林文化

作为营造人类栖息环境复合生态系统的园林，在源远流长的中华文化中，蕴含了人类文化的结晶，成为人类智慧与创造力的凝聚，更是人类生活的高层次追求，体现以植物造景为主的生境、画境、意境，符合自然之趣，展现自然之美，犹如画师之作，源于自然而高于自然，为世人憧憬的理想境域，达到主客观统一，成为人们追求自然的一种文化现象。

③园林城市文化

是指人类社会历史实践过程中所创造的人的行为系统、信息系统、生活系统、绿地系统、景观系统，以及具有历史、个性、意蕴、文脉等精神内容系统在城市中的集中表现，涵盖了城市文化和园林文化。它营造的是一种文化的氛围，从一座座建筑到一个个景点，体现历史渊源、时代特征和文化品位。

2. 文脉

①文脉概念

谈及文化，离不开文脉。文脉是较新的译文，就字面而言是一种文化的脉络，实际上是文化的传承，历史的积淀，人文精神的表现。文脉的载体是具体的，有名胜古迹、古建筑、古园林、甚至一棵古树，也能够延续和传承几千年的脉络。

②文脉地位

从历史文脉上看，现代园林城市是中国园林文化思想的继承、扩展和升华。作为一种文化形态，已超出原来的园林思想，突出"园"的概念，成为城市现代结构方式，把整个城市建设成为一个大花园、大园林。让绿色在宏观上散布全城，在微观上渗透到千家万户，把整个城市掩映在园林之中。

③文脉作用

文脉让园林获得纵深的立体感，将城市文化引入历史，让人们在观赏中揉入丰富的思想文化意蕴。此外，文脉作为园林城市"格"的标志，还代表着一个城市的品位。文脉的营构通常主要指历史文脉的营构，实际上又总是与当代文化相贯通。格与风韵联系，则形成城市的风格。

3. 文化与文脉的关系

文化展现出的文脉，不仅是一个城市文化的基础和出发点，而且还是它的灵感所在、精神所在。

文脉、表达上下关系，来龙去脉，包含于文化之中，成为构成文化的一部分，但又不是文化的子属单位，而是它的一个特殊存在的状态和展示方式。

文脉必须是一个有机的整体，而不能是许多片断的杂凑。它有一个文化主题统领全体，有一条文化主脉贯通，使其天然般地构成一个整体而不可分割。

（二）文化在园林城市中的价值取向

由于人的本质是一切社会关系的总和，人的自然属性依附于人的社会活动和社会关系。人们对居住环境有生理、安全、社交、休闲和审美五个层次的需求，其中人居环境的社会关系或社会联系对人生命的影响甚至比物质条件更重要。可见，社会交往是最重要的一环。因此，园林城市文化的价值取向，包括了人的社会需求和自然需求。

1. 适应人的全息性要求

①满足人的生理心理需求

城市园林为不同人群提供了丰富的景观、生态环境和生活娱乐方式以及休闲、健身的场所，满足人的生理、心理需要。比如对阳光、空气、声音、水、温度、湿度等因素的需求，以及对环境变化的容忍程度等。

②提供各种书画、艺术和演艺展示活动的场所

公园优美的环境与浓厚的文化氛围，给人以赏心悦目的感受，适宜园艺、书画展等在园内举办。居住区附近的公园、草地是周围居民社会联系的最主要场所，最好的精神家园，利于人们加强交往、增进了解、丰富知识、陶冶情操、提高素质。

③寓教于游乐之中

公园尽量保存文物古迹，丰富人文景观和自然景观的内容，让人们参观游览，了解历史，感知现实，增加历史感和体察山河美。公园还可以利用绿地、水域、广场，为人们提供划船、垂钓、滑冰等设施和场所。

总之，把公园办得环境优美、空气新鲜、设施多样、项目有别，使人们能各取所爱、各展其趣、受益增智、放达情怀、益心健体、老少皆宜，成为人们精神生活中不可替代的活动场所。

2. 改善城市生态环境

园林城市倡导大园林观，突破了传统模式公园的局限，可随处因地制宜建

公园和绿地，是解决城市污染通病的有效措施之一。树木花草是城市中唯一有生命的基础设施有机成分，具有防风固沙、滞尘灭菌、吸氮放氧、调节小气候的作用。

3. 美化城市风貌

城市园林建设主要是通过植物造景，形成美好的自然景色，让人们通过赏景，不仅赏心悦目，而且能心旷神怡、神清气爽，满足生理和心理的需求。同时，改善了城市投资环境，利于吸引人才和资金，利于经济、科技和文化事业的发展。

4. 满足人们精神生活需要

随着人们生活水平的提高，精神生活需要日益增长。进入小康社会后，人们把康乐生活作为提高生活质量的重要内容更加明显。晨练、各种自娱自乐的室外活动，都适宜在公园和绿地中进行。

5. 防止和减少突发性灾害损失

城市的公园、草地、广场，点散面广、空间大、有碍物少，是解决城市突发性灾害的最佳避难场所，具有不可替代的价值。

6. 保持城市可持续发展

城市拥有足够的公园和绿地，不仅能净化美化环境，在实现生态平衡的基础上，保持园林事业和产业持续稳定的发展，同步提高经济效益、生态效益和社会效益，使三大效益得到统一，确保园林事业和城市的持续发展。

（三）园林城市文化的现实意义

1. 政治方面

党的十六届六中全会《决定》提出："建设和谐文化是构建社会主义和谐社会的重要任务"。园林城市文化理所当然成为社会主义"和谐文化"的组成部分，反映着人们对和谐社会理想生活环境的追求。《决定》指出，建设和谐文化必须以"社会主义核心价值体系"为根本，"弘扬民族优秀文化传统，借鉴人类有益文明成果"。这为我们弘扬园林城市文化，全面理解和准确把握其基本内涵指明了方向。

2. 经济、制度和管理方面

弘扬园林城市文化，对人心、民心具有凝聚力和感染力，还可以陶冶人的情操。其文化涵盖和支配着人类的一切行为，既表现在对社会发展的导向作用上，又表现在对社会的规范、调控作用上，还表现在对社会的凝聚作用和社会经济发展的驱动作用上。文化被喻为明天的经济，具有先导力、工作效率和效益、增效力。所以说，文化是无声的命令。

二、园林城市文化的主要内容和基本特征

现代园林城市是中国园林文化思想的继承、扩展和升华。它采纳崇尚自然而寓意人文，以中国"天人合一"作为宇宙观和文化总纲的一种尝试。可见园林、城市、文化三者密不可分：城市如同人的肌体，园林好比人的外貌，而文化就是人的灵魂。

例如：北京天坛祈年殿轴线景观是明清两代祭天、祈谷、祈雨的坛庙。全园广种柏树林，造出祭天的环境气氛，创造出人与天对话的氛围，以达到祭天的效果。

（一）园林城市文化的主要内容

1. 郁郁葱葱的生存空间

园林是人类精心营构的绿地，具有郁郁葱葱、充满生机的自然气息。经周密的审美配置和艺术组合，同时招引和容纳了大自然中的鸟兽虫鱼，活跃其间，出现"蝉噪林逾静，鸟鸣山更幽"、"小荷才露尖尖角，早有蜻蜓立上头"、"青青池塘处处蛙"、"轻罗小扇扑流萤"等充溢着无限生机的生动景象。这些组合成融天地万物的美好环境，形成和谐与理想的人类生存空间，使人们在红尘中疲惫的身心能够获得栖息和超脱，实现返璞归真、回归自然的愿望。

2. 五彩缤纷的季相变化

从审美的角度对植物进行巧妙的设计安排，体现色彩、造型、线条诸艺术元素的变化，以求新貌呈现于城市空间。这既要抓住季节的变化，加以巧妙安排，同时又要注意大自然的风云变幻，让同一景色的千变万化给人带来不同的感受。如：春天百花盛开、绿柳婆娑；夏则榴花似火、风荷摇曳；秋天枫丹露白、橙黄枯绿；冬临天竹迎春、梅雪斗寒。纵然同季同日，由于随大自然变化产生朝霞映亭、雾里看山、雨打荷叶、风造松涛等不同的清韵和情趣。

3. 丰富多彩的审美满足

园林植物是城市基础设施中唯一有生命之物，只有在人精心培育下才能获得最佳生长环境，得以传播延续、不断繁殖。只有按照植物生长的不同特性、生长规律、花开花落周期、花姿叶形、清幽气息等，在城市中进行艺术配置，才有利于城市因名花而盛名，名花也能够以名园而益贵。如：洛阳牡丹佳天下，桂林因多植有桂花而得名；无锡的梅园，南京的梅花山，也因广植梅花而直接以"梅"命名，引起人们不同的视觉、听觉、嗅觉等效果，从而使人获得丰富多彩的审美满足。

4. 意象表述的文化底蕴

美感，既来源于物质的外形，又来源于蕴含的文化内涵。因为人们往往把自然美的欣赏渗透进人伦美的内涵，如："岁寒知松柏"，"莲出淤泥而不染"，"梅妻鹤子"，以及把梅兰竹菊比之为"四君子"，松竹梅称之为"岁寒三友"等。可见，以植物为意象表达的例子，十分普遍。

此外，还有以文史直接概括一座园林城市或一座特色园林的，如："文史古扬州、诗画瘦西湖"，言简意赅地表达了古城扬州的特色和城中典型的园林。

5. 诗情画意的艺术构思

大自然植物创造的绿色主旋律，本来就有抚慰人们视觉器官与烦躁心灵的特殊功能，再加上因地制宜、因时所需的艺术构思，将中国古典园林的宅园合一、居住功能与艺术功能相互渗透、完美结合的手法，应用于园林城市规划与建设之中，使人们情景交融，如入图画，获得丰富的想象力和审美满足。如合肥倡导敞开式的环形带状环城公园布局，抱旧城于怀，融新城之中，形成园在城中，城在园中，园城交融，城园一体的园林城市特色，就是一个成功范例。

6. 天人合一的哲理思辨

园林是大自然的缩影，或者说是艺术化的宇宙模型。创造它、发展它、完美它的最高价值，就是为了实现"天人之际、相融之体"，"人在天地之间、万物皆备于我"。这种无限广阔、无限精微、无限抽象、无限具体、无限空灵、无限丰富的人生理想，包括对现实生活的追求、精神意会的洒脱、山水花木的依恋，融淡泊于天地之间，消尘虑于林泉之下，以求得超然出世、潇洒人生。人们置身于绿色植物之中，就像回到大自然的怀抱。可见，园林植物栽植的最高标准，在于是否能创造幽深宁静、天籁清韵、隔绝红尘烦嚣，形成"虽有人作、宛如天开"的生态环境。

（二）园林城市文化的基本特征

园林城市文化主要表现在自然美、意境美和社会美的协调，自然环境与人工环境的协调。以及处理好统一与变化，空间开敞与封闭，功能与景观的三个关系。主要表现在精神方面：

1. 表现为以人为本的设计理念

城市的产生和发展是为了满足人的需要，由此而产生城市的经济功能、政治功能、文化功能和环境功能。城市的本质是人性的全面展开。其功能归根到底是对人的全面关怀。城市的发展，归根到底也是为了满足人的需求。园林城市是城市有机生态系统为基础的城市文化的重要组成部分，它以园林生态环境为中介，满足人们的文化需要，尤其是满足人的审美需求。通过塑造人文环境，使园林环境显现出更高的审美境界和城市的个性，创造出更高的景观审美价值。

2. 表现为天人合一的自然生态观

天人合一即天地人一体。园林城市文化在适当注意吸纳外来文化时，更注重继承、发扬中国传统环境和园林文化，处理人与自然关系，源于自然而又高于自然，建筑美与自然美相融合，诗画的情趣与意境相蕴涵。同时，还体现与时俱进，不断创新的精神。

我国由于地处北半球、低纬度，阳光多从南照射，因而出现了"面南而立"、"面南而居"、"面南而治"的文化模式。传统的环境思想，历来将天、地、人三者紧密结合，倡导人与自然和谐，对理想生活环境的追求，始终是人类生存和发展的主题。

谈到人居环境，还离不开风水。这里提及的风水不含迷信色彩，中国古人的风水，主要指的是建筑周围风向、水流的形势。好的环境不仅形局佳、通气好，而且山清水秀，环境宜人。林木茂盛的山作为好环境的标准，不足的还需采取"补风水"，主要办法有"引水聚财"、"植树补基"等，特别注重生态环境的生态功能。园林更离不开山，也离不开水。峰石的配置与叠撮假山是中国造园的重要手法之一，其形象构思取材于大自然中的峰、岩、峦、洞、穴、坡。理水来源于自然风景中的江湖、溪涧、瀑布等。它们源于自然而又高于自然。山、水、植物构成自然山水园林的基础，展现出园林城市文化"天人合一"的自然生态特色。

3. 表现为多学科融合的统一体

城市集中了国家的主要物质财富和精神财富，是一个国家文明程度的象征。运用园林为人类创造美好家园的科学理论和实践经验于城市建设之中，加速了城市园林化进程，让园林与城市在更高层面上趋同与融合。它所涉及的学科之广泛，可想而知。由于中国传统文化和环境思想，早已将天、地、人三者紧密结合，倡导人与自然和谐，其传统的自然观、环境观及传统建筑文化艺术，集地质地理学、生态学、景观学、建筑学、伦理学、心理学、美学等等。除此而外现代的园林城市，更离不开城市规划学、环境保护学、植物学、信息学等学科。通过诸多学科的相互渗透与融合，使人造自然的方法更加多种多样，更加科学合理。园林城市这一人化自然的广阔空间，也因此更加丰富、多彩、优美和发展，大大提升了园城的文化品位。

4. 表现为可持续发展的主流意识

①优秀文化传统提出的主张人类与自然和谐相处是人类自身生存的基础

中华民族5000多年优秀文化传统提出了许多先进主张，如："自然守道而行，万物皆得其所"（汉《太平经》）、"万物皆有所可，皆有所不可"（战国田骈）、"天地与我并生，万物与我为一"（老子）。

②可持续发展的提出

其理论产生于20世纪中叶。随着经济发展和城市化进程加快，人类面临生态环境问题日益突出。20世纪70年代后期萌发而形成可持续发展的思想，国际组织在1987年正式提出了可持续发展的模式。1992年联合国环境与发展大会上的《里约宣言》，明确将可持续发展阐述为："人类应享有与自然和谐的方式过健康而富有成果的生活权利"。

我国自20世纪80年代以来，开始探索建立可持续发展战略，将此建立在转变经济增长方式和深化与扩展环境保护战略两个基础之上。《中国21世纪议程》和《中国21世纪人口、环境与发展白皮书》两份纲领性文件，初步提出了中国可持续发展的目标和模式。

③如何实施可持续发展

可持续发展的核心思想是：经济的健康发展，应建立在生态持续能力、社会公正和人民积极参与自身发展的决策基础之上。这就是说，国家建设必须放眼未来，留有远大的发展空间，不透支本代人的人力、物力、财力，不占有下代人的资源。这不仅满足人类的各种需求，还要关注各种经济活动的生态合理性。园林城市正是以城市有机生态系统为基础来开展建设的。因此，园林城市文化应讲究可持续发展战略，奉行可持续发展的主流意识。

5. 表现为宜人的可观、可行、可居的审美享受。

①审美特征

审美是人类感觉器官的本能，爱美之心人皆有之。审美的主体是有一定审美能力的人，审美的客体则是能使人产生审美愉快的事物。园林城市文化就是审美的客体，丰富的内在美和外在美，给人以可观、可行、可居的美的享受。

②审美主要表现

a. 物质美。物质是指物质文明的程度，是审美的客体。而园林城市文化这个客体，大致分为自然形成的和人化自然的两种。b. 精神美。精神是指人的思想、性格、品德和情操的美。人的这个审美主体和客体的有机结合，更利于物质和精神两个文明建设。c. 制度美。好的制度可以加速园林城市文化的建设。d. 生态美。园林城市文化建设正是为了解决城市生态失衡问题，实现人与自然的和谐。

三、构建园林城市文化的理想境界

人类的根本任务，就是营造一个使人类更好地生存与发展的环境空间，自然人化和人化自然的城市。园林城市源于中国园林文化传统，适应了人类与自然环境和谐理想的追求，充分体现出人的智慧，是现代人宇宙观、社会观、审美观的最集中体现。

（一）自然人化与人化自然

1. 自然人化

自然与人工为对立的两极的一极。自然作为客体存在而引起人工的释放。人工作为人类主体能量的总体，反映并作用于自然而留下人类创作的业绩。

自然人化含意即是自然为人类所反映、所感知、所认识，亦即是变自在自然为我自然，自发自然为自为自然的有效途径。

2. 人化自然

人化自然是人类通过人自身的体能、知能、智能而创造的第二自然。马克思的"人化自然"说，与中国古代哲人的"天人合一"是同一意思。园林城市体现了人与人造城市自然生态环境的最大协调与和谐。这要求：城市规模要与自然环境允许的"容量"相适应，讲究城市与自然环境的协调，源于自然而又高于自然。城市要现代化，同时也要文明化。城市愈是与自然融为一体，则愈显得文明。

3. 自然人化与人化自然的关系

自然与人工作为对立的两极，各以对方为自己存在的前提，失去一方他方则失去存在的意义。

因此，园林城市存在着自然与人工、客观与主体、作用与反作用的关系问题，也就是自然如何人化，人化如何自然的问题。

城市源于自然，生存于自然，发展于自然。人类为了求得自身更好地生存与发展，就要创造一个更好的宜人生存与发展的城市环境。可见，建设部逐步提出的绿化先进城市、园林城市、生态园林城市的奋斗目标，就是一部人类"索取"、"改造"与"保护"自然的建设史。

（二）生态与文态一体化

1. 生态

所谓生态，就是包括人类在内的一切原始生物生存与发展的自然状态。生态学就是研究一切生物发生、生存、发展与周边环境关系的学问。生态哲学则从广泛的角度出发，研究人与自然相互作用的一系列基本问题的学问，合二为一就是生态智慧。在中国生态智慧古就有之。西方近代也出现了生态人文主义。在中国，生态智慧集中体现在如何处理人与自然关系方面，也就是人与自然谁大谁小的问题。

园林城市的"生态"包括：人与自然环境关系的协调发展，人与社会环境关系的协调发展，人自身身心关系的协调发展。

2. 文态

所谓文态，就是通过人的智慧创造的第二生态自然，文态环境着重指城市人文环境，从中透射出园林城市的文化特点。

园林城市最为显著的特征，就是要保护自然与历史文化遗产，包括保护自然风景与文物古迹，保护范围和建设控制地带，保护重点历史地区与地段等。满足人们对城市环境日益提高的需求，是一种理想的城市模式。

3. 生态与文态的关系

生态与文态的一体化，不仅涉及对城市自然和经济系统的改造和建设，还涉及人们的观念、意识、伦理和生活方式的革新，包含着保护和创新。生态环境与文态环境共同关系着人类文明的现状与前途。

（三）"天人合一"是园林城市的最高境界

1. 中国古代"天人合一"的思想

围绕着人如何了解自然，融合自然的核心展开。今天建设园林城市，让人们在园林的秀色中，慰藉疲惫的心灵，松弛紧张的精神，通过园林绿色植物与自然亲近，与自然同在。

2. "天人合一"境界的特点

顺其自然，不违背自然规律办一切事情，园林建设、城市建设更应如此。"天人一体"就是天人感应、相互作用。互助互动就是天助人、人助天，尊重自然规律运动，发挥人的主观能动性认识自然、应用自然、改造自然，不能破坏掠夺自然，不能违反自然规律。园林城市文化正因为以"天人合一"的宇宙观、社会观为总纲，以传承文化为基本功能，创新文化为崇高使命，研究文化为其全部活动基础，这才是园林城市的特色和文化精髓之所在。

3. 生态园林城市是理想的境界

"天人合一"是一个与自然和谐融贯的整体。这样的自然观，极大地启示了中国哲学和中国艺术精神。在文化观念上，中国哲学并不把文化看成是独立于自然之外的精神现象，而看成是由自然引发的、派生的自然现象，文化是从自然中走出来的意识形态。生态园林城市，就是要实现社会、经济与自然复合生态系统的整体协调，从而达到一种稳定有序的演进过程。生态园林城市是城市生态化发展的必然结果。

4. 迎接生态文明的新世纪

21 世纪是生态文明的新世纪，它告别的必然是农业和工业污染的所谓文明。人类能够从破坏自然开始回归到保护自然的新理念，并渐形成共识，这是人类发展史的重大飞跃。人与自然和谐相处的生态文明，必然使全球化进程加快，不同的文化或文明的冲突与融合也更加频繁。实现社会和谐、经济高效、生态良好成为人类居住环境发展的高级阶段。城市中人与自然和谐，环境更加清洁、安全、优美、舒适、实现自然化城市是不可抗拒的发展趋势。

总之，今天在创建园林城市的基础上，建设部又提出开展创建"生态园林城市"活动，这充分体现了国家全面、协调、可持续的发展观。而园林城市文化作为多学科、综合性的学术领域，涉及人类如何持续生存与发展的文化核心问题。我们这代人弘扬园林城市文化，创建生态园林城市，标志着人类开始按照自己的观点控制和改造世界。我们必须学会利用文化的多元价值观和共同的生态价值观、社会观、宇宙观，以及人与自然协调的总原则指导建造一个人类可持续发展的共同体。这是园林城市文化的根本任务之所在。

（2005 年主编的《园林城市文化》一书的大纲）

第三章　花卉文化的走向

　　花卉文化是花卉发展过程中形成的与花卉有关联，而又相对独立的文化现象，以及与文化信息的融合。

荷的多元文化及其精神

　　荷花婀娜多姿，高雅脱俗，是睡莲科的水生花卉，也是被子植物中起源最早，并经受了一亿多年前地壳变动考验保留下来的少数孑遗植物之一，现在我国从南到北的湖荡、池塘、河浜和水田里，处处都可生长。公元前 11 世纪，《周书》已载"鱼龙成则薮泽竭，薮泽竭则莲藕掘"，荷花以其实用性走入人们的劳动生活。荷花作为园林观赏之物引入园池栽植，最早可追溯到公元前 473 年，吴王夫差在自己的离宫为供宠妃西施赏荷修筑"玩花池"，已近 2500 年历史。荷花的盆栽历史亦可追溯到 1500 多年前，东晋王羲之《东书堂帖》中已有记述。唐代文学家韩愈的《盆池五首》诗中曰："莫道盆池作不成，藕梢初种已齐生"，说明当时盆栽荷花已积累了一定经验。因为荷的艳丽色彩，优雅风姿，以及全身是宝的多功能特性，产生的文化也自然是多元的。多元的荷文化体现出多元的荷精神，荷精神的升华反之又促进了荷的多元文化的发展，正如三国时代曹植在《芙蓉赋》中所言"览百卉之英茂，无斯花之独灵"。荷花与被神化的龙、螭、仙鹤一样，成为人们心中崇高圣洁的象征。古往今来，无论诗文、绘画、音乐、舞蹈，还是日用器皿、工艺制品、建筑装饰、饮食、医药乃至佛教，到处可见荷文化的绚丽风采。

　　一、荷花的多种功能

　　荷花作为古老的多年生宿根草本植物，既能食用又可药用，既野生又栽培，多元的功能与它的生态习性分不开。

　　它的地下茎在水下泥土中呈水平方向延伸，伸入深土中的 3~5 节长粗成藕。藕的横切面上有大小不一的圆形或扁圆形孔，此为藕的气孔道，折断后有丝相连，称藕丝。实际上丝是藕内螺旋纹导管及管胞在次生管壁上附着的黏液状木质纤维素。另外，藕内还有大量薄壁细胞，贮藏着丰富的淀粉、蛋白质、单糖的细胞液和少量单宁，所以藕生食多汁、甜脆可口。

藕是地下茎的节间，节间之间的黑褐色坚实部分为藕节，节上有大量的不定根和芽。立叶叶柄和花梗并生于同一节上，花叶相伴，伸出水面，婀娜多姿。荷的叶中部稍凹如浅漏斗状，叶柄在正中承托。叶全缘，稍成波状或反卷形如伞，表面密生一层刺状突起、角质，水珠落于叶面，由于表面张力大于附着力，所以向低处滚动，形如珍珠。叶脉在叶面不显，但在淡绿色的叶背上突起十分明显，自叶片中心处二歧分支向四周放射伸延，直到叶缘。其叶脉中同样有螺纹导管，叶缘的叶脉折断后也有丝相连。可见，叶除可入药外，也是极好的包装材料。

荷花的花色有白、粉红和红三种。花单生，两性，花瓣多数。花型可分为单瓣、复瓣、重瓣、重台、千瓣等型。花朵开放过程中表现出节奏性开闭，即早上开放、中午后逐渐闭合、次日复开的习性。花梗一般高于叶柄，绽开的朵朵荷花，淡雅高洁，色彩宜人。晶莹溜圆的露珠滚动在叶面上，犹如颗颗明珠，在阳光下光彩夺目。微风吹过，阵阵荷香扑鼻，令人无限宽舒安逸，正可谓"风吹荷花十里香"，"莲花池畔暑风凉"。

莲蓬即荷之花受精后膨大的花托，随着莲子的成长，莲蓬成海绵质，内有莲子3~30枚不等。莲子为上乘补品。

按照人们的栽培目的，众多的荷花可分为藕用莲、子用莲、观赏莲三大类群。每一类中又有一些优良品种，如观赏莲中有花心多变的"千瓣莲"，人谓一柄两花心的为"并蒂莲"、一梗三花心的为"品子莲"、一梗四花心的为"四面莲"。还有花托变形，雌蕊瓣化为绿色花瓣，形成红绿相映，花上有花的"红台莲"，由此而引申出许多美好传说和吉祥的比喻。

二、荷的多元文化及其精神特征

荷花以它的实用性进入人们的劳动生活，同时又凭借它艳丽的色彩、优雅的风姿深入到人们的精神世界，孕育了自身特有的精神品格和道德风范，成为中国传统花卉文化中的重要组成部分。以荷为载体的荷文化，承继了它的多功能特性，呈现出多元化的文化形态、精神特征，千百年来浸润着人们生活的点点滴滴，每年农历六月二十四日还被定为荷花生日，成为赏荷佳节，称"观荷节"。荷花也被喻为"花中君子"。荷花清廉、圣洁、高雅，其多元文化涵盖着装饰、饮食、药用、宗教、风土民俗、文化艺术等诸多方面而呈现出多种鲜明特征。

应用性特征：荷文化的应用性特征最直接反映在荷的饮食文化、药用文化、装饰文化上，以其实用性，广泛地渗透到人们日常的劳动与生活中。

人类最早为了生存，采集野果充饥之时，荷花的果实与地下茎，即莲子与藕便被发现不仅能食用充饥，而且甘甜清香、味美可口，作为人类生存的粮食来源之一，早已扎根在原始人类的心中，成为人类生存的象征。作为荷的饮食文化也随着社会经济的发展，有关各种荷花的风味小吃、菜肴也日益丰富，应有尽有，为我国饮食文化增添了绚丽的色彩，并成为养生保健的名贵补品。

关于药用文化，汉朝神农在《神农本草经》中已记载"莲藕补中养神，益气力，除百疾，久服轻身耐老，不饥延年。"东汉神医华佗应用藕皮等制成的膏药涂敷病者手术后的伤口，数日即可愈合。明朝李时珍的《本草纲目》则汇集了前人经验，并经深入调查观察，辨证医用，详细阐述了荷花各部药用及治疗作用，成为我国医药宝库中的一枝奇葩。

作为装饰文化，早在春秋时期的青铜工艺品"莲鹤方壶"上已应用了莲花图案，从美术方面反映出时代精神特征。近代文学家、历史学家郭沫若欣赏时曾说："此正春秋初年由殷周半神话时代脱出时，一切社会情形及精神文化之一如实表现"。莲花图案的应用，还在石窟装饰文化中得以体现。南北朝时，莲花图已成为主要的装饰纹样，与广大人民的日常生活紧密地联系在一起。

鉴赏性特征：鉴赏性虽从装饰文化中已有所反映，但中国文学从3000年前的《诗经》开始，经战国时代的屈原创作楚辞而引申发展了韵语细腻的汉赋，都有以莲为题材的作品。汉时，还产生了众多优美的采莲歌谣及舞蹈，如《采莲曲》、《湖边采莲妇》等。隋唐以后，有关荷花的诗词、绘画、雕塑、工艺等更加丰富多彩。此外，唐时由于实行均田制，在一定程度上促进荷花进入私家园林，成为园林文化艺术中的重要组成部分。造园中常常用荷花布置水景、文人雅士因景生情，吟诗作画，写下了"竹喧归浣女，莲动下渔舟"等许多充满田园风情的优美诗篇。唐玄宗时，"太液池有千叶白莲数枝盛开，帝与贵戚宴赏焉"。封建统治者赏荷享乐的风气，在一定程度上又推动了荷文化的发展。古往今来，我国无论山岳、江河湖塘，或是亭桥楼阁均留下了不少以莲命名的名胜古迹。此外，古人还常把大臣的官邸称作莲花池，借莲表达家道昌盛、吉祥如意和对园林式庭院官邸的赞美。

圣洁性特征：荷的圣洁性或无私性，也是荷文化的重要特征之一。主要体现在圣洁文化、清廉文化上。作为一种文化的形态，多种美好的象征，无私精神的体现，均深深地扎根于中国人民传统思维和日常生活之中。北宋文学家、思想家周敦颐的《爱莲说》，道出了自己独爱"莲之出淤泥而不染，濯清涟而不妖，中通外直，不蔓不枝，香远益清，亭亭净植，可远观而不可亵玩焉。"成为传世名句。文中描述了莲花的优雅风姿，芬芳气质，体现了荷花端庄、清净地伫立于碧水之上，表现出的高雅风格、顽强风骨、廉正风范，均作了逼真的描绘，表达了作者对莲花的倾慕之情，对保持高尚情操者的敬仰，对追求个人名利小人的厌弃。荷的无私精神，或与北宋名臣包拯家乡的包河藕传说有关。包拯一生清正廉明，刚正不阿。相传告老还乡之时，宋仁宗为表彰他的一生功绩，将他家乡庐州（今合肥）城东南自小读书处的一段护城河赐予包拯，称包河。从此，包公教育子孙在包河种藕打鱼为生。地方志中曾记述"藕出包家河为佳。"包河藕是一种红花藕，藕节细长，有7大孔、3小孔，极少数4小孔，多为2节。由于护城河床含有机质多，藕生长得特别鲜嫩甜脆，纤维少，藕丝易断。因此，自古传言，包河藕内无丝，藕断丝不连，象征着包公断案铁面无私。而"藕断丝连"这个成语，则是描述莲花仙子与藕郎一段动人的爱情传说。莲花仙子为追求人世间幸福美满的生活，为与藕郎结合，冲破天帝的阻拦，投入水中，化身为荷叶、莲花、莲蓬。由此表达荷花仙子与藕郎斩不断的情思，割不断的恩爱，进一步体现了荷花的圣洁。

在澳门回归时，澳门区旗、区徽设计，曾依照澳门的地形、地貌酷似荷花，又似莲茎的特点，设计荷花图案。加之，澳门素有"莲花宝地"和"莲花福地"之称。以此也喻示着澳门回归后，"莲花福地"更多地造福澳门人民，使澳门这块"莲花宝地"更加繁荣昌盛。

宗教性特征：荷文化的宗教性也是极其重要的特征。荷花作为佛教的圣花，有其特殊的地位，作为圣洁之花而备受尊敬。

因为佛教认为人世间充满"色、声、香、味、触、法""六尘"的污染与干扰，同时又充满欲望与竞争，使人们难于平静，难得清净，这与"远尘离垢，得法眼净"的佛国净土格格不入。要想进入极乐国土，必须远离尘世，专心修炼，清除污染与干扰。而"荷花出淤泥而不染"的特别属性，与人世间的佛教信徒希望不受尘世污染的愿望相一致。

随着佛教的进一步传播与净土莲宗的建立与发展，佛教把莲花的自然属性与佛教的教义、规则、戒律相类比美，逐步形成了对莲花的完美崇拜，给荷花归纳为"四义"与佛教的"四德"相对应。因此，佛教多借莲花譬理释佛。明确莲花净土就是指的佛国，佛的最高境界是到达"莲花藏世界"。从而，莲花成了佛教的圣物，佛国的象征。

数千年来，荷的多元文化所体现的应用性、鉴赏性、圣洁性、宗教性四大特征，反映出中华儿女高尚而独立的品德。

三、弘扬荷文化的现实意义

我国有着灿烂的历史、悠久的文明。中国人的人文精神传统就是崇拜宗教，强调人本位，以人为本，注重每个人人格的自我提升与完善，注重整体社会的和谐发展与进步。而荷的多元文化及其精神，与传统的人文精神是一脉相承的。

荷的多元文化长期以来渗透到中国人民生活的众多方面，并作为吉祥象征，而广泛应用，其意义不言而喻。但更重要的还是体现在现实生活中的人文精神和道德风范上。

当前，我们刚刚迈入 21 世纪，这是一个更加开放的世纪。由于信息产业和高科技的迅猛发展，知识经济时代日渐来临。人类社会的生活、工作方式将发生重大转变。人类愈来愈明白需要用人文文化来调节科技文化，用人文精神来自我节制。

传统如何为现代所用？荷的多元文化所体现的洁身自好、不同流合污和淡泊名利、无私奉献等精神，在现实社会中的意义究竟如何？我们在步入社会主义市场经济和对外开放的新形势下，无疑原有的自然法则正在被市场法则所取代。人类有必要将伦理观扩展到植物世界，应该把尊重植物的生命，尊重自然，视为人类新伦理的基础，明白植物的生存和人类的生存是一个事物，而且是唯一的事物——生命的两个方面。我们只有凭借尊重植物生命的新伦理，最终实现人类与植物共存共荣的新的生活方式。同样也可以借荷花的生物学特性所体现的文化形态，寓教于赏，托物言志，借花喻人，表达荷花对美好理想的向往，对高尚情操的追求，对正直品德的仰慕，达到欲夺天工之妙。针对当前加强道德教育、廉政教育和反腐败的决心，通过对莲花的品质，廉政风范的赞扬，借助荷文化，铸造清廉的人格和自立、自强、自尊、自爱的灵魂。因此，荷文化也可以认为是铸造人心灵的文化，具有很强的针对性和鲜明的时代性。弘扬荷文化，有着一定的现实意义。

（原收入《灿烂的荷文化》一书并载《园林》杂志 2001 年 7 期和 9 期）

包拯故里话荷花

千百年来，包拯清正廉明、铁面无私、刚正不阿、不畏权势、关心民苦、兴利除弊，深得人心，成为"清官"的理想化身，在民间流传了许多感人的故事。

荷与包公不解之缘

合肥作为包拯的家乡，留下了不少遗址、遗迹，以及有关包公的传说与故事。然而，与包公清正廉明、刚正不阿、铁面无私精神直接关联的植物，以及文化与自然景观融合得最佳的还是应首推荷花。

荷花作为夏季开花的花卉，广泛的用途和文化的多元性，渗透到人民生活的各方面，并作为吉祥之物。北宋著名理学家周敦颐与包拯是同时代人，他在《爱莲说》中的："莲，花之君子也"，"出淤泥而不染，濯清涟而不妖"的名句，流芳千古，一直用来赞颂那些洁身自好、不随波逐流之士的高尚品格和清正廉洁的官员。千百年来，合肥人怀念包拯，自然离不开荷花，而有关包河藕的传说则经久不衰。

当年，包拯在告老还乡之时，皇帝宋仁宗为表彰他的一身功绩，将他家乡庐州城（今合肥）东南自小读书处的一段护城河赐予包拯，包河由此而来。包拯在遗训中要求后裔，为官者不得贪赃枉法，后世子孙在此种藕打鱼为生被传为佳话。包河得益于城边河泥厚，城市废水的流入，有机质特别丰富，为藕莲生长提供了得天独厚的水肥条件。包河产的藕特别鲜嫩、甜脆而纤维少，藕丝易拉断，故在《合肥县志》中曾记述"藕出包家河为佳"。包河藕从藕的分类上看，是一种红花藕，藕节细长，有 7 大孔、3 小孔、极少数 4 小孔，藕多为 2 节，重约 1~1.5 千克，农历七月底八月初成熟。此品种，白

露前，每逢暴雨，藕猛长一次，白露后主要长粗，适合合肥地区栽培。正因为包河的特殊水肥条件，藕鲜嫩少丝，在民间广为流传："包河藕无丝，藕断丝不连，象征包拯断案铁面无私。"可见荷文化自古与包拯结下了不解之缘。

借荷弘扬包青天

今日合肥以包河为中心正规划建设包公文化园。现河中几处小岛周围，尤其在包公祠的包拯少时读书处，香花墩的流芳亭一带，荷花满池。正如流芳亭联所书："名胜著祠堂，景物常新，绕郭荷花香十里"。另一首包公祠的联还写道："荷风香胜地，廉水映青天"与"包河藕无丝"相呼应，吸引着游人和前来瞻仰者。可见包河不可无荷。

为了迎合人们对清官的敬仰之情，弘扬包拯故里的文化内涵，在当今促进旅游事业大发展，除了在包公文化园继续作文章外，站在城市的宏观角度，开辟新的景点更是当务之急。如何将戏剧舞台上的黑脸包公人物与荷花水生植物联系到一起，兴建一座古典式的园林景点被提上日程。所谓墨者，即代表文人墨客，又体现着戏剧舞台上的黑脸包公形象。荷，即荷花，与被神化的龙、螭及仙鹤一样，成为人们心目中崇高圣洁的象征，荷的精神早已成为中华民族精神的有机组成部分。兴建弘扬包公精神的园林，无疑是锦上添花，可以为包拯故里旅游事业的发展又增添一处新的亮点。

（原载《合肥晚报》2004年7月2日，《中国花卉报》2004年8月21日，首届荷花国际研讨会大会交流发言）

包公无丝藕是文化象征不是品种

合肥有俚语云"包公池里藕无丝"。无丝与无私谐音，反映了百姓对清正无私的包拯之赞颂与怀念。但事实上，"无丝藕"并非无丝。

安徽作为莲藕的重点产区之一，地方栽培品种较丰富，大面积栽培的约 30 个品种。包河所产的藕，名气较大。相传北宋名臣包拯，一生"公正廉明，刚正不阿"，告老还乡之时，宋仁宗将城东南段护城河赐予包拯，以表彰他的功绩。包拯教育后代以河种藕打鱼为生，所产藕称为"包河藕"。清嘉庆《合肥县志》记载："藕出包家河为佳。""包河藕"是一种红花藕，藕节细长，有 7 大孔，3 小孔，极少数 4 小孔。一藕多为 2 节，重约 1~1.5 千克，农历七月底八月初成熟；白露前，每逢暴雨，藕猛长一次，白露后主要长粗。由于包河的河泥厚，土质肥沃，藕鲜嫩甜脆，纤维少，所以藕丝易拉断，自古传言，包河藕内无丝，藕断丝不连，象征包公断案无私，传为佳话。

笔者作为 20 上世纪 60 年代的农大毕业生，80~90 年代曾在合肥市园林局业务领导岗位上工作 15 年，尤其 80 年代中期曾主管过含包河景区在内的环城公园建设与管理。包河内淤泥早已清理多次，河内的藕是从城郊巢湖一带引入的，2004 年生产的藕是 80~90 年代种植的。现包河的荷花是 2004 年后从合肥植物园引入适合合肥栽植的品种，也是为了弘扬包公文化精神。

实际上，由于包公刚正不阿的精神，影响了一代又一代人，很多百姓对包公都怀有崇仰之情，但无丝藕仅是一种美好的传说，是大家纪念包公的一种方式，是一种文化象征，而不是藕的品种。我们不能陷入培育"无丝藕"的怪圈。

（原载《合肥晚报》2009 年 7 月 24 日）

徽梅艺术

梅花，为我国原产，已有 2500 年以上的栽培历史。自古以来"以韵胜、以格高"，"为天下神奇"。它开花于乍暖转寒之际，能抵抗一定的风、寒、霜、雪，表现出"万花敢向雪中书，一树独为天下春"的品格和风骨。

安徽省是梅花的原产地之一，至今在黄山风景区东坡芙蓉桥等处的低山和大别山南麓的潜山县，仍有野梅散生于阔叶常绿与落叶混交林中。梅花在安徽的栽培史也源远流长，三国时期曹操用"前有梅林，结于甘酸，可以止渴"来振奋疲惫将士的斗志，而留下"望梅止渴"的历史典故，其地点就在安徽省含山县的梅山。宋代文学家欧阳修所植"欧梅"，亦在现滁州市琅琊山脚下的醉翁亭旁。安徽梅花知名度的提高，主要还是随着地区经济、文化的发展，徽派盆景逐渐成为我国盆景艺术的主要流派而闻名于世的。梅桩盆景素以苍古、奇特的风姿神韵见长。尤其是游龙式的梅桩成为微派盆景的代表作，曾与徽墨、歙砚齐名于世，在中华艺术史上独树一帜。

徽派盆景的发源地卖花渔村,即现在的黄山市歙县朱村乡洪岭村，该村图形如鱼，世代育花卖花，而美其名为"卖花渔村"。据史料记载，该村在唐僖宗乾符六年（公元 879 年），已"建小楼数楹，植梅于前"，有千余年历史了。

明清时，徽梅已有数十品种。且由于梅桩的艺术受新安画派影响，日愈讲究桩头大而奇，形态蟠曲古朴，注重主干造型，而不追求侧枝变化，徽梅与新安画派的山水画一脉相承，与文学、诗文经脉相贯通，与徽派的庭园艺术血肉相连，具有画家的手法、诗人的感情、园艺师的技巧，做到源于自然而高于自然、美于自然。这个时期成为徽梅发展的鼎盛时期。

徽梅造型的传统式样，以游龙式和三台式为主。游龙式梅桩属规则式造型，主干从基部到顶端蟠曲成数个"S"弯，状如游龙造型与采用传统的压条繁殖方法有关。压条繁殖，在每年清明节后进行，一般选择梅幼枝或桩基都萌发枝进行压条，成活后翌春剪离母枝，移开定植。由于母株反复压条、短截，促使母株基部形成畸形而膨大的桩头，即梅桩的龙头。龙身的培养主干的蟠扎盘曲，在早春二三月树液流动时进行。采用棕皮、木棍，本着上窄下宽，每弯 15～25 厘米的原则，呈 S 形弯人工扎缚。翌年再继续作弯，达到所需高度。延续的枝弯平面可与下部枝弯的平面错开一定角度，呈"掉弯"。掉弯在主干粗壮后，往往易产生向上的动势，较充分表现出游龙的风采。龙尾造型，即在主干顶部龙身最后一弯时，剪去主干顶梢放半弯，留几个萌发的枝序集合而成，其造型要求宽广，千万不能虎头蛇尾。在培育龙头、龙身、龙尾的同时，还应注意龙爪的形成。一般在龙身弯曲处的外侧。保留一侧枝蟠扎弯曲，并逐年短截造型，约三年可成龙爪。龙爪枝一般左右对称，作横出水平面或横向竖平面，上下保持在同一平面上，展示出腾空而起成搏浪弄潮的飞龙、水龙的姿态。龙桩制作在旧时往往还要求成对，每对的造型，如高矮、S弯、台片一样，龙头相配时，甚至品种也要一致，作为吉祥喜庆之物。

三台式梅桩，主要区别在于主干只作2～3个弯曲，且上部枝条分成三片，高低交错层次分明，每片成水平馒头状，端庄平稳。

徽梅上盆亦很讲究，要求取姿择盆，弯桩一般不得居盆的中心定植，而注意梅在盆钵中均衡的自然中心和意境。本着"以曲为美、直则无姿；以欹为美，正则无景；以疏为美，密则无态"的艺术原则，因势栽植，并且还常常镶附山石，满铺青苔，以取得神形和动势，突出梅桩的苍劲有力和气势磅礴。

为了把自然美升华为艺术美，梅桩的养护管理和修剪也很重要。盆栽梅桩在五六月份，花芽分化形成期间，要"扣水"，让盆土干裂老叶微卷新梢萎缩时再浇水，花芽形成前后，还应各施肥1～2次，入秋后施肥2～3次，保证足够的养分。由于梅花在当年枝条上形成花芽，每年花后应将枝条短截，仅留3～4芽，并注意芽向外侧生长，保证翌年花开繁密，生机盎然。修剪还应结合整形，对交叉枝、平行枝、重叠枝、徒长枝及病弱枝均应修剪掉，以便形成耐人寻味的桩景，或古、或奇、或怪，达到较完美的境界。

近年来徽梅在继承和发扬传统手法的同时，注重作品的丰富内涵和诗情画意的境界。并吸收了安徽现代文化艺术的成就和本省的资源特色，采用蓄枝截干的造型手法，对原有老桩进行改造，讲究原始粗犷的自然纯真美。劈干式、临水式、偃卧于悬崖相结合的横卧式以及自然式的出现，给徽梅注入了新意。它们宛如把山野中的梅树缩小放在盆中，老干虬枝、古朴苍劲。有的盘根错节、枝柯凌空，有的高耸挺拔、气势雄伟，把自然美与艺术美巧妙结合，增强了徽梅的艺术感染力。

（原载《合肥建设》1989年1期，并收入1990年7月《梅花与蜡梅》一书）

梅文化

——中华民族精神之体现

文化是一个民族的身份证，是经济发展水平的重要体现，是社会文明积蓄的一个显著标志。中国文化博大精深，源远流长，是人类文化的一个独立典型，而且中国是世界上唯一一个文化历史没有中断的大国。由于中国地大物博，奇花异卉资源丰富多彩，被公认为世界"园林之母"。悠久灿烂的文明，又让自然花卉被注入人的思想与感情，不断融入文化与生活中，从而形成了一种与花卉相关的现象和以花卉为中心的文化体系，其中尤以梅文化独占鳌头。梅以花贵，形神兼备，自古以来，以梅象征中华民族文化心理和以梅为表现内容的文化形式，在我国层出不穷，并在不断地发扬光大之中。

一、梅的特性决定了梅文化的内容

梅花是中国传统特产名花，系蔷薇科李亚属植物，由野生梅进化而来。梅花属落叶小乔木，高可达 10 米，常具枝刺，干褐紫色，多纵驳纹，小枝呈绿色或以绿为底色，树冠呈不规则圆头形。花多为每节 1~2 朵，多无梗或具短梗，淡粉红或白色，径 2~3 厘米，有芳香，多在早春先花后叶。核果近球形，径 2~3 厘米，黄色或绿黄色，味酸，4~6 月果熟。由于梅花的萌发力和成枝力均较强，潜伏芽或隐芽能多年保持活力，稍受刺激，极易萌发，因此很耐修剪。一般以花后修剪为主，花前修剪和生长期修剪为辅。梅花 3 月中旬萌发枝条，6 月下旬停止生长，若土壤肥沃、雨水充足，生长能延至 7 月。5 月份梅枝生长最快，约占全年生长量的 40%。梅花的束花枝和短花枝一般在 4 月中、下旬停止生长，养分提前积累，利于花芽分化，花芽多为腋芽分化而成。新梢停止生长约 15~20 天，即开始花芽分化，一般 10 月上旬停止，12 月下旬开始膨大。梅花在落叶期还需一定低温刺激，因此花期常随当年气候变化而早晚不一。开花季节，川、滇、黔为 12~1 月，长江流域 2~3 月，梅花单朵花期 7~17 天，同一品种的群体花期 10~25 天，大多品种盛花期集中在 2 月下旬和 3 月上旬。由于梅的开花季节正值风雪交加的冬春之际，故梅有一定的耐寒性，同时对气温极为敏感，风雨时不凋零，天气转暖即绽蕊开花。梅花这种冰中孕蕾，雪里开花，植物界少有，为在长江中下游地区"踏雪寻梅"奠定了生物学基础。加之，梅树干苍劲，生趣盎然，果又能食，自古以来深受中国人民喜爱和颂扬。历来梅花与广大人民生活、文学、艺术、风俗、习惯多方面联系，历经数千年的梅文化内容十分丰富，涵盖面甚广，大致分为：饮食文化、观赏文化、人格文化三大内容。

饮食文化：起源最早，我们的祖先至少在商代中期已食用梅子（果梅），食梅至少有 3000 多年历史。《书经·说命》中殷高宗任傅说为宰相，推重和勉励他时之言："若作和羹，尔唯盐梅"，强调傅说对殷商的重要而若同烹调中必用的食盐与梅子佐料，从一个侧面说明，以梅代醋已广为应用。至今云南下关、大理的白族人民仍沿用不衰。殷时祭祀用梅习俗，俨然成为殷周古风。西汉初期，长江流域已栽培梅树，开始利用梅子。三国时代曹操行军失汲道，士兵口渴难忍，迈不开步时，扬鞭遥指"前有大梅林，饶子甘酸，可以解渴"，诱导士兵摆脱困境，从此"望梅止渴"成为古今有名的一则成语。梅子除加工成各种梅食品外，经泡制还可作药，如乌梅有收敛作用，又有治菌效果，可治慢性泄泻、痢疾等症；未成熟的梅子还是调味品和催熟剂，根、叶、核、仁等也均可入药，梅的饮食文化丰富多彩。

观赏文化：梅先花后叶，花开百花之首，花型端雅，花色优美，花香宜人，且树姿苍劲，枝姿多变，历来就以它的神、姿、形、色、香的风采吸引着人们爱梅、赏梅、吟梅、艺梅。从赏景角度，对栽培地点的选择、梅等植物的配置造景、盆栽梅桩的造型、插花艺术等多方面都体现着梅特有的观赏性。梅最适宜庭院、草坪、低丘、石际、路边、水畔高地及景点等处，用于孤植、丛植、群植、林植，构成佳景。栽培方式上可分为园林栽培、切花栽培、盆景栽培，以及催延花期的栽培方式。传统栽培有"梅花绕屋"，与松、竹配置的"岁寒三友"，与兰、竹、菊配置的"四君子"，呈现梅花自然美的植物生态景观。为了更好地突出梅花的主体作用，可成片栽植，能花开香闻数里，落英缤纷，宛若积雪。在庭院中，植于建筑一角，或配以山石小品，或以松竹混栽，或散点种植三五株于明窗疏篱，则月白风清之夜，即得"暗香浮动、篱落横枝"的画境。

盆景艺术多采用老梅桩虬枝屈曲、苍劲古朴、"粗扎细剪"方式。传统的式样有"游龙式"，即主干从基部到顶端蟠曲成 S 形数弯，状如游龙；"三台式"，即主干作 2~3 个弯曲，上部枝叶分成三片，高低错落、层次分明，每片成水平馒头状；"劈干式"，即将粗大而不成形的梅桩劈开，进行取舍和雕琢，表现出"枯木逢春"的效果；"疙瘩式"，即主干自幼打一个结绕成一圆圈，日久形成疙瘩，显得苍古奇特；"顺风式"，即将梅花的全部花枝扎向同一方向，顺风花飘，香溢四海；"垂枝式"，即将梅花的全部枝条扎成下垂状。现比较流行的还有将梅桩盆景造型，采用不拘一格的自然式，呈现小中见大，古朴自然的风格。

对梅花姿态的欣赏，自古以来还形成了一些品评的基本标准和造型原则。如"梅以韵胜、以格高，故以斜横疏瘦，与老枝奇怪者为贵"；梅的四贵是："贵稀不贵繁；贵老不贵嫩；贵瘦不贵肥；贵合不贵开"。梅的三美是："梅以曲为美，直则无姿；以欹为美，正则无景；以疏为美，密则无态"等，梅的观赏文化具有丰厚的沉淀。

人格文化：梅文化作为一个复杂的综合体之一，借花喻人，孤高众赏，赋其人格形象，并进而用以比德畅神，观念形态出现，渗透到人们的日常生活之中，体现了人们对日常生活的理解和看待自己的特色生活。丰富的文化沉淀，深刻的精神内涵，千百年来激励着中华儿女，产生力量之源泉。因为不同的文化背景产生不同的价值观，我国人民自古对梅感情深厚，巧妙利用梅花的生物学和形态特征，在赏梅、吟梅、艺梅之时，借"梅以韵胜，以格高"的特点，喻为人的刚强意志和崇高品格，被看作高洁的化身，如"岁寒三友"中有梅，"四君子"中亦有梅。古人说梅具四德：初生蕊为元，千花为享，结子为利，成熟为贞。又说梅花五瓣是五福的象征：一是快乐、二是幸运、三是长寿、四是顺利、五是和平。又有一说：梅花五瓣象征中国最大的汉、满、蒙、回、藏五族大团结，意喻全民族大团结。

借用梅花抗暴耐寒，在寒天里斗霜傲雪，而不在春天争妍斗艳，喻为人的铮铮傲骨和高尚品质可昭日月，全然不管叽叽喳喳的嫉妒。"无意苦争春，一任群芳妒"，就是以梅花喻人的品质以及"俏也不争春，只把春来报"的人格魅力。

二、梅文化的本质及其精神

梅文化古往今来始终是中华文化的一颗灿烂明珠，展示着民族形象，体现着民族之魂。民魂，就是中华民族精神，千百年来以多种形式影响着中华儿女。毛泽东主席的《卜算子·咏梅》词曰："风雨送春归，飞雪迎春到，已是悬崖百丈冰，犹有花枝俏。俏也不争春，只把春来报，待到山花烂漫时，她在丛中笑。"体现了伟大领袖的博大胸怀，将现实主义和革命浪漫主义结合，通过梅的描述，表达了中国共产党和中国人民不畏强暴，敢于斗争，敢于胜利，对前途充满信心和高度革命乐观主义精神，并鼓舞和激励中国人民的革命斗志。这些光彩夺目的瑰丽篇章，正是梅文化本质的反映。为什么梅文化像磁铁一样，深深地、久久地影响着中华儿女，应该说是我们中华民族儿女，千百年来透彻了解了梅花的优越性。梅文化的形成，离不开梅花生态习性和生物学形态特征的结果。

梅的最可贵之处，在于花期早，能在较低温度下开放，开花期能耐一定程度的冰雪与低温，在北风凛冽的隆冬季节，唯有它"独先天下春"。我国人民通过长期的引种栽培，大约在西汉之初，观花为主的花梅从果梅中分离出来，逐步产生众多的品种。晋代时梅已普遍栽植，诗人吟诗渐多；南北朝时，日益为文人雅士欣赏，"梅于是时始以花闻天下"。

隋、唐、五代，以梅作为创作主题的文化进一步促进梅声誉日盛，宋、元时代的梅花进入了极盛时期。世界上最早的一部梅花专著，范成大的《梅谱》就产生于这个时代。元代的杨维桢《吟梅》的"万花敢向雪中出，一树独先天下春"的传世佳句，集中表达了梅花"傲雪吐艳"、"香自苦寒来"的韵胜格高。明、清时代是梅的昌盛期，梅的诗文大量涌现，进一步体现了品德刚强、不畏严寒，坚韧不屈的中华民族之气节，以及呼唤百花先行的开拓风范。

精神力量坚不可摧，已故陈毅元帅《冬梅杂咏·红梅》诗云："隆冬到来时，百花迹已绝。红梅不屈服，树树立风雪。"形象生动地描述了梅花傲立雪中的精神，表达了一名革命者坚不可摧的意志与高尚品质。

可见，梅花的精神体现了中华民族勤劳勇敢、坚强刚毅的伟大品质和不屈不挠、坚韧不拔、热爱祖国的民族情感。它的强大生命力与抗逆避邪、抗拒不良因素的能力，激发人们永远立于高处，面向太阳，迎接光明，永攀高峰的革命激情。

三、梅文化及其精神的现实启示

中华儿女，长期以来一直弘扬梅文化，向往梅花的精神。究其因，其一广泛性：梅的原产地遍及滇、川、黔、鄂、皖、藏、闽、台等11个省区以上，其露地引种栽植范围更广，达21个省区，为梅花提供了广阔空间。其二适用性：梅的多种用途涵盖了饮食、观赏与人格化等诸方面，有实效。其三民族性：自古以来既与汉族，又和藏族、纳西族、白族、瑶族、壮族、彝族、高山族等若干少数民族的日常生活、文学、艺术、风俗、习惯等多方面息息相关。其四普及性：梅的生态习性、生物学特征产生的强大生命力，很早就进入了中国人的精神生活。历来画梅、吟梅、艺梅十分普及，北宋的林逋（和靖）植梅放鹤，竟然到了"梅妻鹤子"的地步。其五唯一性：除了日本、朝鲜等少数东亚国家和大洋洲的新西兰栽培梅花较多外，其他国家基本没有栽培，作为文化易于独树一帜，形成我国特色。其六特殊性：梅花的娇妍洁白、暗香浮动、傲霜竞放的美，"凌寒独自开"的特点，以及它那"不经风雪冰霜苦，那有寒梅分外香"的本性，正是梅花精神的真谛。

古往今来中华民族对梅花精神的赞赏留下了许多传世的名诗、名词、名言，使中国人自古形成了欣赏梅花的风俗，从中借用梅花比喻中华儿女自身的意志与胸怀、性情与精神、品格与情操。近代，植梅规模空前，赏梅与公园建设和公众的旅游结合，规模越来越大，联系越来越广泛。现在武汉已建有中国梅花研究中心；北京依托中国梅花蜡梅协会，成立了梅品种（含梅花与果梅）国际登录中心，突破了我国花卉国际登录零的记录，产生了我国第一位花卉国际登录权威——北京林业大学博士生导师、中国工程院院士陈俊愉教授。目前，我国梅花品种已达 323 个，果梅种及优株 189 个。南京、无锡、杭州、合肥、昆明等许多大中城市都先后建立了一定规模的梅园，为进一步弘扬梅文化奠定了更加坚实的基础。

总之，梅的精神长期以来启示着中华儿女、爱国之士的气节，使我们从困难中看到胜利的曙光，树立誓死不屈、勇往直前的坚强意志。无疑梅花已经成为中华文化的重要载体之一，凝聚了中华传统文化的精华。今天弘扬梅花的精神，正体现了我们中华民族勤劳勇敢、坚强刚毅的伟大品质。用梅花的形象、气质，以梅花的性情与精神，象征中国人民的品格和情操正表达了我国人民对梅花的深厚民族感情。梅的精神对当今时代的现实意义和启示深远。

今天，在我们进入世界贸易组织（WTO），这就更需要我们弘扬民族精神、从倡导梅文化中，不断吸取营养，发掘这种精神，它的现实性归根到底可概括为：

凌寒独自开的自强精神；香自苦寒来的拼搏精神；神姿形色香的团结精神；敢向雪中出的进取精神；以花闻天下的开放精神；独先天下春的奉献精神。

让我们牢记梅文化的这六大精神，迎着新世纪的曙光，把我们的祖国建设得更加繁荣、富强！

（原载 2002 年 12 月的《中华梅讯》，《中国花卉报》2003 年 1 月 11 日题目为"梅之精神、梅之文化"）

绿竹精神与传统文化

文化与经济和政治相互交融，在综合国力竞争中的地位和作用越来越突出。文化也是一种竞争力已是不争的事实。中华传统文化是中华民族五千年来生生不息、发展壮大的强大精神动力，更是未来崛起的丰厚资源。文化存在于人类一切活动之中，是人类在社会发展历史过程中创造的物质财富和精神财富的总和，而特指精神财富。因为，人类超出生物本能的行为及其结果就是文化。我国良好的竹生态环境，尤其江南竹乡，云、贵、川、浙、闽等许多地区，竹子不仅长满了村村寨寨，而且浸透于人们日常生活中，营造了历史与文化的舞台以及背景，对中华文化的产生与演进提供了土壤，做出巨大贡献，从而形成了独特的竹文化氛围与潮流。古往今来，人们敬竹崇竹、寓情于竹，更在精神领域内产生了极其现实与深远的影响。难怪西方人的眼中，认为"东亚文明实际是竹子文明"，英国的李约瑟就曾这样说。

竹子是人类生存不可缺少的绿色植物，具有其他植物难以取代的显著特性。它挺拔雄劲、气毅色严、铁骨傲霜、严寒不凋、虚心劲节。数十万年前就在我国土地上存在，是我国最古老的植物品种之一。分布区域东起台湾，西至西藏，南及海南，北到山西、辽宁等地。全世界竹类植物有70多属约1250种，而我国就有37属500余种，占世界竹资源总量的30%以上，是世界上主要产竹国，处于世界竹类植物分布中心，素有"竹子王国"之称。

竹，在植物学上属禾本科，与玉米、水稻等同属一家族，是人类自下而上不可缺少的绿色植物。竹的叶、枝、秆、茎、根、鞭、笋、箨、实等均有用途，全身皆宝，也是世界上用途最广的植物之一。同时，竹子又是地球上生长最快的植物，具有成长周期短、用途广、产量高、收益快，一次栽种永续利用等特性的可再生资源。

竹子成林还是一种特殊的森林类型，为我国森林资源的重要组成部分。同等面积的竹林可比树林多释放35%的氧气，每公顷竹林能吸收空气中的二氧化碳12吨，蓄水1000吨。1棵竹子可固定6立方米土址，是固土护坡，防止水土流失的好材料。可见，竹子有调节气候、涵养水源、美化环境、净化空气、维护生态平衡之功效，是经济效益、生态效益和社会效益结合得最好的森林品种之一。现国际上开发利用竹资源和发展竹产业已引起许多国家重视，被誉为"绿色的金矿"和"绿色银行"。

目前，我国竹面积达420多万公顷，竹林莽莽，像激情满怀的碧海；竹林井然有序，像众志成城的方阵。随着旅游业的发展，目前许多竹产地的竹林碧海已成为旅游观光的胜地，其竹产品门类多样，丰富多彩。现已生产竹食品、竹家具、竹建材、竹服装、竹日用品、竹工艺等数十个系列，数以千计的笋竹产品。

丰富的竹类资源，我国自古就被利用，古人云："食者竹笋、庇者竹瓦，载者竹筏，衣者竹皮，书者竹纸，履者竹鞋，真可谓不可一日无此君也。"竹的历史，一如人类长河，源远流长。远在上古，人们的操作之器，争战之备，以及秦时的竹简，汉时竹笛，皆取材于竹。竹与我国人民携手，走过了至少五千年以上的文明旅程。竹在文化上与松、梅有"岁寒三友"，与梅、兰、菊有"园林四君子"的美誉。古往今来，诗人因竹而吟，画家因竹而梦，艺人因竹而舞，可见竹给予人类超然的仙趣。当人类把人与植物的天然关系付诸文化的表现形式，竹必然产生了非同一般的文化意味。竹文化成为中国文化的浓缩与体现，竹文化的古朴、隽永、高雅，充分展现了中国竹文化的源远流长。

一、独特的竹文化

文化是一种多层次、多层面的复杂社会现象。竹文化则是探求文化与竹资源关系，即说明竹与物质文化、精神文化的关系,引进固有的而不是臆造的规律来，把观点建立在充实的材料基础之上。自古以来，竹无论作为直接传播文化和信息的载体，还是在人们日常生活的方方面面，竹文化已成为中华文化的一个分支、一个层面，民族特色鲜明，具有生活气息与旺盛的生命力。竹文化的形成，由于覆盖面广、渗透力强，大致可分为：传承文化、民用文化、饮食文化、审美文化等内容。

1. 传承文化

我国古代除利用龟甲、兽骨、木牍和金石刻写外，大量削竹为简，用笔点漆书写，载文记事，以交流思想，传播知识，它的出现可追溯到殷商时代。《尚书·周书·多士》载："唯殷先人有册有典。"甲骨文中有册、典字，像竹简连接起来的样子。竹简形制狭长，《南齐书·文惠太子传》云："简广数分、长二尺。"一简约40字，分2行，用黑漆书写；遇有错误则用刀削去并用笔改正，将一组竹简用素丝或皮条串联成册，这便是我国最早的书籍，称"竹书"。这是古人的一大发明，其他国家和民族所没有，是华夏文化传播与古文献传存的一种独特的民族形式。竹类植物被利用传播科学文化和信息，固不失为古人的一大创举，但毕竟过于笨重。汉时制造出了纸，竹简逐步退出历史舞台。随着造纸业的发展，创造了活动的竹帘捞纸新设备。隋、唐时期，伴随着科学文化空前繁荣，纸的产量与质量大大提高，开始出现竹纸。明朝的毛边纸就是用嫩竹经石灰处理后捣烂抄造而成，它平滑、均匀、利于托墨吸水。素有我国三大宣纸生产基地之一美称的福建连城，至今仍沿袭古法，运用传统工艺，以竹为原料，手工制竹宣纸，它绵软坚韧，薄如蝉翼，且不怕虫蛀。湖南邵阳的滩头年画享有盛誉，是民间美术的一朵奇葩，其制纸的上等原料即来源于该地盛产的毛竹。

竹材是较好的造纸材料之一，它纤维细长、结实，可塑性好，灰分和硅的含量低。现代造纸技术可利用竹材料制造各种优质纸，如胶版纸、描图纸、打字纸和包装纸等。

我国竹类植物面积广、蓄积量大，可利用制造纸浆造纸的竹类有慈竹、刺竹、毛竹、清竹、刚竹、麻竹、撑篙竹、西凤竹、白夹竹、苦竹、金竹等等。同等面积的竹林，年产纤维量比针叶或阔叶树林多好几倍，大约3~4吨干竹材可生产1吨纸浆。

可见，中国的书写材料颇有特色并富创造性，竹在其中起到不可缺的重要作用。此外，竹又可制成笔帽、笔筒等文化用品。

2. 竹民用文化

竹在中国民族祖先的实践过程中，是人在自然之上深深地刻铸下的印迹，使自然由"自在之物"转化为"为我之物"，成为"人化"了的自然，人的本质力量也在自然中得以显现和"对象化"。中国从原始社会始，对竹的开发利用过程也就是竹的"人化"历程。古往今来，竹在人们的衣、食、住、行、医等各方面，浸透于人们日常生活之中。

以竹乡人的一生为例，更是与竹结下了不解之缘。在生产力越不发达就越依赖于自然界的天然之物时，竹子伴随着竹乡人走过整个人生旅程。竹乡人儿时即睡竹摇篮、蹲竹坐圈、做竹车、跨竹竿当马骑、玩竹蜻蜓、竹风转、做个竹弓箭、竹刀枪，吹竹哨、扎风筝、扎灯笼，用竹竿戳山果、用竹筛扣山雀，或到竹林挖竹笋、寻竹菌、逮竹鸡。长大后下田干活，竹篮送饭、竹棚歇晌，竹扁担挑谷，竹席晒谷，竹囤存谷。农闲，劈蔑编篮、编筐；用竹笛吹歌、竹杆钓鱼，背背篓赶场；用竹杠抬嫁妆，乘竹筏走亲戚。老时，还得挂着竹拐杖助步。此外，夏时用竹床、竹席，河上架的竹桥，头上戴的斗笠作为防雨工具。可见，竹伴随着竹乡人的一生，处处都与竹结缘。而以竹为布，最早可见东汉杨孚《异物志》载："篥生水边，长数丈，围尺五六寸，一节相去六七尺，或相去一丈，土人绩以为布"。"竹练布"则首见东晋稽含《南方草木状》云："篔竹，叶疏而大，一节相去五六尺，出九真。彼人取嫩者，槌浸纺绩为布，渭之'竹练布'。"

古时，竹布的产量相当可观。唐时，竹布曾是岭南一些州县的重要贡品之一。竹，为人们解决衣服材料作出过贡献。

竹，作为建筑材料用于居室，历史也相当悠久。《汉书·礼乐志》有记载："以正月上辛用事甘泉围丘……夜常有神光如流星止集于祠坛，天子自竹宫而望拜。"《三辅黄图》又载："竹宫，甘泉祠宫也，以竹为宫，天子居中。"

现代建筑中，竹亦被广泛利用，有竹制胶合板、竹刨花板、竹纤维板、竹竿拼花板和装饰板贴面、竹地板等，对人居条件的改善，竹又继续作出新的贡献。

竹，自古在水陆交通上对人类也作出了巨大贡献。"轿"是我国最早的陆上人力载乘工具，其始源可追溯到夏朝。在河流上用竹建桥，古时亦相当普遍。著名的四川范县安澜竹索桥，就是受了汉代羌族人首创竹索桥的影响而建造的。根根巨大竹缆，全为蔑编成，有碗口粗细，全长340米，最大跨度61米，飞跨于岷江之上，经受了数百年风雨考验，造福人民，称得上是世界桥梁史上的伟大创举，直到1964年才改竹索为钢索。

至于交通运输，自古即有竹筏，是运输和渡河的重要工具。普通的木帆船，也少不了竹制用具。如风帆上的横撑竿，撑船用的篙，船舱上既遮阳又防雨的篷盖。

我国自古以农立国，远在3000多年前已掌握钻井技术，出现适用深井汲水的简单起重机械——辘轳，用竹或木做滚筒，目前北方农村仍有土法打井，离不开竹材。战国时期，杰出的治水大师李冰，在举世闻名的都江堰水利工程中，修筑水堰采用竹笼装石法，拦水成功，筑成分水大堤，这是竹材最早应用于大型水利工程的实例。

我国发明的深钻探技术的历史比欧洲早得多。11世纪，我国已在陆地上钻出200米深洞，获取盐水或盐等矿藏资源。中国人在深孔钻探方面取得的领先地位，主要是依靠竹子，因竹子的纤维是很好的缆绳材料。四川人用冲击式钎钻井，这种钎重达100多公斤，被挂在竹缆绳上，即可负荷，竹缆绳又可以弯曲，利于操作。19世纪，欧洲人才从这一启迪中学会运用冲击式穿孔法。

捕鱼，最简单且使用最广泛的渔具，莫过于钓鱼竿，时至今日仍在应用。现在的网箱养鱼，也少不了用竹材作网仓架。至于盛鱼虾所用的筐、箩篮、篓更多为竹编制。

畜牧业上，最初牧马人用的竹鞭，手中套马竿即为竹竿，还有牧羊人的牧羊鞭。加之，圈马、圈羊的栅栏也少不了应用竹材。

人们生活在大地上，劳作于天地间，顺应大自然的脉搏跳动，伴随着春夏秋冬的流转，风霜雨露的变化到处都能见到竹的影子，可见竹渗透于人们日常生活、生产之中。

3. 竹饮食文化

我国人民自古就以竹笋为蔬，《周礼、天官、醢人》："治菹雁醢"。治，即笋。《万物异名录、蔬谷、笋》载："竹谱，笋世呼为稚子，又曰稚龙、曰箨龙、曰龙孙。"竹笋，这种竹类的嫩茎、芽，被视为素鲜佳品。具有清洁、芳馥、松脆之美质，与黄豆芽、冬菇，俗称为素鲜"三霸"。湖南有人将熏煮的大竹笋称"素火腿"。水乡山村也有将竹笋喻为"卫生食品，寒士山珍"。先人早有诗赞曰："笋干伴壶语，客人笔灯前，谈起竹子经，通宵不得眠。"现代利用先进加工法，除笋干外，还有笋衣、笋丝丝、酸笋、盐笋和罐头笋等。

竹不仅直接为人类提供食用的笋，而且还以其自身特有的清香，为食文化增美。

笋既是佳蔬，又是药物。由于笋性寒味甘，可治痛保健。《本草纲目》记载：苦竹、桂竹之笋成竹时而枯死，色黑如漆，名"仙人杖"，可治哕气呕逆、反胃；甘竹根有安胎、止产后烦热之疗效；紫竹鞭，烧研，可治肿痛；苦竹用烘烤法制取竹沥，俗称竹液可治痰症；堇竹沥治风痉，篁竹叶有除烦热风痉之功效，有"竹叶汤"之说；笋衣即竹箨也是一味中药，即晒干烧成灰，涂患处，可治鹅口疮；紫竹箨烧散和油擦拭，可治小儿头身恶疮。还有竹实，一称"竹米"，状如麦粒，可食；一为菌类，大如鸡，生于竹林深处，为竹叶层层包裹，味甘胜蜜，食，心膈清凉。

此外，还有竹酒等名贵的竹类食品。民以食为天，竹作为可食品之一，与我国人民结下不解之缘。

4. 竹审美文化

竹，生长于山崖水滨，或种于庭院农舍，青青向上，四季碧绿，生机盎然。它送来清风，迎来朝阳，朝朝暮暮，苛求于人类甚少，授益于人类颇多。其瘦节清姿，秀美的神态，潇洒的风韵，给人以无限的审美情趣。竹与中国人携手走过了五千年文明旅程。竹是"岁寒三友"之一，自古诗人因竹而吟，画家因竹而梦，艺人因竹而舞，竹给予人类超然的审美情趣。形成咏竹诗含翠，画竹笔带香的独特的竹子审美文化。

古人写竹的静态之美："日出有清荫，月照有清影"。写竹的动态感美："竹云摇曳处，凉意眼中生。"元代的杨维桢写《雨竹》"倚石看新笋，争妍个个添。佳人听春雨，笑隔水晶帘。"各处风景名胜，多为绿竹猗猗。四郊村舍，常掩映在丛竹之中。竹林中的小径更具魅力。"幽径行迹稀，清阴苔色古，萧萧风欲来，乍似逢山雨。"竹林道上，特有的诗情画意，令人赏心悦目。

文人骚客多喜吟竹，往往寄寓了丰富的思维、情感。"嫣然一笑竹篱间，桃李漫山总粗俗。"桃李芬芳，翠竹高雅，许多文人雅士选择了后者。还有"竹林近水半边绿"，竹给予人类超然的仙趣，从审美之中透析出深刻文化内涵。明时吴孔嘉《咏竹》曰："几竿清影映窗纱，筛月梳风风雨斜。相对此群殊不俗，幽齐松径伴梅花。"可见，竹集自然美、内在美与艺术美于一身，使之百世而不衰，为世人所喜爱。古往今来反映在审美中，除画竹、吟竹之外，更多的是融进了人们日常生活之中的竹器制品，由此产生竹编工艺，深植于民间，源远流长，有着广泛的根基。远在新石器时期，先人就已开始用竹制作生活器具，《辞源》收古代竹器品就有近200种。湖南长沙马王堆汉墓出土的竹胎漆器及其他竹制品精美绝伦，世所罕见，可见竹工艺中的审美文化源远流长、历史悠久。

唐时曹松的一首《碧角簟》诗，描述竹席编织的精美，为消暑纳凉带来无穷乐趣。诗云："细皮重叠织霜纹，滑腻铺床胜棉茵。八尺碧天无点翳，一方青玉绝纤尘。蝇行只恐烟黏足，客卧浑凝水浸身。五月不教炎气入，满堂秋色冷龙鳞。"

竹器制作和竹编工艺发展至今，产品已达数十类，7000余种。许多精美的竹器以其精湛的技艺、巧妙的构思，誉满天下，行销海内外。由于我国地域辽阔，竹产品也因各地风情、传统工艺和欣赏趣味不同，而各有自身的韵味和风格。一般而言，四川的竹器以纤巧精细见长，与巴山蜀水的秀丽有关；福建的竹器以华丽浓艳著称，这与当地人民热情奔放的性格相通；而江浙一带的竹编善于写意，追求神似，与发达的文化，众多的风流名士，不拘一格的创作激情有着一种天然的瓜葛。

我国竹乡，农闲时节，几乎家家从事竹编。最早用竹来编制日常生活器具，后来逐渐发展成为一项重要的民间工艺。巧夺天工的产品，出自民间艺人，他们心到手随、构思巧妙、编织精细，想怎么编就怎么编，实用与艺术相结合的竹工艺品为世人赞美，并被国际友人称作"世上精品"、"东方珍宝"。

竹雕，即竹刻，作为一种工艺，随着审美情趣与欣赏水平的提高，在我国也有着悠久历史。竹雕种类繁多，如佛像、龙船、山羊、长颈鹿等一类竹根雕或雕拼动物，有着较高的观赏价值；还有一类，将实用与观赏结合，如笔架、笔筒、雕花竹椅、花篮、拐杖等。

近年来，外贸的发展，兴起了竹雕画，巧妙利用竹材的天然色彩，动态和质地，吸纳我国传统雕塑艺术的表现手法，经过画、塑、雕、拼、叠、粘、接、装等八道工序，组合而成，具有立体感。竹黄工艺为竹雕的一种，系将楠竹锯筒，去青去节，剖下内层竹黄，经煮、晒、压平、胶合或镶嵌于木胎之上，再经磨光，雕刻成人物、山水、花鸟鱼虫等图案。竹黄产品小巧玲珑，色泽光润，类似象牙，多以实用的小件工艺品为主。竹雕使有笔所不能到而刀刻能刻之，既能传镌刻艺术之神，又复存画家、书法家原作风格与韵致之妙。

由上可见，古往今来，人们不仅喜欢竹之外形，而且更爱竹之内涵，把人的景物观和价值观移情于竹的自然风采，寄托人的思想、感情和生活理想，使竹文化成为中华民族文化各个领域亚文化中的一种文化现象、一个文化单位，即中华文化的最小单位之一。然而它展示的效果却是中华文化区别于其他文化的重要标识。我们无论从竹文化景观的构筑材料，形制特征，还是从它所体现出的文化氛围；无论是从竹文化在一定环境中用于较稳固地象征某种特定意义的事，或是表现它的文化意指，均能非常鲜明地显示出中华文化的特色，透出深厚的文化内涵，中国也由此被称为"竹子文明的国度"。

二、竹文化的本质及其精神

竹是物质的，竹渗透到中华民族饮食、日常生活用具、生产工具、建筑、交通工具、文房用品、工艺品、乐器、舞蹈、宗教、文学、绘画等生产、生活的各个领域，表现出中华民族为了满足衣食住行的生活需要、生产需要、书写需要、审美的要求等，有意识地应用竹。可见，竹文化深深扎根于中国人民的长期实践过程之中。文化不是自然的对立物，而是自然的必然产业。文化的产生虽源于自然界，但在取之手段与方法上不同民族却又有很大差异。我们中华文化为代表的东方文化，与古希腊以来的西方文化由于其思维模式不同而差异很大。西方文化采用分析方法对待自然，体现天人对立、心物对立、神人对立；而我们中华文化为代表的东方文化，则主张和谐的象征、比较的思维方式，采用温和、友好的手段，即"天人合一"，先与自然做朋友，然后再伸手向自然索取人类生存所需要的一切。在中国文化中，将自然看作一个充溢着生命、充溢着发育创造的意域，人与自然是一个和谐融贯的整体，这样的自然观极大地启示了中国哲学和中国艺术精神。在文化观念上，以竹文化为代表，一双竹筷、一架装有兜水竹筒的抽水车、一座竹楼或竹桥、一把竹丝扇、一只竹管毛笔、一根竹笛、一个竹灵牌、一首吟竹诗、一幅墨竹画、一句"无竹令人俗"的人生格言，无不渗透出有别于欧洲文化、非洲文化、拉美文化的浓郁中华气息的文化。见物思情，竹筷是中餐别于西餐的标记，筒车是中国古代、农业技术的代表，竹楼是中华民族建筑的特色，竹桥是中国特有的交通设施，竹丝扇是中国艺术的杰作，竹筒毛笔是中华文化特有的象征，竹笛是中国乐器的特色，竹灵牌是中国专用的崇拜物，吟竹诗词是中国吟物诗词的体现，墨竹画代表着中国画、借竹喻人格更体现出中华文化的基本特征。中华文化也正因为有其他文化所没有的竹文化等文化现象，其文化内涵才具有自身鲜明特殊性。竹文化成为区别于其他外来文化的基本最小单位之一。

竹自古就在我国人民的实践过程中与整个自然一样，被逐渐"人化"，进入到人的生活之中，并被作为延长人的身体器官之物，加工、制造成各种各样的生产工具和生活用具。因此，竹的开发和利用过程也成了竹的"人化"历程。人们在饮食、日用器物、生产工具、交通工具、建筑竹材、书写工具、工艺品、乐器和舞蹈道具中的竹，构成的无非是器物的物质材料，而文化内涵的显示不在竹本身，而是竹所构成的器物及其使用规范。同时，在采用诗词歌赋、文学、绘画等多种手法，构成情感依附于竹意象，情志贯注于竹意象，情志超越于竹意象和简淡远溢的绘画风格。可见，竹文化涉及方方面面，内容丰富多彩，与人民生产、生活紧密相连。正如古人所言："华夏竹文化，上下五千年，衣食住行用，处处竹相连"。竹深深地扎根于中华民族的物质与精神生活之中。

竹在中华文化中蕴含着人文精神，被人格化。人文精神是实现中华民族伟大复兴的动力源泉。象征东亚文明的竹文化成为象征中华民族的人格评价、人格理想和人格目标的一种重要的伦理道德观。中国传统文化的儒家与道家两种迥然不同的人生道路和人格理想，即：建功立德与循迹山林、刚正奋进与淡泊自适的二元人格标准均成了中国传统理想的伦理观。竹文化体现的人格及其特有的包容性，某种程度上代表了中国传统人格的整个结构和系统。人格精神，在自然师法中戮力励行，提升品德。一方面在热爱自然万物的胸怀中，普及仁爱精神，对万物的悲怜，发挥仁爱胸襟，实现同情体物、悲怜博爱、人我为一的境界；另一方面，文人雅士也从自然中学到率性认真、毫不雕琢的天然人格风范，"手挥五弦，目送归鸿"，一切都是任意的、天然的、与大自然同在。我国1700年前的魏晋时代，就以"竹下风流"代表了文人名士亲近自然，亲近山水的人格风范。"竹下"这一词就有艺术风韵，具有大自然的生命灵气。实质上历史上的魏晋风度完成了哲学的自然到人的自然，从人的自然到山水自然的转变。竹子，自古成为中国人高洁人格的象征，它挺拔虚白，俊逸潇洒的自然风韵，成为士大夫理想人格的追求，体现着对大自然的热爱和真情，展示的效果是精神氛围的，是中华民族内在精神的外化形式，引发出固有的而不是臆造的竹精神。竹作为一自然灵物，在人们的精神生活中表现出中国传统理想的人格精神境界和精神威力。

1. "雨后春笋"般的开拓进取精神。

雨后春笋展现出勃勃生机，争先恐后的气势，与倔强的性格和积极向上的开拓进取精神，被我国人民视为奋斗与理想的化身，比喻新生事物大量涌现，蓬勃发展、积极进取。因为，世上没有任何一种植物的幼株，在其生长过程中，能像雨后春笋那样，给人以更多的启迪和巨大的精神力量。

在适宜竹子生长的广大地区，一场春雨、一声春雷，即可唤醒千千万万根竹笋，如伏下的奇兵，破土而出，突兀而起。就竹笋的生理机能而言，幼嫩的竹笋，分生能力强，细胞繁殖速度快，遇水分供给充足，体内无数小细胞会一起迅速增大，使笋体突然增高，破土而出。又因其伸长期多发生在凌晨，所以傍晚竹林往往不见一笋，而一夜春雨过后，便满地钻出许多毛茸茸的笋来，笋尖上还顶着珍珠般剔亮的养心水，生机勃勃，被人们广泛作为成语应用于新生事物的大量涌现，体现出开拓进取的精神。笋的力量惊人，一根竹笋能够掀翻压在它上面重达一二百斤的大石板，甚至能顶穿坚硬的水泥路面。春雨后的山野，在岩壁石缝中，或沟沟壑壑，或腐叶堆里，均可见冒尖的竹笋。春笋的旺盛生命力，笋的毅力和钻劲，激励着人们的思想情感，"雨后春笋"般的开拓进取精神体现得是那样贴切。

2. 不可毁其节的抗暴精神

竹中空、有节的自然特征，尤为人们所赞赏，因为它有寓意、暗示和象征作用，寄托人的思想、感情和生活理想，表现为一种道德价值观。所谓："竹可焚不可毁其节"，将它人格化，比喻中华儿女，把竹作为人立身处世的准则，把人的景物观与价值观移植于竹的自然风采、神韵与姿质，将竹引入社会伦理与美学范畴。其挺拔凌云，俊逸高雅之形象，与虚心有节、铁骨傲霜、四时不改柯易叶等独特之处，使竹成为理想中君子贤人的化身。古人颂竹的节操："风雪漫相浸，青青不改移。无人见高节，只有白云知。"清代的郑燮在《竹名》文中，称赞竹的风骨："咬定青山不放松，立根原在破岩中。千磨万击还坚韧，任尔东西南北风"。"宁折不弯"的豪气和中通外直的度量，成为中华民族品格的一种象征。中国的天人合一观念和"比德"思维作用，使人受自然感动，楷模天地，师法自然。自然的文明不仅融贯天地，而且傍及万物，大自然是文化的真正源泉。人们在自然中学到了率性认真、毫不雕琢的天然人格风范。竹子虽然可以被烧毁，但不可能毁掉它的节。因为竹杆常为圆筒形，极少为四方形，由节间与节连接而成，节间常中空，少数实心。"不可毁其节"名言由此而来，它表达了中华儿女的刚正、高洁，不屈服外来压力的民族气节和抗击暴力，视死如归的民族精神。竹的品格亦被注入人的精神世界，激励和鼓舞着人民，树立"竹可焚而不可毁其节"的不屈不挠的抗暴精神。

3. "直节虚心是我师"的为人师表精神

竹作为一种自然灵物，在人们的精神体系中被推崇备至，甚至在行为举止上表现为对竹的礼赞，使人悦目怡情。"直节虚心是我师"，与"竹可焚而不可毁其节"以及"刚、柔、忠、义、谦、贤、德"，同成为文人雅士修身明志的行为准则，对人们的社会伦理和道德观念产生深刻影响。人们在喜爱竹之外形，敬竹崇竹、寓情于竹的同时，更引竹自况，吟诗赋竹、作画赞竹。中国人的传统景物观认为，自然万物皆有德性，人与自然直接感通，产生了人对自然的"有情"观念。人们欣赏竹子的天姿，更敬佩其品格，甚至将竹的品格与精神作为人的楷模，当成自己的老师。

竹子虽无花无香，然而挺拔、常青、中空、有节，"贞姿不受雪霜侵，直节亭亭易见心"。这种自然特性，使它区别于其他植物，形成了特有的品质和激人奋进的为人师表精神。竹的品德正如唐代诗人白居易在《养竹记》中所言："竹本固、竹性直、竹心空、竹节贞"。中国人历来将竹作为高洁人格的象征，体现着人对大自然的热爱和真情。

在《人面竹说》的散文中，文章以人面竹为喻，赞誉了口心如一的正直之士，讽刺了那种只有人面而无人心的奸邪之徒。文中说："竹无耳目口鼻之用，偶以体似，故人面目之，曾不知中虚且直，心与面如一，彼非特人面，而心亦人矣。世必有人其面竹其心者，吾谓之君子。"说白了，竹子没有耳目口鼻器官，偶尔因为形体相似，所以以人面而看待它，可是却没有料到它中间虚静而纯直，心面如一，不仅有人的脸面，而且心也像人了。如果世人以竹为师表，心面一致，我就称他为君子。可见，人们推崇竹的虚心、直节。该文托物喻义，弘扬竹在社会伦理道德方面的为人师表。

竹，成为人们精神上的"良师益友"，文人雅士立身处世的道德规范，而且代代相传，历经千百年而不衰，这是其他花草树木所无法比拟的。

4. "不可居无竹"的儒雅精神

竹子不像石头那样巧怪，不像花卉那样妖艳，而像那些孤傲正直的人一样，具有不与世俗同流合污的品格和节操。

最早赋予竹子以人品的是《礼记》，其中"礼器"篇载："其在人也，如竹箭之有筠也，如松柏之有心也，二者居天下之大端矣，故贯四时而不改柯易叶。"在这里，用筠箭比喻人坚贞高尚的品格。魏晋时代，因天下多故，七位文人雅士为逃避现实，常在竹林中聚会，借竹的高雅、抒泻忧愤，世称"竹林七贤"。文人士子纷纷起而效尤，掀起敬竹崇竹、寓情于竹、引竹自况之风。在"竹林七贤"的影响下，逢乱世，纵情山水的文人士子，则常以竹林作浪迹之所，闻有好竹即远涉造访，对竹啸吟，以"竹中高士"相称。这与时代的社会政治状况、生活风尚的变化均密切相关。《世说新语》载："王子猷尝暂寄人空宅住，便令种竹。或问：'暂住何烦尔？'王啸咏良久，直指竹曰：'何可一日无此君邪？'"。很有代表性，可见竹已是魏晋时代文人雅士高洁人格的象征，它的挺拔虚白、俊逸潇洒的自然风韵，成为理想人格的追求，对竹的挚爱体现着文人士子对自然的热爱与真情。竹子的品德已融注于自己的生命之中。

唐代诗人王维的诗："独坐幽篁里，弹琴复长啸。深林人不知，明月来相照。"反映诗人清幽绝俗的心境。还有"看竹何须问主人"之句，表示只要看到竹主人的幽雅居处，便令人产生景仰之情。

唐代诗人元稹与白居易曾以对竹的欣赏作诗互赠。"有节秋竹竿"表示唯有竹傲然挺立，不改颜色，以竹自况。并以"共保秋竹心，风霜侵不得"，为两

随南林大竹子研究所赴巴西、智利考察竹子资源，作者（左一）

人共勉。少壮时即以气节相砥砺的情谊，将竹的品质化为人的美德，并作为一种伦理规范和行为准则，自况和互勉。

《植竹记》文，将人的品格具体化为"刚"、"柔"、"忠"、"义"、"谦"、"贤"、"德"，并一一赋予了竹子。此外，还通过慈竹（子母竹）和筇竹（扶老竹），弘扬了"新慈子孝"和"尊敬长者"等伦理规范。

最能体现儒雅精神，对后世影响最深的，还是宋代的大诗人苏东坡，他每居一处，便栽翠竹，"朝与竹乎为游，暮与竹乎为朋"，并诗云："可使食无肉，不可居无竹；无肉令人瘦，无竹令人俗。"他的"无竹令人俗"成为传世名句，千百年来，透过竹的高洁，弘扬了伦理道德和高尚品质，表现文人雅士的清高，以及不与世俗同流合污的品德和节操。

"无竹令人俗"的儒雅精神对后世影响深远。清代著名画家郑板桥爱竹成癖，更是"无竹不入居"，一生画竹，引竹自勉，竹成了他人品的化身。

在人类社会进入 21 世纪的今天，随着当代科学技术的飞速发展，经济全球化进程正在不可逆转地加速前进，文化在综合国力中的地位已愈来愈突出。我们必须认真地了解多元共存，和而不同的文化理念，站在全球视野下来观察和探明诸种文明的历史与现象。而竹文化作为其中一分子，竭力表现的，正是博大雄浑与天地为一的高古境界。当我们把人与竹的天然关系付诸文化的表现形式，竹子必然产生了非凡的文化意味以及精神力量。中华的竹文化及其精神必将随着竹的发展与广泛应用，进一步弘扬光大，铸成中华文化新千年的辉煌！

（2002 年随南林大竹子研究所赴巴西、智利考察竹子资源后，于 2004 年 4 月撰写）

娇姿千种出匠心

——谈插花艺术

插花起源于中国六朝的佛教用花，已有千年历史。它盛行于北宋，普及于明朝。明代袁宏道的《瓶史》专论此道，是中国最早的系统插花专著，并为世界所公认。

插花如作画，讲究章法。与绘画一样，中国插花以自然式的线条为主，简洁、素雅、以精取胜，采用中国画借物寓意的手法，注重意境以取得情景交融的艺术效果。

中国式插花可选用的植物材料相当广泛，木本、草本、旱生、水生、栽培、野生均可。由于中国式插花崇尚自然，故多以含苞欲放者为主，再配以少量盛开的花朵和未绽的花蕾。叶片选择须姿态各异。选择木本花卉，一般选叶小，自然弯曲度优美的枝条表达挺拔或刚直的题材，枝条不宜弯曲。插花时选来的枝条，要根据构图和立意的要求，进行剪裁。配置宜疏不宜密，依植物体态之势，高低参差，排列有序而达到体现该类植物美的境界。近代，我国插花大量地吸收了欧美插花艺术的特色，亦多应用草本花卉，风格更为丰富多彩。

插花的器皿，不仅用于贮水，盛放花朵枝条，其本身也是插花艺术整体的一个有机组成部分，要求与插花色彩造型等方面的和谐与映衬。插花分为瓶式、水盆式（因盆浅，必须使用插花座）、筒式——又称竹筒式、花篮式、家庭日常器皿插花（常见的有碗、盘、罐、坛、瓶、匙等用具）等。

插花根据不同的技巧和方法，又可分为下面几种类型，即直立式插花、饱满式插花、重瓶式插花，竹篓式插花、繁花式插花。此外，选择大自然中的闲花野草和

全国花卉展览上的合肥展台

天然插花容器，构思着眼于"野"，即野趣式插花。

为了使插花鲜嫩娇艳，经久不凋，除了掌握一般艺术创作规律外，还需了解植物的生长规律及其特性。

切取时间，需运输或贮藏的，应选择晴天的中午前后切取，否则则在早晨露水后切取最佳。木本和多浆植物的花枝可用火烤切口处，然后把烧焦的部分剪去一些，既防止花枝输导组织被堵塞而妨碍吸水，又可抑制汁液外溢，防止切片被细菌感染。柔软的草本花枝，可用纸包好切口处，然后用热水速烫，或将花枝切口浸泡水中，再取出剪去末梢，蘸上食盐。

插花换水时应剪去花枝基部被污染的顶端 1~3 厘米，或者将基部纵切两刀，呈十字形，中间夹一小石子，扩大吸水面积。

为了减少养分消耗和抑制呼吸强度，还可采用剪取法去除雄蕊。

有些花枝需要采取特殊处理，如海棠花宜用薄荷叶子包住切口处，荷花枝切口要用泥土涂塞，再用头发缠绕。

插花用水一定要洁净，雨水最好，其次是河、井水，自来水宜放置一天以后再用。为了保持清洁，每天换水一次，夏天为了防止瓶水变质变臭，可摘除泡入水中的叶片，或放入 0.1%~0.5% 的硼酸，少量的高锰酸钾、阿司匹林片、1% 的食盐等。为了保持插花的鲜艳，还可在器皿中放入少量营养物质，如维生素 C、盐、糖、蜜等。一般说来，叶质粗硬的草本植物对糖的要求较高，叶质柔软的木本花卉要求较低。

此外，生长激素能延长切花寿命，如 BqVc 等。6—BA，在防止切花老化方面也有一定效果。在国外，鲜花保鲜剂正普遍使用。

插花一般放在室内。早晚阳光柔和，无风时也可放在室外。但它最忌久晒、暴晒、大风吹。夏天，宜将插花夜晚放置室外无风凉爽有露水的地方。

如果插花得法，一束香艳娇美的鲜花可以经久不凋，给你的居室和生活带来美的情趣和芬芳的气息。

（原载《合肥建设》杂志 1988 年 2 期）

合肥植物园
弘扬生态文明　展示花卉文化

初春的合肥第九届梅展和紧随其后的玉兰花展刚结束不久，又由合肥市林业和园林局、市旅游局共同主办，合肥植物园承办了中国合肥 2010 郁金香花卉节。

一、成功举办 2010 郁金香花展

本届郁金香节从荷兰引 12 个优良品种 15 万个种球，包括早、中、晚三种花型及桔红、艳红、乳黄、乳白、橙色、紫色等多种花色，去年 12 月下旬在植物园种植，种植面积近 4000 平方米，分别种植在园内秋景园、花博园、盆景园等处。其中，在主展区，采用融合郁金香花型与和平鸽双翼相结合的造型，寓意着本次花展充满生机、活力、和平、友爱，呈献给广大游客绚丽多彩的视觉盛宴。花展期间还举办了一系列文化活动。科普知识展让更多的人了解和喜爱郁金香。少儿绘画比赛、郁金香摄影比赛和新光大道"我和春天有个约会"艺术大比拼活动更激发游客参与郁金香节的热情。"森林里的故事"童话剧演出及卡通人物踏青巡游、伴游活动，向游客提供了独特的导游服务。

作者（左2）与合肥植物园园长周耘峰（左）、市园林局冯修传处长（右）于 2005 年一同考察海南尖峰岭

秋景园大面积的郁金香花境、盆景园的品种展示、花卉博览园里颇具荷兰风情的大风车下的成片花坛，艳丽似火的红色与珍贵的紫黑色的郁金香争奇斗艳；金黄色郁金香迎风摇曳，粉的、乳白色的则犹如凌波仙子静静盛开令人倍感温馨；花大如牡丹的重瓣品种则热烈奔放，洒金的色彩斑斓。各品种郁金香各具特色，令人目不暇接，形成花的海洋，带给人们绚烂多彩的视觉享受。

二、全国花展频繁落户植物园

进入新世纪，植物园人锐意进取，以科学发展观为指导，立足本职、面向国内外，先后争取全国首届桂花展、中国梅花蜡梅展、中国赏石展，还迎来参加环球洲际小姐决赛的佳丽竞选"荷花仙子"。

三、喜迎第 24 届全国荷花展

经中国花卉协会批准，第 24 届全国荷花展花落合肥。此次全国展会将于 7 月 3 日～8 月 29 日在合肥植物园举办，包括北京、天津、上海、重庆、澳门等 22 个省、直辖市、特别行政区参加展览。展会期间将有 6000 多缸盆栽荷花、100 余亩的水域荷花展示。此次展览汇集了全国各地 400 余个精品荷花品种，还有碗莲、热带睡莲、王莲等珍稀水生植物。这是合肥植物园迎来的第四次全国性花事活动。

目前，荷花长势喜人，尤其植物园的艺梅馆碗莲展区的一株小型荷花"绯桃"品种已开出并蒂莲花，亭亭玉立惹人喜爱。并蒂莲开放，象征着幸福、吉祥，该并蒂莲的盛开为本届全国荷展在合肥植物园的举行带来了良好的兆头和美好的祝福。

（原载《安徽园林》杂志 2010 年 4 期）

位于蜀山湖的合肥植物园一角

第四章　无声的诗　立体的画

　　盆景是中国古老的传统技艺，以小中见大、意境深远的巧妙手法，塑造出"无声的诗，立体的画"；体现出千姿百态、古朴优美、雄奇秀丽的各种树姿，展现出万里江山、湖光山色、柳岸波光的美丽景色，达到源于自然而高于自然。因此，盆景被称为"盆里乾坤大，景中气象新"的高雅艺术品。

合肥盆景

　　被誉为绿色之城的合肥，古称庐州或庐阳，是新中国成立后发展起来的一座新型城市。盆景作为缩小的园林，近几年在这绿色之城得到了迅速的发展。尽管盆景艺术在这里起步较迟，但它作为一种综合艺术，随着安徽经济和文化艺术的发展，立足于徽派原有的特色，兼取百家之长，避自身之短，蓄意创新，使徽派盆景得到了继承和发扬。

　　徽派盆景起源于唐代，已有千年以上的历史，其树桩盆景素以苍古、奇特而闻名，是我国盆景艺术的主要流派之一。徽派盆景又由于受新安画派影响较大，在历史上又称为新安派。

　　徽派树桩盆景的形式，因树种的

作者（右）与盆景园主任磋商盆景技艺

不同，分为游龙式、扭旋式、疙瘩式、三台式、屏风式、自然式。其品种主要有梅、桃、桧柏、翠柏、罗汉松、黄山松、桂花、紫薇、紫荆和南天竹等。其制作方法多采用棕皮、树筋等材料加以扎缚，或用树棍支撑；对大枝干的形态讲究蟠曲，小枝则一般不作细加工。近代徽派盆景之所以未受到人们的重视，主要是因为其造型呆板、公式化，幼时又不太美观等。发展中的合肥盆景，则以徽派为基础，对老盆景进行了改造，又充分利用了安徽丰富的植物资源和山石材料，吸收了安徽现代文化艺术的成就和本省自然风光的特色，闯出了一条徽派盆景艺术的新路子。

合肥的树桩盆景，主要采用修剪和绑扎相结合的手法，保持了传统徽派的几种主要形式，取姿择盆，因势栽植，剪除杂芜和呆板枝条，随桩而异，力求自然，直到神定气足才罢休。例如：游龙式梅桩，既保留了腾空而起或搏浪弄潮的飞龙、水龙的姿态，又适当地改变了传统的主干结扎使之弯曲成龙的呆板之姿。其侧枝也打破了千篇一律对称三弯成龙爪的手法，该留的留，该疏的疏，使盆景的造型静中有动，形似活龙。所用树桩，除原有品种外，又注意挖掘丰富的野生资源，并发掘出大量的新品种，主要有榔榆、雀梅、腊梅桩、檵木、黄荆条，胡颓子、银杏、珍珠黄杨、紫藤、红枫和五针松等。在制作上，除保留其原有特色外，力求创新，如用五针松制作成黄山"迎客松"之雄姿，将形状古怪的老树桩，巧妙地保留了三台式的嫩枝叶，对侧枝移用了主干扭旋式的手法等。

合肥的山石盆景，普遍采用了本省产的珍奇石料，模仿了安徽的名山大川，更赋予了社会主义新的精神风貌，既有安徽特色，又有时代气息。例如皖西产的猛石，利用其布满修直挺拔的"斧劈皴"的自然外形和色泽棕黄的特点，模拟安徽黄山的山纹石理，又利用其垂直挺拔的竖纹，表现出壁立千仞，崎岖逼人的山势。这样制作的"梦笔生花"、"金鸡叫天门"、"五姥上天都"，"猴子观海"等盆景，再现了"五岳归来不看山，黄山归来不看岳"的秀丽景色，使人深感万物造化之奇妙。

合肥盆景是在党的十一届三中全会以后才得到恢复和发展的。在继承、发扬徽派盆景艺术的征途上，它还刚刚迈开步子，有待于广大盆景工作者持之以恒地去努力奋斗。通过广大盆景工作者的努力，相信作为我国历史上主要流派之一的徽派盆景一定能够重新大放异彩。

（原载《园林》杂志 1985 年 5 期）

安徽省首届园林花卉盆景评比展

我省的徽派盆景自古以来就是中国盆景五大流派之一，源于徽州卖花渔村，可追溯到北宋年间，距今已有1100多年历史。其树桩盆景造型以游龙式、扭旋式、疙瘩式和自然式见长，形成"苍古、奇特、自然、雄奇"的艺术风格。山水盆景多利用省内的石资源，灵璧石、宣石、锰石、龟纹石、芦管石等不同材料，展现一派浓郁江淮风情的优美自然风光，形成"自然、秀美、幽深、雄伟"的艺术风格，具有浓厚的地方特色。

盆景艺术犹如园林艺术，是太平盛世的艺术。当今，盆景已逐步融入人们的日常生活，令人赏心悦目、陶冶情操，增添了生活乐趣，丰富了精神生活，是促进身心健康值得推广的艺术佳品。

这次展出的千余盆各式盆景均来自全省各地园林专业工作者和众多业余爱好者多年制作和精心培育的精品。在技术上继承和弘扬了徽派盆景的传统风格，同时有创新，让诗画尽在咫尺中。此外，还展出了赏石、根雕多件艺术品。石头自古素有"地球脊梁"美称，爱石头就是爱祖国、爱大自然、爱人类，因此中华石文化亦源远流长，赏石收藏热也日渐兴起。

根雕即"根艺"，利用树根、竹根经天然造化或人工雕琢而形成的艺术品。树根可从不同角度，塑造不同的形象，需待慧眼识宝。心灵与巧手的营造，往往可使被漠视的灵魂得到新生，尽情弘扬出独特的艺术个性，而形成一首凝结情怀的诗。

总之，这次我省首届园林花卉盆景评比展，汇聚了省内各地名家收藏的盆景、雅石、根雕等精品。观众在现场不仅可以观赏这些精品，而且可以从中领悟到徽文化的特色底蕴。这是安徽人的骄傲，其精神是推动各项事业发展之根本。

（原载《安徽园林》杂志2003年1期）

让徽派盆景走向世界

为迎接在北京举办的第八届亚洲太平洋地区盆景赏石展，省园林学会在黄山市世纪广场举办第二届安徽园林花卉盆景赏石展，现场挑选盆景和赏石参加亚太地区的盆景赏石展，让徽派盆景走向世界。

徽派盆景的形成

据史料记载，徽州盆景起源于唐代，南宋时已出现规则式游龙盆景。明代以后，随着徽商的发达，坚实的经济基础和深厚的文化底蕴，促成了徽派盆景独特艺术风格的形成和成熟。明清时期达官巨贾宅第园林建筑和文人雅士庭院陈设的需要，更使徽派盆景进入蓬勃发展的鼎盛时期。当时绩溪一带每12年举行一次盆景赛会，名为"花果会"，清《浮生六记》一书就记载了光绪四年（1848年）绩溪仁里村的花果会，"所设花果盆玩，并不剪枝拗节，尽以苍老古怪为佳，大半皆以黄山松"。这种盆景盛会可以说是徽派盆景展览的早期形式。年长岁久，盆景盛会已演变为民间节事，这在全国其他盆景流派中是极为罕见的。

徽派盆景的特点

徽派盆景的特点是古朴、苍老、遒劲、庄重、幽静。徽派盆景主要呈树桩盆景，树桩大而奇，形态蟠曲古朴，造型精巧奇美，倔傲刚劲。用于树桩造型的主要树种有梅、圆柏、翠柏、黄山松、罗汉松、榔榆、天竺、南天竺、紫薇、山茶、村鹃等。以梅花、茶花为上品，其中以梅桩最具有特色，称为"徽梅"。而梅中又以骨里红、绿萼、朱砂、送春、玉蝶等品种为佳。茶花品种近30个。有色泽的不同和浓淡的变化，又有单瓣重瓣之分，花朵大小之别。

徽派盆景以枝干虬曲的木本植物为培养对象，经移栽、修凿、剪扎、摘心、去芽等手法，创作出较主干自

然树木更丰富多彩的艺术品。如松柏之葱郁劲健，竹子之潇洒清秀，梅桩之古雅幽芳，榔榆、雀梅之拙朴苍古，黄杨之清朗茂密等，具有独特的艺术风格。

徽派盆景的主要产地

歙县县城东南 7 公里卖花渔村，本名洪岭村，地处新安江南岸沟谷腹地，海拔 200 多米，四周高中间低，形成一个小盆地。气候温暖湿润，土壤深厚肥沃，为盆景植物的生长及树桩的培育提供了优越条件。唐末洪氏迁居于此，逐渐形成村落。其村形如鱼，村头尖尖状如鱼嘴，村腰渐宽如鱼肚，村脚房屋向两翼展开如鱼的剪刀尾。村人洪姓喻水汹涌，鱼得水则生机勃勃，故在鱼字边加三点水称渔村，又因村民以种花、培植树桩、制作盆景为业，遂称"卖花渔村"。

早在五代时期，该村洪必信，号梅窗居士，嗜读史书、善题咏。曾在居屋旁建小楼数间植梅于前，并作咏梅花诗百首以自乐，这是卖花渔村种植梅花之始。此后其子孙以培植花木为业，并巧用"咫尺千里，缩龙成寸，小中寓大，虽假尤真"的艺术手法，将各种花木培植成盘根错节，或悬空倒挂，或亭亭玉立，或笔直挺拔的各式造型行销各地。卖花渔村遂成为远近闻名的徽派盆景的重要产地。

培植梅桩盆景，一般需先在露地上压条和培育，每年二三月份用棕皮、木棍进行一次人工蟠扎、盘弯、整形、年复一年。要使主干似龙身蠕曲一二十个弯，需经过十年、二十年，甚至数百年的工艺处理才能培育成型。成型后的梅桩，主干似龙身盘旋，两边伸张二侧枝，犹如龙爪飞舞，整体造型如龙腾云，雅致美观。三台式造型，主干作二弯半，上方一顶，左右两侧各伸出一臂，三片经营的位置呈不等边三角形，形成三个台，寓意着仙界的 "蓬莱三岛"。迎客式则是主干略曲，二臂从主干基部三分之一向同一方向稍离伸展出去，枝梢扎成二小片，上方一大而圆满，整体造型如同迎客松展臂迎客。圆台式，主干弯曲成稍斜，枝条放射状伸出，扎剪成椭圆形云片状或云朵状树冠。扭旋式主干做螺旋状弯曲，俗称"磨盘弯"枝条稍作弯曲，从不同方向向四面立体伸出，再度修剪，顶片与基部处在同一条中心线上，具有整体感。提根式，主干略作弯曲，任其自然根部外露悬空，或曲如龙爪自然、洒脱。悬崖式的主干、大枝作多次不规则弯曲，向一侧下垂伸出，配以高盆，恰如神龙缘臂探涧，极富动感。

（原载《安徽园林》杂志 2005 年 2 期）

安徽最年轻的首批盆景艺术大师
樊顺利和他的盆景艺术

　　樊顺利，1971年生，自小受其父亲影响，酷爱盆景，现已从事盆景艺术近20个年头。他独自创立的樊氏盆景园占地面积160亩，已栽植各类树桩植物1.5万余株，拥有成型盆景2000多盆，总投入达800多万元。中国盆景艺术家协会于2004年5月授予他"中国杰出盆景艺术家"称号，同年12月被安徽省园林学会评定为首批"安徽盆景艺术大师"，是安徽省目前最年轻的盆景艺术大师。

　　樊顺利盆景艺术在吸收徽派传统技艺的基础上有创新、有发展，其特点主要表现在：1. 绑扎植物材料，采用金属丝或棕绳多种手段蟠扎。在圆柏、松类造型上，多采用较粗铝丝蟠扎造型，克服了棕绳吊扎固定效果差的缺陷。2. 造型技艺上，实行传统蟠扎与机械工具结合，如对圆柏、侧柏、黑松等大型树桩造型，采用电磨、雕机等机械，克服了以往难以制服的原始粗胚大料，缩短了造型加工和培育的时间。3. 艺术风格上追求自然美与人工美的完美结合，如松柏类的大板松盆景造型，既吸收了日本现代盆景造型手法和审美要求，又结合了中国传统人工蟠曲造型技艺，不留任何蟠扎痕迹。特别是结顶和"舍利干"的制作，达到了"虽由人作，宛自天开"的境界。4. 盆景材料多以松柏为主，充分利用了造林中的黑松、赤松中的"小老树"和龙柏、圆柏、侧柏中的"损伤树"，变废为宝、化腐朽为神奇，创作出独具特色的盆景精品佳作。同时，他还兼顾其他植物材料，如映山红、柞木、雀梅、椰榆、三角枫等，制作出各具特色的不同盆景。另外，他又在圃地大量扦插培育罗汉松、真柏、贴梗海棠等苗木，从幼苗开始造型以求实现盆景生产的规模化和小型化，促进盆景艺术的普及和可持续发展。

（原载《安徽园林》杂志2005年1期）

第四篇

绿梦悠长

中国梦就是为了实现中华民族的伟大复兴，就是为了实现国家富强、民族振兴、人民幸福的需求，就是为了体现中华儿女不懈追求进步的伟大理想。而绿色梦则是中国梦的组成部分。我作为老园林工作者，在有生之年应尽其所能，采用多种方式读万卷书、行万里路、写万篇文、游万日泳，保持健康的体魄和心态，朝着绿色的人生永远在路上，不断追求人与自然，人与社会和人自身的三大和谐，我想只有这样，才能圆好自己的绿色梦想。因为梦想与追求相通，梦想与理想相伴，梦想是走向未来的指向。所以，绿色之梦成为我终身追求，只要生命不息，则圆梦不止。

第一章　绿色植物

　　绿色植物是城市中唯一有生命的基础设施材料，在迈向生态文明和城镇化高速发展期更显重要。绿化中植物除生态、景观功能外，还具有健身、游憩、文化和减灾避险等作用。发挥绿色植物在城市中的作用必须将"以人为本"、"生态优先"、"生物多样性"的基本理念融入其中，把园林绿化规划建设提升到生态文明建设的高度，作为美化城市环境、提高生态效益和打造城市软景观及海绵城市的重要材料。

城市绿化育苗为先

　　1981 年 12 月 22 日 ~26 日由国家城市建设总局在天津市召开了全国城市园林苗圃工作座谈会。国家城市建设总局副总局长秦仲方同志和国家园林局副局长叶维钧同志参加并主持了会议。参加会议有全国直辖市和省会园林主管部门及省会市属苗圃负责同志共 66 人参会。这次会议是在我国四川省今年发生历史上罕见的大水灾后，许多生态学家向中央提出保护森林，建设和发展绿色水库的倡议下，全国五届人大四次会议作出关于"开展全民义务植树运动的决议"后，国家城市建设总局召开的第一次城市园林工作方面的会议，也是我国有史以来第一次苗圃工作会议。全民绿化、苗木先行，充分体现党和国家对育苗工作的重视，开展全民义务植树运动首先从苗圃基础工作抓起。

　　会议主要精神：

　　1. 讨论研究开展城市全民义务植树的有关问题，为 1982 年 2 月份召开全国城市园林绿化植树会议作准备。

　　2. 确定园林绿化工作方针，明确苗圃工作性质和经营思想。今后园林工作的指导方针应以普遍绿化为中心，重点要在"林"字上做文章。城市园林苗圃是生产性质的事业单位，任务主要为城市绿化服务：①提供苗木；②对群众育苗进行技术指导；③培训技术力量。经营上实行计划管理与市场调剂相结合，必要时可进行行政干预的方针。苗圃在完成育苗任务的前提下，可以扩大自主权。以育苗为主适当开展与育苗和绿化有关的多种经营。

3. 重点讨论了关于"加强城市园林苗圃建设意见的讨论稿"，研究解决苗圃工作中存在的一些实际问题。

①土地问题：会议要求大中城市苗圃面积要相当于建成区面积的 2%~3%，即每平方千米要有 2~3 公顷育苗土地。对被侵占的苗圃用地要求限期归还，今后建设必须占用苗圃地时，必须先征地调换，后使用。

②在资金和物资供应上支持苗圃。北京市委根据中央领导 1981 年 2 月批文精神，决定每年拿出部分资金支持苗圃的排灌系统，温室、道路等基本建设。要求各地应效仿北京，增加苗圃基本建设投入。苗圃的基建项目要列入基建计划，所需资金从城市建设和维护费中解决。有关肥料、燃料、农药和机械等物资分配要优先照顾苗圃。

③加强科学研究，提高育苗技术水平，要求省会城市均应建立园林科学研究所。科研中心应以植物为主，侧重苗木繁殖的研究，为城市绿化提供更多的高产，优质壮苗。

④城市苗圃一般距市区较远，条件较差，生活艰苦等实际情况，今后可结合工资改革实行建筑安装工资标准，其福利待遇和津贴补助要略高于其他园林职工，逐年改善苗圃职工的生活福利条件，使他们能安心苗圃本职工作。

4. 各兄弟省市苗圃进行了经验交流。会议期间参观了天津市苗圃，该市由于党政领导重视，现有育苗面积 5916 亩，占建成区面积的 2.45%，按建成区人口计算，每人平均占有圃地 1.3 平方米。其中仅一个园林苗圃，1981 年国家投资 120 万元，计划 1982 年再投资 100 万元。由于天津重视苗圃建设，苗木基本满足了城市绿化需要。南京市园林科学研究所成立较早，科研经费投入大，在苗圃兴建了现代化育苗设施，苗木繁殖取得了较多的科研成果。

几点建议：

根据会议的精神，基于近两年绿化苗木统计，我市苗圃仅能供应市区绿化苗木 50%左右。当前开展义务植物运动，供需矛盾更大。

1. 要求对苗圃现有育苗土地不再被侵占。现苗圃和鱼苗场、水库的土地纠纷，请市政府迅速处理，归还我圃，以便落实春季育苗。

2. 要求把苗圃的基本建设，如排灌系统、温室、机械设备、房屋和科研经费列入国家计划，给予投资。

3. 加强科学研究工作，以苗圃为基础建立园林科学研究所，使科研工作与苗木生产紧密结合，为园林绿化提供更多的优质壮苗。

4. 加强苗圃经营管理，建立健全以岗位责任制为中心的各项规章制度，制订科学合理的劳动定额标准；扩大经营自主权，按经济规律管理好苗圃。

（注：作者参加 1981 年"全国城市园林苗圃工作座谈会"后的汇报材料。1982 年市政府专门拨款征收苗圃入口处 73 亩土地，重视育苗工作，落实了会议精神）

花木的繁殖

花卉反映了大自然的本色美，同样又含有人类匠心的艺术美，它是有生命的艺术品。自古以来，人们就爱好花，并给它非常高的评价，如："鲜花一盆，春色满园"。劳累之余，赏花消遣，身心舒畅，有益健康。

我国是一个历史悠久的文明古国，但花卉究竟何时开始人工栽培尚无确切考证。花卉由野生逐步变为人工栽培，最早出于食用和医疗的需要，在文字出现之前，把花卉作为观赏植物栽培，在我国也有几千年历史。据记载公元前 11 世纪的殷商时代，就开始了"林木之囿"的营造。以后各朝代大规模修建王苑，收集奇花异草，扩充自然景色，客观上把花卉栽培艺术不断推向前进。

我国古老的《诗经》、《山海经》、《尚》等专著，对花卉都作了生动描述。据《西京杂记》记载，早在 2000 多年前的汉代，梅花品种就有几十种之多。唐代已记载有种花谋生的人，如"共道牡丹时，相随买花去"的描述。

唐、宋期间，花卉栽培技术已达到相当高的水平，并有了栽培专著，对花卉植物的生态、习性、土壤等作了详细的研究。

今天，为美化环境，陶冶人们的精神，丰富人们生活内容，还因为可观的经济效益，花卉越来越受到大家的喜爱。我们怎样才能种好花，养好花？我觉得如同人品茶时，必须好茶，识茶一样。我们如果对花卉缺乏兴趣，

作者（右 1）和科技人员与老技师们在苗地

257

或对花卉知识一无所知，就很难谈上赏花，也不可能从中真正享受到赏花之乐趣。那么我们如何培养自己爱花兴趣，提高赏花水平熟悉花性呢？实践是最好的良师，客观上也只有经过自己辛勤劳动，精心培育出来的花卉，才是最美的花。这里从家庭养花的角度，简单介绍一下花卉的繁殖，即花卉的传宗接代问题。

花卉有草本和木本之分，其繁殖方法多种多样，但归纳起来，则分为有性繁殖和无性繁殖两大类。

有性繁殖就是利用种子育苗的方法，又称种子繁殖。采用这种方式所得的苗，称为"实生苗"。

无性繁殖是由植物的根茎、叶营养器官繁殖新个体，又称营养繁殖。方法有插、压条、分株、嫁接、埋根以及组织培养等。

不同的繁殖方法各有各的特点，各有各的用途。我们学会并掌握它，就可以得心应手选择最适宜的方法，延续花卉的后代，培育新品种和不断增加自己花卉的种类和数量。

一、有性繁殖

这种方法离不开种子，采用播种方法，简单易行，且繁殖量大，寿命较长。

有性繁殖的缺点是开花较迟，不一定能保持母本的优良性状，一二年生的草花，多采用这种方法；木本花卉嫁接所用的"砧木"也常用种子繁殖。初学花卉繁殖者，一般应该先从播种做起，先易后难，循序渐进易于入门。

例如花坛上用的一串红、鸡冠花、百日草、万寿菊、乌萝、金盏菊、三色槿、羽衣甘竺等草花，都是用种子进行繁殖的。

其方法：

1. 种子的收集和处理

采集种子应选择母株的花色、花型、株型等比较美观，生长健壮和无病虫危害的。采收后的种子一般以阴干为宜。干后即装入种子瓶、铁罐或纸袋内，置于通风凉爽的地方。

多数草花种子在播种前，不要进行任何处理，可直接播种，但种壳厚硬或有蜡质的木本花卉种子，播前最好进行种子处理：一般可采用冷水浸种或温水浸种（水温60℃左右）。浸水时间一般以24小时为宜，种子充分吸胀即可。一般种子播前不必消毒，对于稀有名贵的种子可用0.5%的高锰酸钾或0.3%的硫酸铜（绿矾）溶液浸种5分钟，然分用清水冲净再播，凡浸泡过的种子应特别注意土壤不宜过分干燥，以防嫩芽受干损坏。

2. 播种时间：一般在春季和秋季播种，具体依照耐寒力和越冬的温度而定。在温室栽培的花木，随时都可播种，主要依人的主观要求而定。

3. 播种的方式和方法

播种的方式主要依据条件而定，一般分为床播、盆播或直播。从家庭养花的角度，分为地播、盆播。

播种的方法有撒播、条播、点播。无论采用哪种方法，除极细小的种子外，播后一般都要覆盖细土或细沙，但注意覆土均匀，厚薄适宜。一般盖土的厚度相当种子直径的 2～3 倍。个别特大的种子可以再厚些。

播种后要注意遮挡烈日，减少蒸发，保持土壤湿润，防止板结，避免鸟食，保障出苗整齐。地播时常用稻草、麦秸、秕壳或塑料薄膜等遮盖，出苗后揭除。盆（箱）为保持湿度，盆（箱）上面可盖玻璃或稻草等覆盖物，放于半阴半阳地方。此外盆（箱）播应注意底部先垫一层蚕豆大的干塘泥或粗花泥，约占盆高度的 1/2，再用较细的泥填平其空隙，土面略低盆口一寸，用手轻轻压实，中央略高，播后用细土覆盖。浇水最好不用喷壶而把盆置于水盆中，使水由下部渗入，湿润全部土壤。播种盆宜选用浅口盆。

二、无性繁殖

除用种子之外的繁殖方法一般都属此类。它能在短期内培育出较多苗木，而且生长快，开花早，能保持原品种的优良特性，对于不能正常开花结实的花卉，更是唯一的繁殖方法。因此是花卉繁殖中最普遍采取的一种方法。

现介绍几种常用的无性繁殖方法。

1. 扦插繁殖

这是根据植物营养器官的再生能力，取一段无根的茎插入土中重生新根、新茎的方法。

（1）扦插繁殖的种类及方法：

扦插繁殖的种类较多，通常按枝条发育成熟程度不同，分为硬枝扦插和软枝扦插两大类。

硬枝扦插：一般在春季或秋季落叶后取已木质化的枝条进行扦插，多用于易成活的阔叶花木。如迎春花、六月雪、梧桐、春梅、石榴等。

嫩枝扦插：又叫软枝扦插，是在植物生长期内半木质化的带叶枝条扦插。绝大部分花木和温室花卉都可以采用这种方法。例如，茉莉、桂花、月季、栀子、杜鹃、山茶花、罗汉松等。

(2) 影响插条生根成活的环境条件

扦插成败主要取决于插条能否生根，而影响生根的因素，除了插条本身的内在因素外，主要是温度、湿度、阳光、氧气和土质等外部因素。

温度是插条生根的主导因素，各类花木生根均需适宜而稳定的气温和土壤。软枝扦插适宜的气温20℃左右，而米兰、橡皮树适宜生根在28℃左右。

土温：是指扦插基质的温度。若能使土温高于气温2~3℃，扦插最容易成活。

湿度：指空气湿度和生根基质的湿度。空气的相对湿度一般应保持85%~90%左右，盆插湿度可采用盖玻璃或套塑料袋的方法控制湿度。

阳光：一般花木扦插形成愈合组织发根前宜半阴，发根后早、晚可光照。充分发根后，除杜鹃、山茶花仍宜半阴外，一般花木可逐渐给予充足光照。

扦插基质：花木嫩叶扦插和常绿的硬枝扦插除需适宜湿度以防失水外，还需防根部窒息。所以扦插基质（土）必须具有通气良好，又易保持湿润而排水良好的材料，壤土可适当掺砂。对较名贵的杜鹃、山茶、米兰等花木多用山泥；月季、龙柏等用砂质壤土与砻糠灰按6∶4或7∶3混合的灰泥；雪松、法冬青、黄杨等用一般砂质黄壤土，盆插宜在盆土内混入三成山泥或砂壤土，有利通气保湿。

(3) 扦插时间：落叶花木和松柏类通常在冬季或早春二三月取头年生枝进行扦插。多数常绿阔叶花木和草本花卉采用嫩枝扦插，原则上选择当年枝条发硬，已储有一定养分时取条扦插，一般多在梅雨季节进行，月季和草本花四五月即可进行。

(4) 插穗的采集和制作：插条宜选择发育健壮，没有病虫害、节间短的枝条。如果在开花的母树上采集插条，应选生长枝，俗称"哑枝"扦插，发根快、成活率高。月季、蔷薇、玫瑰等花枝也可在花蕾露苞时剪下扦插。若已开花的枝条，应及时剪除残花，经过一周光合作用后再剪下扦插，也能生根成活。

插条长度，应随花木种类不同而

作者(左2)向省科委专家介绍苗木科研情况

异。一般常绿花木 6~15 厘米，保持 2 个以上腋芽；落叶花木 5~20 厘米。

插条切口最好靠腋芽上、下部位，上口削平，下口与芽成反向削成马蹄形，削剪插穗最好用手术刀或刮脸刀，开水冲洗后一次削成。

2. 嫁接繁殖

植物嫁接是指利用植物的枝或芽（通称接穗），接到另一植物的枝干或根上（通称砧木），使其双方的形成层对齐，促进薄壁细胞分裂形成愈伤组织，让接口尽快愈合好，使接穗和砧木长成一体。砧木与接穗经嫁接后愈合生长的能力称为亲和力，同种类花木亲和力强，嫁接易成活。如桃接桃、桃接梅、蔷薇接月季等。

嫁接的方法：

枝接：从母树上取至少带两个芽的枝条作为接穗，嫁接在选定的砧木上。根据枝接的形式不同，可分为劈接、切接、镶接、侧接、靠接等。技接通常在砧木的芽开始膨胀时进行。

芽接：从接穗枝条上削取一个充分发育饱满的腋芽，嫁接在砧木上。每年 5~9 月都可进行。

仙人掌类嫁接：

它没有形成层，基质内为贮水薄壁细胞，内有维管束和髓部，嫁接时只要同型组织靠紧，有一部分维管束连接就能愈合生长。除冬季、夏季，低、高温季节外都可进行。

常用的方法有劈接、平接、重接和鞍接。

嫁接成活应注意的因素：

（1）接穗应保持 50% 左右的含水量，不要过干过湿。

（2）愈合组织形成需要一定温度，如月季最适温度 25℃左右，所以芽接在春季和秋季成活率最高。

（3）空气湿度接近饱和时对愈合最适宜。技术上可采用在接合处用塑料薄膜袋保湿。

（4）在黑暗条件下，砧木接穗很容易愈合，所以接口处用纸遮光，则愈合快，成活高。

3. 压条繁殖

就是把母本植条的一部分埋入土中使它生根，而暂时不脱离母体的方法。实质上与扦插法相似。

压条繁殖一般在秋季或早春进行，常用的压条方法有以下几种：

（1）弧形压条法：植株旁挖 10~20cm 沟，选 1~2 年生枝弯曲到沟底。弯曲时注意枝条生长方向，因势利导，不能折断。枝条弯入沟后，用木叉固定，压入泥土部分茎上的叶片应摘除，当枝条生根后再割断与母株联系。如腊梅、紫玉兰、夹竹桃等花木都可用此法。

（2）分段压条：是对所压枝条成波浪式弯曲沟中，一部分入土，一部分露出地面，一枝可获得数株苗。紫藤、凌霄、常春藤等蔓性花木最适用此法。

（3）高枝压条：对不易弯曲地面的花木枝条，可用高压或盆压，就是在枝条一定部位上环剥枝皮后，用泥土或苔藓等环抱，再用竹筒或对开的花盆，或塑料薄膜等材料包扎固定，待生根后，割离母株分植。米兰、山茶花、桂花等可采用环剥压条。橡皮树，可用利刀先向内切入木质部 1/3 处，再朝上切入 1.5~2 厘米，切口内嵌入一火柴棒，使其口张开高压后也可生根。还有白玉兰、龙血村、变叶木、广玉兰、梅花等也可在枝条一定部位向上切削 5~7 厘米后，用高压法繁殖。

此外，还有堆土压条等方法、如无花果、贴梗海棠、八仙花等可用此法。

4. 球根类繁殖

植物根的一部分器官特别肥大，其组织内贮有养分，供其繁殖及初期发育之用，成球状或块状者，一般称为球根类。依据叶、茎及根的不同器官而形成的球根植物分为五种，即：鳞茎，如水仙、郁金香、百合类；球茎，如唐菖蒲、鸢尾、晚香玉；块茎如仙客来、彩叶芋等；球根如秋海棠等；根茎如美人蕉。

球根花卉繁殖以分球为主。球根栽植深度一般为球根直径的 2~3 倍。大球穴植，小球开沟栽植。如果希望多出子球须浅栽；如欲花朵鲜美，宜深栽，但晚香玉、葱兰例外，复土仅至球根顶部为宜。

栽植地：除水仙外，要排水良好，土质疏松，保持较好的透气性，基肥要充分腐熟，否则球根易腐烂。施肥以磷肥为主，氮肥不宜多施。

栽植时间：一般多春季。郁金香耐寒力强，秋末种植。

5. 分株法：方法简单，但不能在生长季节进行，如君子兰、吊兰等分株一般在春秋进行。

6. 组织培养：利用植物的组织细胞，重新再生为完整植株的能力的过程。这是花卉繁殖发展的方向。

（原载合肥老年大学 1982 年讲课教材）

天下之奇树　九州之名果

——石榴

石榴既可观赏又能食用，花果期长达四五个月之久。入春嫩芽红艳，枝叶翁郁；仲夏繁花似锦，鲜红似火；深秋硕果满枝，华贵端庄；深冬铁干虬枝，苍劲古朴。西晋文学家潘岳在《安石榴赋》中称赞"丹葩结秀、朱实笙悬，接翠萼于绿叶，冒红芽于丹顶。千房同膜，十子如一。"盛赞石榴为"天下之奇树，九州之名果也"。石榴花色以红为主，象征红火赤诚，给人以炽烈、热情和神圣的感觉；果实圆润、粒粒晶莹、排列有序、美味可口，又多在中秋时节成熟，象征团圆，被视为繁荣、昌盛、和睦、团结和多子、多孙、多福、多寿的吉庆佳兆，具有浓厚的中国文化色彩，自古以来深受人民喜爱。

栽培历史

石榴在伊朗早在有史以前就有栽培，已有四五千年以上的栽培历史。公元前 2000 年左右，以航海和经商著称的腓尼基人每到一地，就带去艳丽美味的石榴。因此，地中海沿岸的人把石榴和腓尼基人联系起来，称石榴为"菲尼莎"。据说石榴的拉丁学名"Punica"即源出于此。在距今 3000 多年前，埃及法老王第 18 世的古墓壁画上，已雕刻有硕果满枝的石榴树。公元前 4 世纪，石榴从地中海沿岸传入欧洲。亚历山大的军队远征时，把石榴带到印度，又随着佛教僧侣的活动进入东南亚的柬埔寨、缅甸等国家。1492 年哥伦布发现新大陆后，石榴传入美洲。约在 8 世纪时，石榴从我国传入朝鲜和日本。

石榴传入我国内地，大约在公元前 2 世纪，至今已有 2000 多年的栽培历史。1 世纪末张衡撰写的《南都赋》已有若榴，即石榴的记载。说明 1 世纪前我国已引入石榴是无疑的。石榴是否由张骞自西域引入众说纷纭。汉代以后的许多著作，诸如 3 世纪中后期张华撰《博物志》和其后的《群芳谱》、《广群芳谱》等书，均认为石榴由张骞传入的。但在《汉书》和《史记》中，却没有提及此事。1978 年马继兴根据近代出土的帛书《杂疗方》中，得到有关石榴的确实记录，证明在张骞之前，我国已有石榴栽植。据史料记载，张骞首次到达西域，在市场上就发现四川的竹杖和布匹出卖，惊奇之余，了解到这是从身毒（即印度）贩来的。可见，西汉同西域人民早在张骞之前已直接或间接地发生经济上联系，物质上的交往。因此，石榴传入我国的路线应由伊朗传入印度后，经四川，再传布全国各地。

石榴传入我国后不久，即演化出不同的品种。公元5世纪南北朝时，吴钧所著《西京杂记》记述了汉武帝在长安："初修上林苑，群臣远方各献名果异树"，其中就有"安石榴"，"甘石榴"等品种，进一步说明我国栽培石榴至少始于此之前。郭恭义撰写的《广志》记载："安石榴有甜、酸种"，说明在3世纪前石榴已有甜酸之别。到6世纪贾思勰的《齐民要术》已有石榴繁殖和栽培技术的记述。

唐代，石榴栽培渐盛，范围逐渐扩大。当时尚书左丞元稹（779~831年）有"何年安石国，万里贡榴花"的诗句。据《贾氏谈录》中有关华清宫的记载："在莲花汤西，是杨贵妃浴处。汤的北边有七圣殿，绕殿遍植石榴，皆杨贵妃所植。"李白有"海榴世所希"的诗句，指的是当时出现不久的重瓣红石榴，花大色艳，特别受人重视。

明、清时代，石榴不仅栽培日盛，品种亦有增加。《群芳谱》记载，花石榴有："'饼子'榴，花大，不结实。""'番花'榴，出山东，花大于饼子。"另有"'千瓣白'、'千瓣粉红'、'千瓣黄'、'千瓣大红'重台，色更深红；'黄榴'，色微黄带白，花比常榴差大。""'海榴'来自海外，树高二尺；'火石'榴，其花如火，树甚小。栽之盆，颇可玩。'四季'石榴，四时开花(秋)结实，实方绽，旋复开花。"清初《花镜》有"并蒂花者"、又有"红花白缘、白花红缘者，亦异品也"的记载。在长期栽培和选育中，各地也形成了另一些品种，如清代嘉庆年间修编的安徽省《怀远县志》土产卷中记载："榴，邑中以此果为最，曹州'贡榴'所不及也。'红花红实'，'白花白实'，'玉籽'榴尤佳。"

石榴，地植、盆栽皆宜。唐代宫廷已有盆栽；元代时，盆栽盛行于江南民间。清初《康熙御制盆榴花》中诗云："小树枝头一点红，嫣然六月染荷风；攒青叶里珊瑚朵，疑是移银金碧丛。"是对小品盆玩石榴的赞词。

现山东省峄城保存的万亩古石榴园东西长15千米，南北平均宽1千米，有三四百年树龄的古榴树，大部分是80年左右的大树。1983年，联合国粮农组织的两位官员考察后感叹："中国第一，世界少有"。"通过这片蕴含文化底色的石榴，向世界展示东方神秘。"现喻为"冠世榴园"，成为旅游景点。鲁南丘陵褶皱中的这一神奇古园，历经沧桑，保存完好得益于当地乡民把石榴当成吉祥物和图腾符号，遇到劫难，齐来保护。现古榴园已扩大到近十万亩，形成以城区为凤头，东西扩展为"凤凰展翅"的格局。

近代石榴已作为绿化优良树种、经济果木林和盆栽、地栽花卉在城乡广泛应用，如陕西临潼计划在 100 余平方千米范围内，结合农业产业结构调整，广为栽培石榴。山东峄城还利用石榴树干劲壮古朴，根多盘曲，枝虬叶细，花果娇美艳丽的特点，制作石榴盆景，形成独特优势，名扬中外。

产地与分布

石榴原产于伊朗、阿富汗等中西亚国家。今天在伊朗、阿富汗和阿塞拜疆以及格鲁吉亚等国的海拔 300~1000 米的山上，尚有大片的野生石榴林。1933 年，我国学者在西藏东部的三江流域河谷地带发现了面积不等的野生石榴树，因该地区十分闭塞，考察认为西藏东部也可能是石榴的原产地之一。石榴是人类引种栽培最早的果树和花木之一。现在中国、印度及亚洲、非洲、欧洲沿地中海各地，均作为果树栽培，而以非洲尤多。从美国较温暖地区到智利均有石榴果园。欧洲西南部伊比利亚半岛上的西班牙把石榴作为国花，在 50 万平方千米国土上，不论是高原山地、市镇乡村的房舍前后，还是海滨城市的公园、花园，石榴花栽种特多。石榴在原产地伊朗及附近地区分布较广，选育了不少优良品种。

石榴，因其花果美丽，栽培容易，历来深受我国人民喜爱。它被列为农历 5 月的"月"花，称 5 月为"榴月"。现在我国南北各地除极寒地区外，均有栽培分布。其中以陕西、安徽、山东、江苏、河南、四川、云南及新疆等地较多。京津一带在小气候条件好的地方尚可露地栽植。在年极端最低温平均值 –19℃等温线以北，石榴不能露地栽植，一般多盆栽。我国石榴以产果为主的重要产区，有陕西省的临潼、乾县、三原等，安徽省的怀远、萧县、濉溪等，江苏省的徐州、邳县等，云南省的蒙自、巧家、建水等，四川省的会理、巫山、奉节等。新疆叶城石榴，果大质优，闻名于世。

形态特征

石榴是落叶灌木或小乔木，在热带则变为常绿树。单干或多干，树干呈自然圆头形或半圆形。根黄褐色，生长强健，根际易生根蘖。树高可达 5~7 米，一般 3~4 米，但矮生石榴仅高约 1 米或更矮。树干灰褐色，上有瘤状突起，老树干呈逆时针方向扭曲粗糙，老皮呈片壮剥离。杆上分枝，小枝略近方形或多角形。小枝柔韧，不易折断。一次枝在生长旺盛的小枝上交错对生，具小刺。

刺的长短与品种和生长情况有关。旺树多刺，老树少刺。芽色随季节而变化，有紫、绿、橙三色。叶呈长披针形，长 1~9 厘米，尖端圆钝或微尖，质厚、全缘，在长枝上对生，短枝上近蔟生。花两性，子房下位，花萼与花托相连构成筒状或钟状萼筒，其筒子与子房连生，形成石榴的果皮。花依子房发达与否，有筒状花与钟状花之别。前者子房发达，并且雌蕊的柱头略高于雄蕊或相平。后者子房内空或雌蕊退化，发育不健全，这种花占总量花的 90% 以上。石榴的花量多，一般 40~50 年生的树，开花数量可达 5 千朵以上，多者达 1 万多朵。1 个枝条着生多朵花朵，顶花先开。一朵花由现蕾到开花需 20~25 天。石榴的花芽分化持续期长，有多次分化能力，能多次开花。花瓣倒卵形，与萼片同数而互生，覆瓦状排列。花有单瓣、重瓣之分。重瓣品种雌雄蕊多瓣化而不孕，花瓣多达数十枚；花多红色，也有白色、黄、粉红、玛瑙等色。雄蕊多数，花丝无毛。雌蕊具有花柱一个，长度一般超过雄蕊，心皮 4~8，成熟后形成大而多室、多子的浆果，每室内有多子粒（种子）。外种皮肉质，呈鲜红、淡红或白色、多汁，甜而带酸，即为可食用的部分：内种皮为角质，也有退化变软的，即软籽石榴。

变种与品种

石榴经数千年的栽培驯化，发展成为果石榴和花石榴 2 类：

一、果石榴：以食用为主，兼有观赏价值。我国果石榴有近 70 个品种，花多单瓣，品种依花色、风味、果皮色、籽粒色和软硬进行分类。

（一）以花色分

1. 红花种：生长势强，果形大。

2. 白花种：花瓣、果皮、籽粒均为白色，品种有"三白甜"（产于陕西临潼）。

（二）以风味分

1. 酸石榴：枝条软绵，曲而不折；叶窄而长；果形规整，果皮光亮，果嘴外张。

2. 甜石榴：枝条易于折断；叶宽而短：果形不规整，果皮粗糙，果嘴闭合。

（三）以果皮颜色分

有红皮、青皮（黄绿皮）及白皮 3 种。

（四）以籽粒色泽分

有白籽、红籽、淡红籽 3 类。白籽粒一般不如红籽粒多，淡红籽为红、白两种的中间品种，品种数亦不少，并有玛瑙色的。

此外，籽粒有软、硬之分。软籽石榴是属于衰老退化植株的营养繁殖系，是随着植株更新次数的增加、果实种子退化变软的一种现象。目前我国主要石榴产区，一般均有软籽石榴。

根据以上分类原则，各产地由于依据的侧重点不同，形成了一些地方品种。

新疆的叶城，主要依据籽粒风味、大小，分为"大籽甜"、"小籽甜"、"大籽酸"、"小籽酸"。其中'大籽甜'石榴，花鲜红色，果实圆形、极大，单果平均重405克，最大果重750克，籽粒大、白色、味甜多汁，品质极优。

陕西省临潼除"白花"石榴外，按籽粒风味、色泽和果皮色分为"天红蛋"、"粉皮甜"（又称"净皮甜"）、"大红甜"和"大红酸"等。现在以"大红甜"、"净皮甜"和"三白甜"为主。

云南省巧家的"铜壳"石榴是因果皮底色黄绿、阳面为红铜色而得名。"青壳"石榴（又称"青皮"石榴），果皮青绿色；"红壳"石榴（又称"红皮"石榴），果皮朱红色，亦均以果皮色命名。

山东省峄城亦多按石榴果皮颜色和籽粒味道区分本地区的30多个品种。红皮品种中有"红皮甜"、"红皮酸"等。青皮品种中有"大青皮甜"、"大马牙甜"、"青皮酸"、"马牙酸"等。白皮品种中有"白皮甜"、"白皮酸"等，其中"大青皮甜"是该产区的当家品种。

安徽省怀远石榴的10多个地方品种，按红、白花分为两大类：白花石榴只有1种"白石榴"，白花、白实、白籽；红花中再分为粉皮和青皮两系统。粉皮系统有"美人蕉"、"青粉皮"、"大葫芦"、"粉皮"等品种。青皮系统有"玉石籽"、"玛瑙籽"、"大笨子"、"二笨子"等品种。其中以"玉石籽"与"玛瑙籽"品种最佳。

二、花石榴：观花兼观果。按株形、花、果及叶片的大小，分为一般种和矮生种：

（一）一般种（普通花石榴）

品种主要依据花色和单、重瓣分。

1. "白"石榴 P. granatumcv. Albescens:亦称"银"榴。花近白色、单瓣，每年开花一次，花期5~6月，比其他品种花略迟开半月左右。果黄白色。

2. "千瓣白"石榴 P. granatumcv. Multiplex：花白色，重瓣，花期长，5~7月均可开花。

3. "黄"石榴 P. granarumcv. Flavescens：花单瓣，色微黄，果皮亦为黄色。花重瓣者称"千瓣黄"石榴。

4. "千瓣红"石榴户 granatumcv. Pleniflora：亦称"重瓣红"石榴、"千层红"石榴。花大，重瓣，红色。

5. "大果"榴 P. granaturmcv. Macrocarpa：又称"红"榴，花单瓣红色。

6. "玛瑙"石 p. granatumcv. Lagrellei：又称"玻璃"石榴、"千瓣彩"石榴。花大，重瓣，花瓣有红色、白色条纹或白花红色条纹。

7. "殷红"石榴 p. granatumcv. :花水红色，多单瓣，亦有重瓣。

8. "楼子"石榴 p. granatumcv. ：又称"重台"石榴。中心花瓣密集，隆突而起，层叠如台，花形硕大，蕊珠如火。

9. "并蒂"榴 p. granatumcv. ：枝梢生花 2 朵，并蒂而开，对对红铃，引人入胜。

（二）矮生种（小石榴类）

植株矮小，高约 1 米，枝密而细软，呈上升状。叶短圆状披针形，长 1~2 厘米，宽 3~5 毫米，对生或簇生。花、果皆较小。以花果不同分为：

1. "月季"石榴 p. granatumcv. Nana：亦称"月月"榴、"四季"石榴、"火"石榴。花红色，单瓣，花期长，自夏至秋均有花开。果熟时粉红色。

2. "千瓣月季"石榴 p. granatumcv. NanaPlena：花红色，重瓣，花期长，在 15℃以上时可常年开花。

3. "墨"石榴 p. granatumcv. NanaNigra：花红色，单瓣。果小，熟时果皮呈紫黑褐色。

此外，还有粉红、白花等品种。

习　性

石榴为亚热带及温带花果木，喜温暖。垂直分布位于亚热带和温带果木之间，云南的蒙自以海拔 1300~1400 米处栽培石榴最多。四川巫山和奉节地区，垂直分布与云南相似，石榴多分布在海拔 600~1000 米处。陕西省临潼，石榴多在海拔 400~600 米处。山东省峄城石榴多生长在海拔 200 米左右的青石山阳坡上。安徽怀远，石榴只生长在海拔 50~100 米处。温度是石榴栽培最主要的外界因素之一，叶芽萌动时要求气温在 10℃以上，生长期内有效积温要在 3000℃以上。冬季休眠期能耐短期低温，但在 −17 ~ −18℃时，即有冻害。在美国的栽培北限为北纬 35℃，我国个别地区的栽培北限为北纬 38℃。在不同品种中，酸石榴要比甜石榴耐寒些。

石榴较耐瘠薄和干旱，怕水涝，生育季节需要充足水分。果实成熟以前，以干燥天气为宜，尤其在花期和果实膨大期，空气干燥、日照良好最为理想。花期有雨，对授粉不利，并影响坐果。果实近成熟期遇雨，易引起生理性裂果或落果。石榴对于城市高层建筑阳台及屋顶空气干燥的环境尤其适应。

石榴对土壤要求不严，但不耐过度盐渍化和沼泽化的土壤，酸碱度在 PH4.5~8.2 之间均可。土质以沙壤土或壤土为宜，过于黏重的土壤会影响生长和果实品质。石榴喜肥、喜阳光，在阴处开花不良。

石榴萌芽、抽枝、开花、结果的物候期随各地气候而异。石榴在云南省蒙自地区 2 月中旬萌芽，在河北省 4 月下旬萌芽，一般 4 月上旬萌芽，10 月下旬落叶。结果枝自春至夏陆续发生。在云南蒙自地区从 3 月下旬就开始开花，7 月上旬果熟。但其他地区一般 5 月上旬开始开花，9 月中下旬至 10 月上旬才果熟。

石榴根系由骨干根和须根两部分组成，根系多水平方向生长，很少向深层伸展。水平分布多集中在干周围，4~5 米范围内，最远也可达 10 米以上。垂直分布集中地下 15~45 厘米处，在 60 厘米以下深度分布数量少，最深也有达 2 米以下。石榴根系上着生大量不定芽，在主干基部能萌生多根蘖苗，而且根蘖苗具有强大的再生能力，尤其春夏两季是萌蘖高潮，宜除掉。由于石榴苗繁殖方法不同，根系结构有差异。一般实生苗的骨干根发达，根系分布较深；扦插苗、分蘖苗的骨干根一般不发达，根系分布较浅，须根量人。根的生长较枝叶稍迟，成龄树 5 月中、下旬才进入生长高峰期。

石榴的枝条按其生长发育特性，可分为 4 种，即：

营养枝：又可分为有顶芽和无顶芽两种。有顶芽枝是极短的缩枝，只有簇生叶，如当年营养条件好，则顶芽可分化为混合芽，此枝变成结果母枝，次年此顶芽可成为结果枝。另一种是无顶芽营养枝，其枝顶端无芽而成针刺状。

徒长枝：生长旺盛，当年甚至可长达 1 米以上。它中上部分的各芽常会长成 2 次枝或 3 次枝。

结果母枝及结果枝：结果母枝一般中等长度，多是由当年春梢或提早停止生长的夏梢而形成。它具有顶芽和充实的侧芽，次年即由顶芽或上方的混合芽（侧芽）发育成为结果枝。一般结果枝上着花 1~5 朵，1 花顶生，其余腋生，顶花易于结果。

石榴 1 年可发 2~3 次新梢，因多次抽枝，花芽分化持续期长，并有多次分化能力，花期可持续 2~3 个月之久，所以，又有头花、二花、三花之分。头花多为筒状花、结果最好，二花、三花以钟状花为多，不易结果。实生苗石榴一般 5 年结果，分株和扦插苗 3 年内可开花结果；10 年左右进入盛果期，盛果期约 80~120 年。单株石榴最高产量达 250~350 公斤。

以观赏花为主的重瓣花石榴，由于雄蕊多退化为花瓣，一般无结果枝。除徒长枝外，一般都能着花，花更繁盛，且花期更长。

石榴树龄可高达数百年。山东省烟台市毓皇顶 1 株白花单瓣古石榴树，据传是元末的一位道士所栽，已 600 余年。第 1 代老树桩早已枯死，后来在枯死的老桩上先后萌发了 5 代子树，年年枝繁叶茂，硕果累累，人称"六世同堂"。

繁　殖

石榴的繁殖方法很多，实生、分株、压条、嫁接、扦插皆可，但以扦插应用最广。

（一）扦插繁殖

石榴主要产地皆以扦插为主要繁殖方法。冬、春取硬枝，夏、秋取嫩枝扦插均可。其经验：1. 重视母株和插条的选择。母株宜选择品种纯正，生长健旺，20 年生以内的健壮植株。插条选择树冠顶部和向阳面生长健壮的枝条。硬枝扦插选 2 年生条最好；1 年生条太嫩，生长差，结果晚；嫩枝扦插选择当年生，已经充实的半木质化枝条。2. 扦插时期虽四季均可进行，但各地应结合自身的实际，保证扦插时的适宜温湿条件。北方多在春、秋季，取已木质化的 1~2 年生硬枝进行扦插。长江流域以南除硬枝扦插外，还取当年生枝在梅雨季节或初秋进行嫩枝扦插。3. 扦插方法：有长条插和短条插两种。北方干旱地区及园地直栽，采用长条插。插穗 100 厘米左右。西安市临潼区采用挖长 50~70 厘米、深 30~50 厘米沟的方法，每穴插 2~3 条。要求深插，入土约 2/3~3/4，踏实。大面积培育苗木多采用短枝。硬枝插穗长 15~20 厘米；嫩枝扦插特别要注意遮荫、保湿，温度控制在 18~33℃之间，湿度保持在 90% 左右。无论采用哪种方法扦插，插穗的上部切口都要平，下部切口均应剪成马耳形。扦插时为保证成活率，务必要做到随采随插。为促进插穗早日愈合生根，插前亦可用生长激素处理。

（二）分株繁殖

石榴根部萌蘖力强，可在早春芽刚萌动时，选择健壮的根蘖苗，掘起分栽定植，方法简便，成活容易。

（三）压条繁殖

可在春、秋两季进行。芽萌动前将根部分蘖枝压入土中，经夏季生根后，割离母体，秋季可成苗，但一般翌春移植更容易成活，还可堆土压条取得较多新株。

（四）嫁接繁殖

常用切接法，多选用 3~4 年生酸石榴作砧木，江苏省吴县洞庭山常用此法。在春季芽将萌动时，从优良母株上取接穗，长 10 厘米，接于砧木基部 10~15 厘米处，切接后约培育 5~6 年。西安市临潼区改良品种，亦有采用高头换接法的。

（五）播种繁殖

一般在选育新品种或大批量培育矮生花石榴时采用。播种可冬播或春播，多采用点播和条播方式。冬播可免于种子的储藏，但苗床要盖罩越冬。春播的种子如冬季已经河沙埋藏，可直接播入苗地。干藏种子应在播前用温水（一开对一凉）浸泡 12 小时，或用凉水浸 24 小时，种子吸水膨胀后进行播种。播后覆土厚度为种子的 3 倍，半月左右即可出苗。至于石榴的组织培养，是多快好省的捷径，现尚处于探索阶段。

栽　培

石榴的栽培主要有园林栽培、果树栽培、盆景和盆栽栽培等方式。

露地园林栽培应选择光照充足、排水良好的地点。可孤植，亦可丛植于草坪一角。如栽于竹丛外缘或植于树丛不远处的向阳面，则当新芽初放或榴花盛开之际，红花绿叶相映成趣，呈色彩调和之美。矮生种花石榴可作绿篱，夏季榴花盛开，特别雅致，若用以山石配植更为得体。用于观赏的石榴，一般不必整枝，只需略微修除过繁枝桠，使其通风透光，并在生长期内多次摘心即可。

成片栽植果用石榴，株行距要大，一般 3 米×6 米，并勤除根蘖，及时剪除死枝、病枝、过密枝、徒长枝、下垂横生枝，实行以疏为主的轻剪，抑制营养生长，调节树势，树形控制为自然开心形或圆头形，以利通风透光，还可采用断根、摘心、环状剥皮、肥水管理等方法。花期要疏花，当完全花（筒状花）和不完全花（钟状花）有明显区别时，疏去全部不完全花，保留筒状花。以后要注意疏去晚开的花，特别是晚开的不完全花，花量过大可采用化学疏花剂。为提高坐果率，可采用人工授精和放蜂，结合树势每 15 天左右喷一次 0.3%~0.5% 尿素液，促进枝叶生长，减少生理落果。还可适当喷洒植物激素和微量元素，促进果实发育，提高产量。

盆景或盆栽石榴，在苏灵写的《盆景偶录》中，被列为"盆树十八学士"

之一。为保持盆株花繁果茂，枝叶新鲜可爱，切忌盆土表面干了就浇水，应在枝叶开始萎蔫时再浇足水。每日置阳光充足处 10 余小时，对花果叶毫无影响，反能达到矮化造型之目的。若盆株未能及时开花，生长期间应当摘心，抑制营养枝生长，促进花芽形成。春季修剪时要特别注意保留健壮的结果母枝，短截不充实的弱枝、徒长枝，剔除过密的内膛枝。生长期间要及时去掉根际萌生的蘖芽。装盆时忌盆栽过深，浅栽的可提前半月左右开花。盆景石榴 1 年应摘 2 次老叶，生长期内全部摘光，并剪去新梢，充分施肥，1 星期可发新芽，半月新叶生齐。3 年以上老枝要更新，1 年的新枝要缩枝，并注意提根露爪，以提高盆景的观赏价值。石榴不耐寒，北方晚秋应移入室内越冬。

石榴主要病害有：早期落叶病（7 月底至 8 月上、中旬叶落光）；果干腐病（烂石榴病）；枝杆上的煤烟病。虫害主要有：食叶的刺蛾、大袋蛾；蛀杆的豹纹木蠹蛾、茎窗蛾；果实害虫桃蛀螟等。为防治病虫害，不要栽植过密，要适时疏枝抹芽，调整密度，注意通风透光、排水。由于石榴喜肥，应加强肥水管理，冬施足基肥，春夏生长期每 10~15 天追施 1 次含磷钾为主的液肥，亦可向叶面喷施 0.5% 尿素 2~3 次，开花期暂停施肥。果实形成后施肥要本着少而勤的原则，以减少落果，增强防病能力。如已发生病虫危害，应及时清除病虫果和枯枝落叶，并用药物防治。

在北方露地栽植石榴，还应注意防寒。新疆叶城冬季采用埋土法，在 11 月底、12 月初（结冰期前），把整株石榴树按倒埋入土中，4 月初挖出栽培。北京一带庭院多用稻草包扎越冬。

育　　种

石榴育种的基本任务与方向是：

一、以结果为主的石榴应控制钟状花（即不完全花），提高"筒状花"（即完全花）的形成和坐果率。

二、选育花果兼用的品种，使其花繁艳丽，硕果累枝，果大、软子或无子，食用价值高。

三、选育重瓣大花各色品种，包括各种玛瑙、金黄、橙红、彩纹、撒金等色。

四、选育丰花型各色新品种，要求花头多而紧密，花色鲜艳，花期长。

五、选育适合当地自然条件，缩短枝长，矮化树型，产果量高，品质优良的各种地方品种。

六、抗寒育种。

七、选育抗病虫害等抗性较强的新品种。

八、选择酸、甜适中，品位极佳的果石榴品种。

由于石榴还没有很好通过现代选种、育种技术的改造，因此进一步驯化改造的潜力很大，也十分必要。育种方法主要有：

一、引种：各主要石榴产地都有一些地方的优良品种，通过互相交换引种，有目的地扩大优良品种栽植范围。城市园林绿化和风景区可引种抗逆性强的优良果石榴，既可观花又有经济效益。

二、芽变选种：选择产生优良变异的植株或枝条，通过营养繁殖(扦插、嫁接、组织培养)固定，获得优良新品种。现各地的优良地方品种，一般是选择自然芽变枝株培育的。

三、杂交育种：通过自然人工授粉或种间杂交所结种子，采用播种繁殖，从实生苗中筛选出优良品质的新品种。如培育抗寒新品种，抗病虫害强的品种，能延长花期或极早熟的、极晚熟、耐贮藏的品种等。

四、辐射育种：用钴等放射性元素处理种子、枝条、诱变产生各种变异，从中选择优良变异品种。

为保证育种成功，对良种繁殖需有制度，对繁殖技术要进行改进。如对所有苗木，都要按规定精选母株，鉴定有无病害，对接穗进行无毒化处理等，以保证品种纯正和不带危险病虫害。可采用热处理、茎尖培养，或在组织培养中微型嫁接，以及免疫处理等方法，并结合育苗工厂化的先进设施选出质好种优的新种。

应　用

石榴既可观花又可观果，且可食用，小型盆栽的花石榴可用来摆设盆花群或供室内观赏，大型的果石榴可栽在大盆内，在花卉装饰中作立体陈设或作背景材料。花石榴喜光耐旱，是阳台和屋顶养花的适宜花卉。石榴老桩可制作高雅的树桩盆景。地栽石榴宜于阶前、庭间、亭旁、墙隅、山坡种植。

石榴对二氧化硫抗性较强，每千克干叶可净化633克二氧化硫，而叶片不受害，对氯气也有一定抗性。适宜于有污染源的工厂和干旱地带栽植，在城乡绿化中可广为应用。

石榴果实，形、色并美，甘酸相和，堪称百果之珍，是我国人民所喜爱的鲜果之一，可结合农业产业结构调整，作为经果林发展。此外，其果皮可作染料，其根皮、果皮、花瓣、叶片俱可入药，所以石榴全身是宝，用途甚广。

（《中国花经》专著的重点长条目）

安徽"莲"初探

　　莲又称荷花、水芙蓉，属睡莲科莲属，是多年生的水生植物。它在植物系统发育中，是最古老的双子叶植物之一，同时又具有单子叶植物的某些形态特征，与单子叶植物有密切的关系。莲多形成单种或单优势群落，叶片重叠，交互掩映盖度可达 80%~90%，绽出粉红或白色大型荷花，清心悦目。

　　经古植物学研究证明，莲大约在 1 亿 3 千 5 百万年前已分布在北半球许多水域区，是一种历史非常悠久的古老植物。现代莲属植物仅存二种，一种是开粉红和白花的亚洲莲，另一种是开黄花，萼片宿存的美洲黄莲。

　　我国是亚洲莲的主要原产地之一。经考古学家研究，莲在我国出土文物中，已有 7000 年以上历史。在我国古籍文献记载中，至少也有 3000 多年历史。《周书》记有"鱼龙成，薮泽竭；薮泽竭，则莲藕掘"。这说明莲在 3000~5000 年前已在我国黄河、长江流域作为人们的食用蔬菜；逐步从野生种引为栽培品种。莲花作为观赏引种园池种植，最早在公元前 473 年吴王夫差修建"玩花池"赏莲，已有 2400 多年历史。入盆栽莲花最早记录是东晋王羲之的《柬书堂贴》，也有 1600 余年历史。现在，莲在我国分布几乎遍及全国，并且资源丰富，品种繁多。我国劳动人民经过长期生产实践，已培育出花莲、子莲、藕莲三大类型的数百个品种。无疑，我国是莲的世界分布中心和栽培中心。

　　古往今来，我国人民对"出淤泥而不染"的莲一直有着特殊的感情，作为圣洁的象征，列为祖国的十大名花之一。历来，莲激励着许许多多诗人、画家、艺人及广大人民群众的无穷想象力，并被广泛用于庭园水景布置。在池、盆、缸、碗中栽培观赏莲，成为我国古典园林重要组成部分，园林景观特色之一。相传我国自明代已将农历六月廿四日定为"莲花节"（荷花节）。这一天人们观莲赏花，欢庆莲花盛开。可见，莲在我国人民的生活、思想、文化、艺术等方面影响至深且广，留下的文献、史迹、艺术珍品亦十分丰富。

　　安徽省居华东腹地，横跨淮河、长江两大水系，地处中纬度地带，属于暖温带与亚热带的过渡区，光、热、水条件较为优越。2000 多年前，安徽就已开竣沟渠，兴修水利，不断发展以农业生产为主的多种经济。安徽作为莲的主要分布区之一，至今在一些湖泊浅滩仍有野生红花藕。桐城县城外站湖的湖缘浅水处有小片生长。望江县武昌湖以往甚多，后为水淹而减少。依据安徽植被分区，莲主要分布：一是芜湖、巢湖沿江沿湖圩区植被区，该区一般地势低平，属于冲积平原，境内河湖交叉，圩田弥望，一片水乡景色，池塘河湖生长有莲等水生植物群落。二是安庆、宿松沿江湖泊圩区植被区，该区是安徽省内水、热条件最优越的地区之一。尤其是它的西部地区，本区水域面积大，藕莲是其重要的水生经济植物。安徽莲以藕莲为主，现广植于本省各地大小池塘。所植水域淤泥一般均较深厚，土壤有机质含量丰富，pH6.4左右。目前，合肥、安庆市郊藕莲种植面积较大。近十年来，近郊不仅利用沟塘栽培，而且还利用低洼水田栽植。据统计，合肥城郊藕莲田约占菜地总面积的12%左右，对解决"夏淡"、"冬缺"蔬菜不足起了积极作用，并且每年还大量支援外省市。仅合肥市郊每年调往北京、上海、河北、山东等省市的藕达250多万千克。目前，安徽藕莲面积已发展到10万余亩，鲜藕产量过亿斤，是我国主要藕莲省份之一。以采蓬子为主的品种，安徽虽有，但不多。合肥红花藕，含水分少，含淀粉量高，是以收莲子和加工藕粉为主的品种。作为观赏的花莲类型，近几年安徽的城市园林部门已着手引种栽培。如合肥市已从武汉、南京引进100余个品种，发展较快。

安徽作为藕莲的重点产区之一。地方栽培品种亦较丰富，已较大面积栽培的约30个品种左右。如皖南的屯溪、歙县的地方品种'红花藕'、'白花藕'。长江沿岸的有宣城的"黄皮藕"。铜陵地方品种的"龙骨节"，其藕身瘦短，具三节，花白色；"鹰嘴藕"，藕身长大，具3~4节，顶芽粗大，味甜质脆，产量高，花白带红色；"尖嘴藕"，藕身短而圆，3~4节，顶芽尖长，含淀粉多，适于洗藕粉，花粉红色。芜湖的"六月白"，藕身较粗短，各节匀称，具4节，品质佳，花白色。当涂县的"大鸟刺"又称"大毛巾"，藕身短，藕节瘦，顶芽较尖长，水分多，入土较浅，花白色。巢县的"麻头花香藕"是早熟品种，藕身较粗短，近圆形，带褐色，具4节，顶芽短，肉白色，水分多，入土浅，花白色；"白花家藕"，品质也较佳。无为县的"尖头白花"是中熟品质，藕身较瘦长，扁圆形，3~4节，顶芽尖长，水分少，入土深，花白色；"大头白花"是早熟品种，藕身肥而短，圆形，3~4节，顶芽较粗，水分多，入土浅，花白色。庐江县的"牛角藕"，藕身细长梢弯曲，具3节，水分少，入土深达0.6m以上，花白色。天长县的"仙鹤藕"，早熟品种，藕身细小，具2节，肉质粗，水分少，适宜制藕粉，花红色。宿松县的"白莲藕"，藕身肥大而圆，肉白色，顶芽较粗，品质优，入土浅，花白色。

淮河水系的地方品种有六安县的"火躁藕"早熟种，"红莲藕"中熟种，花均肉红色；晚熟品种"寒藕"，含水分多，品质好，花红色。淮南的"柴藕"，水分少，入土深，花粉红。淮北的"白莲藕"是晚熟品种，一般2节，水分少，质脆嫩，花白色。濉溪的"躁三节"、"躁四节"花均白色，微甜脆，仅节数不同，霍邱县的"楼藕"，又称"席藕"，水分少，淀粉多，入土浅，易采收，花深红色。

省会合肥，地方产种有"合肥白花藕"和"合肥红花藕"之别，它们均入土深，6节左右，但花色不同。其白花藕具有7大孔，2小孔，质脆。红花藕水分少，淀粉多。（略）

在众多的安徽地方品种中，安庆市潜山县城内雪湖的'雪湖贡藕'最为有名。它的花白色，花开时节，远眺湖面，宛如下了一场晶莹洁白的雪，故有"雪湖"之名。此藕节短，色白，脆嫩香甜，生食尤佳。传说明代朱元璋品尝了雪湖藕，赞不绝口。每年古历八月初一开湖，地方官将最先取上来的藕作为贡品，送京都。清乾隆皇帝南巡，品尝后夸奖名不虚传，称藕有"九孔十三丝"列为安徽贡品。雪湖藕之所以最佳，是因湖泥厚，含有机质丰富，并且湖中泉水不断涌起，为藕莲生长提供了得天独厚的营养水温条件。

外来藕莲在安徽扎根的主要品种有"飘花莲"，从江苏省苏州引入合肥市郊，其味酣，质脆嫩，品质佳，花粉红色。分布宣城的"无锡藕"，引自无锡市，藕浅红色，水分多，味微甜，质脆嫩，花粉红色。

莲一身是宝，除观赏外，其根茎——藕、种子——莲子是营养丰富的滋养食品，叶、梗是包装和工业的原料，全株各部分均可入药。

莲为喜温、喜光、喜肥土的水生植物。宜浅水，忌突然降温和狂风吹袭，特别怕大水淹盖。塘植荷水位保持40~100厘米即可，水深超过1.5米则易淹死。整个生长期为160~190天，其中盆栽的缩短40天。气温23~30℃对于花蕾的发育和开花最为适宜，能耐40℃的高温，5℃以下地茎易受冻害。花期7~8月，单朵花的单瓣种可开3~4天，半重瓣品种开5~6天，千瓣品种达10天以上。花早晨开放，中午以后逐渐闭合，次晨复开。

莲的播种繁殖，春、夏季均可，播前必须种皮搓破，浸泡水中，待种皮膨胀后再播入盆，水深3~5厘米、25~28℃，一星期左右可发芽。实生苗第二年开花，主要用于培育新品种。

大面积的藕莲生产

安徽大面积的藕莲生产，主要采用分藕繁殖。一般 4~5 月用新掘取的生长粗壮而有完整芽的子藕，平栽于塘泥中，入土内 10~15 厘米，使藕的顶芽与土面相平。还可采用斜插法，即先在土中做一条沟，将种藕的尖端向土中斜插 15~20 厘米，另一端与土面相平。藕田栽植距 120~200 厘米左右，每亩用种藕 120~180 千克。藕莲田应把最外一行的藕芽向内，以防伸向埂外。

藕莲不同生育期，水位要求不同。田栽的萌芽生长阶段 3~5 厘米最好；旺盛时期，水位可加深到 12~15 厘米；结藕时，水位降到 3~5 厘米为佳。大面积的湖河栽植藕莲，必须防止水位猛涨，淹没立叶。

藕莲栽前需施足基肥，一般每亩施饼肥 100 千克、绿肥 2500 千克、尿素 30 千克。栽种后约 20 天用人畜粪追肥一次，2 个月左右再用人畜粪或化肥追施第二次。追肥前应将水放浅，追后用清水泼洒，冲掉叶片上的肥料。若管理工作细致，藕莲一般每亩可收 1000~2500 千克。每次收藕，留下 2~3 节作为种藕，供下年栽培。

据科学推断，原生的花莲、子莲、藕莲的共同祖先均来自"野藕"。安徽是藕莲的主要产地之一，栽培面积大，品种多，种质资源丰富，且自然条件优越，对推动莲花新品种的选育极为有利。相信勤劳勇敢的五千万安徽人民在生产实践中，一定能够培育出更加多姿、多色、多香的安徽莲新品种，为中国莲的发展增辉添色。

（原载 1979~1991 年《荷花科技文选》，又载《安徽园林科技情报》1990 年 1 期）

桂花的嫩枝扦插

桂花种子难得（仅四季桂、银桂可结实），嫁接、压条繁殖困难且数量有限。采用扦插法，取材方便、操作简单，可满足人们增加桂花生产的要求。合肥市苗圃在夏、秋两季进行两次嫩枝扦插，繁殖量达 20~30 万株，成活率均在95％以上。方法介绍如下：

一、圃地的选择和整地

圃地应选在地势较高、距水源近、四面通风、排水良好、前茬休闲并经秋后翻掘、冬季风化、土壤已细碎疏松之处。开春和扦插前再各深翻一次，并结合整地，在扦插前十天撒放农药防治地下害虫。苗床宽 1 米，长 10~20 米，高0.25 米，步道宽 0.5 米。床面应平整，0.25 米内无大土块。苗床为东西向，以利冬天搭暖棚。

二、扦插时间

依据桂花在合肥地区一年有三次生长高峰的现象，扦插时间应按照它的生长期，选择当年生，质地已经充实，即将开始下一次生长的嫩枝进行扦插。因为此时插穗内部薄壁细胞特别活跃，植物体内生长素已开始积累，枝条营养物质充足，扦插成活率最高，并且在同一母株上一年可剪取两次嫩枝进行扦插，增大繁殖数量。

一般第一次扦插在 6 月上、中旬即芒种前后一周进行。第二次在 8 月底，9月初进行。这两个时期扦插气温都不太高，约 30℃左右。利用荫棚，气温可控制在 25℃左右，10 厘米以内土温可在 22℃上下。此外，第一次扦插时，适逢梅雨季节，第二次扦插时虽雨水不多，但此时土温往往高于气温，为保湿、防蔫创造了良好的条件。

三、插穗的选择及修剪

插穗的优劣首先取决于对母树的选择。一般母树随其年龄增大，新陈代谢逐渐减弱，生活力降低，所抽枝条变弱。同时枝条内部生根抑制剂的含量也随母树的年龄增长而加多，插穗生根率也因之降低。所以母树选 20 年生以内，生长健壮的植株为宜。实践证明，母树的年龄越小，扦插成活率越高。另外，在同一母树上取条的部位不同，插穗生根能力也有差异。因植株基部的枝条较上部枝条所含的生根抑制剂要低，所剪插穗容易生根。

修剪插穗时，一般留 2~3 个节。穗的长短视嫩枝的节间长短而定，约 6~10 厘米。若嫩枝较短，剪取时尽可能带一点老枝，即所谓带踵扦插，更利于生根。

由于嫩枝扦插中供给生根和发育的养分主要来自老叶的光合作用，所以一般都要带叶扦插。但如老叶过多，蒸发量大，又对保湿、防蔫不利。究竟留叶多少最合适观察，留叶多少并不取决于片数，而取决于叶片总面积。对中等大小的叶片，留插穗上部的两片，顶端若有过嫩的小叶宜剪去。

四、扦插方法

扦插前苗床浇透水，使表层 15 厘米内土湿而不积水。扦插时叶片互相错开；株行距 5~6 厘米。插穗深度以所留叶腋芽高出土面 0.5 厘米为准，插入土中。插后及时喷透水一次，使枝条与土壤充分结合。为提早生根，插前可用激素萘乙酸或吲哚丁酸 200~300ppm 的药液浸渍插穗基部 3~5 秒钟后扦插。

五、养护管理

桂花扦插属皮部生根型，从扦插到愈合生根一般 40 天左右，生根部位多在节间、皮部及切口附近。扦插前期保持足够的湿度，使插穗不致萎蔫和失水。

①搭高荫棚。高 18 米，透光率 20%，帘子晚揭午盖，保持湿度。

②东、西、南三面挂帘子挡风，减少热气流的影响。

③生根前期要注意叶面喷水，保持高湿。无雨天气每天叶面要用喷雾器喷水 2~4 次。第一遍水在露水干后进行，叶面经常保持覆盖一层薄薄的水膜，使之处于膨胀湿润状态。并要注意在步道和帘子上洒水，保持棚内湿度在 90% 以上。后期注意防插穗下部腐烂。干旱高温天气隔 7~10 天，苗床应灌透水一次。

④做到苗床内无杂草，雨后无积水，注意防治病虫害。

插后一个月要逐渐增加光照。第一次扦插苗可在 9 月份拆除荫棚，第二次扦插苗 10 月中旬拆除荫棚，充分接受阳光，加速苗木的木质化，霜前（11 月份）用塑料膜罩起，并搭暖棚越冬。

六、小苗移植

小苗移植第一次和第二次的扦插苗虽都在当年生根，但小苗移植一般均在第二年 4 月或梅雨季进行，第二次扦插的苗，因当年未发新梢，次年也可留床一年。扦插苗因苗株密集，移植时不便带土球，起苗时应力求根系完整，栽植前蘸泥浆、栽后立即浇透水，移植或上盆初期注意勿使幼苗脱水。有条件搭荫棚遮荫更利于早扎新根，恢复生机。

（原载《大众花卉》杂志 1983 年 5 期）

"竹"在中国园林中的应用

中国是一个有着 5000 多年历史的文明古国，其园林可追溯到殷、周时代"圃"的出现，至今已有 3000 多年，是世界上园林起源最早的国家之一。由于中国园林的显著特点体现在建筑与山水结合，"师法自然"，并将诗情画意融贯于园林之中，追求抒情的园林趣味，秀逸、超脱的意境，故"虽有人作，宛自天开"，效法自然而高于自然，创造出"多方胜景，咫尺山林"的写意山水园林，形成人造自然的"神韵"艺术效果。

在中国园林中，作为植物配置和造景的竹子，由于亭亭玉立，经霜雪而不凋，历四时而常茂，集坚贞、刚毅、挺拔、清幽于一身。自古以来，中国人民爱竹、种竹、赏竹，不仅喜竹之外形，更爱竹之内涵。竹成为园林布景与缀景的重要植物材料，日益被广泛利用。

一、特色鲜明，历史悠久

竹子，是东方的特产植物，全世界共有 70 多个属，约 1250 多种，其中一半以上的品种产在东南亚。我国为世界主要产竹国家，自然分布的竹种主要在长江流域以南地区，但少数耐寒的竹种延伸到秦岭、汉水及黄河流域各地。由于长期的引种栽培，一些竹种的分布区已远远超过它的自然分布。《中国植物志》记载中国竹有 37 属，500 余种。丰富的竹类资源，无论从现实生活或园林美学角度看，自古以来与中国人的生活一直有着密切的关系，无论衣、食、住、行、乐器、工具、兵器……等方面，还是在园林绿化中，几乎都与竹有关。竹子在我国社会发展过程中为创造物质财富和精神文明均作出了不可磨灭的贡献。据文献记载，公元前 1066 年的周代已普遍栽竹，有 3000 多年历史。用于园林造景的最早文字在《中国园林竹种》中记述，秦始皇把竹子引种栽植于咸阳的宫廷园林中，至今也有 2000 多年历史。竹子观赏的价值表现在自然，即它外形的姿质与风貌。它虽无花无香，然而挺拔、常青、中空、有节。这种自然特性，使它区别于其他植物。人们通过植竹、养竹可从中感受到轻松和愉悦。此外，竹中空、有节的自然特征，起到暗示、寓意和象征的作用，可寄托人的思想、感情和生活理想，表现为一种道德价值观。所谓："直节虚心是我师"，"竹可焚而不可毁其节"、"刚、柔、忠、义、谦、贤、德"等，成为文人雅士修身明志的行为准则。竹子表现出这种"自然的人化"与"人的对象化"，使自然性与社会性统一。人通过赞美竹的高洁、坚贞，与赞美其特征的人的精神一致，人可通过心理活动产生美感。这种主观情感的自然属性为其他植物少有。1000 年前的中国大诗人、大文学家苏东坡的"宁可食无肉，不可居无竹，无肉令人瘦，无竹令人俗"的传世名言，则充分表达了中国人民对竹的特有情感。

正因为如此，竹在中国园林的庭院中被广泛应用，使人在伏案困倦中，抬头能望到窗外婆娑的竹影，甚至在案头小缸中也栽上一丛云竹，使竹的应用小环境有情有味，成为一种审美的追求。因此，在中国的园林中，古往今来，依据环境和造景之需，竹或丛植、或片植、或行植、或盆栽；又以竹种的不同，或形成高大的竹林，或为低矮的灌丛，甚至也有为林下地被物；造景中可分为主景、配景、衬景、障景甚至为窗景、盆景、借景；其中竹景粉墙，小桥流水别有情趣，尤其竹径，可形成特殊风格的园路景观。杭州西湖三潭印月景点东北部的"曲径通幽"，就是小型园林中富于幽静气氛的一条竹径，联系着万字廊与闲孜台两个建筑物，径长 535 米，宽 15 米，以漏窗围墙与三潭中心主路分隔，在围墙园洞门上，书有曲径通幽点题，小径两旁植有小竹，高仅 25 米，竹径中夹种着乌桕等色叶树。由于竹林紧密而低矮，在游人视线内，看到的只有丛丛竹叶，显得幽闭，特别小径还采用了 3 种不同弧度，两端弧度大，中间弧度小，站在一端看不到另一端，小径尽头又种有一片高篱，增强了幽暗感，使人感到生动而又闲静。但通过幽处又出现一片明亮的小草坪，豁然开朗，令人产生"柳暗花明又一村"之感。云栖竹径又有另一番情趣，径长 800 余米，路宽 3 米多，弯弯曲曲穿行于浓密高达 20 余米的毛竹林之中，借地形起伏，溪涧涓流，以及亭、榭、树木的布置，形成"夹径萧萧竹万枝，云深幽壑媚幽姿"的竹径景观。虽视野并不开阔，但翠竹摇空，绿荫满地，可很自然产生"万竿绿竹影参天"的深邃优美之雅静感受。可见，利用竹的不同品种造景只要得当，即能达到"此竹数尺耳，而有万竹之势"，充分体现出艺术美的巨大魅力。

二、形态特殊，应用广泛

由于竹子属单子叶植物中的禾本科竹亚科，形态非草非木，除少数例外，一般具节且中空，不柔不刚。全株分地下茎、根、芽（笋）、枝、叶、竹箨、花与果实。其生长发育与乔、灌木都不同，繁殖主要靠营养体来进行。地下茎不仅有养分贮藏、运输的功能，还具有繁殖能力，一般采用地下茎生产种苗。总的说竹的繁殖不难，且生长快，呈常绿乔木状或灌木状，高可达 30 余米。另有如绵竹、大麻竹，短小的仅 1 米左右，如倭竹属、赤竹属；有的不能直立，枝干贴地面蔓生或攀缘状，如藤竹，极少数为草本植物。竹在我国，作为古典园林和现代园林重要的植物材料，不仅运用于园林绿化上，而且还是园林建筑的物资之一。

中国园林由于以"天人合一"的哲学思想为基础，汇集了自然山水之美和各种艺术美与人工巧思。在风格上可分为北方的皇家园林和南方的私家园林，特点是前者多为大型人工山水园和大型自然山水园，豪华富丽，规模宏大；后者多为庭院式或小型的人工山水园，精巧素雅，玲珑多姿。竹因其生长迅速，枝叶密集，形态端直，易于组织到园林的自然空间里，适用于各种风格的园林。自古以来，几竿秀竹、几块石头，可成为文人题诗作画的主要材料，也可成为古人配置山水园林的重要材料。我国北方虽然少竹，但占地 58 公顷的北京紫竹院公园，就是以竹为主的公园。明、清时这里是万寿寺下院，后为慈禧太后由紫禁城乘船去颐和园途中的休息地，故赐名"福荫紫竹院"。现在湖中青莲岛上的八宝轩还有中国传统的竹文化展示。同时，顺河扩地，挖湖堆山，营建成一座竹林成景，植物繁茂的自然山水园林。

以竹为主题的私家园林较多，扬州的个园。极具代表性，由于其"主人性爱竹，盖以竹本固"，初建时，园内修篁万杆，因竹之叶形似"个"，故取名个园。可见主人以竹为家，以竹为名，对竹情之真，意之切，视竹为清逸高雅，刚直不阿的象征。园以竹为主景，幽篁满园，密筱成片。个园的竹有 21 个品种，通常还与奇峰怪石相配，形成竹石小景。"竹、石"为个园的两大特色，个园四季假山每景都配有竹石小景，且竹种各异。春景用刚竹，夏景用水竹，秋景用四季竹，冬景用斑竹。春天挺拔雄伟的刚竹瘦劲孤高，豪迈凌云，竹枝清翠，枝叶扶疏之间几枝石笋破土而出，好似雨后春笋带来春的气息。夏景以假山、水池展开，湖石假山叠出"夏云多奇峰"，植物以竹等植物为主混栽，夏山水竹纤巧柔美，与玲珑剔透的太湖石相配，相得益彰，渲染了夏景之清丽秀美。秋景为全园园景的高潮部分，四季竹不耐寒，受冻后枝叶飘零，"秋风扫落叶"，秋天似乎真的到来。冬景为全园尾声，用宣石，又名雪石，并以斑竹为背景，斑竹又叫湘妃竹，呈现"斑竹一枝千滴泪，竹晕斑斑点泪光"，冬季凄惨悲凉之感令人油然而生。竹石小景在个园内随处可见，且步移景换，搭配得恰到好处。正如古时大画家郑板桥题竹诗所云："竹枝石块两相宜，群卉群芳尽弃之。春夏秋时全不变，雪中风味更清奇。"竹石小景在古典园林中被广为应用，如：北京颐和园、上海豫园、苏州拙政园、网师园、扬州何园等。从颐和园仁寿殿两侧的楹联"窗竹影摇书案上，山泉声入砚池中"，可见竹石小景在古典园林中占有的重要地位。作为建筑材料造景也能别具一格，如历史文化名城九江市就在 1000 多年前大诗人白居易吟咏"南湖春望"的湖畔，兴建了一座以竹子为原料的仿古景点建筑——翠竹院，建筑面积达 230 平方米，是江南最大的竹编园林之一。翠竹院在修竹夹道的路尽头，很像小说《红楼梦》中的潇湘馆，由厅、亭、榭、廊、天井等个体组成一座有机的整体，配以山石、翠竹、花木、池塘，并以山坡为背景，在有限的空间里构成了动静、曲直、隐现、高低、远近、疏密相结合的立体画面，创造佳境，达到自然美与艺术美的高度统一。

此外，竹子对中国园林的贡献，还突出表现在竹器、竹雕、花架、桌凳和屏风等，小巧玲珑，雅致天然。尤其利用灵山秀石、古松修竹组成的盆景艺术，更是中国一绝，被誉为"无声的诗，立体的画。"具有典型代表的松、竹、梅"岁寒三友"和梅、兰、竹、菊的"四君子"配置，既可作竹盆景，又是以竹为主造园的优秀植物配置传统组合与竹文化在植物配置中的最佳体现。

三、效益显著，潜力巨大

竹不仅有很好的观赏、审美价值，以及多种用途产生的经济效益，而且竹也有很好的生态效益。经测定同等面积的竹林比树林多释放 35% 的氧气，一颗竹子可固定 6 立方米土壤，每公顷竹林可吸收空气中的 12 吨 CO_2、蓄水 1000 吨。更何况竹子是地球上生长最快的植物，其生长速度是速生桉的 3 倍。种竹具有投资省、见效快，一次投入可长期持续利用，生态效益显著。如山东泰安的一块淡竹林招引的鸟类达 63 种，占泰山鸟类总数的 432%，其中 80% 是益鸟，其数量是同等面积针叶林的 39 倍，阔叶林的 16 倍，针阔混交林的 23 倍。纵观人类社会的物质文明，从未增脱离过精神文明而孤立存在。中国园林作为优秀的绿化环境、"人间的天堂"，数千年间始终伴随着民族文化而同步发展，并成为其中的重要组成部分，并将向往和赞美的各种文化思想变成园林的营造语言，形成了一个完善的体系。当前，我国正迈向小康时代，在人民生活水平提高之后，追求生活质量已成大势所趋，迫切要求园林的高品位，以可观、可游、可居三者俱具为高。现许多省市已将整座城市作为一个大园林进行规划和建设，重视人居环境的提高，这也正是新世纪、新千年人类的共同追求和意愿。加快城市园林绿化建设，从以前古典园林为少数人服务，如今成为为公众开放的园林，为广大人民服务的大园林，更应该利用竹子作为城市绿化的首选植物之一。这至少有二大优点，首先，竹类资源充裕，正常情况下，健美的毛竹每年都能长出胸径为 10 厘米左右的新竹，而培育同样粗的其他树木，少则也要花费 5 年时间，而其野生资源则更为有限。其次，竹类植物观赏价值高，尤其春天出笋季节，还能欣赏到"雨后春笋"的独特景观。近两年上海已将 20 万株大毛竹移栽到市区，而且不截头，全株栽培成功堪称国内首创，为城市大园林建设选择植物材料拓宽了思路。当今，中国以竹子造景的园林被列入国家名胜保护区的有：浙江莫干山竹林，金佛山的方竹林、洞庭湖君山的斑竹林、皖南古黔竹浪等。最著名的华夏十大赏竹胜地，除莫干山竹径通幽、湖南的君山湘妃竹外，还有浙江的安吉竹乡、四川的蜀南竹海、安徽的九华闵园、四川的望江楼竹子公园、湖南的桃江毛竹之乡、贵州的赤水竹海、云南世博会竹园、福建的华安观赏竹种园。在城市中建有以竹为主的专类园也很多，在植物园内以展览竹种为主，并结合山水地形、园路，构成"翠竹夹径，碧波映影"的景色。结合竹林有高有低，空间有开敞、有封闭，形成形式多样、情趣各异，在阳光下具有"帘幕"的视觉效果。现在的杭州植物园、华南植物园、西双版纳植物园、南京林业大学竹类植物园、广西和广东林科院、浙江林科所内的竹类展区，以及成都望江楼公园的竹类植物园，浙江安吉的竹类植物园等，倚托形形色色的各种竹子造园，令游人视野大开，引人入胜。如：高达几十米的龙竹越过株丛，让细长的茎秆垂向远处的林间隙地，不仅美观，而且还是巨大的林用竹。西双版纳还有一种世龙竹，杆粗竟达 30 厘米，当地傣族人民可直接用作挑水的水桶。可见在园林中用竹，只要依据竹种的不同生物学特性，适地适竹大有潜力。目前，我国丛生竹的自然分布主要在岭南以南的华南地区、较为耐寒的竹种分布在湘、赣、闽、浙的南部和川黔、滇的低海拔地区。在城市园林中采用的主要有大佛竹、大琴丝、粉单竹、凤尾竹等矮小型丛生竹品种。长江流域至黄河以南各地，是以散生竹与混生竹为主，可供园林绿化的观赏竹种更多，园林用竹基本上以刚竹属为主，如紫竹、罗汉竹、龙鳞竹、金镶玉等。现许多野生竹种经引种驯化，也可广泛地用于园林绿化。总之，发掘竹子资源用于园林绿化潜力巨大。成立于 1997 年的国际竹藤组织，是第一个总部设在中国的政府间国际组织，其宗旨在于联合、协调和支持竹藤的战略性及适应性研究与开发，促进竹产业的发展和进步。相信在新世纪、新千年，随着竹产业的发展，竹在中国园林中的应用必将大展宏图。

（原载《中国花卉报》2002 年 12 月 3 日，《中国花卉园艺》2002 年 24 期）

南天竹

南天竹 Nandina domestica：小檗科、南天竹属。别名：天竺、兰竹。染色体数 2n = 20，为我国原产，日本、印度等国亦产之， 我国自古就有栽培，是常用的观叶、观果植物，又是传统的切花材料。我国古典园林中多有栽植。

它为常绿丛生性灌木，高约 2 米，直立，少分枝。老茎浅褐色，光滑无毛，幼枝常为红色。叶对生，2~3 回羽状复叶具长总柄。园锥花序顶生，花小、白色，花后为簇生的球形小果，直径约 4~5 毫米。花期 5~7 月，果熟期 10~11 月，宿存于翌春 2 月落果，有隔年结实现象。

南天竹叶形及花、果的颜色多变，常见的栽培变种和品种有：玉果南天竹（Var Ieucocarpa）小叶翠绿色，果黄绿色；五彩南天竹（Var Porphyrocarpa）叶狭长而密，叶色多变，常显紫色。果紫色，锦丝南天竹（Var capillaris）小叶呈细丝状，株型矮小。还有黄果南天竹、光叶南天竹、龟叶南天竹、涡叶南天竹、园叶南天竹、栗木南天竹。

南天竹为亚热带树种，在我国长江流域、陕西南部和广西等省，多野生在湿润的沟谷旁、疏林下、灌丛中，为钙质土指示植物，南北各地园林中均有栽培，黄河以南可露地栽植。

南天竹喜温暖多湿及通风良好的半阴环境。较耐寒，–20℃以上不会发生冻害，耐弱碱。萌蘖力特强，一般为多干丛生，阳光过强或过弱，均影响结果，果实成熟后，留枝上观赏，温度需保持在 10℃左右。盆栽的春夏两季应放在荫棚下养护。

南天竹繁殖以播种，分株为主，也可扦插、播种可在种子成熟后随采随播，也可将种子贮存在干燥通风处，于次年春播，分株宜在春季芽萌动前或秋季进行，扦插以新芽萌动前或夏季新梢停止生长时进行为好。初春，从山野中挖回的植株，定植后宜平茬，让它重发新梢。

南天竹每年落果后剪去干花序，秋后应齐地疏剪或截支树干，翌春萌发新枝结果为宜。

南天竹室内养护阶段要加强通风透光，防止介壳虫发生。

南天竹果、叶均可入药，有强筋骨和益气的功效。树姿秀丽，翠绿扶疏，红果累累，圆润光洁，无论地栽，还是盆栽或制作盆景，都具有很高的观赏价值。春节期间，切取果穗枝，民间常与蜡梅、松枝相配，瓶插水养耐久，倍觉高雅。

（原载《中国农业百科全书·观赏园艺卷》）

年轻的生命　古老的胡杨

胡杨树，这是唯一适合荒漠生长的乔木，大自然长期进化才幸存下的物种。古往今来，大自然用它的鬼斧神工创造出无数奇观，胡杨这种"生而千年不死，死而千年不倒，倒而千年不朽"的神奇树种，已由生命演绎成了一种精神，为人们所膜拜……胡杨抗热、抗寒、抗风、抗沙、抗碱、抗旱、抗瘠，能够在年降水量仅 20 毫米～60 毫米的极端干旱沙漠地区生存。中国的杨树分类学家把胡杨分为两个种，即胡杨和灰叶胡杨。胡杨是杨属中最古老的树种，远在 1.35 亿年前就已出现。据 1935 年在新疆库车千佛洞和甘肃敦煌铁匠沟发现的胡杨化石推断，胡杨在这里已有 300 万年～600 万年的历史。这一古老珍奇树种的历史价值是任何其他树种所不可比拟的。

如今，塔里木盆地的胡杨多是主干低矮，干形弯曲，很难找出那样高大笔直的胡杨树来。

胡杨林的分布范围横跨欧、亚、非 3 个大陆，聚集在地中海周围至我国西北部和蒙古国荒漠地带的 20 多个国家内。由于经济落后和对胡杨林维持荒漠区生态平衡的功能认识不足，全球胡杨林全都遭受严重破坏，面积锐减。目前，全球胡杨林面积约为 64.8 万公顷，我国现有胡杨林面积占全球面积的 61%，为 39.5 万公顷，这比新中国成立之前减少了一半，而其他国家已不存在未经人为

破坏的天然胡杨林。

中国的胡杨林主要分布在西北地区的新疆、内蒙古、青海、甘肃和宁夏5省及自治区，其中91.1%的胡杨林集中在新疆，约有36.02万公顷。新疆塔里木河流域生长有目前全世界最大的一片天然胡杨林，面积为35.2万公顷，这可能也是迄今为止，地球上唯一保留下来的原始胡杨林了。

古河道是胡杨林的生命之源。胡杨是一个古老的荒漠河岸树种，其发生、发展及演变与河流的关系可概括为：河流是根本，河漫滩是摇篮，地下水是命脉。胡杨的兴衰存亡取决于河道的变迁，一旦河水改道或断流，胡杨就面临死亡。

科学家将胡杨的生长发育分为幼龄林、中龄林、近熟林、成熟林、过熟林和衰亡等6个阶段，胡杨林在生态建设及经济发展中有不可替代的作用，胡杨作为一种优良防风固沙植物被广泛采用。由于胡杨独特的抗逆能力使其能在干旱、盐碱化、多风沙的恶劣环境下生长，对维持环境脆弱区生态平衡具有非常重要的生态作用，是最需优先保护的林木基因资源。

与胡杨生存息息相关的塔里木河，全长1200千米，维系着一条"绿色走廊"。胡杨因其美丽、顽强、不朽而成为人们观赏和学习的"英雄树"。

（原载《安徽园林》杂志2009年1期）

行道树法梧

摘要： 法梧，学名为二球悬玲木。由于它极耐修剪和瘠薄的立地条件，且树冠大而浓荫，是长江中下游一带城镇道路绿化常用的主要落叶乔木树种。

但缺点是根系较浅，特别在大城市地下土质情况复杂、水位较高的环境下，易受大风袭击倒伏，加之春、夏之交的种毛危害，因此需要扬长避短。

现刊登一组不同时间发表的有关法梧行道树文章。

盛夏酷暑想到法梧

烈日炎炎，持续高温。白天，寿春路、蒙城路上行人寥寥，而长江路、淮河路却车水马龙。烈日之下，人们对道路两旁的行道树——法梧（学名悬铃木）刮目相看了。

城市绿化树种的选择，应考虑美化和改善生态环境的双重需要。城市行道树的功能可简单概括为：景、净、荫。新拓建的寿春路、蒙城路上的行道树突出了市树——广玉兰。广玉兰虽是常绿树，景观效果好，吸收废气，滞尘，降低噪声也不算差，但要形成一定"荫量"，10年，甚至20年也难以办到。

长江路、淮河路上的法梧虽是落叶树，但它速生、浓荫、耐修剪，是合肥几十年来的主要行道树种。法梧虽有毛，有皮虫，对环境有不利的一面，但它是夏季遮荫、清心纳凉的优良树种。

法梧是三球悬铃和一球悬铃木的杂交种，1640年在英国育成，目前已分布世界各地。我国引入也有一百多年的历史了，其中以长江中下游城市栽植最多，生长最好。它喜光和温暖湿润的气候，最适于微酸性或中性、肥沃、深厚、湿润、排水良好的土壤，在微碱性或石灰性土壤上也能生长。城市街道虽处于半干旱条件，且土壤板结，由于法梧的根系能耐透气性较差的土壤，因此它仍能在道路两旁生长。

由于法梧适应性强，生长较快，作为行道树，三五年即可成荫，10年以上即可覆盖路面，枝叶相交，形成弧形的绿色长廊。据测定，一亩法梧每日可吸收二氧化碳1980千克，放出氧气858.4千克，净化空气中的碳944.36千克，吸

收热量 1.8883×10^6 千卡，蒸发水 6.3 吨，滞尘 8.5 千克。长江路、淮河路上的法梧已成了天然的空气"净化器"、"吸尘器"、"空调器"、"消声器"和"灭菌器"。据 7 月 16 日夏令时 13 时测定，长江路、淮洒路树荫内气温为 36.5℃，而寿春路、蒙城路在同一时间，气温却高达摄氏 47℃，两路气温相差 10℃ 以上。

酷暑盛夏还是法梧好。至于四五月份污染空气的法梧的毛，是宿存的上一年的球形果序，它由多数小坚果组成。小坚果倒圆锥形，其顶端宿存刺毛状花柱，基部围着褐色长毛。认识到它，我们只要结合冬季修剪，除去部分或大部分果序，即可减少次年春季法梧毛的污染。此外，人们正在结合育种，逐步培养少球果或无球果的新株，力争从根本上解决法梧污染问题。

近几年，社会上出现大量砍伐法梧的现象，想用其他树种取代，这种做法应当慎重。作为城市的行道树，不能轻易否定。应该从我国人多车少的国情出发，街道两旁宜多植速生、高大、浓荫的乔木。法梧作为优良的城市行道树仍具有强大的生命力。

（原载《合肥晚报》1988 年 8 月 6 日）

城市法梧矮化势在必行

合肥自 1950 年代以来，在长江路、安庆路、淮河路等 15 条主要干道两侧栽植法梧约 7000 株，现多已长成大树，树木枝丫相互重叠，树高达 10~20 米。夏日其浓荫覆盖整个路面，增加了城市绿量，起到了降温消暑作用，被人们喻为城市的绿色长廊。但法梧也有不足的一面，合肥市主干道上粗大的法梧，由于主干分权高度留得低，因而分丫侧枝太低，生长高度失控，树冠普遍形成伞状开心形，这样势必与马路交通、路侧建筑和空中各种电线线路发生矛盾，在一定程度上成了城市的不安全因素。去年合肥市安庆路因树枝影响线路而发生家用电器损坏事故就是一例。尤其在初夏季节，由于树冠上大量的球果老熟散落，刺毛和褐色长毛随风飘浮，既迷行人的眼睛，又刺激人的呼吸道，容易引起咳嗽和支气管炎症，直接影响着人们的身心健康，而在秋冬季节，由于落叶持续时间长，落叶量大，增添了清扫困难，影响市容卫生。

随着城市人口增长，交通量增加，原来的法梧行道树，不能适应现代城市发展的需要。目前，上海、镇江等城市已普遍采取矮化修剪的办法，一般采取留主干高度 3~4 米，分权进行高脚杯形整枝，总高度在 6~7 米以内，以后逐年养护修枝，力求控制树冠每年高度不超过 9 米。而城市的高压线一般均在 11 米以上，这样，线树的矛盾便可基本缓和，且因树又收缩抬高，行车与树高的矛盾也得到缓解。加之每年冬春季持之以恒养护修剪，清除了大部分球果，初夏也就可避免法梧种毛污染危害，而修剪后的法梧，当年夏季可抽新枝 2~3 米，基本上可满足行人遮荫要求。

（原载《安徽日报》1991 年 4 月 4 日）

如何解决法梧飞花问题

法国梧桐是一个非常好的绿化树种，但在每年初夏，由于树冠上宿存大量的球果老熟散落，种粒顶端宿存的刺毛状花柱和基部围的褐色长毛随风飘浮，既迷人的眼睛，又刺激人的呼吸道，造成咳嗽和支气管炎症，直接影响着人们的身心健康。怎样解决才好？经我们实践证明：采用矮化修剪是一个比较好的方法。一般采取留主干高度 3~4 米，分叉后进行高脚杯状形整枝，总高度在 6~7 米以内，以后逐年养护修枝，力求控制树冠，每年高度不超过 9 米。另外，每年冬春季持之以恒养护修剪，清除掉大部分宿存的球果，初夏也就极少有这种毛污染危害。

（原载《国土绿化》杂志 1992 年 6 期）

扬长避短 "治" 法梧

当前，针对合肥老城区欲换法梧展开讨论，我认为不应简单地 "换" 或是 "不换"，而应扬法梧之长，避法梧之短。

法梧，学名二球悬铃木，引入我国已有 100 多年历史，其中长江中下游城市栽植最多，生长最好。法梧耐修剪，生长快，叶片吸附力又强，能耐瘠薄和透气性较差的土壤，对处于半干旱状态、且土壤又板结的城市街道仍能生长良好，不愧为优良的行道树种。

然而，事物总有两面性。每年初夏，由于树冠宿存的大量球果老熟散落，种粒顶端毛状花柱和基部褐色长毛随风飘浮，既迷人的眼睛，又刺激人的呼吸道。而合肥老城区粗大的法梧，多因主干分权太低，一般只有 2.5~2.8 米，造成侧枝低矮，加之生长高度失去控制，高达十余米，头重脚轻，势必与道路交通、路侧建筑及各种空中线路发生矛盾，成为安全隐患。再则，秋季落叶持续时间又长，落叶量大，给环卫工作带来压力。

20 世纪 90 年代初，曾针对弊端，在号称安徽第一路的长江路东段采用矮化修剪的方法，收到事半功倍的效果。截干后抽发的新枝当年可达 2~3 米，基本满足了行人遮荫要求。

实践证明修剪后，只要冬春持之以恒修剪，控制树形和树冠，能够缓解各种矛盾，尤其可清除掉大部分宿存的球果，初夏种毛污染危害可基本解决。

至于长江路法梧全面更新，则完全是因为当年扩建马路工程的需要，更何况长江路的建筑与繁华又是合肥，甚至安徽形象的体现。

现在，议论的法梧均不在城市的主要干道上，同时也不存在道路扩建问题，对生命力已很脆弱的五六十年龄老法梧移植更是劳民伤财。因此，采用扬长避短的修剪办法，虽今后养护管理工作量多一点，但城市老街的历史与文化风貌则可以保留与延续。

（原载《合肥晚报》2005 年 4 月 1 日）

科学看待法桐行道树

我作为一位老园林工作者，对法桐树怀有深厚情感。20 世纪 80 年代曾在合肥晚报上发表《感受酷暑想到法桐》一文，并亲自测定有关街道气温变化，在酷夏的中午有法桐遮荫比无遮荫的道路温度降低 10℃。

法桐又称二球悬铃木，1640 年在英国育成。它因具有良好的杂交优势，生长迅速、繁殖容易、叶大荫浓、树姿优美，具有较强的净化空气能力，且适应能力强、其根系能耐城市街道透气性较差的板结土和微碱性土，以及耐修剪等特点，成为重要的城市绿化树种。我国引种栽培已有 100 多年历史，由于最早栽在上海法租界而得名，在我国黄河以南和长江流域生长最好。

20 世纪五六十年代，由于人行道上普遍架设电缆线，而法桐易修剪成"开弄堂"自然杯状式树冠，适应电缆线穿树而过的要求，因而成为重要的城市行道树种，许多城市栽种了大量法桐行道树。当然树再好也要掌握度，应重视生物多样性，否则易遭受病虫危害。例如 1990 年代之前，每年夏季都要喷洒农药防治树枝上吊着的大袋蛾，间接地污染了环境，更何况法桐自身还有许多不足。法桐系浅根性树种，根系不发达，易受风害，杭州市曾受此灾，台风袭击后大量树木倒伏。尤其初夏时节树冠上宿存的球果老熟散落，其刺毛和褐色长毛随风飘浮，既迷行人眼睛又刺激人的呼吸道，引起咳嗽和支气管炎症，直接影响着人们的身体健康。秋冬相交季节，树又大量落叶且持续时间长，增添了清扫困难。

为了扬长避短治法桐，改革开放以来广大园林工作者采用辐射育种等多种方法培育无球果种苗，但要育成稳定的新种需要多年时间。国内最早进行该项目科研的华中农大直到近两年才通过成果鉴定，可见大量提供不结果种苗，特别是大苗目前很难，更何况无球果新种还需时间的检验。为减少球果种毛危害，最快捷的办法是利用法桐在上年生枝条上开花结果的特性，隔年秋冬修剪挂有果实的枝条即可。现阶段人行道上种植法桐，由于各种管线多已入地，修剪时基本不用考虑空中电线，培育苗木再不需截干，可以任其向上生长，法国巴黎街头高大的树型就是典范。我国 20 世纪五六十年代栽植的法桐为避让电线一般定干较低，加之"文革"期间未能及时正常修剪，有些树冠过大造成头重脚轻，刮风下雨时树干常歪倒，不是砸断电线就是阻塞交通，一度成为城市安全隐患。90 年代初合肥市对闹市区主要街道法桐进行矮化修剪也是被迫而为，但近 10 多年来很少再因刮风下雨发生树木倒伏现象。现在上海市淮海路一带矮化修剪成的盆景式树形就是最成功的范例。

当然，社会总是要发展的，为适应经济和城市建设要求，以"安徽第一路"合肥长江路为例，从 20 世纪 50 年代的 2 车道逐步改造成现在的 6~8 车道，科学看待法桐行道树（Treat Platanus Orientalis Avenue Trees Scientifically）矮化后的法桐也得被迫移植，曾花重金和动用吊车等机械设备，甚至还采用吊水管养方法，这在当时的确缓解了市民留念法桐的情绪。但从长远看，法桐作为速生的非长寿树种，花重金保证老树移植成活其实际意义不大。实践早已证明重新栽植年幼且生长健壮的树苗，只要加强水肥管理，几年就可培养成健壮速生的大树，所以弘扬科学，正确引导舆论比一时之策好。当然，对于长寿树种银杏、香樟、松柏，甚至槐树等则必须移植保成活。因为古树名木作为活的文物、历史的见证、凝固的诗、活动的画，体现着光辉灿烂的城市历史文化。

当然，对于行道树而言，绝不可能与古树名木相提并论，古树名木多栽植在庭园，或人行道一侧较宽阔的绿化带内，不可能作为行道树，且现代城市一般都在人行道下埋有各种管线，对树木的根系生长起着阻碍作用。据美国加州大学伯克利分校环境科学系林学科主任约瑟夫·麦克布瑞德教授介绍，美国行道树每25~30年一个轮回，标准就是树池周边的人行道板一旦被树根顶起，即进行树木更换，只有这样才能预防树下部的根扎坏地下管线。目前，我国处于城市化发展阶段，根系生长破坏管线的矛盾还不突出，主要是各种工程不断，但行道树显然不可能成为名木古树。

城市道路满足交通功能总是第一位的，只有在此前提下才是科学看待行道树。如合肥市芜湖路法桐行道树在西段气象局附近由于分枝点过低，公交车不能靠边行，实际上降低了道路的通行量，成为遗憾。而在东段万达广场附近，由于近期4车道变成6车道，交通流畅，老树更新，汽车尾气易消散，并突显出两侧现代化建筑于街头，呈现出一派新合肥繁荣景象，就是一个很好范例。因此在生物多样性和城市景观前提下，行道树应注意与周边环境协调，并针对不同性质道路和需求选择行道树。即使行道树同为法桐，但对树木的修剪要求也不完全相同，在交通十道两侧应突出高大树体，侧枝不能过矮；步行街和支干道需要浓荫夹道的法桐；商业街道还需适当兼顾广告和晚间的霓虹灯需求。所以，我们弘扬科学发展观就应满足市民对道路综合功能的需求，引导市民支持城市大建设。

（原载《中国园林》杂志2012年11期）

市树市花

摘要： 改革开放之初随着人民物质生活水平的提高，对精神生活有了更高追求。20世纪80年代各城市纷纷评选"市树市花"，成为一件新事物。合肥市为了给绿色城市增加光彩，1984年经市人大常委会九届八次会议通过：广玉兰为市树，桂花和石榴为我市市花。

合肥市市花——桂花和石榴

桂花：系木犀科，木犀属常绿乔木，高可达10米。枝叶繁茂，花聚伞状，腋生，白色，花香浓郁。其变形种有淡黄色、黄色、橙色、橘红等。桂花原产我国西南及中部地区。现广栽于长江流域，华北多盆栽。此花性喜阳光，耐温，怕寒，喜肥沃土壤，可用扦插、高压及嫁接等方法繁殖。现合肥每年繁殖近百万株。

桂花不仅叶色常绿，且花清香绝尘，浓郁远溢，沁人心脾。入秋，金风送爽，芬芳扑鼻的桂花开放了。传说桂花飘香万里，盛开时又恰逢中秋时节，最能勾起人们思乡之情和对家乡的热爱。桂花既是重要的园林观赏植物，又是芬芳的花木，具有较好的经济价值和社会效益。

石榴：石榴枝繁叶茂，花果期长达4~5个月。初春新叶红嫩，入夏花繁似锦，仲秋硕果高悬，深冬铁干虬枝。西晋文学家潘岳在《安石榴赋》中称赞"丹葩结秀，朱实星悬，接翠萝于绿叶，冒红芽于丹顶，千房同膜，十子如一"。

石榴枝繁叶茂，花果期长达5个月左右。初春，新叶红嫩，入夏花繁似锦，仲秋硕果高挂，深冬铁干虬枝。学家盛赞石榴为"天下之奇树，九州之名果也！"石榴花常给人以热情和美感，果实常被人誉为繁荣、昌盛的吉庆象征，自古以来深受人们喜爱。

安徽省怀远县（与合肥市为近邻）县志在清代已记载："榴，邑中经此果为最，曹州贡榴所不及也，红花红实，白花白实，玉籽榴尤佳。"并于1984年成立了我国第一家石榴研究所。合肥作为安徽省省会，选择桂花、石榴作为市花，是受之无愧的。

（原载1989年出版的《中国市花》一书）

应弘扬光大市树市花

《新安晚报》2015年3月12~13日曾对合肥市市树、市花展开讨论，虽因多数人不赞成更改而作罢，但从中让市民又重温了一次对市树、市花的感情，利于为建设"大湖名城、创新高地"进一步作好服务。

大千世界任何特色的形成，均需要历史的积淀和持之以恒的努力，更何况一个城市文化特色的形成不能朝三暮四。我国20世纪80年代，随着改革开放人民生活水平得到显著提高，对精神文化生活有了更高的追求，许多城市纷纷选市花，成为当时兴起的一件新生事物，让我们古老文明的祖国焕发出青春，鼓舞着人民投入到经济建设之中，寄予生活与工作环境变成美丽的大花园。

在这样大背景下，当时合肥市通过市委机关报《合肥晚报》广泛征求全市人民意见，并经合肥市九届八次人大常委会通过桂花、石榴为市花，广玉兰为市树。合肥市园林管理处（局）曾组团和携带市花参加了20世纪80年代在北京等地举办的全国市花展，并将市花、市树的宣传介绍收入到新华社所属单位编辑的我国首部《中国市花》一书中的第34页。宣传材料以图文并茂形式，采取科学的态度宣传了市树、市花产生的原因及其特色，成为合肥市以花为媒的一张靓丽名片。那个时代城市新建的寿春路，特在两侧人行道上留出较宽的绿化种植带栽种市树、市花，形成市树、市花一条街，现长势特好，后来分车岛上的花石榴，因故被后人换掉。

市树之所以选广玉兰，是因为合肥属北亚热带的最北边缘地带，能够露地栽植的高大常绿阔叶乔木树极少，仅有香樟和广玉兰等少数几种，而广玉兰比香樟长得更快、更耐寒，更何况还与合肥的淮军将领有着历史渊源，在肥东、肥西淮军将领圩堡群中早已引种栽培，百年大树成为特色。桂花在我市更是栽培广泛，西乡的桂花嫁接技术早已名扬四方，尤其是苗圃的人工扦插技术非常成熟。1983年中秋国庆佳节期间，合肥市苗圃曾有万盆桂花在首都北海公园展销，打响了安徽赴京花卉展销第一炮，也成为北京首次举办桂花展销会，让合肥桂花名扬祖国大地。至于选石榴花，是因为它既是花又是果，花果期长达4~5个月。安徽的怀远石榴历史悠久、闻名全国，合肥作为省会选它还可丰富花的色彩，因此在人大会上，原副市长园林专家吴翼提议才产生了双市花。

市树、市花既然早已产生，今天再重议无多大意义，当务之急应当宣传市树、市花的科学种植方法，努力做到适地适树。尤其，市树广玉兰作为美洲引进的外来树种，若采取我国花卉界泰斗人物、工程院院士陈俊愉教授，在20世纪90年代提出的采用广玉兰与原产我国的山玉兰杂交而产生新种，后名命"合肥玉兰"成为市树则更锦上添花了，更能地展现出合肥人民改革开放的丰硕成果和精神风貌！愿我们绿化行业的遗传育种工作者共同努力，为"大湖名城、创新高地"增光添彩。

（原载《安徽园林》杂志2015年1期，《新安晚报》2015年3月14日摘登）

1990年春，作者在洛阳举办的第三届中国城市市花展展会上

采访发现与食用牡丹油第一人

牡丹籽榨的油，营养丰富而独特，具有医疗保健作用，其中 α－亚麻酸含量高于任何食品油，达到 42%。而 α－亚麻酸是构成人体脑组织和视神经细胞的主要成分，无法人工合成，因此牡丹籽油成了植物油中的珍品，被有关专家喻为"世上最好的健康食用油"。卫生部已于 2011 年 3 月 22 日批准其为新资源食品，适应了我国对食用油由"营养型"向"健康保健型"观点转变的需求。这一新资源高端食用油的开发利用不能忘记"敢于吃螃蟹的第一人"——山东省荷泽市赵孝庆。日前，在上海举办的"2015 中国特产博览会"上，《安徽园林》杂志主编有幸独家采访了这位"敢吃螃蟹的第一人"。

谈及这次采访，不能忘记近 80 高龄的北京一位老干部①，他曾在安徽工作过，不忘家乡、不忘一切利于国家经济发展和民生的新事物，及时将国务院办公厅去年底下发的《关于加快木本油料产业发展的意见》中明确提出牡丹籽油与油茶、核桃同为我国重要的木本油料作物，已列入重点发展的信息提供给我。在这次邀我与原省文史馆馆长丁士匡一道赴上海参观展览前，我曾与他前往山东省荷泽市和我省铜陵市了解牡丹种植和牡丹籽油的生产情况，为新事物发展主动发挥余热。正因为有了这样的铺垫，这次采访才显示出灵活性和亲和感。

展览现场，赵孝庆在瑞璞牡丹展台前向我如数家珍地说开……他自小开始种牡丹，1997 年为将牡丹应用到食品加工业，通过牡丹种子的咀嚼发现含油，于是土法榨取牡丹油，自己首先试吃。自身和家人体验没坏处，于是就在 2001 年到北京昌平租地 600 亩发展牡丹业，并为北京林业大学带了 10 多位研究生参与该基地的建设实践。2004~2005 年为国家牡丹业制定了牡丹基地标准、牡丹种苗质量标准、牡丹种苗管理规范标准，并委托国家林科院对牡丹种子进行成分分析和牡丹籽油的成分分析。为了提取牡丹籽油，他还请求知名榨油厂帮忙，经实践证明大的榨油设备不适合，就委托清大机械研究院进行研发，并于 2007 年制造出我国第一台牡丹榨油专用设备， 2008 年在荷泽市建成我国第一条牡丹油生产线。同年 10 月，将首次批量生产的食用油送交国家粮油质量监督检验中心检测，证实批量生产的油与实验室的初试结果一致，达到国家一级食用油标

---

① 老干部指原国务院国资监事会主席，曾长期担任合肥市市长、市委书记的钟咏三。

作者听取赵孝庆(右)介绍

准。牡丹籽油要进入市场还需要卫生部批准，于是在2009年上报卫生部时，先将产品送交卫生部指定的检测单位测试。山东大学是指定监测的资格单位之一，就又委托山东大学进一步检测，其结果与原测定完全一致。与此同时，还按相关规定进一步做了致残、致畸、致癌的"三致"测验，以及在一定人群中进行集体食用。为此，赵孝庆于2008年专门生产了5吨牡丹油分送给数千人食用，经近一年的试吃，地方卫生局依据实际情况，出具了无不良反应证明后，国家卫生部在确保安全的基础上，才准予受理，并发布公告，在2011年颁发了新资源食品许可证。同年，赵孝庆的企业获得了中国第一个牡丹籽油生产许可证。牡丹籽油申报与检测的同时，赵孝庆还积极进行了定点推广种植试验，南到九江、北到甘肃和东北沈阳，去年又延伸到新疆的库尔勒和阿克苏。与此同时，2009年以来国家林业局和联合国官员还先后到他的公司进行调研，联合国工业发展组织代表拜赫明考察后，感慨地说"如果牡丹籽油能够实现产业化，将是对全人类的巨大贡献"。牡丹籽油在形成国家战略产业过程中，2011年时任国务院副总理回良玉曾批示要求搞好试点。2013年3月国务院总理李克强、常务副总理张高丽和副总理汪洋先后均作出批示，要求在抓好试点基础上，加快产业发展。国家主席习近平不仅有批示，而且在2013年底还亲赴菏泽视察，极大地鼓励和推动了新资源食品的快速发展。

去年底国办下发〔2014〕68号文《国务院办公厅关于加快木本油料产业发展的意见》，明确要求落实党中央、国务院决策部署，充分发挥市场在资源配置中的决定性作用。安徽省为此，也于近期由省政府办公厅颁发《关于加快木本油料产业发展的实施意见》，要求各地、各部门强化责任，加大多元投入、强化科技支撑。相信在党和政府的重视下，木本油料产业必将迎来大发展的高潮，牡丹籽油必将越来越多，我国人民食用木本植物优质油的比重也必将得到大幅提升。

（原载《安徽园林》杂志2015年2期）

第二章　他山之石

老子曾说"以天下观天下"，要有天下大视野。而营造生态健全、优美的人宜居环境，也需认清时代大势，正如孙子兵法"势篇"所言："时来天地皆同力，运去英雄不自由"。人的胆识、能力与其经历关系很大，见过与没见过区别很明显。因此，只有不断开阔视野，不断接受新事物，才能透过现象看本质，在工作中善于抓住牛鼻子，事半而功倍。

初出国门

——访日观感

1980年合肥市与日本久留米市结为友好城市，3年间日方已先后三次送来山茶花、杜鹃花和孔雀等友好信物。为了表达中国人民的友好情谊，合肥市政府决定派遣"赠送动植物友好团"赴日本。

该团由市外办副主任刘国典任团长，逍遥津动物园主任熊成培为动物专家代表。我虽刚刚进市园林的领导班子，但在任市苗圃主任、工程师期间已被定为植物专家成员。我们一行3人于1983年11月底至12月上旬，携带珍稀动物丹顶鹤一对，梅花"合肥送春"品种50株东渡日本。

刚刚打开国门，能有机会初识发达国家真面目，高兴之情不言而喻。从上海出关，我们乘坐国际航班仅1小时40分钟即抵达日本大阪，航程1439千米，当地时间早北京时间1小时。

在大阪机场受到久留米市政府的3位代表欢迎。共进午餐后，换乘日本国内班机，向西南飞行约1小时，到达九洲岛首府福冈市。久留米日中友协事务局局长鹿毛正则特从东京赶回，在机场迎候。我们乘坐主人的汽车，傍晚时穿越繁华的福冈市，在浮想联翩之余，车子很快驶入南行的高速公路。福冈至久留米在地图上虽相隔很长一段，但在飞速的车轮下，仅行驶数十分钟，大大缩短了两市之间的距离。

我们下榻在久留米市中央广场饭店。这里的高楼大厦并不太多，但道路整洁、建筑各异，很难见到相同的房子。沿街树木修剪齐整、树冠不大，但都有一定的造型，加之大面积的花卉色彩，更增添了建筑之美，给人一种特别清新、舒适的感受。

友好使者

次日，我们开始繁忙的外事活动。首先，赴市役所（即市政府），以及议会与日中友协。分别拜访市长、议长和友协会长。

近见敏之市长接见我们时，高兴地表示：丹顶鹤是吉祥之鸟，梅花是友谊之树，友好信物的到来表明我们两市的友好得到进一步的发展，两市间的友谊更加深厚。我们的团长在畅叙友情后，转达了张大为市长的问候，并递交了邀请近见敏之市长访问合肥的函件。同时，日方明确表示邀请合肥市市长，明年参加久留米建市95周年庆典活动。

日方的友情与待客，还体现在市政府当晚6时举办的正式宴请中。近见敏之市长与副市长、议长与副议长，近10人全都出席作陪。宴会采用长方形条桌和分餐制的办法，喝的是日本白酒，按中国标准属于低度酒类。席间，大家频频举杯，共祝两市友谊常在，世代友好。日方多次表达对合肥人民送来珍贵礼物的感激。酒过三巡，近见敏之市长带头登台演唱日本的欢迎歌曲，并手舞足蹈地翩翩起舞。其他日方官员也相继登台尽情歌唱，气氛十分热烈，高潮不断迭起。为了答谢主人盛情，我方团长用英文唱了一首毛主席诗词歌，表达了中国人民实现四化和国家富强的信心与决心。

12月3日上午，在久留米市鸟类中心隆重举行赠送动植物友好仪式。新建落成的高大笼舍用红绸缎遮挡，旁边立着刻有"中国·合肥市赠送"字样的碑石。吉山武副市长等日方官员出席，数百名少年儿童挥着花束围坐在笼舍前的会场上，如同喜庆节日。仪式由副市长代表近见敏之市长致辞，我团长也发表了热情友好的讲话。接着宾主一齐登台，分别从两侧拉开遮挡笼舍的红绸缎，让一对活泼可爱的丹顶鹤展现在众人面前。这时群起欢腾，众多记者的摄像机、照相机忙得不亦乐乎，留下了一张张珍贵的画面，难忘时刻的友好场景。

赠送仪式后的当天晚上，日中友好协会会长久原忠夫，以及友协的主要骨干20余人在创世社宴请我友好团，共庆两市人民动植物交换的圆满成功。同时，也为我们结束久留米市的友好访问饯行。

难忘的旅行

12月4日，我们结束了对久留米市的友好访问，由日方行政官员掘田英雄、田子森与鸟类中心常务理事足达博陪同，开始对日本的参观考察。

由于我们团带有动植物的专业性，并且成员年龄均不到40岁，相对年轻，日程安排较紧。主要考察了东京、福冈、大分、别府和久留米5市的5个动物园、2个植物园、2个公园、1个绿化流通中心与苗木生产基地，以及多家花店。在去大分、别府市的途中，横贯九洲岛观光了沿途的山区绿化造林。结合观光，浏览了东京和福冈两大城市的街道绿化，所见所闻不少，收获颇丰。

1. 特色鲜明，形式多样的动物园

动物园是伴随着城市公园的产生而出现与发展的，在世界上也才百余年历史。初期人们以圈养动物观光为主，逐步发展成今天的物种保护、动物回归自然，并结合科普知识教育。这次参观5个不同类型的动物园，领略到动物园发展的轨迹与趋势。

①久留米市鸟类中心。占地33公顷，是以饲养鸟类为主的专类园，坐落于市中心中央公园旁。1953年建园，现有鸟类90余种，200多只。该园以饲养孔雀为特色，已先后繁殖3000多只，分流到日本各地动物园。园内建有鸟类录像室和图书馆。

②福冈动物园。建于1950年代，占地10公顷，以圈养动物为主，现有动物218种，1300多只。与该市友好的广州市赠送的一对熊猫亦饲养在这里，在日本享有一定知名度。

③大分市生态水族馆。坐落于九洲岛东海岸，建于第二次世界大战后、经济大发展的1960年代。现饲养了近海不同深度的各色海鱼，以及世界上最大的淡水鱼，长达4米。为了便于观光，馆内用了圆弧形玻璃柜，据介绍这种饲养方式，为世界首创。其中"蛙人"，即潜水女郎与鱼在透明的水箱中一同畅游，并时而训练鱼穿圈、打球、喷水等杂耍，增添了游览的乐趣。此外馆内建有录像室与放映厅，可以从银幕上全面欣赏鱼类的水生活动。

④东京都上野动物园。建园101周年，占地14公顷，在世界上享有良好声誉，现饲养动物850种，其中哺乳动物95种，鸟类200余种，两栖动物46种，鱼类350种。动物采用笼舍圈养。此外建有小兽馆、夜兽馆和水族馆。陪同参观的园长浅仓繁春，是位医学博士，担任全日本的动物与水族协会会长。由于他特别热情好客，该园与世界各主要动物园均有交往，北京市赠送的一对大熊

猫就饲养在这里。

⑤别府市九洲自然动物园，又称非洲自然动物园。坐落于九洲岛东部的丘陵地带，山丘多为茅草覆盖，占地 115 公顷，1973 年开办，现为亚洲最大的野生动物园。园内按动物不同的习性分 5 大区，各区之间用钢丝网加电网分隔，入口通道均设有 2 道自控电门，5 个分区的中心地带建有笼舍群。70 多种、1300 多头各类动物全部放养在不同区域内的荒山岗上，成群结队的栖息在一起，让动物充分享受回归自然的乐趣，更真实地体现动物自身的野性。这种饲养方式可以减少动物的死亡率，提高繁殖率。游人入园则完全颠倒过来，需乘坐设有铁栏杆的汽车观光。如果汽车出现故障，中央瞭望台上的值班人员会及时发现，派出救援拖车，确保安全。这是一种全新的动物园展示模式，必然具有强大的生命力，只是占地较大，投资多，需要雄厚的经济实力。

令人难忘的还有这里的建筑，游客中心墙的立面就是一座高大的岩石山，猩猩雕像立于洞门山顶之上，特别引人注目。然而入洞，明亮的落地窗和豪华的现代建筑装饰立即使人豁然开朗，让游人从野趣横生的自然界一步跨入现代文明的天堂。我们就在这里用完丰盛而又快捷的午餐，再进入参观浏览的程序。

如此庞大的动物园，完全由私人投资。为吸引游客，旅游旺季还增加非洲风情演出项目，请来非洲演员。前来观光的游客年达 100 多万人次，年收入 25 亿日元，纯利不少于 1~2 亿日元。

2. 突出植物造景的植物园与公园

植物园和公园作为城市的公共绿地，是市民户外活动的重要场所。日本现代公园，以 1873 年发布政令为开端，将人们聚集与游乐之公有地定作公园，已百年以上历史。植物园则是以收集、保护、展示、研究植物为主的专类园，我们所到之园均建园历史不长，极少建筑，以植物造景为主。

①福冈植物园。占地 10 公顷，前年开始建园，已引进各种植物 12000 余种。园内建有日本最大的温室，达 2500 平方米。温室采用立体回旋方式，可以从不同高度、不同角度欣赏温室内植物。同时，温室依据植物特性分隔成不同区域环境，展示了来自世界各地的植物。给人印象最深的是来自非洲的仙人类，直径达 1 米以上的二个仙人球，世间罕见，令游人惊叹。据介绍，该温室由植物学家、建筑学家、心理学家共同参与设计，使温室内展示的植物更贴切人的情感与需求，成为植物园一大特色。此外，园内还建有不同类型的庭园绿化模式，作为科普内容，启发市民绿化家园。总之这个绿树苍郁，鲜花成片的植物

园，很难相信，建园仅 3 年时间。

②东京都神代植物园。1961 年建成，占地 255 公顷，现有植物 3000 种、10 万株。国内建有不同种类的植物专类园 27 个，突出梅、樱、山茶等木本花卉。植物园作为东京都绿化的示范场所，建有庭园绿化示范区，采用百种植物栽植修剪成不同带状的绿篱，供市民选择参考。

园内的绿化恳谈所，占地 33 公顷，1978 年开办以来，已成为推动绿化，开展普及教育与学术活动，以及绿化咨询服务的公共场所。绿化季节这里还进行种苗调剂和绿化情报的传送与整理。设有研修室、展示室、图书馆、电教中心等。

③久留米中央公园和东京都代代木公园，是现代园林风格的公园。

代代木公园的地形起伏变化，高大的树木，大片的草地、成丛连片的花卉，叠石与喷泉，轻巧别致的建筑与现代雕塑，使整个公园与城市相融。公园没有围墙，不收费，景观完全与城市融为一体，方便了市民的日常游憩。

久留米市中央公园的"爱的泉"，依据城市环境特色，运用筑山林泉式手法，选用了当地 1600 吨花岗岩，堆砌成 85 米高的石山。水以每秒 0.5 吨的流速从石山顶部一分为三，向城市三个不同方向形成人工瀑布，让洁净的水在市中心潺潺流动，呈现大自然的缩影，成为城市标志性的景点，充分表达市民对所居城市的热爱之情。

3. 久留米市的花木生产

由于有当地肥沃的土壤，先天的气候条件，从江户时代（约我国明代）就形成了以杜鹃花为中心的花木生产的优良传统。与埼玉县的安行、爱知县的稻泽、大阪府的池田，被喻为日本四大花木生产地。

花木的繁殖方法与我们大同小异，多采用扦插与嫁接的无性繁殖，但生产设施先进，科技含量高。我们参观的小苗繁殖基地，采用玻璃钢材料，透光度是玻璃的 80%，建有 18 幢繁殖温室，共 5500 平方米。夏季采用网格状的遮阳网遮荫和塑料薄膜保温保湿。对温度、湿度、地温的掌握均在操纵，室内由电脑自控装置调节。夏天室温在 18~20℃，冬天室温 3~8℃，但地温一般都在 18~20℃。扦插用的土壤使用鹿儿岛的火山灰，主要为砂质土，既利排水，又无细菌。7 月份扦插的小苗其根部和茎干高度均超过我们常温荫棚下的苗木。据介绍，他们扦插时并未采用任何激素处理，主要是在土壤改良和温湿度的控制上下功夫。

盆花花卉使用的土壤，主要利用北海道的森林腐殖土。

移植后的大苗培育，多采用竹杆绑扎，从幼树开始艺术造型，定向培育。难怪日本街头的许多树木，如同树桩盆景，树干和枝条讲究造型，突出植物的人工艺术美。尤其在城市狭小的空间，能在路角或墙的一侧花池内点缀几株造型优雅的花木或几丛秀竹，见缝插绿，使环境显得特别清新、高雅。

由于重视花木生产，植物材料充裕，市内除道路和硬铺装外，都用大片植物覆盖，乔、灌、草结合，广植花卉，呈现大面积的色块美。

城市里星罗棋布的花店，除观叶植物外，凡出售的花木，均带花销售，由此可见生产的规模与技术水平。

4. 市场化的花木流通方式

近些年来，由于技术的不断改进，久留米市筑后一带的花木生产规模越来越大。为了扩大销售，1972 年久留米市辟出 133 万平方米土地，开发建设花木市场，着手建设花卉、苗木广域流通现代化事业，1975 年正式建成名符其实的久留米绿化流通中心，成为日本西部大型批发销售苗木市场和日本花卉的供应基地。该流通中心的特征是本地苗木与花卉的商品集散地，盆景和各式园艺相关器材的销售场所，以及占地 57 万平方米的样板庭院，被誉为绿色的百货公司。从业者可利用这些完善的设施，一年四季进行花木交易。为了方便顾客，这里还设有容纳 250 台大巴的停车场，供许多家庭利用假日前来观光，既欣赏优美的绿色植物，五彩缤纷的花卉，又能在游乐中购买自己喜爱的花草与器具。

为了搞活市场，主要依托久留米花木农协和花卉园艺农协，并在此基础上建立市场法规，组织生产与经销者依法生产经营。

花卉园艺农协是 1932 年，由 105 名生产从业人员组成的组织，以后开始吸收花商，在市内开辟花木市场。为适应绿化苗木大量供给的形势，1972 年 8 月又成立花木农协，把分散的小农协合并，将生产苗木的农户和庭院设计的造园家组织起来。1974 年依据县的地方法规，制定批发市场法。1975 年月花木农协与花卉园艺农协及展销组织联合发起建立久留米绿色广场活动，成立了名副其实的绿化流通中心。现绿化流通中心生产从业人员 783 名，花商和盆钵商 537 名，为日本花木的重要供应基地。在这里接受大宗订货，以及园艺器材、球根类冷藏设施的供应，并展示温室样品，利用市场经济的办法，带动农户全面促进花木生产的发展。

5. 科学营造山林

作者（左）与同团成员熊成培（右）参加赠送动植物友好仪式

日本绿化覆盖率近70％，的确名不虚传。我们从久留米去大分市3个多小时的车程，沿途几乎看不到荒山。山上不仅植上了树，而且所见到的人工林，均为非常齐整的混交林。有柳杉与青云柏混交林、松与栎混交林、松与柳杉混交林。山腰以下还多营造竹林，一直漫延到路边。有些山坡还有各种柏类、山茶花、杜鹃花、石楠、青冈栋、香樟、榆树、紫荆、紫薇等，做到了品种多样化，植物群落多元化，植树造林科学化。

6. 几点感受

这次出访时间虽短，但收获颇丰，初识发达国家现代化的真谛，对实现我国现代化有了一个全新的感知，深感我们的事业任重而道远。

（1）战后的日本经历了20世纪60~70年代的经济腾飞，进入了世界经济强国之列，城乡的现代化对我们感触启发很深。繁华的城市、快捷的交通、丰富的商品、高新的科技，以及相适应的城市文明，让我们看到了差距。物质是第一性的再不能仅挂嘴上，必须改革开放、发展经济。此外，通过与日本人相处，感触最大的是他们喜欢用"第一"这个词。什么全国第一、亚洲第一、世界第一，体现着民族的精神与追求。我们中华民族历来勤劳、智慧、勇敢，理应以更大的气魄富国强民，才能永远立于世界之林，免遭侵略的历史覆辙。

（2）发展经济，不忘环境保护，已逐步成为日本国民共识。友城久留米市的橡胶工业虽占全国40％的产量，但城里见不到滚滚浓烟，看不到飞扬的灰尘，甚至市中心小河沟中的流水都清澈见底。号称世界第一大城市的东京，其皇宫护城河上还能见到野鸭、天鹅的栖息和鸟类在林木之间的飞翔。我从自己的职业出发，为适应经济建设的发展，在配合有关部门搞好环保工作的基础上，更应尽职尽责地投身于建造城市人居的第二自然环境中。因此，发展园林绿化事业必须提倡公园的敞开化，公园的景物呈现街头，把城市作为一个大园林进行建设。同时绿化要高起点、高水准，彻底改变过去那种简单地栽几株树的做法、低水平的绿化标准。绿化应强调乔、灌、草、花的搭配，树要有形、花要鲜艳，形成多品种、多色彩、多层次的植物群落景观。城市绿地要大面积、大色块地种植各种花木，及时修剪整形、无裸露的土壤，适应人居环境的小区化、生活方式的现代化、社交活动的文明化，以及渴望亲近自然的心理需求。发展花木生产，必须利用科技和现代设施加速产业化、标准化。以超前的眼光，看待事物的发展，适应城市现代化对园林绿化不断提高标准的要求。

（3）克服计划经济的条条框框，利用市场求发展。久留米市的绿化流通中心，实际上就是一个绿色的百货公司，市场的载体，农协的纽带。我们宜将花木的生产者、经销商和园林设计者通过行业组织联系成一个整体，把市场做大做强，无疑是一条解决大量供给提高绿化水平的捷径。

走市场化的路子还体现在管理上，例如占地数百亩的东京神代植物园，园内职工仅 33 人，其中技术人员占一半以上。其卫生、保卫、养护管理等日常事务则全由相关公司承包。我们若采用这些办法，既可大量节省人力、节约开支，又可促进体制改革、机制创新。

（4）公园是城市不可缺少的有生命的基础设施，而水族馆、动物园、植物园是人们亲近自然、热爱自然、回归自然、增添大自然知识的最好科普教育场所，是城市文明的象征，现代经济实力的体现。为了适应现代人的需求，城市园林工作者切不可忽视这些。在大力发展公园、城市绿地的同时，还应建设一定规模的动、植物园。动物园建设，可效仿九洲野生动物园的做法，让游人真正体验到大自然界中的动物世界；植物园建设可借鉴"公园的外貌，科普的内容"建园经验。这些需要大量的资金，但我们可以创造条件，争取尽快地在我们的城市建设起具有合肥特色的动、植物园，与城市的发展相适应。

总之，访日归来，决不能看了激动，听了感动，而应抓紧行动。首先，应学其精神，对照国情，应用经济的观点、市场的办法，寻找对策。相信所见所闻必定会产生潜移默化的作用。当然这也需要一个逐步消化吸收的过程，我们一定要以只争朝夕的精神做到千里之行，始于足下。

（原载《安徽园林》杂志 2013 年 4 期）

代表团一行和日本友人(左 1、2)受到我国驻日使馆人员(右 3)的接见，作者(右 2)

日本的富士山

时隔三十载赴日随感

20世纪80年代初，我作为合肥市赠送动植物友好团的成员首次走出国门，到日本后对所见一切都感到新鲜和惊奇。

光阴似箭、岁月如梭，弹指31年再来日本，所见一切已感到非常平淡。因为31年的改革开放，我国经济突飞猛进的发展，城乡面貌发生了翻天覆地的变化。今天我国已成为世界第二大经济体，在一些大城市现代化的硬件上与日本已无明显差别。同时我也走遍了五大洲、数十个主要国家，对世界先进的现代化设施、主要的景点大多已见识过，哪里还激动起来呢！

当然，沉下心来仔细观察在日所见所闻，觉得还是有许多可学之处。日本地小人多、资源贫乏，是大洋中的岛国。从我职业的眼光感到，日本虽然人均所占资源甚少，但十分重视生态环境建设，所到之处都绿满大地。土地上除了硬质铺装外，基本都让绿色植物填满，绿化覆盖率约占国土70%以上。尤其日本庭院的绿化十分精细，小巧玲珑的石灯笼，铺满砂石的枯山水，修剪造型的松柏等各种景观树，甚至闹市区高大的法梧、银杏等行道树也讲究单株造型，与周围建筑很协调，展现出日本人的精明、认真、细致和重造型的艺术天赋。

当我在日本大阪关西机场乘飞机登空之初，从高空中只见沿海高低起伏的山峦与高密度建筑的城镇相互交织，一座又一座山体均披上绿装，而山脚和山凹处则是密密麻麻的建筑延伸至大海边，较平坦地带为农田，见不到荒山秃岭。触景生情使我从内心深处联想与感悟到我们党中央及时提出的"建设美丽中国"宏伟蓝图是多么英明与正确！我们的经济上去了，但环境建设也不应落后，还应加大山河绿化和美化人居环境力度。我们应善于学习别人的长处，树立赶超的信心与决心。回顾 20 世纪 90 年代合肥在获得首批国家园林城市称号后，曾提出建设森林城市的核心就是：城镇园林化、农田林网化、山岗森林化。现在看这种提法是完全正确与科学的，正是我们打造美丽中国的方法和奋斗方向。

在日本通过导游的介绍和所见所闻，略知日本人精明之处主要表现在善于学习。远时，学习中国，例如至今日本文字中还夹杂着许多汉字就是例证。近代更多吸收欧美西方国家之经验，取得世界最先进技术，所以第二次世界大战后日本恢复很快，无论科技或工农业生产都能走在世界前列，可见日本善于融合中西方文化中的先进经验。

其次，日本民族进取精神强，特别重视信誉，礼貌待人，善于从细节入手，追求完美。表现在社会文明程度高，市场无假货、一切按规矩办事，产品质量高。这与他们在工作中重视新技术的应用和人性化服务与管理分不开。餐饮店很少采用我们传统用餐方式，而多采用分食制，食品多样而且定量。销售时一般无收银员，多采用自动式机械按照饮食照片点餐收费。垃圾细分为四级，分类收集便于无害化处理。食品安全上，质量标准高，以鸡蛋为例，一般保质期为一周，在蛋上甚至标有产蛋日期。自来水各地均达到可直接饮用标准。

为了防止香烟的污染，任何人都必须在规定地点吸烟，甚至露天公园内也设有专门的抽烟区。道路上汽车虽多，但绝大多数是国产小排量车，车身大多也较小，不像我国讲排场，而主要考虑环保。进入工业区，虽也有不少大烟筒，但冒出的均是白烟，可见环保要求标准高。

再从我的职业眼光细品，尤其感到园林植物修剪整枝十分精细，一棵树往往有二三个人同时从不同方向进行作业，甚至达到精雕细剪的程度，要求每株树都能自成一景。生态环境的打造非常重视科学性，这也是显著特色之一。例如在本岛所见茶园的茶树都种在山凹和山坡的中下端，而山的顶部均是浓密的山林，为茶树创造了良好的云雾缭绕小气候。

（原载《安徽园林》杂志 2014 年 4 期）

日本园林工人对松树进行整枝修剪

美、加归来看园林

　　1993 年 5 月下旬至 6 月中旬，安徽省人大常委会副主任江泽慧同志率园林部门的有关教授、专家一行 7 人，赴美国、加拿大进行科技考察。代表团从香港转机，历经 11 个小时的飞行，抵达太平洋彼岸的美国西海岸中部——被绿色林木覆盖的海湾丘陵城市旧金山，然后，南下洛杉矶，途经沙漠中绿色城市拉斯维加斯，再到拥有世界上最大淡水湖群——著名五大湖地带的密歇根州，再经美国东海岸的花园城市——首都华盛顿和开创世界城市公园先河的美国最大城市——纽约，接着北上加拿大第一大城市多伦多——这是个兼具传统优雅与现代风情的城市，最后抵达西海岸华人占人口 1／4 以及盛产林产品的加拿大第三大城市——温哥华。20 余天的长途跋涉，仅乘飞机起降就达 18 次。每当此时均有一段鸟瞰城市风貌的好机会，尤其在美国中、东部乘坐中小型客机，自始至终可观大地景色，特别是俯视"波华城市经济走廊"，即波士顿至华盛顿的大西洋沿岸繁华地带，达到了身临其境、点面结合的观赏效果。在高空除看到每座城市高低错落的楼群，纵横交叉的高速公路和交通干道，以及川流不息的车辆外，绿色几乎是每个城市的天然底色。城郊结合部多有大片林地衬托，城区中一片片绿地如同镶嵌在"水泥丛林"之中的翡翠，呈现出一幅幅现代城市的风采，人工与自然融合得犹如天然画卷，使人感慨万千。

　　美国和加拿大的城市园林绿化发展很快，突出表现在政府和社会各界人士对环境的高度重视。园林绿化作为城市的基础设施和改善环境，美化市容、方便市民游憩的措施之一，保证了环境建设与经济发展相互协调。美国吸取了英国城市在 18 世纪工业革命时，环境被严重污染，严重影响农业生产，甚至农田沙化的惨痛教训，较早地提出环境保护，并在园林绿化方面作出了世界性的重要贡献，产生了较大影响。1858 年纽约中央公园规划建设获得政府通过，开创了现代城市公园的先例。1872 年美国国会通过建立黄石国家公园的决议，创立了世界上第一个国家公园。美国近代造园家奥姆斯特德于 1860 年首先提出"风景建造"的要领为世界上许多造园家接受，成为世界上造园学的通用名词。

　　"风景建造"所注重的是自然风景的构成，是利用文化与科学知识为手段，对资源进行利用和管理，达到最佳可以利用和享受的环境为最终目的。所以，以植物材料为主构成自然景观，形成健全的生态环境是城市园林绿化的主体。

公园，离不开环保的呵护

1992 年全球首脑会议的主题是"环境与发展"。在这方面，美、加两国由于起步早，现已形成一定规模。例如，美国的国家公园，一般都在远离城市的更大范围内建立，类似我国的风景区和自然保护区。它由内政部的国家公园局统一管理，现已达 397 个，占国土面积的 3.5%。它的外围是国家森林，起到国家公园保护圈的作用。国家公园的概念，即以自然景观为主，包括历史文物，名人故居、人文资源等。自然生态和景观在这里受到严格保护。其主要任务是保护资源和野生动物，并保证公园为当代和后代公民服务。在各州的范围内，还有以自然景观或人造景观为主的州立公园，只是规模略小于国家公园，由州政府管理和提供经费。城市公园，顾名思义在城市中，包括各种类型和不同规模的公园及动、植物园，主要为市民提供日常和短时间内的游憩，一般由市政府的有关部门或私人以及各种基金会管理。无论什么样的公园，除一些历史性的纪念地之外，均重视植物材料的应用，突出植物景观保护环境的生态平衡。公园入口处一般没有明显的大门及永久性建筑，服务设施通常分散设置，自然布局，不求醒目、耀眼，建筑与自然环境较好地融为一体。城市内公园一般不收门票，甚至美国总统办公地的白宫定时对外开放的部分也不收费用。参观者定时领取的门票仅是控制人数和供保存作为纪念物。各公园又都设有一定规模的旅游品销售处，通过服务既满足了游客猎奇心理，又能获得可观的收入。由于公园不存在收取门票，城市公园多采用全方位开放，不设围墙和栏杆，即使有些分隔，也多采用绿篱或低矮的隔离物，做到"围而不死，隔而不断"，出入口与周围的道路相通，市民可就近入园。同时公园也注意方便游客的需要，设置众多的休息设施，甚

1993 年五六月间，作者随母校安徽农学院科技代表团赴美国加拿大访问。时任省人大副主任、学校负责人江泽慧率团一行 7 人出访。图为代表团全体成员，参观美国华盛顿白宫后，于大楼门前合影。由左至右为作者、省林业厅厅长周蜀生、安徽农学院院长沈和湘、江泽慧、彭镇华（夫妇）、吴泽民系主任、林业部杨超

至还设置饮水器，方便游人。为了满足人们的游园要求，地方政府还有一些特殊的规定。例如美国首都华盛顿的石溪公园，这个美国最大的城市中心公园，每周末星期五（美国每周 5 天工作日）晚 7 时至星期天晚 7 时，不准汽车进入，以使游客在充满野趣的森林中充分享受宁静的大自然风光，以及野炊、野营等返璞归真的生活情趣。

城市，本是座大花园

美、加两国除建设城市公园之外，还根据各城市自身的特点布置简洁的小游园、街头绿地、广场和滨河绿带，与公园路、林荫道连接，形成整个城市的园林绿地系统，成为城市总体规划的重要组成部分。

这两国城市中各单位和住宅大多不设围墙，多用绿化分隔，使内院绿化与城市的公共绿地连成一体，加之绿化多喜铺装大面积的草坪，其中点面疏密有致，色彩丰富，呈现一派自然的疏林草地景观。市区内大多乔木的树冠为人工控制，形态各异的花坛种有四时花卉，不少凉台、屋檐、灯柱常挂各类花篮，一些墙壁、栅栏、凉架有攀缠植物，屋顶平台也多用绿色植物装饰，形成了空间立体绿化。城郊多为森林覆盖、环抱，使整个城市置于大花园之中，形成城市绿化的一个鲜明特色。

美国首都华盛顿，被称为花园式城市，该市按照 1902 年麦克米伦规划，对公园绿地、水面依城市规划全面布局。流经市中心区的波托马克河东北岸，以高达 169 米的华盛顿纪念碑为轴心，北面为白宫、东为国会、西为林肯纪念堂，南为杰克逊纪念馆，东西长 32 公里。围绕轴心有大片的草坪、花坛、水面、沉降式广场，形成整个城市的中心绿地。尤其市中心的建筑物规定不得超过国会山的高度，更突出了这块中心绿地在城市中的中心作用。同时，在城区四周还设置了 9 座较大的公园，尤以背面的石溪公园、植物园为最。这两块较大的绿地楔入城市，形成具有鲜明特色的城市绿地系统中的一个成功范例。

这两国的城郊道路绿化一般由公路部门负责，成行成排栽植的少，多为自然式植被。美国有一种公园路则由国家公园局统一管理，如华盛顿通往东北方向巴尔的摩的公园路，两侧为自然次生林，并有低矮的遮挡物禁止人们入内，尽量保持树林的野生状态。人们乘车驶于其间，宛若行在偏僻的山野林间，生态效益显著，是城市绿化的又一特色。

市中心的行道树一般很少考虑遮荫，多为人工修剪，保持很小的树冠，侧重树型的姿态组合及色彩美，也是这两国城市绿化的一个共同特点。单纯的遮荫多通过建筑等方式解决，植物姿态，色彩的变异更能突出建筑的美并和周围环境协调，以及有利于商业街道广告宣传。树冠受到一定控制更显得城市开敞，并利于川流不息的车辆排放尾气中有毒物的散发。

沿街庭院、房屋的周围多以被修剪成一定形状的低矮乔灌木为主，无窗的墙壁常配植较高大的乔木，屋外铺装开敞的草坪，草坪外沿多为花卉植物，其中杜鹃一类居多。屋檐下配置耐荫植物，偶尔也在屋两侧采用花器点缀四时花木，做到几乎无裸露泥土地面。特别值得一提的是，每家庭院的植物配置与建筑物一样，几乎无一雷同，造型各异、各具特色，突出每户的个性，形成千姿百态的敞开式庭院，犹如东西方园艺交汇，恰似一座座绿色的艺术品殿堂，形成市区道路绿化的又一大特色。通过精心设计和管理使整个城市如同一个大花园，展现出城市的秀丽姿色，形成城市环境特色。

整修城市园林的面容

美、加两国先进的科学技术在园林绿化上的应用十分广泛。每年树木一般采用机械进行精心修剪，灌木多采用欧洲规则式造型，大片草坪一年多次割剪，始终保持整洁。无论街道两侧或较大的庭院都可经常看到割草机在工作。修剪下的树枝，现场采用破碎机切割成碎块，常用作大树根四周的铺装物，保证土壤不露天。这样既利于清理、运输、又可废物利用。由于城市的人们普遍厌烦都市的喧嚣，产生返璞归真、追求心灵宁静的欲望，希望将森林引入城市，城市坐落林中，恢复人与自然的本来融洽，成为城市森林发展的趋势。在理论上，美国从1960年发表的《自然规划》一书开始，逐步采用景观分析方法来说明不同情况下对生态的影响。据美国加利福尼亚大学伯克利分校研究景观的迈克莱德教授介绍，一般城市绿化的生态情况，均采用景观信息库，应用计算机技术，想知道城市哪一块地方的生态环境，只要按一下电键立即就可知道。同时，也采用计算机技术，进行绿地的科学规划和管理。

绿化苗木繁殖上，他们已走上工厂化、自动化，坐落在温哥华岛上的加拿大MB公司所属苗圃，12年前成立，全部采用温室工厂化生产，温度、湿度、养分、光照均由电脑控制。育苗的基质放在泡沫塑料制的容器内，此种容器既通气，又能储藏热量、养分，起着保护幼苗的作用，同时成本低，重量轻、可多次重复利用。现每年产苗量450万株，常规工作人员仅3人，一人负责养护管理，一人负责技术，一位行政领导，忙时用点季节工。基本达到以最小的成本，获得最好的种苗目的。

在城市园林绿化中，尽管高科技得到广泛应用，但在管理工作中，游人较多的区域仍可见卫生保洁人员采用扫帚、簸箕，甚至用双手倒出垃圾箱中的垃圾。

每个人都伸出双手

美、加两国的城市园林绿化，除国家公园局、州、市政府直接管理的各类公园外，还有各部门各科研机构设置的植物园，仅美国就有近 200 个，其规模之大，数目之多，分布之广可数世界第一。

除公园系统外，还有专供游乐为主的城市游乐园，如洛杉矶的迪士尼乐园，已建园 39 年，占地数千英亩。世界最大的影城好莱坞，占地 420 英亩（合我国 2549 亩），也对游人开放，并设有专场表演，让人置身影视场景中，亲临各种惊险场面和感情刺激。

这种游乐园，早不属于城市公园范畴，均以娱乐获取经济收益为主，入园门票近 30 美元一张，但各种娱乐设施周围也多进行园林绿化布置，类似我国一些公园的青少年活动区，一定程度上也扩大了城市的公共绿地范畴。

风景区建设也多结合城镇和景点建设，合理规划布局。如东部安大略湖畔，两国交界处的尼亚加拉瀑布，气势磅礴，流水量居世界之最。加拿大除采用吊车上山，电梯入地，设置远近高低各不同的观景点供人欣赏瀑布之外，还结合微型世界、海洋公园，博物馆、蜡像馆等景点建设进行园林绿化布置，并由彩虹桥与美国的湖滨城镇相连，某种程度上又扩大了城镇绿化的范围。

城市绿化强调各部门参加，依靠大家动手。每家庭院各自绿化，其门前也由各家承担。若自己无劳力或无暇顾及，可出钱请绿化公司代劳。华盛顿附近的马里兰州设有城市绿化委员会，主要进行绿化的协调工作。城市绿化的技术指导由行政业务部门负责。马里兰州为便于指导绿化工作，绿化委员会还组织编辑了该地区的《树种选择指南》收集植物 122 种。每年四月第三个星期的第一天定为植树节。充分发挥国家，单位、个人植树绿化的积极性，大家一起来美化城市。

悬起达摩克利斯之剑

美国早在 19 世纪中叶通过法令，法规，确立城市公园的建设和国家公园的设置，注意维护良好生存的环境。为了有效的对国家公园和城市环境的管理，美国联邦政府制定了较详尽的管理规则和法律、法规。如《国家环境政策法》、《联邦土地政策和管理法》、《野生动物保护区管理法》、《历史遗迹保护法》、《古迹法》以及控制水质、空气污染和限制农药使用的有关法 6 项环境目标，保证为全体美国人创造安全、健康、富有生机和充满美学与文化气息的丰富多彩的舒适环境。1991 年经布什总统提议，并经国会批准，美国发起了一项称为《美化美国》的全国性植树造林运动，其目标每年植树 10 亿株，从而促进了城乡绿化事业的进一步发展。

美、加两国边境的尼亚加拉大瀑布

加拿大制定的一系列绿化法规宣传达到家喻户晓，并执法严格。我国驻该国温哥华总领事馆周围，以植树种花为主，布置成一座典雅幽静的中国式庭院。据安总领事介绍，这里植树种花非常受欢迎，但要砍一株树必须得经当地政府有关部门批准，可见其立法保护树木的重视程度。

这两国沿街道路两侧，各家各户布置花园般的庭院也是受法律的保护和制约，凡占有可绿化土地而不绿化者要给予经济处罚。严格的法律既促进了公民自觉绿化意识的形成，同时也保证城市园林化的实施。

通过两国之行，有关同志由直观到感觉，由感觉到思维，不断地了解、分析、判断、由表及里、去粗取精、洋为中用，努力探索，寻找可借鉴之处. 归结一点，社会主义的市场经济决不可忽视环境问题，更不能以牺牲环境为代价。城市园林绿化作为国土绿化的重要组成部分，也是改善城市生态环境的有效途径，必须与经济建设同步，在城乡结合部应调整农业结构，增加经济林比例，采取带状或行间林农间种等形式，将原来的粗放经营转变到以现代科学技术为基础的，集约的，合理的农、林、牧、副、渔复合效益多层次结构上来。城市建设与管理中，必须以规划为龙头，将园林绿化用地纳入城市的总体规划和各项详细规划之中。同时广开财源，采取各种切实有效的措施，解决绿化的土地和资金两大难题，保证为城市人民提供一个清新、舒适，优美的工作与生活环境，走中国特色的城市园林绿化之路，如若再不重视环境，是一定会受到环境惩罚的。

（原载《合肥晚报》1993 年 9 月 23 日，并收录《合肥晚报》创刊 40 周年《纪念作品选》，原名为"城市亮起你的风采"）

重访现代公园发源地

在邓小平南行讲话后不久，我曾随母校安农大科技代表团访问过美国、加拿大。时隔 8 年，在新世纪的第一个春季，几乎同样的旅行黄金季节，有幸作为合肥市园林代表团的负责人，对这两国的园林进行专项考察。

美、加地处北美大陆，均为欧洲移民后裔为主的多民族国家，建国时间不长，按国民收入人均计算，差距也不大。自 19 世纪以来，两国随着经济发展，城市化进程加快，来自世界各地，主要欧陆一批又一批开拓美洲新大陆的艺术家、建筑师和园艺师带着世界各地形形色色的园林表现形式和造园手法，于 1858 年创立了第一个城市公园——纽约中央公园，于 1872 年又创立了世界上第一个国家公园。随后在美国诞生了现代风景园林这一崭新学科，建立了城市公园系统，并将所有的城市都有机融于这个系统之中，今天的城市绿地系统，已成为城市总体规划的重要组成部分。

这次出访，在路线上与上次逆方向进行。首先从当年结束美、加两国之行的加拿大温哥华开始，再次利用现代化的交通工具，10 余次的飞机起降，在北美大陆从西到东，再南下美国，由东到西，最后在夏威夷结束美、加两国之行。短短 20 余天，从专业角度体验现代公园发源地的世界发达国家是如何随着经济发展，产生与发展现代公园的轨迹。

如果说上次访问的最大感悟是：发展经济不能以牺牲环境为代价，园林绿化作为环境建设的重要内容，必须与经济建设同步。这次出访，则主要从美、加两国发展的轨迹中，探索城市园林如何同步，以及跨越式发展的经验。

一、美、加的多元园林文化，始终以追求生态环境为共同目标

美国、加拿大的辽阔地域，复杂多样的气候，多民族的移民国度，在短短 200 年里，从一片蛮荒之地开拓成经济繁荣、科技发达、环境优美的资本主义大国，得益于他们从欧洲老

作者 2001 年率合肥市园林绿化考察团访问美国、加拿大时，在温哥华的苗圃

工业国发展初期追求暂时利益，不惜破坏自然而受到惩罚的惨痛教训中，悟出应尊重自然和追求自然思潮的影响。

　　这次出访有幸领略了加拿大四个最大城市的园林风采，以及古都金思顿、千岛湖风景度假区和尼加拉瓜大瀑布国家公园。在美国考察了具有代表性的波士顿、奥兰多、芝加哥等多座主要城市的园林绿化和城市公园。同时还专程考察了世界上第七大奇观的美国大峡谷国家公园。通过考察，感到美、加两国文化传统和园林表现形式，以及造园手法有许多共同之处。他们既沿袭了英国、法国等欧洲园林文化的传统和园林手法，又赋予了更多属于新大陆的文化旨意。园林设计更趋于开放、自然，体现了追求自由平等的愿望。主要特点是多样化和不断创新，注重天然风景的组织和规模宏大等。被尊称为"美国现代园林之父"的奥姆斯特德当年的多处杰出作品，开阔了我们的视野。他19世纪后半叶规划设计的占地337公顷的纽约中央公园，位于繁华的曼哈顿岛建筑群之中，既对立又和谐地构成了一个崭新现代都市的风采；波士顿的"宝石—项链"系统；芝加哥沿密歇根湖畔展开的大片公园景观设计；旧金山金门公园和加拿大蒙特利尔市建于1876年占地200公顷的皇家山公园。这些作品鲜明的共同特点是：公园绿地均分布在市中心人口密集地带，占地普遍较大，森林面积约占公园一半，并保持着原有林地的原始风貌，形成大片城市森林，让城市有一个较完整的"肺"，在城市化进程中能维持着城市生态平衡，同时又给市民提供了休闲的自然环境和丰富的城市自然景观。这与奥姆斯特德提出的风景园林规划设计应该是一门包含艺术与科学的综合性学科理论分不开。

　　园林是人类追求自然的一种文化现象，是自然美与人工美的和谐。园林理论的发展，"风景建造"理论的呼之欲出，得益于美、加两国自然风景地貌为园林设计师们提供了一个广阔自由的舞台，雄厚的国民经济实力奠定了坚强的物质基础，高水准的大众文化欣赏水平，保证了园林设计师的才能充分发挥，其优秀成果也易被社会所接受。所以，19世纪下半叶，美、加已将环境设计中的风景园林提升到对人类生存的总体空间进行全面审视的高度，在群体环境设计中，高瞻远瞩地作出公园绿地的代表作，已不仅仅是艺术的设计，而是对社会功能要求的满足与实现。最终使风景园林与建筑、城市规划一起构成了20世纪环境设计的三足鼎立。20世纪后半期，随着环境建设与保护，"可持续发展"观点的日益深入人心，人们也越发认为科学应在风景园林规划设计中占有重要地位。风景园林作为环境，应首先考虑生态效益。对城市空间的合理设计，对自然乡村环境的改善与保护成为世人关注的问题，使风景园林在更大的自然和社会环境中，致力发展成为一个更为科学合理的自然设计的学科。

二、注重山水原貌，构筑城市的人工自然生态景观

园林，是一种空间艺术和时间艺术相结合的艺术作品。建筑是人类为自己构建的物质环境，也是创造物质文明和精神文明的重要组成部分。作为风景，必然离不开山与水。山水两字在我国古代就已表示五行对立和自然力量的互补。山挺且拔，喻阳；水曲而柔，喻阴；彼此互动，相依成形。美加两国在城市规划建设中，普遍注意充分利用山与水的自然优势。伴随着科学技术和工业的高速发展，他们把原始、朴拙、野逸的大自然改造成一座座现代化城市。城市园林顺应现代人崇尚自然的普遍心理，在继承传统的基础上，借鉴先进的文化之精华，融多元的城市园林文化和回归自然的现代意识于一体，自然巧妙地利用地形，在城市制高点上形成大片森林，突出了城市的生态环境和景观效果，创造了一种蕴含哲理、野逸自由、简朴壮阔而富有良好生态环境的现代城市园林，给拥挤不堪的城市中心带来生机和更多的人文乐趣。纽约的中央公园除了顺应地势，绿化植树，创造以绿为主的良好生态环境外，公园的景色和设施多种多样，有许多自成体系的小天地，设有动物园、剧场、花坛庭院、散步园林道等，以吸引不同年龄、不同爱好的游客来寻找各自的乐趣。地处加拿大西部，素有"太平洋之门"称呼的温哥华中心地带，其深入海湾内半岛上的史丹利公园，是北美最大的城市公园，也是世界闻名的完备的城市公园之一，占地400公顷，包括大片的森林和海岸。公园的休闲设施包含高尔夫球场、网球场、游泳池、森林步道和水族馆等。公园沿海岸还建有长885千米的游步道，提供市民健身锻炼和游人观览山光水色。公园内的大型印第安图腾，带有浓厚的原始色彩。地处温哥华市中心的伊丽莎白公园是在石灰石的矿坑上，根据环保要求于20世纪50年代建造的公园。除了高尔夫球场、网球场，还有玫瑰园、树木园，主要展示加拿大的本土树木，是环境治理的一个典型。此外，芝加哥等一些城市利用水边坡地形成以疏林草地为主的风景绿化带，城市公园广布其间，并为城市扩建预留出所有的自由空间和公园用地。一般城市主干道或人口密集的居住区，还设置开敞式林荫广场或街头游园。广场在拥挤的城市中心，创造了自由舒适的活动空间，简洁的造型和色彩使整个空间设计恰当、精巧、合理，成为塑造城市形象的核心，再通过林荫道连接，形成有机整体。同时，也不排除各种文化背景下建造的人工花园。如：加拿大维多利亚市建于20世纪初的布查特花

园，就是利用废矿床高低地形建造的。以
欧洲传统风格为主，英式、法式、意大利
不同风格的花园，汇聚一园，别有情调。
高大乔木下，一般都栽着应时花卉，全年
透露着宁静、高雅的气质。这些城市人工
生态环境体现了美、加两国从后殖民主义
时代跨入工业时代的历史缩影，也是现代
园林的典范。在极端拥挤的城市，尽可能
保留自然山水原貌，维持城市的生态平

在美国加利福尼亚大学伯克利分校大
门前与美国约瑟夫教授合影

衡，使公园成为不断扩展中的城市必要的设施之一。

三、融城市规划、建筑和园林为一体，塑造城市新形象

加拿大在印第安语中意为"我的家"，已连续四年被联合国评为世界上最适
宜人居住的国家。美国也有许多城市被公认为世界上最适宜居住的城市。这涉
及多种条件，但生态环境是重要的基本条件之一。20 世纪，在加速城市化进程
中，美、加两国针对城市本身日益加剧的社会问题，即人口、交通、社区等等，
促使城市景观设计师们去创造一个更加适宜人居的城市，于是，人们开始将目
光转向城市居民的生活需求。

这次从园林角度的考察，既看了有特色的海滨城市，如加拿大的温哥华、
美国的波士顿，又到了北美五大湖畔的加拿大多伦多、美国的芝加哥，还到了
内陆城市加拿大的渥太华、美国的奥兰多。这些城市有一个共同的特点，就是
充分利用自身的自然条件优势，或海滨、或湖滨、或河边，充分利用"水"这
个城市中最活泼的要素，结合城市的总体规划，与绿化结合，对城市进行规划
与建设，努力形成特色。在城市的大环境中创造了良好生态，更加适宜人居的
城市环境。

加拿大首都渥太华，地处安大略省与魁北克省界河——渥太华河的南岸。
渥太华河与南岸的里多运河、里多河，北岸的加蒂诺河成"十"字交汇，以河
为界，将渥太华分成四大块。渥太华河北岸的东部为加蒂诺市，西部为郝尔市；
南岸里多运河以西为上城，以东为下城。河上有多座桥梁连结，再通过大片绿
地相连，形成一个绿色的整体，初来乍到，感觉到这就是一座城市。从城市生
态环境的角度和城市规划来看，它的确就是一座生态健全、环境优美的城市。
它们都沿河、沿路辟有大片宽阔的绿地，绿地随着地形高低起伏，高大的树木，

沿水边坡地的草坪、花圃，使公园与高尔夫球场有机联系，相辅相成，与造型各异的建筑物构成一个整体。尤其里多运河两侧住宅，有的临水，有的散落在沿河丘陵缓坡上，几乎都是独立式一二层艺术造型、色彩明亮的别墅式建筑，在周边高尔夫球场、河滨公园、儿童乐园等的树林与草坪烘托下，各家门前点缀着五彩缤纷的花园，环境幽深自然、景美如画。东城闹市区的众多外形奇特、结构多样的现代建筑与流动的清澈见底的河水，环城的花园路以及里多运河的风景带构成一个整体，使整个城市处处是风景、处处是花园，令人目不暇接。

美国西雅图也是世人公认的人居环境最佳的城市之一。不远处的白皑皑的雪山将城市衬托得富有个性。穿越西雅图市中心的 5 号公路，虽将城市商业区和居民不可避免地切割成两块，但设计师将所有这些因素，包括高速公路都作为城市景观因子，将这一系列堆砌的水泥制品看成不同几何块，或作为植物的种植池，或当着落水的墙体，与高速公路入口的一个个独立园林绿地相联系，并借助北侧建筑群的大片绿地，使绿地如同从东北角被腾空架起，成为横跨城市快速道上相互交织的空中花园。它至少覆盖着 10 条车道，最高处与地面落差 30 米，犹如一条蜿曲的长龙横卧在 5 号公路上。这个长 400 米，面积 22 公顷的立体公园，将商业区与居住区有机联结成一个整体，使人体会到城市上空的舒展与自由。并且利用不同材料，形成强烈反差，掩饰了公园与周边混凝土的不协调。利用水从混凝土制作的陡峭岩壁上直泻而下，使人对周围环境产生强烈的亲和感，减弱了喧嚣的城市效应，在有限的空间里，再创人工自然环境。

运用景观园林的因子作为建筑设计的框架和出发点，建筑和景观几乎模糊了彼此分界线。现代园林似乎在渐渐摆脱园林不及建筑，不被社会了解和承认的传统束缚，创造出更为自由的设计空间，使现代园林自身演变成一个功能综合，结构丰富，融城市规划、建筑与园林为一体，实现从建筑的规划空间过渡到景观的自然空间，形成一个和谐的整体。依靠智慧和天才为人类创造最佳人居环境，这必将是 21 世纪发展的趋势。

四、强化资源保护，合理开发利用

为了弥补城市公园的不足，立足国土资源的保护，维持良好生态、生物多样性和环境的原始风貌，本着"保护优先"的原则，1872 年世界上第一个国家公园——美国黄石公园成立，并于 1916 年成立美国国家公园管理局，隶属国家内务部。在国家公园管理局的统一领导下，发展旅游事业，丰富人民文化生活，开展科研和文化教育，促进社会进步，通过合理开发，发挥经济效益和社会效益。现国家公园管理局，属下管理着 57 座国家公园，327 处其他自然和历史胜地，12000 个历史遗址和其他建筑，8500 座纪念碑和纪念馆，近 2 万公里道路，以及 4000 处员工宿舍。

加拿大也仿效美国，建立了 100 多个国家公园和历史名胜，以保护稀有动植物和纪念那些名垂青史的人物事件。同时，各省还建立了省属公园。国家级和省级公园，以及名胜古迹遍布全国，各具特色，成为有意义的旅游观光点。

国家公园的建立是私有制社会的特例之一。按西方经济学，它作为公有物品，属国有财产的范畴，而称之为政府财产。但它不是公有财产，因为公有财产的资源配置不是通过经济市场来解决，而是通过政府的政治市场去解决。需求或消费者是选民、纳税人；供给者或生产者是政治家、官员。其决策是按选民的意愿，采用投票决定的多数规则。但由于官员制度不可能把利润最大化作为主要目标，追求的是规模最大化，所以国家公园统一管理有利于资源的保护，还可克服官员制度无效率的问题。美、加两国主要采取的办法是环保组织与舆论的监督，以使政府官员制度具有竞争性和严格的依法管理。

因此，我们所见的国家公园一般分 3~5 个不同功能区，以保证公园内的土地自然资源保持在野生状态，把人为设施限制到最小范围。国家公园规划的核心是把公园作为科研与教育中心，作为人与环境关系的课堂，对公园进行保护和低密度的利用，主要为游客提供交通与信息服务，保证游客安全，减少对环境的负作用。

为了强化对自然和历史人文资源的保护，美国还规定不准在国家公园内修建索道。服务项目按照特价经营或经营许可的法律规定，通过招投标的形式委托企业经营，国家公园管理机构绝对不允许参与经营。国家公园管理局对每个国家公园负有责任，掌管人事权、财务权、规划及项目审批权、门票定价权。在管理决策中基本不受地方政府和其他部门及经营企业的干扰，只能根据法律，对全体公民和国家利益负责。国家公园 90% 的资金来自联邦政府的财政收入。考察期间，正逢旅游季节来临，从 5 月 25 日华人办的《世界日报》上见到"公园管理局代局长盖文说，游客如果怀着进入没有墙壁的巨大教室学习的心态，到占地广达 8300 万英亩（注：折算为 332 万平方千米）的国家公园参观，将能得到最美好的经验。"这种独特的总体宣传促销，给人以启迪。

五、寓教于游乐中的主题公园，开创了旅游业先河

这次考察，专程来到美国最南部佛罗里达州的心脏地带，被誉为"世界度

假之都"的奥兰多，也是美国十个最佳人居城市之一。这里建筑不高，号称房子都在树的后面，树特别多，城市绿化好。这里除了有86个高质优美的高尔夫球场，1200公顷的各类公园外，面积达112平方千米，占城市1/4土地的迪士尼世界吸引着广大游人。它始建于1950年，集趣味、知识、想象、冒险、刺激、新鲜、独特于一身的主题公园，成为世界的娱乐鼻祖，体现人与自然的和谐，给人们欢乐、震撼。当人们进入园区,从一个个高科技游乐项目中产生出一种人与人之间的环环相扣，互相影响，互相依存的感觉，以及和谐、温馨、感人、爱人的世界观。乐园的氛围易使人欢快活泼、无虑无忧，从而激发出人的创造力，表达迪士尼乐园世界村的一种人生的观点。由于迪士尼乐园占地面积大，整个园区就是一座现代城市园林。它含四个陆地园区，三个水上园区，另还建有6个可供国际比赛的高尔夫球场、运动场和24家极富特色的豪华酒店。各个园区娱乐内容不同，一个好的创意从规划到建成往往需要10年时间。

四个陆地园区是：动物王国、米高梅城、魔术王国、未来世界。三个水上园区是：暴风雪滩、台风礁石、乡村河流。从园区绿化的角度，每个园区的规划布局虽各有千秋，但色彩明快亮丽的建筑均与大片的花草树木组合成优美的人工自然环境，其本身就是一个大的公园。结合园区好的创意，形成特色鲜明的主题公园，吸纳着大量游人，创造了可观的经济收益。先进科技与娱乐业的结合更使这一新生的主题公园自20世纪50年代开始，作为城市旅游和娱乐的新兴产物，经过短短几十年努力已在世界各地得到认同，并以其完备的设施，高效快捷的服务，满足了人们的不同需求。迪士尼乐园平均每天接待游客12万人次以上，每年收入200亿美元。而洛杉矶的迪士尼乐园仅是按照魔术王国园区的1/3仿造的，在美国西部地区同样获得可观经济效益，并为人口密集的洛杉矶市增添了一个人造公园。20世纪中叶在美国产生的主题公园作为城市园林的一种有益补充，从一个侧面推动了城市园林事业的发展。

迪士尼乐园之所以有强大生命力，主要因为高科技的应用几乎渗透到每一个娱乐项目之中。我们首先去的动物王国园区，中心点是一株人造的高48米的大树——生命之树。树干离地42米，深入地下6米。树冠由树干上的8千个枝干，10万片树叶组成。树根周围收集雕刻了现在动物园内所能见到的325种动物雕像。进入大树内可见各种雕刻的展品，这里还内设了一座三维立体电影院。通过人的视觉、触觉、味觉，产生身临其境之感受。影片上的虫子风嗖嗖直扑过来，触觉到人的皮肤，喷洒的药水使衣服上沾上水珠，花清香远溢，观众再通过 3d 眼镜，见到立体感的影片画面，简直就像身处大自然之中一样。高科技的应用的确神奇，身处大树内参观，处处都感受到自然风的吹拂，使人与自然融合得十分协调，丝毫感觉不到是在人造物内活动。

未来世界园的地球太空船设计也十分新颖，在高达 18 层的巨大球形建筑内乘坐"时代列车"，从史前时代穿越整个人类历史，每经过一段时空均由多组的机器人操作，展现不同时代的历史缩影，使人坐在游览车中，轻松自如地通过娱乐了解到人类社会科学技术的发展史，然后进入太空隧道飞入外层空间。在那里还可参观"柯达"现代高科技电子及光学馆等，确有借助昔日圣贤之眼，展望 21 世纪的生命发展之感。

未来世界园区，每晚 9 时还利用宽阔水面上的空间，结合高科技的"地球五光十色的变化"，通过声、光、电的变化，喷泉水的不同组合造型和烟火等的燃放，造成一个热烈、奔放、欢乐的娱乐高潮，使人忘却一天的辛劳奔波，而沉醉在幸福的欢乐之夜。

迪士尼乐园各个园区的项目如果都要经历一下，需要整整 7 天时间，可见规模之大、娱乐项目之丰富。为了永葆娱乐业的兴盛，一个创意好的项目也只保留几年时间就得更换。迪士尼乐园对员工的信念要求就是天天"完好如新"。

六、突出植物造景，多学科合作创新

园林造就的是一种意境，一种生命要体现自己勃勃生机的意境，它使人赏心悦目并与自然相通，使自然升华为富有诗情画意的境界。美、加两国自然式风景园林手法的广泛应用，构造一个具有城市乡野气息的市民休憩的绿色空间，把植物视为装饰空间的材料，突出植物造景，实现从建筑的规划空间过渡到景观的自然空间。同时，对建筑周围规则式、网络状的植物排列，自然过渡到四周相对不规则的植物种植设计之中，创造出宁静祥和、古朴自然的氛围，使宁静中透着神秘，流动中凝聚着祥和。风景园林作为一门艺术和科学综合的学科正在被社会日益认识和推崇。

美、加两国的城市应该说已进入了成熟阶段，人们更多地关注环境与居住条件，对继续按传统的、个体树木的养护管理，已感到不适应城市发展要求。园林作为综合学科，多学科的参与城市景观与生态的研究已是必然趋势。城市林业的提出也仅仅是近 30 年的事，主要鉴于城市树木没有形成全面、综合研究和整个城市植被的统一经营缘故。从那时起,林学家开始深入城市生态领域的研究，认为城市森林是客观存在的，它是一种特殊类型的稀树草原，是一系列街区林分的总和。1972年美国国会通过一项议案，修正1952年的《合作的林业赞助法》，明确提出：在城市环境中保护、改良和营造树木。把传统的林业经营活动，所涉及的对自然资源管理、木材生产、林地管理的指导延伸到城市中来。也是在1972年，美国林学会成立了城市林业专业组，创办了城市林业杂志。一些市政府明确城市绿化官员管理城市森林。对于这一新学科，美国林学家1986年在总结了城市森林的不同解释后，把森林分成4个带区，即郊区边缘区、郊区、市区居住区、市中心商业区，将城市周围残存的自然片林、人工林包括在城市森林的范畴内。1991年提出：城市林业不能只看作是林业的一个分支，实际上它是建立在许多学科（城市规划、风景园林、园艺、生态学等）的基础上，把土地利用、城市生态的探讨放在重要位置。同时，美国林学会也认为：城市林业还是年轻的、羽毛未丰的学科，对于它的理论、实践，都还在探讨阶段。由于多学科的参与，美国的遥感技术于1973年开始用于城市森林的调查，近年来开始采用GIS技术建立城市森林的信息库系统，使城市森林的调查和评估进入一个新阶段。

在美国，现49％的城市实行了植被的系统管理，61％的城市林业预算用于行道树的维护与管理。从1980年代中后期开始，在一些城市开始建立计算机管理系统，基本上做到单株树木的登记造册，一旦有居民反映，城市绿化官员能及时处理或解释。美、加两国城市森林的营造，重点主要在新建社区和城郊的森林。这不同于传统的林业生产，而是在城市环境特殊的立地条件下运作的，由此而产生对城市土地改良技术、树种选择原则、造林机械的改进，以及将生态、社会、经济效益融合在一起的新的观念，构成城市森林营造的基本要求，是对城市园林的一个有益补充。

短暂的考察访问，从美、加两国现代园林产生与发展的轨迹中感受到城市绿化的水平，公园的水平往往代表着城市的现代化程度和文明程度。今天美、加风景园林之所以发展成一门现代的综合学科，某种程度上得益于美、加两国

美国"珍珠港事件"60周年之际，作者（中）率合肥园林绿化考察团在夏威夷参观"亚利桑那"号战列舰，作为观众正在听接待人员介绍，巧遇记者拍照并被美国媒体刊登

多元园林文化的影响，先进的科学技术，雄厚的经济基础，高素质的国民。我们应从国土环境综合整治的高度，在城市化进程中，突出绿色文化与绿色美学，使风景园林成为一个适应时代发展的、科学的、生态的、文化的、社会的综合学科，让高科技、生态学、地理学、生物工程、信息工程等新鲜知识源源不断补充进来，从城市规划源头开始，对生态环境进行美的构思，对生态环境进行美的创造，使绿色植物成为生态系统的基础与核心，城市水系作为城市景观的亮点和生态系统的重心，人文历史成为深厚文化的沉淀，才能利于开拓创新、追求人与自然和谐共存，在 21 世纪城市环境建设中实现跨越式的发展，满足人对生存环境越来越高的需求。

（原载《安徽农业大学学报》2001 年增刊和《中国园林》杂志 2002 年 6 期）

城市中的瑰宝

——加拿大布查特花园

位于加拿大温哥华岛最南端的维多利亚市的布查特花园，北邻海湾，周边森林为屏障，原为石灰矿床。20 世纪初，主人布查特作为西部迁徙的先驱者，曾在此兴建水泥厂。由于矿产采集完，主人利用采石的废矿坑，从种豌豆和玫瑰开始，进行伟大的园艺探索。现在这里已成为每年吸引全球上百万人潮造访的私人花园。这里不仅四季花开不断，而且庭园造景更是令人叹为观止，人间仙境也莫过于此。

布查特花园在哥伦比亚维多利亚市区北 21 公里，占地 300 亩，花园除辟有日本园、意大利园、玫瑰园外，在低洼的矿床上还有一个美丽的特色鲜明的低洼花园。在选好的地点周围用碎石堆积形成几个土山包，成为花床的基础，构成各种花类的边缘框架。在采石厂最深的部分注入水，形成一个有瀑布、有小溪的闪闪发光的湖。建园初期，成千上万吨的肥土用马车从附近的农场运来，植树的地点也一丝不苟的选好，尤其对矿坑的四壁采用绳索将人从高处吊下，在石缝或凹处广植常春藤或多年生开花的灌木，巧妙地利用地形形成郁郁葱葱的绿色地被和繁花似锦的植物色块。在高低不同的土山包上还形成了有变化、有特色起伏的植物群落和花卉色彩。为丰富植物品种，主人还从世界各地引进各种特色的花卉植物，其中有我国西藏的罂粟花、藏红花，使花园一年四季花开不断。在低洼花园湖的湖心处，20世纪60年代还设置了罗斯喷泉，喷水的方式每4分钟变换一次，表现出不同主题的水景，其中一根水柱喷24米高，天黑后再配上彩色灯光，使喷泉更显得神秘和美妙，这在那个时代真可称为一绝。花园内依照不同地形，还适当点缀了一些雕塑，如"三鳢鱼喷泉"，就是由世界著名的动物雕塑家Siro Totanari雕刻的青铜喷泉。花园入口处水池旁的青铜"蜗牛喷泉"是在意大利铸造引进。

为了给游人增添欢乐的气氛，自1956年开始举办全年性不同形式的家庭综合娱乐节目，吸引游人在不同季节都能前来花园游览。

由于开花的植物品种繁多，每个季节花园都有吸引人的植物在开放，甚至每个星期花园的景色都在变幻，从冬天繁茂的灌木到春天充满生机、多彩多姿的花朵，呈现春花的灿烂到秋花的绚丽，每个月都有新奇的景色等待着游人欣赏。冬天从常绿阔叶树和针叶树的纹理和颜色的细微变化中，甚至还能感受到新生命的蠢蠢欲动。

声名远播的布查特花园，表现出的园艺造诣的确名不虚传，成为世界花园的精品代表作之一，不愧为城市中的瑰宝。

（原载《安徽园林》杂志2005年2期）

澳大利亚1994国家花展和园林绿化考察

一、花卉

（一）国家花卉展览

在墨尔本举办的国家花展，始于1989年，今年的宗旨是集中展示"四季的花卉姿色"，以吸引社会公众的注意，促进花卉事业的发展。同时，通过新特花卉品种的展示，对花卉市场产生积极的影响，本届花展在墨尔本皇家展览中心举办，楼下大厅设展台121个，以鲜切花和盆花布置，并以花卉表现出春夏秋冬的季节景色。花卉多草本、少木本、无盆景。菊花是参展花卉中最大的家族，菊花和康乃馨品种有300多个，多种花色的欧洲水仙给观光者留下了深刻的印象。传统花卉主要为康乃馨、玫瑰、兰花等，展览大厅的楼上安排了以花为主题的油画展，以及多组大型插花造型。花卉采用现代技术和设备，已不再受自然季节的限制，可以四季开花，郁金香的供应已花随人意，菊花可全年供应，玫瑰也能四季供花。

澳大利亚国家花展虽由民间组织，但州、市长的夫人们参加开幕仪式则表达了政府的支持。由于展览内容多样，有场圃观摩、学术交流、加工示范、商贸洽谈等活动，可以让各展出单位，充分利用展期的三天时间，展示自己的花卉商品实力，探讨养花技术，积极争取顾客签订商贸合同。

（二）新兴的花卉业

花卉业在澳大利亚起步较晚，1980年花卉出口仅300万澳元，1993年已上升到2300万澳元，尤其鲜切花发展迅猛，成为后来居上的鲜切花生产大国。目前澳大利亚每年约生产32亿澳元的鲜切花（零售），生产面积约7800公顷。花卉主要出口日本、美国、法国、荷兰、加拿大、中国香港等地。

澳大利亚野生花卉资源特别丰富，尤其西澳洲，一年四季都有野花上市。出口的野花多制成干花，便于包装和运输，且观赏时间长，国际市场上需求量也较大。野花的来源，一是采集、二是培植，生产量在不断递增。澳大利亚对观赏叶植物如蕨类等也十分重视。他们充分利用得天独厚的野生资源优势，积极组织出口并提供插花的配叶，采用集约经营的方式，成功地进行大规模生产。

（三）花卉的科学研究

澳大利亚花卉科研特别注重实用性，直接为生产经营者提供科技信息，编制生产操作程序，有目的地育种和培育新品种及研究病虫害防治。在切花上已普遍采用组织培养，兰花的细胞繁殖已应用于生产。由于茎尖的组培具有脱毒效果，脱毒技术与脱毒苗的开发对花卉栽培产生了重大影响。基因工程作为改进植物品质遗传基因的有效方法得以重视和推广，在保留原有特性的基础上，准确地改变某些特性或增加新的特性。其方法是：第一通过组织培养，生产某种基因已转移的植株；第二将需要的基因移植到细胞内；第三翻录所期望特征的基因；第四进行温室和田间测试，确保获得优良的成功的品种。

为刺激花卉的消费，改良花卉色彩至关重要。他们比较重视影响花色的两种色素，即：形成红、黄、兰、紫色的类黄酮和形成黄至橘红色的类胡萝卜素的研究，他们通过对矮牵牛和金鱼草属的研究，使有关基因转入植株后，色素合成的原途径被改变，产生变异。比如红花品种产生了从白到淡红的变异。尤其蓝色素基因移植的成功，使玫瑰、康乃馨、菊花等产生蓝色品种，在花卉育种上实现了重大突破。

在鲜切花保鲜上，针对鲜花萎蔫主要是由于乙烯的形成和维管束堵塞所致的原因，将番茄上采用基因工程，减少乙烯形成延缓果实成熟的经验应用于康乃馨，分离出类似基因，期望延缓鲜花枯萎。在防治花卉病毒上，除选用无毒材料隔离昆虫媒介的一般方法外，最近已采用病毒的外源蛋白基因转入植株的办法，免除病毒的侵染。这种免疫办法已在不同病毒、不同植株上进行了试验，例如将黄斑病毒的蛋白基因转入康乃馨植株上，在密封的玻璃温室中进行病毒反应测试，并得以证实。

由于澳大利亚重视花卉科学研究，以及具有自身特色的花卉在其他国家不易栽培，因此其花卉业发展前景十分广阔。据来自日本的预测，20世纪末，日本花卉进口联合会从澳大利亚进口花卉将超过8000万澳元。

当前，澳大利亚在发展花卉上遇到的问题，与我国差不多。主要是需提高空运能力，继续改进品种质量和培育新品种，开发新产品，确保市场对高质量花卉的需求，以及适应国际市场的激烈竞争。

二、城市园林绿化

园林绿化，在澳大利亚城市建设中得到优先考虑和充分的体现。通过考察，我们了解到：

（一）城市总体规划的落脚点放在城市园林绿化上

1912年贝蕾·格里芬所作的首都堪培拉城市规划是为世人公认的一个成功范例。他提出了一系列简明而有影响力的设想，其中特别强调了城市的环境建设，主张城市应依托地形来建设，将自然景观引进城市及周围，让城市环抱在大自然之中融为一体，人与自然最大的和谐。为此，政府明确了公共绿地归全体市民所有，划定政府和私有建筑的范围和界线，明确了各自的权益和职责。规划的力度主要体现在地轴线和水轴线的划定与组合及三角区的确定。纵向的地轴线由安斯列山的澳大利亚战争纪念碑至帕克威，经中心广场跨过湖面至国家三角区，再延伸到毕勃里峰以外25千米处。这条地轴线是条美丽的人工辅助线，它是划分城市绿地的组带，与地轴线垂直的水轴线，以人工湖，即格里芬湖和联邦公园为横轴线，两条轴线交叉，围合成一个以水面为门户的十字区，成为市民日常工作和生活活动最为频繁的区域。这样，地轴线成为城市在大自然背景中的框架，水轴线即成为城市融于园林景观中的脉络。地轴线与水轴线的围合，在城市规划和建设中起着重要作用，将自然景观引进城市的中心区，利于提高公众艺术水准，创造出清新优雅的环境以满足人们的不同需求。同时，两轴线在格里芬湖北滩的交汇点形成首都堪培拉的起始点，开辟公共集合场所作为游客的起点中心。南滩的交合点与国会山围合的是一片开阔的绿地，为外来者提供轻松愉快的游憩之余，又可欣赏到大自然空旷的优美空间。大三角区包容了行政、立法、司法等首脑机构，是民主政体的象征。周边规划建设成林荫大道，由轴线外延至郊外风景区。现在，他们在联邦 100 周年之际，对规划又将作进一步拓展，在调研和评议中不忘重新评估园林景观及其象征意义，最后再依据规划的动机和方向作出新的决策。从首都堪培拉的规划，可见城市规划的动机和落脚点始终离不开城市园林绿化。建设一座花园城市，无疑首先要从城市规划着手，并且落脚于城市规划建设之中。

（二）重视城市规划的严肃性，公园绿地一百多年无变化

花园之州维多利亚州的首府墨尔本园林绿地占城市总用地的 1/3。在市政府管辖的 10 平方千米中心区内，有 10 座公园，占地 650 公顷，各园由漂亮的林荫大道相连，交织成网，由公园管理处统一管理。这些公园多为上世纪初的王室领地，自 19 世纪 60 年代中期交由市政府管理逐步发展。其中占地 180 公顷的皇家公园，就是 1854 年总督划出的保留地，20 世纪 70 年代，市政府采取全国设计竞赛的办法，征得公园美化的最佳方案进行建设。最小的维多利亚女王花园占地 4 公顷，始建于 1905 年，现每年都栽植大量当年鲜花。福临德公园占地 56 公顷，1856 年划地兴建，主要特色是榆树林荫道，现榆树多为百年以上树龄。皇家植物园建于 1840 年，占地 36 公顷，由州政府资助，建有国家植物标本室、植物专类园，汇聚了世界各地的 10 万多种植物，颇有名气。

悉尼是一个海港城市，之所以具有号称世界最大自然海港的美丽景色，除了优越的地理条件外，与处于楼群中的绿色植物，高水平、均匀分布的大片绿地是分不开的。例如：它的园林绿地占城市总用地的 1/4；城市中心区的海德公园，犹如一块绿色的翡翠镶嵌在城市中央，提高了城市的环境水平。这些城市绿地又多在城市建设初期就同步建设，或预留下来逐步实现。

（三）公园和绿地的敞开化是建设花园式城市的有效途径

首都堪培拉主要是政治中心，其园林绿地占城市总用地的 60% 以上，几乎无工厂。稀疏的城市建筑物多淹没在绿树和鲜花丛中，整个城市如同我国的风景区。在人口较密集的悉尼和墨乐本，城市人口虽都在 300 万以上，建筑物相对密集，但由于城市保留的大块绿地均无围墙、隔栏，大片的疏林草地与城市道路相连，且绿地内又很少建筑物，仅适当点缀历史上著名人物的雕像，以及交织成网的林荫道，使园城融为一体。维多利亚州的大片牧场草地与城市相连，稀疏的住宅又多为一二层别墅式建筑，与整个大环境连系成片，使整个城市，

甚至整个州就像一座大花园。

（四）突出植物造景，注意栽培植物品种的多样性和野生植物的引种驯化，丰富城市的景观色彩，提高城市的绿化水平

澳大利亚有着许多美丽独特的植物。原产的桉树是世界上引种最广泛的树种之一，由于生长快，长得又高，有些品种以其花朵的形态、色彩美丽而吸引人，因此也是最广泛引种栽培的园林植物之一。金合欢树也是一种典型的澳洲植物，有600多个品种，分布于全澳洲，开花时间以种类而异，全年任何时节都可以看到金合欢的优美花姿。由于绿化中突出了具有自身特色的植物，并注意发掘多种新品种广泛应用与栽培，甚至利用蔬菜在公园花坛中作装饰栽培，形成了澳洲园林绿化特有的植物风貌，丰富了城市以植物造景为特色的多彩多姿的植物景观，使花园式城市更加名符其实。

（五）精心养护，科学管理是建设花园城市必备的措施

澳大利亚是一个少雨、空气干燥的国家，为了提高树木的成活率，城郊新植的幼树多采用塑料薄膜围合成圈，改善植株的小气候。公园绿地内多铺有地下管道，甚至对喜湿的植物还安装了高杆喷水器在植物的群落中定时喷水。沿街的行道树穴，多用铸铁的花隔板铺盖，新植树木或闹市区的树木设栏架保护，有的沿街绿地还砌有一定高度的花坛栽花植树，重点地带的绿篱和造型树及时采用人工修剪。为保证城市环境的清洁，新修剪下的枝条就地粉碎装袋，覆盖树荫下裸露的地面。由于精心的养护管理，公园和绿地更加显得整洁美丽，环境更显得清新、舒适。

花园般的城市环境陶冶了澳大利亚人，人们生活在城市中，如同在花园中。他们喜爱花卉，并以种花为乐趣，每户屋前屋后都有花园，并且有法律规定要维护好。城市中无数小型的家庭花园和公园、街道绿地，一同装扮、点缀着城市，并且与街道上的行道树连成网络，辐射到城市的各个角落，形成风景如画的城市风貌，给人们以清新的感觉；舒适、优美的享受。人与自然达到最大的和谐。

连日来，我们置身于一座座花园般的现代国际大都市中，感慨万千。当然，对于中国这样一个12亿人口的泱泱大国，单纯效仿和追求高指标的绿化水准尚有一定的难度，但是澳大利亚政府对绿化的重视程度和许多行之有效的措施，是值得我们学习和借鉴的。

（原载《中国园林》杂志1995年2期）

荷兰爱尔玛花卉拍卖市场

1995 年首次赴欧洲，参观了爱尔玛花卉联合拍卖市场（VBA），该市场成立于 1912 年，是花卉和苗木两家拍卖商行合并的产物，并于 1908 年形成一个简称为 VBA 的新的大拍卖组织。后来，他们开始建造一个能进行大规模花卉、苗木交易的大型综合拍卖市场。现综合拍卖市场于 1972 年建成，面积为 88 万平方米。由于花卉、苗木和园艺产品供应量的稳定上升，拍卖市场又进行了几次扩建。如今，它的面积已达到了 715 万平方米，相当于 12 个足球场的规模。荷兰爱尔玛花卉拍卖市场每天出售约 1400 万株花卉和 150 万株苗木，每年出售约 35 亿株花卉和 3 亿 7 千万株苗木。（VBA）拍卖市场已雇佣 1800 多员工。整个拍卖市场，共有出口商和其他购买者共雇佣 10000 人。

现拍卖市场有两个能停泊 3500 辆小轿车的停车场。现计算机每天能处理 50000 笔商品交易。这座建筑物总长 800 米，宽 600 米，内有冷藏间 30000 平方米，平均每天有 2000 辆货车离开拍卖市场，发往国内、外目的地。

在荷兰的 7 个花卉拍卖市场中，爱尔玛占总销售量的 43%，是世界上目前最大的花卉拍卖市场，其建筑也是世界上最大的商业建筑之一。自 1994 年以来，每年来此参观的游客 22 万人次。荷兰出口花卉，苗木约值 50 亿荷兰盾，约合 35 亿美元。

该花卉拍卖市场由经营者与种植者共同操作的，花卉、苗木和园艺产品的生产者约 5000 名，是这个联合市场的成员，也是这座拍卖建筑物的共同所有者。做为成员，他们必须通过自己的拍卖组织出售自己所有的产品。出售自己产品后，生产者应付出一定比例的利润作为佣金。佣金多少每年在的全体会议上确定，通常介于

正在拍卖的郁金香种球

5%~6%之间，而建筑物的维修费用和经营费用均由合作的联合组织来支付。

对于拍卖市场来说，购买者（顾客）和种植者（供应商）是同等重要的。然而，购买商并不是该组织的成员，只是作为买家被计算机管理系统给予注册登记而已。他们只需按购买费付出一定的小比例费用作为服务费。这个拍卖行的职责就是使供应和需求相符，通过这个过程决定商品的价格。

拍卖市场建筑物分为两部分：拍卖部和购买部。拍卖部的建筑物内，产品可进入，拍卖前通常放在冷藏室或交货厅中，有自己的拍卖间和最后销售厅。参观者可以从眺台上观望到切花拍卖的全过程。建筑物中的植物拍卖间是不对外开放的。在购买部，有可供约 3500 名购买商、出口商或批发商租用的包装间，用来准备商品和拍卖后的发送。

花卉在拍卖前一天的晚上运进场内，由种植供应者自己负责运进市场内。花卉通常放于台车上并放入冷藏室直至拍卖开始。盆栽植物和庭园植物也是在拍卖的前一天运进。交货厅或冷藏室的产品是由拍卖市场自己的检测员进行检查，评议记录后，由种植者提供表格、证明书，分级编号后进行拍卖。

拍卖在每个拍卖间中进行，其中 4 间分别有 2~3 个拍卖记录钟，这是进行鲜切花拍卖用的。其中一间有 4 个记录钟的是进行苗木拍卖的。总共 13 个记录钟。同一品种的产品在同一厅里拍卖，以便购买商确切地知道他所需产品的出处。拍卖每星期举行 5 天，早上 6：30 开始，直至所有产品拍卖完。有 2 个记录钟的拍卖间能容纳 300 名购买商，有 3 个记录钟的能容 500 名，有 4 个记录钟的能容纳 600 名。购买商可以是出口商、批发商，也可以是花卉研究者和街边卖主。购买商注册后，发给他一张或数张印上他编号的卡片。卡片放入桌内指定位置，即可打开喊价的按键。每张桌子上的购买商能在房间内的任何一处记录钟上进行购买，通过按键，他们可从一个记录钟上转到另一个记录钟上。

产品是按荷兰式的拍卖方式进行的，就是喊价通常以 100 分开始，然后价格往下降。每个记录钟由一名拍卖员负责，他旁边的助手负责接收每份出售品的交货表，然后输入计算机。表内资料包括种植者的名字，每份的数量，这些都是要展现在钟面上的。而拍卖员喊出拍卖的产品，是来自卖家和买家必须购买的最低价和数量，他要复述出质量检测员所做的评议，购买者通过桌上的扬声器可以详细地听到。接着，拍卖员开启记录钟，它从最高价运转到最低价，由钟上的数字来指示；当指示灯亮到自己愿意出的价钱时，购买者便关掉钟，数字便固定保持在这份花卉或苗木的价格位上。第一个关掉钟的人便是购买者，他的编号出现在钟面上，然后他通过麦克风告诉拍卖员他的需要量，如果他只买份数中的一部分，那么剩余的将继续被拍卖掉。交易资料立即被输入计算机，然后计算机系统为购买商和供应商分理到购买数量、价格的单

20世纪90年代，建设部城建司组团出席国际公园会议，作者（右1）和合肥市副市长厉德才（右3）出席，并顺道考察了西欧园林绿化和花卉拍卖市场

据上，最后再统计注册。每小时能处理约1500笔交易。

一份产品卖完，台车就会被拉出拍卖间。一台和计算机相联的打印机为每笔交易印出一个销售证，用来区分所有被拍卖的产品。在销售厅内，每个购买者均有一个自己编号的自管车，用来放产品，台车满后就被拉入购买者租用的包装间，加工成为商品。如果买者在拍卖行无包装间，运货车或卡车可以直送指定地点。当买家成交购买后，计算机将打出他的账单，供他在拍卖行出纳室交纳现金或用银行信用卡结账。为避免购买者随身携带大量现金，出纳室的对面设有几家银行分理处。购买商可从账户中提取所需金额款进行结算，保证出售的花卉和苗木能及时兑现。

由于全世界对荷兰的花卉和苗木都需求，因此，爱尔玛花卉拍卖市场的商品80%要出口。因花卉产品是有生命的这一特性，更需要尽快包装交货。供应商可按国内外顾客的不同要求进行鲜花包装。例如，他们既制成混合花束，也有按基数7~10朵同样花成一束。之后商品被装入盒中或板条箱内，放入具有冷藏系统的运货车，发往欧洲各目的地。专业运输商行在发货中有自己的办公室，为顾客的商品检疫和运输服务。发往海外的花卉，如美国或远东地区，这儿有航空和集装箱货柜。通过运输商行可以被迅速地送往已在等待的空运飞机。这样，早上拍卖的产品在晚上或第二天一早就可在欧洲、美国、加拿大或世界其他地区销售。

（原载《合肥建设》杂志1995年10期）

地心的那一边

——巴西、智利绿色行

　　南美洲位于西半球的南半部，地球的那一边，与中国隔轴心相望。它拥有全球 21% 的森林和 45% 的世界热带雨林，对全球气候具有重要影响。2002 年 11 月，笔者以科技人员的身份，与南京林业大学和中国林业科学研究院 4 位年富力强的博士，赴巴西、智利两国，重点调研与引进南美洲特有的竹种。那里正值春末夏初季节，我们在短短 18 天时间里，完成对竹子种类的调研、选择与引进任务，同时还调研了木本花卉和适宜引进的其他植物品种。

　　一、考察概况

　　自北京出发，取道巴黎转机，向西南纵穿大西洋，越过赤道，飞行近 30 个小时，首访巴西南端的圣保罗市和里约热内卢市。然后再向西南，穿越阿根廷与智利交界处的世界第二大山脉安第斯山，抵达智利首都圣地亚哥。在智利以圣地亚哥和南部瓦尔迪维亚市为中心，沿泛美高速公路南下，到达最南端的公路终点，与南极隔海相望的蒙特港。整个行程 5 万余公里。

　　在巴西着重考察了最南端的圣保罗省的培路比（PERUIPE）国际原始生态自然保护区、依大因（ITANHAEM）原始生态自然保护区内的国家森林公园和海岸红树林植被区；里约热内卢市围绕耶稣山的迪卡尔森林公园。参观了圣保罗大学森林系竹子研究基地与实验室，以及创建于 1808 年的南美最知名的里约热内卢植物园。

　　在智利，依据该国地域具有明显不同 4 个气候带的特点，选择了纬度类似我国长江中下游地区，南纬 33° 的圣地亚哥（Santiago）至南纬 41° 的珀特蒙特（PtoMontt）范围内的瓦尔帕来索（Vaiparaiso）林区；奥可阿（Ocoa）的康帕拿国家森林公园，以及位于该公园附近的智利特有种苗繁育圃、皮拉利卡国家森林公园、潘古普利自然保护区、普叶乌国家森林公园；以及智利奥斯特拉大学所在地区的瓦尔迪维亚省附近的林区、大学的森林实验室、树木园与试验基地、智利农业部林业研究所等单位。考察线路纵贯安第斯山脉 900 余千米，深入群山密林、原始林区、高山湖泊和万年雪所覆盖着的高火山周边地区。这里，山腰下是郁郁葱葱的森林，而在白皑皑的雪山顶上，有的还在冒着喷发出的岩浆烟雾，甚至夜晚烟雾成火红色，呈现活火山的壮丽景观。这一带是仅次于我国喜马拉雅山脉的世界又一处高山地带。

二、丰富的植物资源

作为植物王国之一的巴西和树木种类资源繁多的智利，生物多样性较好，被称为"生物科学家"的天堂、"森林王国"。巴西森林面积 32 亿公顷，树木种类上万种以上，其中 4000 种为高大的乔木。具有南美植物代表性的里约热内卢植物园，1992 年成为巴西植物世界的研究中心，现面积 137 公顷，有各种植物 6200 种，每年迎来世界各地的植物学专家在这里进行研究。这次赴南美进行野外考察，除了对两国的竹类植物资源有所了解外，对木本花卉和经济植物资源等也颇有认识。

人们熟知的橡胶资源的原始母本绝大多数来自巴西，它有 40 多种。目前，我国园林工作者和植物学家已经直接或间接从巴西引进了许多具有极高观赏或经济价值的植物资源，但还有许多工作有待进一步开展与引进。如：适合我国南亚热带地区栽培的苏木科的云实属、决明属、双翼豆属、凤凰木属的观赏植物；豆科的海红豆属、红木科的红木；野牡丹科耐水湿的小乔木；紫葳科的一些植物等。这些植物花色艳丽、色彩丰富、树形美观，适合行道树或庭院栽培，有些植物还具有极高的药用价值或工业利用价值。

智利海拔高差大、地域跨度广，具有不同的气候带，可引进的植物品种也非常丰富。有大量我国长江以南地区喜爱栽培的海枣园林植物，耐旱的仙人类植物，既可观赏、又可从树叶中提炼保肝补肾药用的特有树种，还有可作为生物手段消灭杂草的优良花卉品种。

在育苗技术上，这两国造林绿化的苗木多采用容器育苗的方法，造林成活率高，技术水平较先进，用于城市绿化的树种品种多样丰富。与此同时，我们也看到这两国虽然资源丰富，但科学利用水平总的还不高，尤其人工竹林寥寥无几，竹业研究与人工林科技水平与我国相比，相对较低。但可喜的是，这两国林业科技工作者和有识之士，已开始关注竹类资源和森林的保护，尤其两国的竹业发展正在逐步兴起，科技水平正在进一步提高。本着优势互补的精神，实心竹资源、木本花卉方面我国与南美的合作空间十分宽阔。

三、实心竹的开发前景

巴西的土地和气候适合栽植各种竹子，据有关文献记载和研究，巴西有竹子 14 个属、113 种，多为野生。人工栽植的竹子仅在东北部的省份，以瓜多竹属（Guadua）和秋斯夸属竹子为主。人工栽种竹子多由来自亚洲的移民，竹种也多从亚洲引进。我们所到的圣保罗大学森林系竹子研究所、自 1997 年开始引进竹子，已种植 120 种，其中原产中国的多达 20 种，而巴西本国的仅有两种。据说这与巴西的土著文化有关，历史上认为种竹的地方都是穷地方，所以当地人不但不喜欢种竹，而且对现有竹林还多把它砍掉，不懂得利用这些竹子。现由于对竹的应用开始越来越感兴趣，逐步认识到竹子在许多方面可取代木材的利用价值，因此，我们所到之处均受到政府和山区农民的欢迎，希望将竹子文化带入巴西，更多的研究人员来巴西，甚至还希望从中国引进加工竹材的机械设备。

智利作为南美西海岸，安第斯山西麓的狭长国家，竹类植物资源相对贫乏，只有秋斯夸属，1 属、8 种，但全国竹林面积却很大，达 100 多万公顷，集中分布在海拔 1000 米左右以下的林地中。通过现场勘察，在智利采集到秋斯夸属 4 种野生竹子的标本，基本摸清了这 4 种竹子的自然分布、生态习性、形态特征及自然更新情况。秋斯夸属的竹子既耐荫，又喜阳，生命力极强。天然竹林多与乔木形成混交林或作为林下灌木层，但在砍伐后的裸露山地上也可形成大片的竹子纯林。其中秋竹虽属于丛生竹类型，但由于地下轴有延伸的假鞭，使地面竹秆呈散生状。

经考察了解，秋竹的生育期约 50 年，结实率高，种子饱满，天然更新能力特强。我们所到之处，恰好是秋竹进入天然更新期，到处可见大面积开花的竹林，以及前一二年开花结实死亡后在林地内萌生的一簇簇实生小竹苗，这些大量的小竹苗生长良好，可见竹林自然更新的速度很快。

智利的科研人员，自 1994 年开始进行竹类资源的调查与研究。全面普查了竹林面积、蓄积量，部分竹种的竹材物理力学性质、竹材解剖、天然林改造、竹材加工利用、工业设计等多方面的研究，并取得了第一手资料。他们的项目主持人和主要参加人员也均多次来中国考察学习，现项目已进入总结阶段。

南美洲作为世界竹子分布中心之一，竹类植物的生物多样性较丰富。瓜多竹属与秋斯夸竹属的竹种具有良好的开发前景。

巴西的狭叶瓜多竹（Gangustifolia），竹秆高大、通直、尖削度小、竹壁厚、生物量大、无性繁殖能力强等。对竹林管理要求不高，用工少，通常其竹秆的直径可达 15 厘米，是非常优良的材用竹。

智利的秋斯夸竹属竹种的竹秆全部是实心的。这一性状能够轻易解决空心竹秆加工过程中难以弯曲的问题。智利工匠已采用秋竹（chusqueaculeou）竹秆制作的家具可以与棕榈藤（Rattan）的产品媲美。而我国目前商品棕榈藤资源已经基本消耗殆尽，印尼、马来西亚、越南等国的优质棕榈藤资源也由于我国大量进口，已日益锐减。而人工培育的棕榈藤由于生长周期长，以及收获困难等因素，急需替代品。因此，发展实心竹，无疑是理想的棕榈藤的替代产品。

由于实心竹竹秆的直径多在 3 厘米左右，每公顷年产气干竹材可达 14 吨左右，单位面积产量与我国毛竹丰产林产量接近，与智利目前种植面积最广的辐射松人工林相比，毫不逊色。良好的辐射松林每公顷年产木材 20~30 立方米，折合气干材年产量 15 吨左右，而秋竹在自然状态下所产干材料已接近这个水平，若经人工栽培，肯定能提高产量，超过辐射松。

四、感悟"地球之肺"

由于南美拥有世界近一半的热带雨林，提供了全球近一半的氧气，由此这里的森林被誉为"地球之肺"。

巴西作为森林资源大国，占有世界热带雨林的 30%，每年生产 1 亿立方米以上的原木，为全球 4 大木材生产国之一（其他三国是：俄罗斯、印度尼西亚和民主刚果）。

智利虽是世界上最狭长的国家，长度是宽度的 20 倍，但林地占国土面积 28%，也是世界上森林分布最广、树木种类最繁多的国家之一，其林产品出口量占拉美第一。

巴西的城市化水平已达到 81.25%，有 5500 个城市，经济实力居南美首位，属世界十大经济强国。智利也是南美经济保持发展最好的国家，对森林资源的保护，由于已有一定经济基础，相对其他拉美国家，这两国对森林的保护要重视得多。巴西的专业技术人员 1876 年就从国外引入国家公园与资源保护概念，到 1937 年在里约热内卢州的伊塔提亚亚（ltatiaia）建立第一个国家公园起，至今全国已有 49 个国家公园，遍布全国各州，巴西设立国家公园管理局，隶属于国家环境部，在各州及公园内设派出机构和管理人员，对国家公园实行统一垂直管理，法制比较健全，建有国家公园的专门法案。每个国家公园建立时，对那个国家公园的保护与管理都要发布一个总统政令。各州的派出机构负责对本州国家公园及环境政策的执行情况，进行监督、监察。除了配备行政与技术管理人员外，还专门设立了国家公园警察管理制度。为增加公园收入，政府将一些具体经营性项目有偿、有期限地转移给公司经营，由公司按制度与规定进行管理。公园内的私人土地实行保留现状的政策，并对土地的使用方向与性质提出要求，以符合国家公园有关法规、制度的规定，以及公园的特殊要求。

为维护城市生态环境，注意在主要干道旁设立保护地。如：号称世界第二大城市的巴西圣保罗市中心的海塞瓦保护地，就是在 1892 年城市建设初期留下的，占地约 10 公顷，始终保持着原始地貌和原始森林植被景观。林地内仅随地形修筑了一些道路，很少有建筑。为便于游人休憩、娱乐，在部分树木较稀的地块；有限地设置健身、娱乐设施，尽可能保留自然状态乔、灌、草的原始景观，供市民在市中心区能享受到大自然原汁原味的生态环境。为了丰富街景和便于治安，保护地采用空透栏杆封闭式管理，白天进入不收费；夜晚大门关闭不开放，这完全符合南美社会的实际。地处里约热内卢市内的迪卡尔森林公园，占地 33 平方公里，为世界上最大的城市公园，坐落在大西洋沿海热带丛林保留区内，有长达 100 千米的双线通狭路，可穿梭于浓密的丛林之中，其间生长着各种热带林木，并有瀑布飞泉。据说，能在城市里保留这样大面积的森林，得益于圣德罗二世国王，一位植物学家。当年，圣德罗二世见庄园主砍伐森林种咖啡，造成环境破坏，十分痛心，于 1861 年下令禁止砍伐森林；并倡导和恢复里约热内卢的大西洋森林，被传为佳话。此外，在政策上巴西等国已注意鼓励植树造林；除通过减免所得税的方式外，还规定所有纳税人可以把本应向政府交纳所得税的 25% 用于投资造林，私人或企业售木材所得资金的 50% 可以用来作造林补贴。

令人可喜的是，由于 1992 年联合国环境与发展首脑会议在巴西的里约热内卢召开，178 个国家的政府领导签署了著名的《21 世纪议程》，为全球可持续发展起到了奠基式的作用。同时。会上还签署了《森林问题原则声明》，力求唤醒各国人民更加珍惜宝贵的森林资源，加倍爱护森林、爱护树木，以拯救日益减少的森林资源。由于巴西的生态环境，对全球影响太大，有关国际组织对巴西已确定为国际原始生态自然保护区的地方，每年给予资助，目的是减少砍伐。由于措施有力，我们所到之处，能够感受到保护意识开始渗透到一些政府官员和平民百姓之中。

（原载《安徽园林》杂志 2004 年 1 期，《中国花卉报》在 2004 年连载）

闻名世界的挪威雕塑公园启示

——2004 年赴英国、北欧园林绿化考察

雕塑代表着一个城市的文化内涵和品位，甚至反映出一个民族的精神气质。关于这一点，我们去年赴英国和北欧考察，从挪威奥斯陆雕塑公园归来更有所感。

奥斯陆雕塑公园，又名维格兰公园，是闻名于世的雕塑家维格兰（1869~1943年）毕生精力留下的伟大作品，集中体现与展示了雕塑艺术。它提供给游人的不仅仅是形式上的审美，而且是欧洲，尤其是挪威民族的文化、历史及社会的综合知识。雕塑作为文化的载体，传承的是它的文脉，彰显的是它的个性。

一、主题鲜明的"人生旅途"特色

维格兰雕塑公园，占地 80 英亩，始建于 1924 年，1943 年建成，经历了 19 个年头，于 1947 年由政府向公众开放。整个公园以"人生旅途"为主线，摆放了 192 组铜质或花岗岩的人体雕塑，塑造了 650 个人物形象。

公园雕塑创意于 1900 年，完成于 1943 年，历时 40 余年，其造型大多按人体 1：1 比例，由维格兰独自制作完成。他塑造的男女老少形象栩栩如生，喜怒哀乐淋漓尽致，表现了人从出生至死亡各个时期的面貌，给游客带来许多人生的启示，因而有人将该公园称为"人生旅途公园"。

在雕塑作品的制作过程中，为了保证人物形象不带有时代局限性，能更好地表现自然人的原型，绝大多数的艺术造型均采用了裸体的表现形式，是自然主义与理想主义的完美结合，也是现实与理想的融合，具有跨时空、超时代的特色。

整个公园的雕塑沿着一条公园中轴线，逐渐延伸展开，即从大门入口开始，分为五大部分。

第一部分入口：由 5 个大门与 2 个小门组成。大门为两扇铸铁雕塑，每扇门由 3 个圆环组成，但圆环的设计各异，内容抽象含蓄，耐人寻味。两侧的小门图案，由 6 个不同的男性造型组成，表达人的自然野性和基本属性，点出"人生旅途"公园的主要特征。

其余四大部分，依次为：生命之桥、生命之树、生命之柱、生命之环，展现人生从童年到青年，再到成年和老年，体现了生命轮回的特征。

此外，在公园的西南角辟有维格兰雕塑博物馆，是作者自 1924 年开始居住和工作的研究室，于 1947 年对外开放。馆内收藏了 1600 件雕塑作品和 1.2 万幅画、420 件木雕及数百件雕塑模具，展示了艺术大师维格兰创作的一生和留给后人的作品。游人在这里可以通过鉴赏雕塑艺术作品，全面地了解维格兰一生不同时期、不同阶段的创作艺术特色，领悟艺术大师奋斗的历程。不同经历的游客通过对雕塑的欣赏，都能从中感悟人生的许多哲理。可见，这座雕塑公园与其他公园截然不同，更富生命力。

二、栩栩如生的人体雕塑

入公园大门，首先映入眼帘的是在中轴线低凹地带上建起的一座长 100 米、宽 15 米的钢筋水泥桥。桥下有一圆形广场，在圆的中央是一刚分娩的婴儿雕塑，四周一圈则展示婴儿来到人世间的不同形态，外圈塑有 8 尊顽童戏耍的雕塑，象征着孩子们的天地。桥上有 58 尊各自独立的人体铜雕，表达人在不同年龄，不同阶段的人际关系，有男与女、孩子与成人、母与子等，其中以父与子雕像最突出。此外还有东方阴阳符号特征的艺术造型，包括性与爱的主题，使"生命之桥"恰到好处被点题。

过了桥是玫瑰园，它紧连着一座喷泉。喷泉坐落在一个由 16 个圆形图案组成的广场上。每个圆形图案虽大小齐整，但细部花纹结构各异。喷泉中央的高台上有 6 位不同年龄的人体铜塑，肩扛手举一个铜盆，供倾盆大水满盈叠落而下。池四角由 5 座人与树相联系的不同年龄段雕塑组成，寓意人与自然的密切关系，表现了人从小到大，从壮年到老死不同时期的神态，成长的过程。童年阶段，男孩爬树、女孩树下仰望，甚至还有的女孩坐在树枝上荡漾，无忧无虑，活泼又调皮；青年阶段，5 对不同男女，有的靠树上，有的相偎依，有的在沉思，表达不同男女的恋爱观；壮年阶段，男子上树采摘果实，妇女在树下劳作，孩子围着家人玩耍。甚至还有妇女怒气冲天地指责淘气的孩子，充满生活的情趣；老年阶段则主要展现老人与孩子的亲近，表达出人类生命的延续。可见"生命之树"充分展现了人类幸福生活的氛围与气息。

越过喷泉，到达公园最高点，这是一个长 120 米，宽 60 米的台式广场。在广场中央的圆台上耸立着一根圆形立柱，四周还围着 36 组花岗岩雕像。柱高 17.3 米，下部无雕刻，上部则雕刻着 121 个形态各异的人物，其雕像部分总高度为 14.12 米。此柱石材从挪威东南沿海山上采集，石柱重 180 吨。作者从 1929 年开始雕刻此柱，直到临死前才完成。柱上雕像底部的人物形象毫无生气，像尸体一样或卧或躺；中间部分的人物则互相支撑和攀附向上，而顶上的人物则昂首直立，由下到上体现人物从消极到充满激情，展现出人的不同精神面貌和人类社会竞争的特色，体现拼搏与生存的关系。而四周的 38 组石雕，每组至少有两个人物，高度均不超过两米，成人多坐着或跪着，孩子们站着，有孩子玩耍、年轻人恋爱、老人聊天，还有携老扶幼和帮助残疾人的形象，描绘出人类社会的亲情友爱。更能衬托出"生命之柱"的精神风貌。

继续沿着中轴线，越过刻有 12 星座图案的石座和矗立的日晷铜雕，即到达中轴线的最后部分，这里是 1933~1934 年建成的"生命之环"雕像。环直径 3 米，由 4 个成人与 3 个孩子头脚相连交织组成，寓意生命的轮回，为"人生旅途"雕塑群画上一个圆满的句号。

此外，轴线之外围绕人生主题，还矗立着一些零星的人体雕塑，进一步体现人类相互依存的关系，弘扬少争斗、多关爱，主张团结，共同面对困难。公园通过这一尊尊、一组组栩栩如生的人体雕塑，使游人寓教于游乐之中。

三、雕塑公园给予我们的启示

维格兰雕塑公园给我们留下难忘的印象。当年雕塑家生活的时代，正逢第一、第二次世界大战，他结合现实生活，围绕"生命旅途"主题，通过对不同形态人体雕像的塑造，寄希望人类少争斗，多互助。同时，弘扬积极奋进的精神，使思想情感投入到空间艺术的人本主义殿堂，以人为本的现实主义得到完美的体现，雕塑直接为人类的物质文明与精神文明增光添彩。

在雕塑与环境结合上，本着回归自然的理念，让雕塑走向花园，成为园林景观的一部分。同时，雕塑家在追求环境的协调中，也不断从中获得灵感，相得益彰。这一系列雕塑，历经 40 年，公园建设也有 19 个年头，在这一漫长的过程中，充分体现出雕塑家的科学态度和锲而不舍的奋斗精神。

今天，我们已将雕塑作为环境艺术的组成部分，这必然涉及建筑、园林、道路、广场等各方面因素。而一座好的城市雕塑只有放在合适的环境，才能显示出它的美，起到点景、衬景的作用。同时，好的主题雕塑也能成为城市个性的一部分。我们在城市建设中，发展雕塑事业，必须应用科学的发展观和正确的政绩观。从提高城市整体艺术水平出发，应将城市规划师、建筑师、风景园林师和雕塑家的良策集中起来，选择文化内涵深厚的主题，创造最适合人类活动的景观与实用的公共活动空间，让城市的雕塑真正成为"城市的眼睛"。

（原载《安徽园林》杂志 2005 年 2 期）

体验建筑博物馆　感受绿色花园城

——考察东欧捷克、波兰、匈牙利、斯洛伐克

　　为了体验号称世界建筑博物馆的捷克布拉格和花园城市波兰的华沙等东欧风貌，全面了解欧洲，提升相关企业园林景观建筑水平，由《安徽园林》主编牵头，省科协常委、国轩高科董事长李缜为团长的我省园林景观建筑东欧考察团一行8人，于2009年4月27日~5月8日考察了东欧4国，并顺道考察了奥地利首都维也纳。所到10座城市几乎都有世界遗产保护地，使我们一行看到了欧洲历史上出现的绝大多数建筑风格。尤其捷克首都布拉格，从中世纪以前直至现代建筑物混合在一起，令人感受到建筑风格随时代的变化，以及时代的更迭而改变，特别是教堂建筑的尖塔或圆顶等外型，表现尤为突出。

　　我作为《安徽园林》主编虽多次考察过中、西、北欧或途经欧洲，但赴东欧还是第一次。这里的人民生活水准虽赶不上西欧，但从建筑而言，第二次世界大战后，被毁75%的匈牙利首都布达佩斯、被毁85%的波兰首都华沙，在废墟上几乎不留痕迹地还原了老城，而且还都被列为世界遗产保护地，这在西欧很难做到。

　　我们所到东欧四国，均是昔日社会主义阵营的成员，自2004年5月1日起进入欧盟。今天的国人只要获取欧盟任何一国签证，就可驱车游历所有欧盟成员国，感受现代物质文明、经济模式和政治体制发源地的风采。

　　考察团成员由于多为与房地产有关的企业家，沿途对考察的各类欧式建筑兴趣很浓，开怀畅谈了各自的切身体会，很有代表性，略作介绍与读者分享。

　　李缜团长谦虚地说：我们是来学习的。从历史上来看，欧洲是一片古老的大地，既有悠久的

代表团一行8人在捷克奥洛穆茨市观摩街头的城市模型，左4为团长李缜，右4为本书作者

古代文明，又是现代文明的发源地。古代文明与现代文明的相互交融，在建筑风格上表现特别明显。因此，我们不仅要学欧式建筑不同风格的要素，而且要了解其工艺情况，以便学到真经。回去后策划新投资项目时，可以考虑在滨湖新区建一座高档次的十分地道的欧式建筑，进一步丰富合肥市的景观建筑特色。

中皖辉达房产控股集团董事长许辉深有感触地说：这次考察拓宽了大家视野！因为随着人民生活水平的提高，人们越来越重视生活品质的提升，讲究闲适优雅的价值标准。住宅建筑与园林环境的整合成为不可缺少的市场因素，现在房子的价值不仅在房子本身，其景观、园林已成为重要的价值标准，甚至一株特色树都能成为重要的价格元素，今后再建的欧式建筑标准一定要提高。

省大唐万安房产集团董事长王福海动情地说：通过考察找到了建设欧式建筑风格的感觉，这对本公司正在开发和即将开发的宣州市项目有很大的促进和借鉴作用。

合肥辉栏搪瓷栏杆制造公司主要生产与经销空透式栏杆，张健国总经理特别高兴地说：这次考察既拓宽了视野，又与房产老总们增进了交流与友谊，提供了配套生产销售栏杆的商业机遇。中皖辉达房产代销公司也准备为房地产商，代理售房达成了意向性协议。全团成员在考察之余，彼此间的真诚交流与合作，为拓宽企业的发展增添了新的活力，收获颇丰。

信德置业总经理陆琳主要从事房地产，作为女企业家，虽然经常出国，但这次东欧之行，尤其地道的欧式建筑风格强烈地吸引着她。她一路兴致勃勃，诗兴特浓，创作了多首诗词，迎来考察团成员阵阵笑声与掌声，增添和活跃了考察团的欢乐氛围与考察兴致。这里不妨摘录她一二首诗文作为本文的结尾。

捷克游记

我站在黄昏的布拉格广场，景致美得你不敢想像！随处可见的咖啡小憩，荡漾着生活的芳香。随兴而歌的艺人在石头小径上徜徉，中世纪马车载着复古与时尚来来往往。圣维特教堂的钟声伴着夕阳，述说着布拉格曾经的辉煌……

再见吧，布拉格！

再见布拉格！带走我恋恋不舍的身影，留下我缠绵的思绪，在风中飞扬……好想、好想，再听一听那钟声响，再闻一闻那咖啡香，再看一眼查理士大桥的夕阳，再穿越一次传奇式黄金小巷，再欣赏一下"布拉格之春"的华美乐章。啊……再见了！布拉格，我在梦里再将你向往……

（原载《安徽园林》杂志 2009 年 2 期）

飞跃喜马拉雅山

珠穆朗玛峰那巨大的金字塔形山体巍峨耸立在喜马拉雅山脉的群峦之中，它是万山之尊，是至高无上、至洁无瑕的象征。在藏语中，珠穆朗玛的意思是"第三女神"，人们常把珠峰和地球的北极、南极相提并论，被称为"世界第三极"。

在中国西藏与印度之间的喜马拉雅山南麓是尼泊尔王国。尼泊尔人称珠穆朗玛峰为"萨加玛塔峰"，意思是"高达天庭的山峰"。南坡阳光照射强烈，水气在高空西风的吹拂下形成挂在峰顶的旗云。

尼泊尔的心脏加德满都谷地就坐落在喜马拉雅山群峰南麓山脚下，它东西长 32 千米，南北宽 25 千米，海拔 1331 米。该谷地称为"科特巴尔"，意思是"剑劈出的峡谷"。相传此地曾是喜马拉雅山的一个湖泊，叫做纳加哈湖，湖中盛开着一株金色的莲花，这莲花便是释迦牟尼的前身，文殊菩萨挥剑劈开了湖岸，湖水倾泻而出，这里就剩下了一个谷地，适宜人居的地方，佛祖从此降生人世间，随后佛教诞生了。而加德满都谷地形成的实际原因则是河川长期严重侵蚀的结果。

我于 4 月初通过二战时期的驼峰航线飞经印度转到尼泊尔，有幸乘观光小飞机游览了被联合国教科文组织列入世界自然遗产和文化遗产的萨加玛塔国家

与尼泊尔的飞行员合影

公园（即珠穆朗玛峰南坡）和加德满都谷地，亲身感受了气势磅礴的喜马拉雅山和珠峰上发育的许多规模巨大的冰川、冰斗、角峰等。在山脊和峭壁之间，数百条大小冰川分布，还有许多美丽而神奇的冰塔林以及山顶上漂浮白色的烟云——"珠峰旗云"和四季常青的加德满都谷地，这里自古以来就是一块名符其实的天然宝地，印度教、佛教、喇嘛教三教汇聚于此。谷地中有三个著名的城市：加德满都、帕坦和巴克塔普尔，城内修建有大量的寺庙和佛塔，素有"寺庙之城"的美称。这里浓郁的宗教氛围和尚未消散的乡野气息，向来自世界各地的人们展示着更多原生态的令人着迷的非凡特色魅力。

（原载《安徽园林》杂志 2011 年 2 期）

尼泊尔首都加得满都

赴英国、爱尔兰庄园考察

在杭州市园林文物局老局长施奠东的精心策划和组织下，于 5 月 12 日 ~27 日率浙江省园林知名企业和浙江大学、浙江农林大学博士生导师一行 30 余人赴英国、爱尔兰考察具有代表性的 20 个重点庄园，以及主要植物园、公园和切尔西花展。

欧洲代表的西方造园艺术，曾经过三个重要时期：16 世纪中叶后的 100 年是意大利台地式园林引领潮流，17 世纪中叶后的 100 年是法国规则式园林引领潮流，而 18 世纪中叶起至 20 世纪初，领导潮流的则是英国。英国造园艺术追求自然，对自然美的追求吸纳了中国东方的造园艺术，由自然风致园发展成为图画式园林，更具有浪漫气质，集中体现为一种"庄园园林化"风格。自此，园林概念在西方逐渐发展成为更为广泛的景观概念，一直影响到现在的生态、环境保护和人居环境建设的观点，成为城市中唯一有生命的基础设施。

我作为该团唯一外省代表，受邀参加了这次深度园林绿化专业考察，收获颇丰。

英国切尔西花展

英国切尔西花展由英国皇家园艺学会主办，始创于 1862 年，是世界上历史最悠久的花展之一，也是英国最负盛名的花展。花展由各种媒体机构、参展商与赞助商支持，不花主办方和政府一分钱，获奖展品则有最好的广告效益，所以影响越来越大。

切尔西花展占地 4 万平方米，英国女皇每年必到，是社会名流和政商精英的社交舞台，也是花艺企业商务活动场所。

今年是英国女王伊丽莎白二世在位 60 周年的钻禧年，因此花展还特别设置了向伊丽莎白女王表示敬意的展览单元。伊丽莎白女王与丈夫出席了今年第 99 届切尔西花展。花展于 5 月 22 日 ~26 日向公众开放。

（原载《安徽园林》杂志 2012 年 2 期）

以色列科技为本、资源节约、环境绿化之旅

以色列地处亚洲、非洲与欧洲交界处，如同通往三大洲的桥梁，特别在古代更是重要的交通与贸易的必经之地，因此一直是战略要地。

我很幸运有机会到访以色列，这里主要民族是犹太人，他们远祖是古代闪族的支脉希伯来人。公元前 13 世纪末开始从埃及迁居巴勒斯坦，2500 年前亡国后，犹太人曾流落世界各地，直到 1948 年建国。现在这块土地上的巴勒斯坦人实质上就是在以色列的阿拉伯人，1988 年建国，采用自治形式散布在以色列的国土中，但没有军队、没有货币、没有海关、没有严格的边界，只有警察和税收。因此，以色列这片土地实际上两国共有，而人民之间则相互依存，没有纷争能和睦相处，社会治安井然有序，工业发达，人民生活富裕，这些都受益于以色列一贯重视科学技术，以科技为本。

一、基本国情

以色列人口 600 多万，国土仅 22700 平方千米，地势北高南低，多高原，南部有荒漠，东部有洼地和谷地，死海和约旦河与约旦国为界。这里是犹太教、伊斯兰教和基督教的三教合一之地，具有多民族和特殊文化背景。犹太人族群间的公社形式没有私人财产，财富集体所有，已存在 100 多年。目前有公社两百多个，每个族群都保存有自己的特殊艺术、服装以及习俗，并以此为傲，因此以色列又是一个先有公社后有国家的特殊国度。

二、科学技术和公共政策促进环境改善

以色列处于干旱和半干旱地区，而且雨季在冬季，夏季植物生长时雨水很少，自然条件相对恶劣。然而，以色列通过科学技术，开发出非常有效的水资源管理系统，使经济持续繁荣。尤其以色列通过公共政策，如控制放牧和确保有效水管理的法规等，在全国范围种植了 2.4 亿株树木，促进自然资源的恢复、发展和可持续管理。确定的森林面积为 16 万公顷，约占国土的 7%。对退化土地通过恢复计划而保证造林成果得到巩固和发展，使"近自然"的森林生态系统得到不断发展。半干旱地区，还通过大规模的造林来防止荒漠化，以及为居住区管理营造优美环境。干旱的南部内盖夫沙漠地区，种植抗旱树种和适当的土壤改良和强化水资源管理，为生活在那里的人们提供生态系统服务。

三、增强社区和居民保护与改造环境的责任心

以色列将人工林和天然林视为多功能的生态景观系统，国家提供森林游憩服务和园区基础设施建设，促进森林的可持续利用。目前，以色列已有社区和新增社区的不断发展，对绿地特别是市区附近的绿地构成巨大的压力。因此，以色列因地制宜地开展绿化植树，以社区居民、地方政府和国家林务局三者间建立伙伴关系作为基础，让居民积极参与有关决策中，从而增强居民对周围环境的责任感和敏感度，使绿地能够成为娱乐场所和人民引以自豪的居住环境。

同时，每个社区建有自己的绿化管理组织，并组建一支由社区居民为主的绿化志愿队伍。志愿者是社区绿化行动的重要力量，林务局为志愿者经常提供内容丰富的专业培训。

四、加强合作交流，传播环境改良

以色列国家林务局与很多国家和国际组织广泛开展合作，通过技术交流，知识共享以及向其他国家传授先进技术来解决关键性的全球环境问题。以色列的先进技术有：干旱和半干旱地区荒地和林地的管理，防止荒漠化，开发和应用截获径流的先进技术，利用湿地和生物过滤方式进行河流恢复和水净化，通过可持续农业进行土地保护，病虫害生物防治技术的研究与应用等。

目前我国正处于新兴城镇化大发展时期，在不同立地条件下，建设美丽中国，可以借鉴以色列资源节约和低碳的科学技术与方法，通过采用人工自然的手法，同样可以为多功能生态景观提供服务。这次以色列之行，受益匪浅。

（原载《安徽园林》杂志 2013 年 4 期）

死海是世界上最低的地方，海平面下约 400 米，水最深处也约 400 米。

海水包含了 30% 的贵重矿物质：镁、钠、钙、氯化钾，以及其他盐类矿物质，是世界上含矿物质最多的水，是其他海的 5~7 倍，其盐度比地中海高 10 倍，水生物根本无法生存，故称"死海"。

经科学实验证实，死海底的黑泥巴具有医疗效果，浸在硫磺池里，或在滑溜的海水里漂浮，对治疗皮肤病和肌肉方面的疾病很有效。

作者考察期间，亲身体验死海的浮力，平稳地躺在水面上边阅读边与同伴交流。

作者在拍照

圆梦爱琴海

——2013 春节古希腊之旅

希腊是欧洲南部国家，位于巴尔干半岛东南端，面积 13.2 万平方千米，人口 1000 万多一点，97％信仰东正教，官方语言为希腊语。

希腊历史悠久，公元前 5 世纪经济文化已经高度发达，在建筑、文学、艺术和哲学等方面对人类曾做出过重要贡献，是欧洲文明的发源地，也是奥林匹克运动的诞生地和世界著名的爱琴文化发祥地。

希腊国土的 3/4 为山地，其中有 2000 多个岛屿占陆地面积近 1/5。平原狭小分散，且主要分布在爱琴海沿岸，这里人口集中、经济发达。

回顾人类历史，在最初文明之一的西亚"两河"和埃及的尼罗河流域影响下，6000 年前希腊爱琴地区就进入了新石器时代。公元前 2500 年前后铜器和青铜器逐步增多，公元前 2000 年出现了最初的城邦国家，这些国家以一个城市或市镇为中心，结合附近若干村落成为一个整体，有山岭河湖为天然边界，一城一邦、小国寡民，故被称为希腊城邦。同时，希腊还产生了欧洲地区最早的文字。古代地中海东部地区克里特岛的文明与希腊本土的迈锡尼文明体现了希腊青铜文明的最高成就，统被称为爱琴文明。爱琴海中有 480 多个岛屿，很早就从事航海和海上贸易，防卫力量主要靠海军，是爱琴文明的发源地，而其中克里特文明最显著的特征是在岛上建造王宫，以王宫为中心形成城邦国家。大约3500 年前克里特岛曾遭受到毁灭性灾害，爱琴文明的中心转移到希腊本土的迈锡尼。

迈锡尼文明充分吸收了克里特文明，国家仍以城邦制为主，但有自身特点，如采用巨石筑城墙、马拉战车并崇尚武力。公元前 13 世纪冶铁术在小亚细亚地区传播，到公元前 12 世纪时多利亚人摧毁了希腊城邦暴君们的宫殿和城堡，毁灭了迈锡尼文明，进入了被中断的一段历史，史上称荷马时代，为后来的希腊文明、自由扫清了道路。公元前 10 世纪至公元前 9 世纪，希腊各地已普遍使用铁器，到公元前 8 世已被铁器改造得一派繁荣，并在爱琴文明消逝 300 余年后，希腊又重新出现了城邦国家。公元前 146 年以后，希腊长期遭外族侵占，古希腊的历史宣告结束。直到公元 1829 年希腊才建立自治公国，1830 年宣布独立成立希腊王国，1967 年废黜国王，1973 年建立希腊共和国。

2003 年，赴欧洲十国期间曾在意大利搭乘轮船穿越地中海，清晨在希腊的帕特雷港登陆，乘车一路观光至夜晚才到达希腊首都——爱琴海之滨的雅典，次日上午就赴机场回国，与爱琴海擦肩而过。时光如梭、一晃十年，2013 年春节大年初三，再次荣幸赴希腊故地行，圆梦爱琴海。

一、世界著名古城雅典

搭乘中国国际航空从北京出发，经十多个小时的飞行，在德国慕尼黑机场稍事停留一个多小时后抵达雅典。在雅典首先参观了卫城、宙斯神殿、大理石体育场（1896 年第一届现代奥运会会场）、宪法广场、议会大夏、古城和女人街等。雅典是世界著名古城，有 4000 多年的历史，被誉为"西方文化的泉源"，公元前 6 世纪为极盛时期。

雅典卫城是雅典以及全希腊文化的一颗明珠，也是雅典辉煌历史的伟大象征、文明的缩影、建筑史上的奇迹。卫城环绕着一座海拔 150 米的阿克罗波利斯小山而建。当时古希腊人在满足物质需要后，就开始用简单的艺术来表达对神和自然力的崇拜，将往昔在这里取得的胜利归功于神祇的援助，因此将此山视为神山。

雅典卫城高高耸立在山崖上，地势陡峭，各建筑顺应不规则的地形分布在山顶。如此之多的建筑、绘画和雕塑的经典集中这里，其古迹和神殿有帕提农神殿、伊瑞克提翁神殿、巨门、胜利神殿，以及酒神狄俄尼索斯命名的剧场、阿迪库斯音乐厅和阿克波利斯博物馆等，这里记载着希腊人的胜利、代表着向往，是宗教、文化和精神的象征。

最值得一提的应是帕提农神庙，在庙的正殿里曾有一尊高 12 米的雅典娜雕像，她完全用黄金和象牙塑造。古希腊信仰多元化，神话中的众神和英雄构成了神的主体，雅典娜是智慧女神，又是农业和法律的保护神，守护着雅典城达1000年。公元前146年后被罗马皇帝运往君士坦丁堡（今伊斯坦布尔）时失踪。而胜利女神在希腊神话中总是插有双翼表示将胜利带到各地，但雅典人为了永远留住胜利，塑造了没有翼的胜利女神，从此在希腊艺术中胜利女神与雅典娜总是在一起，被称为雅典娜胜利女神。神庙内有过一尊无翼的胜利女神木雕像，她的左手托着象征战争的战盔，右手拿的是象征和平、繁荣的石榴，充分体现了希腊人追求理性美。神庙内的建筑还注意采用黄金分割法的原理，46根粗大的多立克石柱环绕神庙，聪明的石匠们采用视觉矫正方法，让线条看去雄浑而不显得笨重，称得上是古希腊建筑艺术的最高成就。

二、古圣地遗址与岩顶建筑及小镇风情

希腊半岛上，距雅典178千米的德尔菲是古希腊著名的圣地。神话传说中的众神之王宙斯，通过神鹰从地球两极相对而飞在这里相会的传说，断定德尔菲是地球的中心，于是用一块圆石放在德尔菲作为标志，这块石头被称为地球的肚脐。现遗址面积达1.67万平方米，建于公元前548年，公元前372年曾遭受大地震破坏。主要遗址有：太阳神阿波罗神庙、珍珠库、剧场、运动场、雅典娜神庙、训练场等。

从雅典乘坐2个多小时的汽车来到这里，首先参观博物馆，从宏观上对希腊史前历史有个初步了解，接着参观山坡上的古城遗址。现能保留下2400多年前的这些建筑遗迹，正是因采用了巨大的石料建材。这些体现出古希腊文明的伟大成就。同时，通过导游讲解，略知古希腊人通过古典神话来表现人类在蛮荒时期对大自然的朦胧认识，以及丰富的想象力，认为神创造了世界、创造了人类，因此遇到重大问题也都愿请求神谕。德尔菲就是古希腊人请求"神谕"之地，雅典娜神庙回廊前的一块巨石正是宣布神谕结果的地方，从公元前7世纪到公元前3世纪之间曾解决过许多重大问题，名扬天下，成为古希腊精神生活和文化的中心，直到公元390年才被罗马皇帝中止。在古希腊人的想象中，诸神善知过去和未来，万能而无敌，又常被当时史学家利用，通过神话将一些史实留传后世，避免对当政者直接评说而遭遇不测。

德尔菲附近的小镇很有特色，宁静狭窄街道和各式白色建筑，加上头顶上方云雾缭绕的雪山，吸引着许多滑雪者和游客，仿佛置身于瑞士小镇。在这里享用典型的希腊午餐后，继续乘车北行，前往北方的著名风景区和有希腊黄山之称的梅黛奥拉。傍晚抵达风景区的卡拉巴卡小镇，距雅典350千米。此镇依山临河而建，各种形态的山体，被夜晚彩色灯饰装点得分外迷人。夜宿此地，夜游小镇，多家咖啡馆集聚着悠闲聊天或聚众打牌的人群，餐馆也生意兴隆，说明希腊人很善于享受生活。

次日上午，冒着大雨游览了镇北面风景区内岩石山顶上的修道院。在一片巨大石林山体中，高达 600 多米处，能在 600 多年前依靠原始工具绳索和箩筐，把大批建筑材料运到悬崖绝壁之上，建造 24 座风格各异的修道院，构建了世界上独一无二的奇特自然和人文景观。这梅特奥拉的意思就是"空中楼阁或高空之物"，它体现了修士们对上帝的虔诚和坚韧不拔的毅力，难怪至今仍有修士愿意在这里过着中世纪的清贫生活。

三、领略爱琴海美景、感悟古爱琴文明

希腊的爱琴海，海水无边无际的蓝，近处一片澄碧，像一块起伏流动着的翡翠，阳光被重重叠叠的海浪尽情地吸纳、摇匀，在深海处酿成整幅粘稠似酒的蔚蓝，浓烈得似情人的眼波，而海上星罗棋布的小岛则静静地泊在海面上，迎接着四面八方的客人。

乘坐蓝星号游轮，从雅典到圣托里尼岛约 200 公里，航程近 9 小时，途经帕罗斯岛、钠克索斯、伊奥斯岛。此程若乘飞机只需 1 小时，但舒适的游轮则可以更好地畅游爱琴海，欣赏优美的大海风景。

圣托里尼岛别名锡拉岛，位于世界两大陆地板块最深的海沟之间，塞克拉迪斯群岛的最南端，爱琴海的中心，是一座沉睡的火山岛，也是古希腊著名哲学家柏拉图笔下的自由之地。这里有世界上最美的日落、最壮阔的海景，称得上世界最美的旅游胜地。同时，这里也是近代地球上最大的火山发生地，3500 年前的一次最为严重，岛屿由原来圆形变成今天的月牙状，与不远处的两个小岛形成圆环。环内火山口变成一片水域，水深 300~400 米。月牙状内侧则是悬崖峭壁，高 150~300 米，岩面上可看到红色、黑色、白色的火山岩，以及岛上沉积百米厚的火山灰。1704 年在水域中央的海底，曾破水而出一股岩浆形成现在的新卡梅尼火山岛，这是一座活火山。此岛上呈现凹凸不平的黑色火山岩和火山喷发留下的数个火山口，甚至还有岩浆冒气孔， 80℃~85℃的硫磺气体不断向外喷发，在空气中散发着较浓的硫磺气味，成为名符其实的火山活动中心。20 世纪这里曾喷发过 3 次，最近一次是 1950 年，1956 年还发生了一次破坏性地震。

紧临活火山岛旁的温泉小岛，据说其温泉可治疗多种疾病。温泉的泉眼在

温泉岛海湾深处，周围海水清澈见底、晶莹剔透，如同绿色的翡翠。搭乘当地旅行社安排的摆渡小船，在观光活火山岛后再登船驶入温泉小岛的一处海湾口，只见被黑色火山岩自然堆砌成的海岸，弯曲的海湾深约百余米，大海温泉就在海湾内。泡海水温泉必须在湾外下船，游泳进入才能逐渐享受到大自然中泡海水温泉的滋味。这次出行正值冬季，好在我是游泳爱好者，长期的锻炼使 68 岁的我也能忍受冰冷的海水。我下海后迅速朝湾里的泉眼游去，希望尽快克服寒冷海水的刺激。我越向海湾深处游，越来越感觉到冰冷海水中渗透着一股又一股流动着的暖流，断断续续涌向自己的躯体，快乐感油然而生，顿觉特别新奇和刺激，这就是大海中的海水温泉浴呀！人生能有几回体验与享受大自然界这种特有的恩赐与考验？无疑这将成为我人生永恒的记忆和自豪！

圣托里尼岛占地总面积约 96 平方公里，典型的地中海气候和火山灰形成的土壤，使这里农耕环境优越，培育出希腊著名的农产品，如小西红柿、黄瓜等，味道特别鲜美爽口。还有"阿西尔提可"葡萄很有名气，并经受过大自然的选择对葡萄根瘤蚜免疫，适宜当地栽培。其种植方式更为独特，植株之间间隔较大，葡萄枝干古老又不向上攀缘，而是紧贴地面攀延成一个个圆形篮子状。这里夏季虽干热少雨，但葡萄夜晚有露水湿润，果实悬于枝杆攀缘的圈内，能免受海风危害，酿造的葡萄酒更是红润甘美成为当地特产。民间传言圣托里尼酒多于水，诗人伊利提斯形容这里是"碧蓝可酺饮的火山"。正因为岛上缺少淡水源，主要靠雨水和淡化的海水，饮用水则多为外地的矿泉水。岛上无数精致的白色蓝顶建筑倚着山崖一层又一层地相互依傍、高低错落，居高临下的气势令人神往，与传统的希腊式风车一道与阳光、蓝天、碧海共同构成了爱琴海独有的风景。人们在岩道上攀登，还能骑着驴子享用这一古老而又悠闲的传统乐趣，处处洋溢着轻松愉快和悠闲的氛围。圣托尼里岛的确名不虚传，是爱琴海中一颗璀璨的明珠，艺术家的最佳聚集地、摄影家的天堂以及蜜月旅行者的圣地。

（原载《安徽园林》杂志 2013 年 1 期）

圣托里尼岛旁的活火山温泉小岛，海岸由黑色火山岩堆砌而成，温泉就在海湾内。泡海水温泉必须在湾外下船，游泳进入。时值冬季，海湾深处冰冷海水中渗透着一股又一股流动的暖流，断断续续侵袭着我的身体，快乐感油然而生，特别新奇和刺激，这就是大海中的海水温泉浴！图为作者正在享受海水温泉的乐趣。

展示遗址复原效果图新法

　　世界著名古城雅典：被誉为"西方文化的泉源"，公元前 6 世纪为极盛时期，雅典卫城是雅典以及全希腊文化的一颗明珠，也是雅典辉煌历史的伟大象征、文明的缩影、建筑史上的奇迹。最值得一提的应是帕提农神庙，46 根粗大的多立克石柱环绕神庙，聪明的石匠们采用视觉矫正方法，让线条看去雄浑而不显得笨重，帕提农神庙称得上是古希腊建筑艺术的最高成就。现采用现代电脑复原手法，在透明纸上加印一张遗址原貌缺失的部分图，两图重叠使宣传册画面融为一体，形象地再现了古建筑原貌，的确是一种很好的宣传方法，如下图所示。

遗址现状　　　　　透明塑胶片上的　　　　两幅图片重叠后展现出
　　　　　　　　　原貌缺失部分　　　　　帕提农神庙的原来风貌

希腊爱琴海岛屿种植葡萄的方法

　　种植方式独特，葡萄树植株之间间隔较大，葡萄枝干古老而又不向上攀缘，紧贴地面形成一个个圆形篮子状。夏季虽干热少雨，但葡萄夜晚有露水湿润，果实悬于枝杆攀缘的圈内，能免受海风危害，酿造的葡萄酒更是红润甘美成为当地特产。

（原载《安徽园林》杂志 2013 年 1 期）

难忘的巴尔干之行

巴尔干半岛是欧洲南部三大半岛之一，位于南欧东部，西面是亚得里亚海，东面是黑海，隔土耳其海峡与亚洲相望，北界是多瑙河及其支流萨瓦河，与欧洲大陆相接处十分宽阔，没有高山阻隔，地理位置十分重要。巴尔干半岛面积有 50.5 万平方千米，包括阿尔巴尼亚、希腊、保加利亚、马其顿四国全部，原南斯拉夫大部及罗马尼亚、土耳其一小部分。土耳其语中，"巴尔干"即多山之意，山脉主要属于阿尔卑斯山的支脉，仅北部和东部有平原，低地山地占总面积 7/10，西岸、南岸属地中海气候，内陆是大陆性气候特征。

今年 6~7 月间，我有机会前往巴尔干半岛，重点到保加利亚和罗马尼亚和原南斯拉夫等地考察。通过参观交流，尤其对保加利亚的生态农业有着其深刻的印象。

一、保加利亚——欧洲的菜园

保加利亚工业不发达，但生态环境良好。优先发展农业、服务业、旅游业是该国经济工作的指导方针。农产品极其丰富，品种齐全，具有优势特色的产品主要有：玫瑰油乳制品、葡萄酒、樱桃苹果品。保加利亚享有"玫瑰之国"的美誉，玫瑰油的产量、质量、出口均居世界第一，境内有长达 130 千米的玫瑰谷。

保加利亚对食品质量高度重视，标准高于欧洲其他国家。例如，法律明确规定奶制品必须由纯奶制成，不得添加任何其他东西；葡萄酒也绝不允许添加色素之类的成分。

保加利亚是葡萄酒的发源地之一，每年有大量性价比很好的葡萄酒出口；是理想的奶牛业饲料生产基地；乳制品历史悠久，质量好，是酸奶的发源地；樱桃的种植面积居世界第七，其颗粒大、色泽艳丽、品种繁多、口感极好。我们一行品尝后感到从未吃过这样味美的樱桃，而且价格也很便宜。公路边小贩设摊零售，售价折合人民币仅六元一斤，批发价肯定更加便宜了！可见保加利亚是名副其实的欧洲菜园。

二、保加利亚——投资的热土

保加利亚政局稳定，2005 年加入欧盟，在欧盟支持下，经济很快复苏。该国与中国有着传统的友谊，交往密切。在吸引外来投资方面，制定了一系列优惠政策，其税率在欧盟中也最低。金融体系稳定，尤其土地价格便宜，户籍和移民政策对投资者有很大的吸引力。其生态农业项目前景十分广阔，正如保加利亚接待我们的袁骏先生来函中所言：

1. 保加利亚的农用土地计算单位是代卡尔（一个代卡尔的土地等于 1000 平方米），农业区域一个代卡尔的价格大约是 300 欧元，具有永久所有权。欧盟以外的人或公司购买保加利亚土地必须先在保加利亚注册公司，要以公司的名义购买。若在欠发达地区购买土地和创造保加利亚人工作岗位的还可以享受税费减免政策，同时根据农作物不同种类，还可享受到欧盟农业基金的相关专项补贴。

2. 保加利亚的自然环境优越，山脉、河流、海洋、平原皆有，相对应的农业耕种项目繁多。

3. 保加利亚的樱桃颗粒大，饱满，色泽好。由于保存期较短，果粒成熟时间相对集中，所以在樱桃成熟期价格低廉。建议在大面积种植的基础上，还可收购其他果农的产品，设立深加工企业，投资的性价比会更高。

4. 保加利亚身处欧洲东南部，作为欧盟成员国，销往欧盟市场没有关税。尤其出口中国的船运费要远远低于中国出口欧洲的价格。

5. 投资额大于 50 万欧元，可以迅速获得保加利亚的永久居留权，投资额大于 100 万欧元就可以迅速获得保加利亚国籍（保加利亚允许中国投资者拥有双重国籍）。

（原载《安徽园林》杂志 2014 年 3 期）

保加利亚查雷威兹古城堡

地球上的神奇乐园

——黄石国家公园

　　近二十多年来，我虽去过美国多次，但一直未到过黄石公园。今春五月初有幸专门为黄石国家公园再次赴美，让我亲眼目睹了世界上第一个国家公园，以保护原生态为主的公园。

　　黄石公园从空中看，确实是一个超级火山的巨大火山口，占地面积约898317公顷，主要位于美国怀俄明州，部分位于蒙大拿州和爱达荷州，是北美最大的火山系统，被称为"超级火山"，是经特大爆炸喷发而形成的。它坐落在平均海拔为2400米的黄石高原上，黄石高原几乎四面八方都和海拔高达2700米~3400米的落基山脉接壤，从北到南101千米，从西到东87千米，将近1千米深和84千米×45千米宽的火山口，沉积了大量熔岩溪流凝灰岩。熔岩地层成为黄石公园峡谷中最容易看到的岩石。此外，4.6米以上高的瀑布在公园内至少有290处，最高的瀑布就是94米高的黄石河下游的黄石瀑布，以及超过10000个温泉和300多个间歇泉，全世界几乎一半的地热地形和2/3的间歇喷泉都集中在黄石公园里。这里还有三个幽深的峡谷，河流和湖泊占了土地面积的5%，其中最大的水体——黄石湖有35220公顷。黄石河和蛇河的源头虽离得很近，但却在分水岭的两侧，其中蛇河的水流向太平洋，黄石河的水通过墨西哥湾流向大西洋。

　　黄石公园的地热景观是世界上最著名的，身临其境，我被鼎沸的温泉和波涛汹涌的大湖深潭，以及碧蓝的池水所吸引，仿佛见到一炉烈焰正在大地之下熊熊燃烧。上百个间歇泉有的定时、有的无规律地喷射出沸腾的水柱和冒着滚滚蒸汽，好似倒转的瀑布从火热的地下喷涌而出。这里的间歇泉水柱气势磅礴的像参天大树，其直径从1.5~18米不等，高度达45~90米，巨大的力量使它们在这样的高度上持续数分钟，有的甚至持续近一小时。

　　黄石国家公园园区内人工建筑很少，公园只在边缘处建有几处游客的接待安置点，但交通比较方便，环山公路长达500多千米，步行道有1500多千米，将公园内各景区联系起来，使公园整个地形和土地上的动植物能够保持着原生态面貌。

在这里逗留的几天里，我有幸经历了5月份的风雪天气景象。黄石公园的降水因极大地受到西边蛇河平原潮湿水道的影响，每年任何一个月份，公园都有可能下雪。雪天银装素裹，大地一片雪白，地热的水蒸气更显得云雾妖娆。

在到达公园后的次日，我们从下榻的西部小屋乘汽车来到诺里斯景区，这里是黄石公园泉水最热、最活跃、最多变的地区之一。清晨凉爽略带寒意的空气拂面而过，让人为之精神振奋，只见雪花与地热构成一幅氤氲的水雾画，远近的层层薄雾围绕身边，仿佛有进入仙境的感受。接着，我们就前往最精彩的峡谷区，眼前的黄石河陡然变急，奔腾呼啸的水花，形成两条壮丽的瀑布，轰鸣着泄入谷底。在风景优美的峡谷区，通过瞭望台和谷边缘的山路可观察到山谷两侧天然的"山水画"，让人感悟到大自然的神奇。而泥火山又是另一番景象，平静时如一潭死水，喷发时则泥浆涌动、酸雾密布，这里是公园硫酸浓度最高区域。在喷发的洞窟旁边，形成了一个个硫酸湖，湖边凝结着许多黄色的硫磺结晶。豆浆池里，依颜色和水温排列的气孔喷泉又是另一番丰富多彩的温泉景象，只见五颜六色的气泡使温泉充满生机和吸引力。我们还去游览了大棱镜泉和七彩池，这是公园标志性的景点，也是众多彩池中最大的一个。开阔的水面因不同温度和菌种，形成极其艳丽的颜色，如同调色板。而火洞河则呈现出黄黑的颜色，是因河水中含有大量硫酸物质的缘故。最后我们还前往最有名的老忠实泉，这是间歇泉区定时喷出的最高大水柱，使游客能最好地体验到地热特征的公园景观。总之，这里的泉、溪、沟、壑，以及瀑布、盆地，都印证了大地母亲无穷无尽的创造力。

黄石公园的确名不虚传，它是地球上一处绝佳的秘境。另外还听导游介绍，该公园拥有世界上面积最大的森林之一，森林占公园总面积的90%左右，有园内野生动物，还有超过1100种原生植物，200余种外来植物和超过400种喜温微生物。总之，这里的确是一个体验与探索最佳原生态的好去处。亲眼目睹、亲身经历才能充分体会到一百多年前美国建立国家公园体制，对保护原生态区域的超前意识和重要性。

谈及国家公园体制，自然不能回避这世界上首个国家公园。它设立的初衷要追溯到美国1872年3月1日，根据法官科尼利厄斯·赫奇斯（Judge Cornelius Hedges）首先提出的"这片土地应该是属于这个新兴国家全体人民的国宝"倡议，是由当时总统尤利塞斯·格兰特（Ulysses S. Grant）在《设立黄石国家公园

黄石公园地热冲出地表的沸腾情景

法案》上签的字，从此宣告世界上第一个"国家公园"诞生。纳撒尼尔·兰福德（Nathaniel Langford）是国家公园理念的最直言不讳的支持者之一，被任命为公园的第一位管理者。黄石国家公园（Yellowstone National Park）：简称黄石公园，于 1978 年又被列入世界自然遗产名录，并被美国人称为"地球上最独一无二的神奇乐园"。可见，世界上第一个国家公园的诞生是"为了她所有的树木，矿石的沉积物，自然奇观和风景，以及其他景物都能保持现有的自然状态而免于破坏"，使公园成为主要"保护野生动物和自然资源"的圣地，为公众提供公园及娱乐场所。这些后来都成了国家公园的宗旨。

我国自改革开放以来，吸纳了国际先进的新理念、新技术，对生态环境的保护日益重视。尤其，党的十八届三中全会明确提出了建立国家公园体制，由国家发展和改革委员会牵头开展试点，这完全符合我国目前多部门管理不同生态类型保护区的实际。因为国家公园不同于城市公园，也不同于一般的旅游景点，更不能以建设国家公园的名义破坏生态。所以从国家的层面，设立国家公园体制更有利促进与世界接轨，克服条条块块分割的局面，使我国在严格保护原生态的基础上适当发展旅游和科普宣传教育，因此这也是我国当前在 9 省市试行设立国家公园制度的初衷。

（原载《安徽园林》杂志 2015 年 2 期）

"新世界"赠送给"旧世界"的礼物

——从美国黄石国家公园起步

1872年3月1日，时任美国总统尤利塞斯·格兰特在《设立黄石国家公园法案》上签了字，世界上第一座国家公园——美国黄石国家公园诞生。

那是正当欧洲人以他们的古堡、教堂自豪时，美国人则以参天的古树、险峻的高峰和崎岖的峡谷来夸耀。20余年后，欧洲各国开始仿效美国设立国家公园，并将之称为"新世界"赠送给"旧世界"的礼物。

经过100多年的发展，美国国家公园体系已包括国家公园、自然和历史胜地、历史遗址和其他建筑、纪念地和纪念馆等多个类型，各成员单位占地总面积33.74万平方千米，占美国国土面积约3.64%。每年接待的游客超过3亿人次，2010年财政预算约25亿美元。

1879年成立的澳大利亚皇家国家公园，是世界上第二座国家公园。它的设立既吸纳了黄石国家公园的理念，同时又受到欧洲"城镇中的乡村"（rusinurbe）的影响。和远离大都市的美国、加拿大的国家公园最大的区别在于，皇家国家公园距离悉尼市仅23千米。新西兰第一家国家公园汤加里罗国家公园建立于1894年，最早意识到不应该将原住民迁出国家公园边界内。加拿大紧随美国，是世界上第一批成立国家公园的四个"新世界"国家之一。

1898年德国政治家WilhelmWetekamp向普鲁士议会要求国家提供资金和手段来保护"自然历史遗迹"，引用了美国国家公园的例子。此后，"自然遗迹"就成为了欧洲大陆自然保护运动中最时髦的术语。

北欧国家瑞典和中欧国家瑞士是欧洲最早采用国家公园理念的国家之一。1909年瑞典使用3500平方千米公共土地成立了9个国家公园。瑞士则是受自然保护运动影响最深的国家，建立于1914年的瑞士国家公园对自然环境的保护赋予很高的科研级别，保护度最高。

在英国、荷兰、卢森堡等国，国家公园通常由风景优美的自然地区及农业、牧业用地组成，以提供国民户外休憩活动为主，而不在于自然保护，面积上一般也比较小。

丹麦于 1974 年建立的东北格陵兰国家公园（Northeast Greenland National Park）是目前世界上最大的国家公园，占地 97 万平方千米，相当于 77 个黄石国家公园的面积。这里繁衍了世界上 40％ 的麝牛，还包括北极熊、海象、北极狐、雪枭等其他生物。

140 多年的世界国家公园运动，从一开始只对具有视觉美学价值的景观保护，渐渐发展以生态系统和生物多样性保护为重要内容。而在对后者的保护中，国家公园的面积大小是决定保护效果的最重要因素之一。

（原载《安徽园林》杂志 2015 年 4 期）

合肥首航直飞巴厘岛南洋行

合肥作为长三角经济带三大副中心之一，已步入更具现代内涵的"环巢湖时代"，国际交往日益频繁。春节前夕，新桥机场首次引进国外航空公司大型飞机执飞国际航线。2016 年 1 月 29 日新开合肥至印尼的巴厘岛旅游包机，首航 355 个座位全部满员。作者夫妇有幸在女儿陪同下，携外孙女一行 3 代 4 人，随万达旅游环球国旅搭乘该航班直飞巴厘岛。

在合肥傍晚时分登机，航线向南近乎直线，飞行 6 个多小时，穿越赤道到达南半球的巴厘岛。该岛是印度洋上的一颗璀璨明珠，与澳洲隔海相望。由于所处经度与北京相差不大，故没时差，到达时已是次日凌晨。这里是举世闻名的旅游胜地，只要有中国护照就能落地签证。入关后走出机场即受到当地妇女赠给每位游客的岛花——清香淡雅的鸡蛋花花环，表达了巴厘岛人的温馨友好，使游客一落地即产生宾至如归的感受。

赤道上的璀璨明珠

巴厘岛地处印度尼西亚岛国的东南端，是著名的旅游胜地，曾是座山脉连绵的活火山。现岛屿上有高山、平原、丘陵及美丽的海岸，搭配交织成美丽的景观。沙努尔、努沙－杜尔和库达等处的海滩，是岛上景色优美的海滨浴场，这里沙细滩阔、海水湛蓝清澈。岛上还有海神庙、圣泉庙、乌布王宫、京打玛尼火山、金巴兰海滩、神鹰广场等旅游景点，每年来此观光游览、休闲度假的各国游客络绎不绝，尤其是新婚情侣的天堂。

岛内最高山为亚根山，高 2142 米，是座死火山。巴厘岛全岛面积约 5632 平方千米，人口约 300 万人，是印尼列岛中最受西方文化洗礼的小岛，也是印尼共和国 27 省中的一省。

巴厘岛的经济基础为农作，稻米是巴厘岛最重要的作物，千年以来一直喂养着巴厘岛人，被巴厘人认为是万物之神特别降予的恩赐。通常巴厘的稻田常围着一圈圈的椰树，直到山坡树林。当旱季来临，玉米、薯便取代稻米的生产。21 世纪以来，观光事业逐渐地取代农耕，正成为重要的支柱产业。

巴厘岛不但天然景色优美迷人，而且岛民民风淳朴，主要信仰印度教。古典巴厘建筑风格的门扇常见于各民所路口，其文化和社会风俗习惯以其丰富多彩而闻名于世。碧绿如茵的田园景观、视野优美的海景、别具一格的风土文化、深具魅力的宗教传统，使巴厘岛无愧于南洋的乐园和神话艺术之乡的美誉。

华人与当地岛民水乳交融

巴厘岛是世界知名的世外桃源，早在 7 世纪时期，就有华人定居巴厘岛记载。他们大部分来自中国东南沿海各省贫瘠落后的乡村，有福建人、广东人、山东人、广西人、海南人或少数别省人，遍布全岛，几乎有村庄就有华人。今天在稀落的乡村里，仍还可看到华裔家族的祠堂牌位。

1980 年永春人黄贻连和施褒首发起了侨贤组织中华总商会，并在翌年成立巴厘岛第一所中华学校。2010 年以来，印尼百家姓协会巴厘省分会、印尼华裔总会巴厘省分会、印中商务理事会巴厘省分会相继成立。

现岛上巴厘华人与当地人已水乳交融，完全无别于巴厘岛民。目前巴厘岛已有华人、华侨十多万，不过有一半是由印尼其他岛屿的移民。华人服务于当地人生活中一直都较为活跃。第十三届华商大会于去年 9 月 25 日 ~9 月 28 日在巴厘岛举行，全球 2700 名华商共聚于此。

穿越热带雨林的阿勇河漂流

巴厘岛顶级的阿勇河漂流拥有具有未来风格的漂流接待中心，先进的漂流装备设施，这些都给人留下深刻印象。从阿勇河北端开始漂流，是巴厘岛最长

作者夫妇和大女儿与外孙女

的漂流之旅。刺激和具挑战性的激流增加了漂流趣味，其中 2 级和 3 级激流包括旋流水域、天然坡道和急剧向下的水流。经历近 1 小时的漂流，中途还可以见到优美的原生态景色、热带雨林，给游人带来刺激与美的享受，成为难忘的经历。

在湍急的流水中，大小不一、方向各异的礁石使流水忽东忽西，漩涡一个接着一个，乘坐的橡皮船忽高忽低、忽左忽右。我坐在船首，一会左侧划、一会右侧划，不停地用力。有时，还得用浆板抵住即将碰撞的礁石，简直忙得不可开交。夫人和女儿也各自尽力地划桨，而不满十岁的外孙女则开心地拿着船桨，左一下、右一下，拨打着激流，时而溅上一身水。橡皮船顺水流而下，时而下行，时而又碰到礁石打转，引起大家尽情的呼叫。与我们同行的几艘船也与我们一样相互碰撞、相互泼水嬉戏着。一时间，流水声、欢笑声交织一起，共同享受着异国他乡激流永进的漂流乐趣。河流还穿越热带雨林，两岸林木葱茏，树木多高大乔木、树皮色浅而光滑、品种丰富、乔灌草交错生长密集。特别是乔木的树基还常呈板根状，粗大的藤本树缠绕在寄生的树干上，沿着树干树丫，从一棵树爬到另一棵树，从树的基部爬到树顶，甚至有的竹类还倒挂下来，交错缠绕呈网状。缠绕的附生植物特别发达，藻类、苔藓、蕨类、地衣及兰科，形成树上生树、叶上长草的景象，呈现出奇妙典型的热带雨林风光。

田城相融、见缝插绿

巴厘岛除了主要街道较宽阔，大部分道路很窄。很多快捷式宾馆、酒店散落在乡村的道路上。一幢幢建筑沿路而建，紧沿道路建筑的背面即是大片农田。

路旁建筑间时而还留出小块的稻田或其他农作物点缀其间，呈现出田城相融的景象。街道虽然狭窄，但交通秩序井然，很少因变道超车堵路，尤其建筑与道路间空隙地虽很少、很窄，但仍可见绿、见花。二三十厘米的空地也不放过，种上攀缘植物；四五十厘米处就栽上高大的绿篱，甚至还采用花盆、花器种上高大植物或水生植物。一些门楼围墙只要有一点空隙地都爬满了花木树；稍宽一点的绿带能够种上几排植物形成整齐的绿篱，色彩高低交错、层次分明，营造出植物的群落美。在这里树木花草真正做到了见缝插绿，垂直绿化爬上了墙头，呈现出一派南洋的热带风光。

现代化的交通使旅游更便捷、舒适，尤其家人同行旅游观光、休闲度假使人倍感温馨，因为这不仅仅是人生的一种放松、一个过程，更是一种快乐的享受。可见，旅游已成为人生回忆中一段美丽的风景，增添了人生的满足感。

（原载《安徽园林》杂志 2016 年 1 期）

冰岛——冰与火交融的国度

冰岛顾名思义是"冰冻的陆地"。这里到处是断层和裂隙，厚厚的冰川常年覆盖着占国土面积 15%～18% 的土地。而活火山又四处咆哮喷发，其间歇泉和热液喷泉滔滔不绝地涌出地面，冰岛名符其实地又是一座火山岛。极冷的冰和极热的火在这里共存，呈现出冰与火特有而瑰丽壮观的地质景观。

冰岛位于欧美两大洲之间的北大西洋极地附近，是两大陆架间的大西洋海脊伸出海平面的一部分。对于没有机会去南北极的人来说，冰岛无疑具有强烈吸引力。今年 8 月中下旬，有幸再次北欧之行时，我领略了冰岛这块神奇的土地，尤其从空中鸟瞰，仿佛窥到最原始的地球外貌，到达世界尽头的感受。

一、极地火岛、火炉上的冰川国度

冰岛总面积为 10.3 万平方千米，与我国江苏省差不多大，但人口只有 32 万，平均每平方千米只有 3 个人多

冰岛地形图

一点,4/5 土地无人居住。冰岛整个地貌像个倒碗状,四周为海岸山脉,中间为高原,大部分是台地。台地高度多在 400～800 米之间,少数山峰海拔达到 1300～1700 米,最高峰 2110 米。当高原海拔达到 762 米以上时,即为固体熔岩,地面崎岖不平,非常贫瘠。而低地很少,仅在西部和西南部有面积不大的海积平原和冰水冲积平原,占全岛面积7% 左右。

正由于频繁爆发的火山,使地壳内部大量火熔岩浆通过大西洋海脊薄弱部位不断流淌出来,历经漫长的岁月,冷却后形成了今天的冰岛熔岩地质地貌。现全岛共有火山200 多座,其中活火山 130 座,几乎世界上所有类型的火山在这里都能见到,如:环壁火山、层状火山、裂隙火山等。这里虽是第四纪冰盖的中心,但高原上仍分布着现代冰川,主要是呈盾形的冰帽冰川,喻为"火炉"上的冰川。这是因为藏在冰原冰帽里的活火山锥,经常喷发出的热量散布在延绵起伏的高原上,使融化的冰川通过深深浅浅的山谷形成冰舌伸向大海。加之,多地震灾害和地热造成温度上升,雪崩时有发生。

在自然资源上,冰岛十分匮乏且分布极不均匀。渔业、水力和地热资源非常丰富,但其他自然资源,特别是农业土地资源和石油能源奇缺。从旅游角度看,雄伟的火山、壮丽的冰川、奔腾咆哮的瀑布、壮观的天然喷泉、健体的温泉、清新的空气、清澈的泉水和神奇的动植物,确实又成为最能吸引游客的地方。而冰原赛车、雪地狩猎等项目则更极具刺激和唯一性。

二、游历观光、世界最高纬度的首都

我们从丹麦首都哥本哈根乘飞机直飞冰岛首都雷克雅未克,它位于冰岛西南部,挪威语即"烟雾海湾",因这里冒出的地热烟雾曾升腾缭绕,吸引了最初的拓荒者,现地热资源已纳入城市供热系统。我们来到这座空气清新的岛屿上,短短 4 天时间,只能集中在首都及其周边一二百公里范围内观光,以及乘船到海上观鲸,赴蓝湖泡温泉还是利用夜晚时间。

冰岛正因为处在北大西洋海沟中,是中脊突出最明显的部分,而且这条中脊线从北冰洋一直延伸到南极,把北美板块与欧亚大陆板块彻底一分为二。我们在冰岛游览了辛格维尔国家公园内的阿尔庭,那里曾是 18 世纪前议会夏天开会的地方。当我们穿行于这里最大的阿曼纳格裂谷间,可见裂谷上方的北美板块,以及下方河流所在地的欧亚板块。再登上裂谷顶部的眺望台,我们又欣赏了辛格维尔湖和东、北部的熔岩区,感受到大自然的神奇。短短几天时间,每当我们乘车行驶在沿海地区的国道上,很难见到一棵树,只见一望无际的黄绿色火山岩荒漠、海岸绝壁、苔原、冰原和未经人类打扰过的远处冰帽、火山,以及极为少见的浮冰湖、地热泉与多姿多彩的奇峰峻岭原始地貌。紧临道路两侧的瀑布,给我们留下了极其深刻的印象。在这里偶尔还可看到人工牧场,放养的牛羊及远处白皑皑的雪山又仿佛把我们带回到高海拔的我国青藏高原才可

作者夫妇在北大西洋轮船观鲸时，8月天气仍需穿连体防寒服

一见的风光。另外，这里的间歇喷泉也是特色之一，但它达不到美国黄石公园的规模。而瀑布虽不能与世界知名的尼亚加拉大瀑布相比，但这里的黄金瀑布从18世纪起就是冰岛接待观光游客最多的景点，其魅力在于它大规模的水量和落差高度。瀑布由两个台阶的落差形成，水流沿着峡谷峭壁之间的岩石台阶翻滚而下，落入深谷。若要看到全貌，还需从峡谷边缘向下窥视，才能看清这种台阶式瀑布跃入狭长石堆间的深度谷槽的奇特景观全貌。

当然，冰岛吸引外来客最多的景点，还要数首都机场附近的蓝湖温泉，因为来往欧美间的旅客，常选择这里转机，主要是顺便到蓝湖泡温泉。蓝湖原是附近电场未用完热能的地下水被排入熔岩区，使含盐的水冷却后促进了硅酸盐分离，形成的盐泥慢慢堵塞了多孔的熔岩，不再渗漏而汇集成湖，最为奇特的是湖水微环境与地球上任何地方都不同，这里的湖水不仅不是有害菌成活的温床，而是成为消灭有害菌的温泉，对皮肤病、甚至银屑病都有明显改善效果。现科学已经证明，湖里有一种微生物是其他任何地方都找不到的。我们这次光临，虽然已是晚上九时，气温很低，室外湖岸冷风嗖嗖，但我们从室内水道到室外湖中，一点也感觉不到寒意。据说冰天雪地在这里泡温泉观雪景，以及湖底的天然白泥，已成为蓝湖的最大特色！这次，我也不失时机地在湖中亭旁，提供白泥的地方，和多数游客一样抓起白泥往脸上抹，只留下两个眼睛和鼻孔，其乐融融。今我虽已古稀之年，但欢乐中又仿佛回到了青少年！

首都雷克雅未克及其附近现虽居住着冰岛2/3的人口，但人口的绝对值并不大，因此城市规模自然也不是很大。我们除了观光市中心的托宁湖、19世纪传统建筑的议会大厦、城市标志性建筑的珍珠楼，还重点游览了标新立异的，具有冰岛民族风格的哈尔格林姆斯教堂。在这座教堂内，我花了7欧元乘坐内设的电梯，轻松地到达教堂顶部八层的观景台，在那里欣赏到被群山环绕的整个雷克雅未克美景和城市风貌，使我不枉此行！

总之，这次冰岛之行，掠影到冰岛的主要景色，但愿有机会能选择缺乏阳光的冬季再次光临冰岛，去欣赏由绿、黄、紫、红等各种颜色形成的北极光，进一步揭开冰岛更多的神秘面纱。

（原载《安徽园林》杂志2016年3期）

走进西藏

素有"世界屋脊"之称的西藏，约占我国国土面积的1/8。由于地域辽阔、地势高峻、道路遥远、崎岖，高原空气稀薄。更有俗语说：出国易，进藏难。然而，雪域高原的壮丽河山，悠久的历史，独特的民族风情，神秘的宗教文化又深深地吸引着众多的游客。我亦同感，一直向往着西藏之行。

正巧，"中国森林生态网络体系建设研究"项目在西藏建有试验点，我受项目主持人中国林科院首席研究员彭镇华的委托，于8月底、9月初前往西藏。在藏期间，由于饮食、睡眠等一切正常，高原反应微乎其微，因此我不仅到了拉萨、林芝，而且还去了一江两河流域的日喀则、江孜，并经藏北那曲穿越了青藏公路，行程数千公里，尽情饱览了西藏不同地带的高原风光，彻底打破了内心深处对世界屋脊的"恐惧感"。初识西藏，增添了一份对祖国壮丽河山的崇敬与热爱之情。

撩开神秘的面纱

西藏是世界上最高而又最年轻的大高原，因为这里曾是横贯欧亚大陆南部古地中海的一部分，脱离海浸的时期较短，且不同地区又各不相同。当飞机在1.38万米高空中航行时，可透过机下飘浮的白云，从瞬间消散的空隙间，俯视岩石为主的群山，以及山之巅白皑皑的雪与山凹处的冰川痕迹，还有山谷的溪流和溪流成河，水源发生地的宏观景象。

接近拉萨，飞机沿着世界上最高的河流——雅鲁藏布江河谷徐徐降落。河谷两侧的农田，岩石裸露，缺少绿色的群山尽收眼底。拉萨贡嘎机场建在河谷中一块较大的平地上，此地海拔3600米。刚踏上西藏的土地一般感觉不到什么，虽近下午5

拉萨至林芝八一镇公路两侧的绿化试验点

时，但阳光仍特别强烈刺眼。这里离拉萨 104 千米，公路主要沿着拉萨河谷北上。拉萨河是雅鲁藏布江的主要支流之一，河谷宽阔，水清树多，沿途农田、农舍散布在河谷一侧的山体旁。现正值青稞收获季节，一派丰收景象。特别引人注目的是，每幢屋子的房垛上都插着"风马旗"，旗上通常印有经文和佛教三宝，即：佛、法、僧的风马图案，小旗之间用绳连接，随风飘动，发出声响，象征着念经，信佛的藏族人民认为以此可驱除妖魔。这就是我初见的西藏。

高原生态环境的多元化

西藏由于地域辽阔、地形复杂、气候独特，形成了多元的生态环境。为了完成好导师交办的任务，准确反映植被和科研项目进展情况，我必须首先了解这多元的环境，才有可能更好地去感受和认识西藏同志所做的工作。

西藏高原平均海拔 4000 米以上，并有许多耸立于雪线之上高逾 6000~8000 米的山峰。高原外缘，高山环抱，壁立千仞，山脉主要分东西走向与南北走向两组。东西走向的山系从南到北有喜马拉雅山、冈底斯山与念青唐古拉山、喀喇昆仑山与唐古拉山，还有昆仑山四道高山。其中喜马拉雅山脉全长 2400 千米，宽达 200~300 千米，平均海拔 6000 米以上，超过 8000 米的高峰有 11 座。珠穆朗玛峰高达 8848.13 米，相当于泰山的 5.8 倍，是世界第一高峰，被喻为"世界第三级"。念青唐古拉山与唐古拉山在向东延伸时，由于又发生转折变向，形成了藏东地区南北走向的横断山脉，这些平行的横断山脉分别挟持着怒江、澜沧江、金沙江，构成了世界上最著名的平行岭谷地貌。

初入西藏，一个显著的体会是早、晚特别冷，白天在太阳和树荫下的温度差别也很大。随时要添减衣服。按照气温分布规律，地势升高 1000 米，气温降低 6℃，因此与同纬度的东部地区相比，虽大致要低 20℃，但年温差不大，故可用"一年无四季，一日见四季"来形容这里的气候特点。正是由于高原的白昼温度高，光合作用时间长，夜间温度低，植物呼吸消耗少，非常利于光合产物的积累。

此外，在藏期间还常遇夜间下雨，白天又转晴，丝毫不影响工作。原来这里干湿季分明，每年 10 月到次年 3 月为旱季，4 月~9 月为雨季，集中了降水量的 90%，而且在农业集中的河谷地带多夜雨。正因为这里雨热同季，夜雨率又高，非常利于植物的生长。这独特的光、热、雨条件，使西藏的森林覆盖率虽仅为 9.84%，只为全国平均水平的一半多一点，但森林活木蓄积量却高达 20.84 亿立方米，居全国第一位（1/3 以上森林在实际控制线以外）。每公顷的平均蓄积量为 336 立方米，是广东省的 10 倍，黑龙江的 3.1 倍，云南的 2.97 倍。但森林的水平分布严重不均，多集中于西藏高原东部、西部的边缘。东喜马拉雅山的森林是西藏森林的主体。

西藏根据地貌特征分为三个地区，即藏南山原湖盆谷地、藏北高原湖盆、藏东高山河谷。藏北大部分高寒区为荒漠所覆盖，生态环境极其脆弱，破坏易恢复难。同时也正是地貌类型的多变与多样，造就了性质完全不同的生态环境，形成了众多的生态类型，为物种多样性提供了存在的基本条件，仅维管束植物就有近 6000 种，其中

2002 年，作者与西藏农牧学院彭隆全院长（右）在绿化试验点旁留影

蕨类植物 44 科、470 种，裸子植物 7 科 50 种，被子植物 157 科 5246 种，仅次于云南、四川，在我国省区名列第三。

高原上的绿化示范点

不到西藏不知道西藏的水多，尽管西藏的山脉多是一些长达数百公里的高山大岭，但高原的中间却镶嵌着众多盆地，并点缀着星罗棋布的湖泊。西藏的高原湖泊有 1500 多个，占全国湖泊总面积的三分之一强。流域面积大于 1 万平方千米的河流有 20 多条，大于 2000 平方千米的超过 100 条。我国第一大河长江的上游金沙江在西藏与西川的边界穿过。毫无疑问，西藏是我国与东南亚地区的"江河源"和"生态源"。保护好西藏林业生态环境，对实施西藏和全国的可持续发展战略十分重要。

我有幸到了西藏植被最为丰富的林芝地区，由粗到细，两次观察了拉萨至林芝八一镇公路两侧的绿化实验点，这是"中国森林生态网络体系建设研究"国家重点科技项目的组成部分。该科技项目的宗旨是通过点、线、面相合的森林生态网络，保护好现有植被，扩大森林覆盖率，提高森林质量和土壤涵养水源功能，建立完善的生态体系，确保我国大部分地区的水土流失、沙化、荒漠化得到控制和改善，减轻多种自然灾害所造成的危害。因此，选择"川藏公路"八一至拉萨段绿化模式的研究，作为高海拔地区的点，具有一定的代表性。该段全长 406 千米，处于藏南高山河谷与藏东南高山河谷之间，是两个完全不同的生态环境类型。该实验地带在水平面上穿越了半干旱区、半湿润区和接近湿润区的不同气候带。在垂直分布上从山地温带、山地寒温带跨越到海拔 5000 米

的高山寒带气候区。总的看，试验点以海拔 5020 米的米拉山口为界，西段沿拉萨河源头，东段沿尼洋河源头而下，除米拉山口附近的中段远离河道外，大多路段均沿河修筑，跨 1 镇（八一镇）、4 县（林芝县、工布江达县、墨竹工卡县、达孜县）、1 市（拉萨市），包含了川藏公路诸多生态类型，甚至川藏公路绿化难度最大的地段。公路绿化的指导思想是立足生态保护，采取多种模式。2000 年与 2001 年春季本着因地制宜、因害设防的原则，在川藏公路八一镇至拉萨段选择了 5 个典型样段，构建了 6 种形式各异的公路绿化模式。由于受到巨大海拔高程以及相关大气环流状况的制约，穿越了不同气候地域类型，各路段之间存在着一定的差异。我随八一农学院主要负责人彭隆全院长，乘车由东到西对试验点各段进行了认真察看，情况是：

1. 八一镇至工布江达段，全程 130 千米。八一镇是林芝地区所在地，雅鲁藏布江北岸，尼洋河的下游，海拔 2970 米。此段属藏东南半湿润气候区，水热同步，适合植物生长发育。沿线自然分布着以高山松为主要树种的茂密森林和人工栽培成功的核桃和柳树等。现主要栽植高山松、圆柏和红叶李，灌木为月季和大叶黄杨。

2. 工布江达至米拉山口段，全长 132 千米，属藏东南温暖半湿润、半干旱过渡气候区。天然植被有高山柏、桦木、杜鹃、金露梅等。这里主要有两个样段、两种模式。第一段在依被，海拔 3530 米，乔灌结合，乔木为银白杨，灌木为枸子；第二段在角龙多，海拔 4140 米，栽种桦木和柳树。

3. 米拉山至拉萨段全长 144 千米，属藏南温暖半干旱气候区。沿线山地缺乏茂密森林，主要以高山、亚高山草甸到灌丛草甸植物为主，天然植被主要有铺地柏、高山柳、桦木、三棵针、蔷薇、杜鹃等。当地条件较好处还有人工栽植的杨树和柳树。此段设置 2 个绿化样板，3 种绿化模式。首先，经墨竹工卡县城，这里海拔 3800 米，作为高原城镇道路绿化类型，种植油松、圆柏、刺槐、高山松等。再向西行，即在达孜县城东 16 千米处的达结，为该段分路绿化的第一个点。这里因背靠陡坡，单排栽植乔木为光核桃、刺槐、沙棘，灌木为枸杞。第二个点卡若在达孜县城东 3 千米处，海拔 3700 米，种植和乔木树种为新疆杨、旱柳、沙棘，灌木有金鸡儿。

通过驱车沿途察看各点，除墨竹工卡县城绿化，由于人为因素占主导因子，所剩无几外，其他 5 个点的规模一般在 0.4~0.5 千米之间。总的看成活率较高，许多地段还增设了铁丝围栏，防止牲畜啃食。对一些地段死亡率较大的树种，如工布江达县栽植的林芝云杉全部失败，无法直接重建原植被类型，认为应退回到杨树、柳树阔叶落叶树种阶段。

墨竹工卡县城的刺槐死亡主要原因是干燥，入冬前未灌透水。

2013年，作者（右2）再次赴西藏考察旅游援藏成就时，与安徽援藏负责人张键（中）、许华（左1）等合影

高山松在夏末秋初栽植因地下水位高，成活率低；春秋栽植的成活率高。

圆柏喜水，雨季栽植成活率高于春季。

常绿阔叶灌木，如大叶黄杨等抗春旱能力差，加之牲畜啃食，难以成活。

此外，营养袋育苗在雨季，即夏末秋初栽植，具有较高的成活率。

据观察，常绿乔木栽植死亡率高，可能还存在未能带有完整根系的土球有关。由于直接从山上取苗，主根事前未经切根处理，不可能取得完整根系的土球。

在栽植模式上多为成排成行栽植，多则6排，少则1排。虽然也注意到乔灌的结合，但与周围植被生态的融合缺乏协调，难以形成大面积自然植被延伸到公路边的整体绿化景观。

海拔5020米的米拉山为界，东坡海拔4600米以上，西坡海拔4400米以上，是灌丛草甸区和草甸区，虽不宜栽树，但可将自然界中的灌丛草甸植被通过人工延伸至公路边。

实践证明，临行前，项目主持人嘱托的高海拔和高寒地带公路绿化：应尊重自然规律，按照各段实际，能成片植树的植树，能成片种草的种草。树也可以采用灌木为主，使人工植被与当地自然植被尽可能融合到一块，从而形成不同段面的生态特征，切不可学内地成排成行栽树的指导思想。

（原载《安徽园林》杂志2003年1期，《江淮时报》2003年8月29日以"高原上的绿化示范点"为题刊登）

第三章　建言献策

　　为了人类的共同利益，发挥好主流社会正能量是每个公民应尽的责任与义务。在任何年龄段，只要利于社会、利于他人的言行，我们就应该以坦荡的胸怀去践行，力争做一个有利于人民、有利于社会的人。

城市绿化应以植树为主

　　绿色植物是陆地生态系统的基础与核心，城市园林绿化是向城市输入自然，创造人工自然环境和提高城市环境质量的重要措施。为了创造一个高质量的生活环境，在城市规划建设中，每个城市都不同程度的形成绿点、绿线、绿面、绿网、绿片相结合的城市综合绿化体系。

　　而在城市绿化工作中，如何使城市绿化达到最佳减轻城市污染的效果，各个城市的做法又不尽相同。从全球来看，北美、澳洲、地广人稀，城市绿化多喜欢营造大片草坪，采用疏林草地的手法，形成绿化特色和自己的文化风格。在人口密度较大的城市，则往往以植树作为城市绿化的重心，创造人工美与自然美的和谐，营造健全的生态环境为根本。例如：巴黎除了林荫大道举世闻名外，还在城区东西两头各植一片紧贴环城路的森林，总面积达 1814 公顷，号称为巴黎的"两片"肺叶。莫斯科除了城市内环有一条长 6 千米多的环形街道花园外，还让成片的森林环抱和楔入城市，创造良好的城市环境为世人肯定。我国被赞誉为"森林城"的长春市，在城郊营造了一片 80 平方千米的亚洲最大、世界罕见的人工森林，为创造良好的城市生态环境奠定了基础。我国现已评定的几个园林城市也多以植物造景为主。可见，一座生态健全的城市环境离不开森林，更离不开树木。美国加州大学伯克利分校环境科学系林学组系主任约瑟夫·麦克布瑞德在 1997 年首次完成美国芝加哥城市绿化效应研究的基础上，1998 年来合肥，对合肥植被、空气污染程度和气候状况进行调研。这是他进行城市绿化减轻环境污染的研究的第一个外国城市。根据他们初步研究成果，认为树木对减轻环境污染是占同等地面积草坪的 25 倍。因为树叶表面面积大，树木又是立体的，光合作用的量大，吸收污染的面积也大。从他初步调查合肥市琥珀山庄和西园新村两个居住小区看，由于栽种的手法不一样，琥珀多草皮、灌木，西园多大树，减轻环境污染，西园优于琥珀。为此，他们还列举了自己生活的伯克利市，其中道路占城市总用地的 33%、建筑物占 35%、草皮占 30%、树木仅占 2%。兼于中国人口密度大，他们也认为我们城市绿化应以栽种高大树木为主，适度发展草坪。尤其在空旷水泥地面的停车场上，应适当开辟一些植树带，只要有 25% 的树木绿化覆盖率，即可减少空气污染的 80%。

目前，我国上海倡导城市栽大树，计划三年在城区种乔木 100 万株，其中15 米以上大树 7 万株，正是符合应用绿化减轻环境污染趋势的客观要求。合肥市作为原国家林业部批准的南方"森林城"试点城市，在城乡一体大环境绿化中，一直注意以植树为主，把森林景观引入城市，城市坐落在森林中，城中到处能见到林。此外，以植树为主，突出植物造景，可减少日常养护费用，更符合中国国情。因此，我们发展草坪只能因地制宜，可在城市重要建筑的装饰性绿地和城市广场发展草坪，而城市绿化主要还是应以植树为主，强调乔灌花草结合的复合植物群落，使有限土地的绿化，发挥最大的减轻城市环境污染的作用。

（主要内容原载《安徽日报》1998 年 10 月 2 日）

居住区绿化要重视单位庭院

眼下正是植树造林、绿化环境的大好时节，各单位都应重视本单位庭院与居住区绿化工作。

单位庭院与居住区的整体绿化水平与环境质量，既反映了一个单位的文明程度、文化品位和精神风貌，又在整体上体现了整个城市的绿化水平、园林风貌和精神文明建设程度。近年来，合肥市通过广泛的植树造林，绿化环境，城市面貌大为改观。但是，单位庭院与居住区绿化还有很大的潜力。一个城市，如果提高单位庭院与居住区绿化，不仅可以增加城市的美感，而且可以大大改善居住环境。美国加州大学伯克利分校环境科学系主任约瑟夫·麦克布瑞德，1998 年在合

南淝河景观带和琥珀山庄小区

肥市进行了城市绿化对环境污染效益的研究，他通过调研合肥市一环路（含周边大专院校）以内城市绿化水平，测定出单位庭院与居住区绿化占全市整体绿化指标的 72% 以上。而合肥市作为全国首批园林城市的最大特色，既有以环城公园为带，又串联逍遥津、杏花村、稻香楼、包河等块状公园而闻名遐迩的"翡翠项链"的树木也只占被测区域的 10% 左右。由此可见单位庭院与居住绿化对园林城市的意义有多大。

合肥市经省、市人大立法，并从去年 1 月 1 日起实施的"合肥市城市绿化条例"明确规定，不同性质的单位必须保留绿地占整个单位总用地的一定比例，凡绿地达不到总用地规定比例要求的一律不得再兴建任何建筑，从规划源头上卡住。因此，各单位和居民小区都要重视绿化，从自身做起，确保单位庭院与居住区内能绿化的地方都种树植草，消灭裸露的黄土地。

（原载《安徽日报》1999 年 4 月 13 日）

保水剂

——花草树木的微型水库

水是生命之源!有水才能有树、才能成林、才有可能使自然生态环境步入良性循环的轨道。

近日，全国绿委办与《中国绿色时报》专门就具有独特保水功能的SSAP超高吸水性树脂——即保水剂的推广应用，集科研、生产、应用等部门专家，进行专题研讨。全国绿委办与《中国绿色时报》为何大力推广、应用"保水剂"呢?这是因为"保水剂"是花草树木的微型水库。

保水剂很能吸水，能轻松吸纳自身重量1000倍的水，并能在干燥时缓慢释放。更绝的是，它能不断贮水、释水，无数次地膨胀、收缩，且性能如初。

保水剂虽不是造水剂，但由于它很能吸水，干燥的空气、土壤中哪怕有一点水分，也会被它吸入自己"囊"中。又由于它的分子结构交联，分子网络所吸收的水不会被简单物理方法挤出，故又有很强的保水性。科研成果表明，由于保水剂的使用，植物根量加大，保水剂在根部连结处形成许多结点，如同为每一株树木花草建立了一座微型水库，可一点一滴地浸润植物的根，调节水分余缺，保证植物生长发育对水分的需求。如果水剂与农药、植物生长调节剂、肥料等结合使用，还可使它们缓慢释放，被植物充分吸收，大大提高利用率，并减少对环境的污染。在立地条件差的盐碱土上，保水剂还能使根系表层缓解钠离子的向上输送，减少盐碱危害。因此，保水剂既是拌种剂、移栽剂，又是超级水肥储放器、水土保持剂、草皮节水剂、蔬菜水果保鲜剂……

保水剂的广泛应用，对于我们人均水资源居世界第110位的贫水国来说，意义更加重大。目前，我国水土流失面积达360万平方千米，占国土面积的38%，土地荒漠化面积达262万平方千米，占国土面积的27.3%，而且每年还以2460平方千米的速度在蔓延。要根治荒漠，保持水土，维持生态平衡，必然离不开整个国土的绿化，加快发展绿化事业是我国的基本国策之一。应用保水剂向荒漠讨还绿色已不再是梦想，用高科技催绿国土的曙光已经跃出地平线。

在城市绿化中，广泛应用保水剂可以提高绿地的品位与档次，我们可以让保水剂搞好三个进入，即保水剂进入城市，可以改善街道绿化高温干燥的立地条件；保水剂进入单位庭院绿化，可以提高树木花草的成活率；保水剂进入家庭，养花卉盆景可不再伤神劳力。尤其是普及城市楼顶绿化和阳台养花，已不再是难事。

但是，目前保水剂在国土绿化和城市园林中的巨大潜能还远远未被开发，绿化腾飞的翅膀尚未展开。大力推广应用保水剂，必然使我国绿化事业产生质与量的飞跃。愿保水剂为中国人尽快圆一个绿色的梦。

（原载《合肥晚报》1999年5月8日）

城市呼唤"绿色监理"

　　绿色施工主要是利用树木花草构成园林景观，追求生态效益为主的园林设计的物化与再创造。目前，在市场经济条件下，为了确保建成质优、价廉、速度快的优秀绿色工程产品，即园林作品，按照国际惯例，绿化工程应有一支受业主委托，具有丰富植物学知识和精通栽培技术的人主持或参与，建立、健全符合绿化工程特点的绿化监理制度。

　　因为绿化工程的主要材料是有生命的树木花草，不能像建筑业、市政工程等采用"随机抽样"、"封样备查"的方法来检验质量。只能采用定性与定量，直观与内涵等相结合的综合检验手段。更何况，树木花草又都是"非标"的自然产品，不可能采用统一的刚性尺度来度量其规格，只能采用"弹性"范围尺度或有条件的刚性尺度。甚至，同一树种在不同的地点、姿态下要求也不同，存在着艺术与美学的要求，因此对不同品种树木花草的姿态，也有不同的标准。加之，绿化施工的季节性"露天大车间"的工程产品受很多外界环境因素的影响，"隐蔽工程"——植物生长"立命之本"的土壤，苗木来源、土球或根的质量等，均要监理及早介入，竣工资料也需要平时积累。因此，迫切需要监理工作覆盖绿化建设全过程，做到全方位的协调。可见，从绿化的特点出发，建立、健全绿化工程建设监理制是绿化建设监理活的灵魂。

　　当前，我国上海、天津、成都等一些大城市已率先实施绿化工程监理制度。合肥市作为全国首批园林城市，为了提高绿化工程的水平与质量，理应带头实施绿化工程监理制度。希望社会各界都能全力协助与支持。

（原载《新安晚报》2002 年 7 月 9 日）

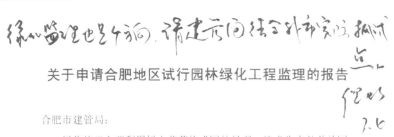

关于申请合肥地区试行园林绿化工程监理的报告

合肥市建管局：

　　绿化施工主要利用树木花草构成园林景观，追求生态效益的园林设计的物化和再创造。目前，在市场经济条件下，为了确保建成

　　时任安徽省风景园林学会理事长、合肥市分管园林的副市长倪虹在安徽省风景园林学会报告上亲自给建管局批示试行

"非典"期间通风透气更需绿化

"非典"冲击着人们生活的方方面面，但"抗非"也悄悄改变着我们原先习以为常的生活方式。尤其"通风透气"成为预防非典的最佳方法，为人们普遍接受。大家希望呼吸到新鲜空气，关注身心健康成为时尚追求。

"通风透气"在室内多开窗很容易做到，但要确保呼吸的是新鲜空气，得需要室外绿色生态大环境的配合。适宜人居的绿色生态环境日益为人们所重视，因为这是人类生存与发展的基础，经济建设和社会进步的条件，衡量人们生活质量水平的内容与标准。当前，我们正处于迈向现代化，全面建设小康社会的历史时期，城市化不可避免，快速发展的城市经济需要生态环境作支撑。否则，一座由水泥钢筋丛林组成的现代城市，环境污染必然日趋严重，从而影响人民的身心健康。葱茏繁茂的树林是城市文化品位与精神风貌的反映，园林绿化作为维持城市生命的第二自然，城市中唯一有生命的公共基础设施，正逐步成为人们的共识。国际上现已把居民享有多少绿地，列为衡量城市现代化水平的重要标准之一。

人居环境良好的城市，其市内及周边地带的树木非常重要，它不仅具有涵养水源、保持水土、防风固沙、减少污染、提供氧气等多种功能，还对城市的生态环境保护起着不可替代的"城市之肺"作用。科学研究表明，如果要使城市空气中的氧气与二氧化碳保持平衡，每个居民则需要 40 平方米质量很高的绿地。另据科学测定，一亩树林一昼夜能分泌 2 千克杀菌素；吸收 67 千克二氧化碳，呼出 49 千克氧气，可供 65 人呼吸之用；吸收灰尘 22~60 吨；吸收剧毒气体二氧化硫 4 千克；一天蒸发水分 1~2 吨，吸热 3000 万卡，有效地调节气候和湿度。此外，某些植物的气味还能为人类防病治病，如：桦树、椴树、李树散发的气味可杀白喉、肺结核、霍乱和各种导致炎症及流感的病毒；菊花香气可减轻感冒和牙痛；茉莉花香可理气解郁；向日葵和印度野生十字花科植物还可以清除掉核电站周围大约 90% 的放射性物质铯和锶。而且植物清污比起化学除菌方法，成本更低，方法更简单。可见花草树木不仅给人以美的感受，更有益于人类的健康。

对于整个城市绿化效应，可以首批国家园林城市的合肥为例。1998 年，美国加洲大学伯克利分校环境科学系的约瑟夫·麦克布瑞德教授与合肥市合作，测定城市中心区 207 平方千米范围内约 351542 株树木在当年吸收污染物总量为 1515 吨，经济价值 75 万美元，标准化污染吸收率为 291 克 / 立方米，而且以树木着叶季节吸污量最大—7 月份吸收污染量高达 20 吨。按照美国的研究方法，认为合肥的发展宜设计新型城市森林，可最大限度地减少空气污染。提出保护好现有公园、绿地系统中的树木，在老城区内增加植树密度，提高覆盖率 5 个百分点以上，同时要致力于新建城区的森林建设。若城市发展到 150 平方千米，林木覆盖率达到 30％以上，将有 290 万株树木年吸收污染物达到 1302 吨，其经济价值可达 550 万美元。由此可见，树木对减少整个城市环境污染的作用显著。

重视城市绿化，事关重大。尤其通过预防"非典"，人们迫切需要呼吸新鲜空气，需要有户外活动与锻炼身体的绿色空间。城市建设必须从城市总体规划源头把好留足绿地关，要重视城市绿色通风道的设置与建设，确保新鲜空气不断吹入城市，及时驱散市区内污浊的空气。同时城市的绿地要在市区内均匀分布，让市民就近在室外 250 米内，就能拥有一片可供休憩活动的公共绿地；在 1000 米范围内能够有一座公园。让森林走进城市，城市融入森林，以花草树木构筑景观多样性、生态系统多样性、生物物种多样性，确保市民生活在人居良好的绿色环境里，随时都能呼吸到新鲜空气，达到强身健体、延年益寿的目的。

当前，正值抗击"非典"的关键时期，我们在避免与病毒传播接触的同时，千万不要忘记充分利用我们住宅周围的园林绿地调节自己的身心，加强日常的身体锻炼，尽可能多地吸收园林中新鲜的空气，增强抗病的免疫力。同时也应更加重视对园林绿地与花草树木的爱护，积极参与到今后每年的义务植树活动和园林绿化建设中去。

（原载《新安晚报》2003 年 5 月 16 日和《江淮晨报》5 月 18 日，《中国花卉报》2003 年 6 月 12 日以"从预防'非典'想到绿化"为题刊登）

生态网规划宜先行

领先的风扇形城市总体规划，特色的楔形绿地系统，曾经为合肥市获得国家首批园林城市立过功。今天将合肥建成国际一流、国内领先、合肥特色的大都市和创建生态园林城，这两条宝贵经验值得借鉴。

然而，随着时代进步、社会发展、赶超世界潮流，编制新城市总体规划，不可忽略境域内生态网规划编制的超前意识，目的在于防止城市发展给生态环境带来破坏。

生态网规划是个新课题，始于20世纪90年代初的西方发达国家。它将一个国家或一块行政地域作为整体，有选择、有重点地设立保护区，以保护生物多样性的可持续性。同时将该区域内的生态环境进行科学规划，通过生态廊道使绿地彼此相连，相互影响，进而形成境域内的生态系统网络，使空气、水体、动、植物等生态因子进入了一个良好的生态循环体系。

编制生态网需要生物学等多学科专家参与，综合区域内的生态系统分布图、土壤、水文情况图，以及拥有的各种物种基础上，绘制生态网规划图。生态网规划一般分核心区域、自然发展区、生态走廊、缓冲地带等四个部分，避免区域内对水、土壤等发生不可挽回的结构性破坏。

核心区重点在于保护、提升生态价值，阻止、协调影响自然保护区的开发。自然发展区，重点在于避免其永久丧失发展潜力。生态走廊则用于连接各个绿色地块，保证绿地系统的连续性和动、植物迁移通道的畅通。缓冲地带是容易受污染的地区及环境敏感地区，通常在核心区、自然发展区之间设置。未来城市的规划应严格按照生态网规划进行；并出台一系列政策，保证生态网规划

21世纪初，作者（中）陪同木樨属登录权威、南京林业大学向其柏教授（右）和刘玉莲教授（左）夫妇赴安徽皖南山区考察桂花

20 世纪 90 年代，与美国专家进行现场技术交流

的实施，包括各种监督、检查机制。

合肥地处江淮之间，南北交汇；有良好的自然生态基础，编制生态网，只要发挥自身的自然优势，易于形成特色鲜明的生态网规划。因为，合肥北有江淮分水岭高地，东有龙泉山、浮槎山、四顶山等 50 余千米山脉，西有紫蓬山、圆通山、大潜山等近 30 千米山脉，南又临巢湖，境内还有南淝河等多条河流穿城而过，汇入巢湖。依据中国古代堪舆术的观点，合肥城北为"玄武"，左有"青龙"，右有"白虎"，前有"朱雀"，的确自然环境优越，是块汇集财富的富饶之地。合肥这一特有的自然地理环境为构建生态网规划的大格局与形成特色鲜明的绿地系统打下自然基础。

因此，合肥沿北侧的江淮分水岭高地，可规划岗地绿化带。东、西两条山脉建有国家森林公园或林场，以及境域内结合自然山水，规划出的大小不等的 10 余块自然保护区，面积占境域 7266 平方公里的 5%，即 363.3 平方公里，可成为生态网规划的核心区域。此外，在核心区域与城市周围自然发展区之间，结合丘陵岗地设立若干缓冲地带，建立城市森林或城郊经济林、防护林。同时，结合境域内水系的河道、渠道、水库、湖滨周围的绿化，以及交通道路两侧的绿化带，形成绿色生态廊道，以此连结城内外各种绿地、公园、风景区、绿色社区、企事业单位绿化等，保证鸟类等生物能自由往返于城市与田野之间，从而形成合肥特色的生态网，为新编城市总体规划奠定坚实的生态环境基础。

生态网规划以一座城市境域为单位，合肥无疑又可走在国内城市的前列，为城市的可持续发展提供科学依据，能再次起到示范与率先作用。

（原载《安徽园林》杂志 2005 年 1 期）

应提倡公园景观与城市环境结合

合肥作为全国首批园林城市，曾在 20 世纪 80~90 年代，以敞开式的园林布局和突出生态效益为主的环城公园，抱旧城于怀，融新城之中而享誉中华大地。

一、合肥需要新亮点

随着时光的飞越，合肥的这一经验在祖国大地上开花结果。城市园林建设水平越来越高，相形之下，今天合肥城区缺少大手笔、高水平的新亮点。"园在城中，城在园中。园城相融，城园一体"的城市风貌难以显现。尤其是与老百姓接触最为密切的城市中心区，即老城区面貌变化不大，建筑特色不明显，街头绿地太少，灰色的水泥丛林使城市难于亮丽。迈入新世纪，在全国众多城市向更高目标，即生态园林城市迈进的新形势下。合肥要立于全国园林城市的前列，必须要有突破性的进展。因此，从这个意义上说合肥呼唤城市新亮点。

二、敞开式园林是捷径

从宏观上看，合肥城地处江淮分水岭南侧，北有江淮台地，南临巢湖，东有 55 千米长的龙泉山、浮槎山、四顶山等山脉，西有 25 千米的紫蓬山、圆通山、大潜山等大别山余脉：南淝河、十五里河等水系穿城而过，汇入巢湖。自然的地形、地貌，为合肥市利用山岗和丘陵坡地，以及湖滨、河滨、水库边岸进行大环境绿化与森林城建设，创造了十分有利的条件、只要持之以恒进行绿化，让绿色的风貌环抱或楔入城市，形成生态优良与环境优美的城市大环境指日可待。

而城区风貌的提升，必然离不开高品位的规划，千里之行，始于足下。结合合肥的特点，充分利用园林手法，在新一轮城市建设中，弘扬敞开式园林这一成功经验，无疑是一条捷径。我市在 20 世纪 80~90 年代能够成为全国首批三个园林城市之一，主要就是敞开式带状环城公园的建设，开创了公园建设与营造最佳城市人居环境相结合的先河。最近，在中国公园协会理事扩大会议上，原建设部城建司老司长，现协会会长柳尚华在总结讲话中还强调了这一点，认为这一做法推动了全国园林的大发展。无疑，环城公园是合肥人的骄傲，敞开式园林建设在合肥还有很大的拓展空间。

三、事半功倍见成效

今天，创造城市新亮点，必然离不开已被实践证明了的敞开式园林手法，合肥要让园林城市的桂冠永放光辉，必须加大园林敞开化的力度。当然，这决不仅仅是不收门票，敞门入园，而是要强化园林建设与城市景观的融合，真正形成园城一体的城市风

貌。在逍遥津动物园搬迁之后，为扩大城市园林绿化空间，使敞开式环城公园的风貌沿着寿春路由东向西扩展，只要适当拆除一点建筑，让逍遥湖呈现街头，使逍遥津公园的景观与城市环境融为一体，在城市闹区中形成200余亩的园林式广场与环城公同东半环形成整体，既能与逍遥津三国故地的旅游景点连接，又能与淮河路步行街相衔接，可有效改善老城区城市环境质量，提升园林品味，为合肥老城区增添又一画龙点睛之笔，必可收到事半功倍之成效。

此外，从整个城市而言，若在马鞍山路与芜湖路交接口西北侧，搬迁一座小工厂和二幢宿舍楼，花不太多的钱，则可扩大环城公园的绿色空间和提升包河的公园景观品位。对杏花公园东大门一侧低矮建筑物的拆除，又能使由东向西的寿春路顶端呈现出优美的公园景色，合肥老城区也将会因此更加满目翠色，以环城公园为骨架的"翡翠项链"更加名符其实，合肥园林城市的形象也必然得到极大地提升。

（原载《安徽园林》杂志 2006 年 2 期）

包公景点应突出包拯故里特色

从《合肥晚报》上获悉我市将整合有关包公景点的资源，全面规划、充实提高包公文化区的内容，使之成为包拯故里一张王牌旅游景点。这项创意思路新，措施有力，真正体现了旅游部门的龙头作用。

由于围绕包河展开的有关包公文化历史景点，处于合肥又一张王牌——环城公园的入口处，是城市中最敏感的位置，曾为合肥市获得全国首批园林城市

立过头功。因此，包公景点不能与环城公园完全分离，这在规划上必然带来难处。现就此谈点个人意见，以供参考。

一、景区的名称是内涵的体现，既应尊重历史，又要成为全国独有。取名包孝肃公园不能代表个性，而包河却是在包公告老还乡之时，皇帝宋仁宗为表彰包拯一生功绩而赐予他的。包公在家训中也告诫后世子孙，以此河种藕打鱼为生，后传为佳话，流芳千古，直至 20 世纪 50 年代初成立包河公园。因此，我认为"打包河牌"为最佳选择。

二、包河曾在"文革"中遭受劫难，并一度改名人民公园，包公祠所处的香花墩则成为穿行包河的南北通道。20 世纪 70 年代末，我市拨乱反正的重要象征，就是封闭香花墩，恢复包公祠，将其列为省文物保护单位。同时，为了便民，还在香花墩西侧新建园林式的曲桥。随着时代的进步，此桥需要改造，尤其北侧应采用拱桥，利于游船通行，而不应简单拆除。否则来往行人任意穿行包公祠，必然造成人满为患、来去匆匆，游人的雅兴又从何而来，历史文物的保护又从何谈起。

三、为了环城公园的保护，1987 年曾立法。此处不宜再添更多建筑，建设包家村等若不利用现有建筑改造则难于实施。芜湖路桥已恢复"文革"前的孝肃桥，建议芜湖路自美菱大道东侧宜更名为孝肃路，并将此段纳入包河景点统一规划。尤其路北侧紧靠包河，凡不符合包河景点要求的单位与建筑应首先从规划上控制，随着社会经济发展逐步到位。例如原国防工办的建筑，在 20 世纪 80~90 年代曾是老大难，但现在被恢复为绿地，增添了包河秀色。

四、为保护好我市环城公园与包河景点这两张王牌，建议 1987 年实行的《环城公园环境保护条例》应修改，使之更适应时代发展要求。

注：2007 年 6 月 29 日合肥市第十三届人民代表大会常务委员会第三十四次会议进行修订，2007 年 8 月 24 日安徽省第十届人民代表大会常务委员会第三十二次会议批准，于 2007 年 10 月 1 日起实行。

（原载《合肥晚报》2005 年 1 月 18 日）

埃及归来话国花

埃及与我国一样也是四大文明古国之一。公元前 3200 年，上埃及国王美尼斯统一了下埃及，定都孟菲斯（开罗郊区），并且将上、下埃及原有的国花莲花与莎草，同定为统一后的国花，使双国花保持至今。莲花与莎草作为国花，数千年来始终成为埃及民族的精神表征。埃及虽然是一个处于沙漠地带的国家，但尼罗河之水养育了埃及人民，带来了埃及的文明，因此选用水生植物作国花充分表达了埃及人民向往美好生活的愿望！

我国被誉为"园林之母"，理应更需要国花成为国家的象征。从我国的实际情况和借鉴埃及数千年来的作法，尤其我们在创建和谐社会，推选国花还是"双国花"好。我赞成梅花和牡丹，因为梅花代表中华民族的大无畏和坚贞不屈的精神，牡丹代表中华民族希望国富民强的美好向往。梅花傲霜励雪，堪称国魂；牡丹雍容华贵尊为国色。梅花和牡丹都具备国花的资格，都有广泛的群众基础，都深受中国人民的热爱。如果选用这两花为国花，可以更好地弘扬祖国传统文化，普及花卉文化，同时从政治上有利于祖国和平统一和民族大团结，从经济上也有利于推动我国的花卉产业化，使中国的花卉更好地走向世界。

（原载《安徽园林》杂志 2006 年 1 期）

北京奥运临近　确立国花在即

——一国两花最适合中国国情

花卉是人类共同喜爱之物，世界各国多以一种或几种花卉作为国花，体现一个国家的审美情趣和民族文化精神的表征。目前世界上已有 100 多个国家确立了国花，而享有世界"园林之母"的中国，是至今尚未确认国花的大国。

中国历史悠久、地域辽阔、植物花卉资源十分丰富，历史上曾短暂地确立过国花，如清末慈禧曾封牡丹为国花，民国政府约于 1929 年定梅花为国花。这两种花均为我国原产，自古为国人所喜爱，且花的文化内涵丰富。改革开放 20 多年来，国人还是多看重这两种花作为国花预选花，多次呼吁有关部门尽快确立。尤其去年多名院士签名倡议，有关民间组织在京召开"中国国花与和谐社会"的评选研讨会，希望我国确定"一国两花"即：梅花与牡丹为双国花，认为这一意见符合国情，更为科学合理。

因为，确立国花必然离不开中华民族文化传统中的花卉文化。名列百花之首的梅花，在中国自古就有赏梅、吟梅的习俗，"万花敢向雪中出，一树独先天下春"成为传世名句，表达了梅花"凌寒独自开"、"梅花香自苦寒来"的不畏强暴，坚韧不屈的顽强精神和勤劳勇敢、艰苦奋斗的品质，以及百花之中先行开拓者的风范。伟大领袖毛泽东也曾赋诗多首，赞美梅花的品质与精神。可见，梅花在一定程度上体现出中华民族的国魂。

牡丹花大色艳，雍容华贵，多为国人喜爱，被誉为国色天香。盛开的五彩缤纷的牡丹花，体现着今天的祖国无限美好，国泰民安，繁荣昌盛。

选择梅花与牡丹为双国花，既能缓解国花之争的矛盾，为绝大多数人所接受，体现中华民族的和谐精神，又能有利于海峡两岸同胞在国花上的共识与团结，更何况世界上选择一国两花的国家古今皆有。例如：与我国同为四大文明古国的埃及：在公元前 3200 年，上埃及国王美尼斯统一下埃及时，就将上、下埃及原有国花莲花与莎草同时定为国花至今。这两种花虽均是水生植物，但地处沙漠地带的埃及仍将其选为国花，充分体现对尼罗河养育人民、带来文明之恩惠的感激情怀和展现出埃及人民对美好生活向往的强烈愿望。今天，中华民族若选择梅花与牡丹为双国花，让梅花体现中华民族的"国魂"，牡丹为"国色"，集中展现正在构建和谐社会和建设繁荣富强国家的中国人民，其博大精深的智慧与不畏艰辛困难的伟大精神风貌。

2008 年奥运会日益临近，作为东道主的中国，至时不可没有国花。因此，吁请有关部门充分尊重民意、尊重专家学者的意见，从构建和谐社会的大局出发，尽快确立我国的国花。

（原载《安徽园林》杂志 2007 年 1 期）

建设三国文化长廊　完善新城遗址公园

地处合肥城郊西北三十岗的"三国新城遗址公园"刚刚建成开放，国庆长假即迎来众多游客，受到广大市民的青睐。该公园作为中国至今保存最完整的三国时期城池遗址，沉淀了悠久的城池文化和合肥厚重的历史，在全国独树一帜。公园的建成开放，适应了市内外人民群众节假日出行的需求，促进了合肥旅游事业的兴盛。

然而，目前公园首期工程尚未按规划完成，特色没能充分展现，还缺少看点。同时遗址又缺少大树遮荫，夏日游人在烈日下难以尽兴游乐。此外，市民去三国新城遗址公园，交通也不方便，尤其大杨店至三十岗一段道路狭窄。该遗址公园若要成为带动合肥西北地区旅游业和社会经济的发展，现状道路难以胜任，"三国故地"的文章也难于做大。

为此，建议政府加大投入，尽快完善这点。同时，在大杨店四里河路交口处建遗址公园标志物作为大门，并沿蜀山湖边岸一定距离修筑旅游观光道，拉近公园与城市距离。在新建道路两侧可营造大面积的水库涵养林，满足环保和景观要求。其道路建设宜尽可能与公园的景观结合，在沿途设置若干段长廊，采用碑刻、浮雕、雕塑等多种艺术手法和园林的造园技巧，展现三国时代人文特色和历史故事，形成特色鲜明的园林式三国文化长廊，既可为游人一路有景可赏，又能供游人休息。长廊北侧在确保环保条件的前提下，宜引导农民开办农家乐项目，改变农业产业结构，彻底消除农药、化肥对水库面源污染的影响，并为合肥广大市民提供休闲、观光、娱乐的又一好去处。同时，可以与附近特大型私家园林——墨荷园构成合肥西北部新的观光旅游线路，促进合肥旅游业的跨越式发展。

此外，这一项目的开发还可配合同一方位的合肥新桥机场的建设和长丰县招商引资的需求，共同为合肥西北部的大发展增添浓厚的一笔。

（原载《安徽园林》杂志 2006 年 4 期）

加快发展合肥旅游业的几点建议

合肥市自 1998 年荣获国家首批优秀旅游城市后，旅游业又有了更大发展，成绩显著。2004 年旅游总收入达到 45.11 亿元，占全市 GDP7.6％，为合肥社会经济发展做出了重要贡献。今年上半年市政协组织了旅游产业调研，通过多日调研使我有机会再次感受到合肥旅游业的长足进步。成绩在这里不再多说，现结合调研，对发展合肥旅游业提几点建议，仅供参考，不妥之处敬请指正。

一、提升城市形象，营造旅游氛围

合肥是座既古老而又新兴的省会城市，作为全国首批园林城市和优秀旅游城市，站在全国的高度，荣获这两项"首批"桂冠的，合肥则仅次于首都北京。

作为国家科技创新型试点城市，合肥又名列全国之首，把合肥建设成国家级科学城指日可待。

在近代史上，合肥还曾是人民解放军百万雄师渡长江的总前委指挥部所在地。追溯历史，又曾是"三国故地，包拯家乡"。其所处长江与淮河分水岭和巢湖西北侧的地理位置，在中国版图上，无疑起着承东接西和南北交汇的作用，是一座正在建设中的交通枢纽城市。

城市的区位、性质、特色和城市形象，构成了旅游业发展的基础。合肥市也不例外，自1998年荣获全国首批"优秀旅游城市"，1999年"十一"又逢国家开展黄金周，旅游业已快速地向大众化消费方向发展。自己跟自己比，成绩很大，但与周边省会城市比差距又很明显。以南京为例，该市去年接待游客近2900万人次，旅游总收入320亿元，创汇5.1亿美元，分别为合肥的4.7倍、7倍、15倍。在省内，合肥各项指标虽处于前列，但所占份额并不大，去年游客人次和旅游总收入仅占全省的14.2%和17%，而且所占全市GDP比例已低于优秀旅游城市标准，这与合肥市的省会城市形象很不相称。

良好的城市形象是社会经济发展的基础，旅游业作为一个关联度很强的"朝阳产业"，其活力就在于对人流、物流、资金流、信息流的流转集聚强度，亦即现代服务业的发展程度。城市作为一个地区旅游品牌的标志，旅游正从城市的边缘或局部向覆盖整个城市推进。毫无疑问，旅游业的发展需要社会各行业和政府各部门的配合与支持，树立合肥良好的城市形象势在必行。"合肥"两字，在今天的含意上应注入时代内容，"合"则"合作"、"合"则"和谐"，"肥"则"受益"、"肥"则"壮大"，因此"合肥"可理解为"合作共赢"、"和谐发展"的城市，从名字上启发人，给人以良好投资环境的城市印象。因此，可采用多种形式，例如一首歌、一出戏、一个品牌节庆活动，把"合肥"叫得更加响亮。

合肥市在创建优秀旅游城市时，就已将旅游业定为国民经济的支柱产业，大力发展旅游业，在全市营造旅游氛围显得十分必要。当前，合肥市提出"做大新区，做好老区"的思路完全符合市情，在全市开展的"拆违建绿"则抓住了改善投资环境和城市建设的牛鼻子。城市发展以规划为龙头，借用新闻媒体广泛征求"城市主色调"等建议，无疑对营造城市的旅游氛围，也大有益处。我赞成绿色之城的合肥，建筑色彩宜淡雅，屋顶则可选择深一点的色彩，例如灰黑色，可体现徽派建筑的风格。为了吸引外地人来合肥，本地人游景点，城市各种道路和高速公路入城道口的路标，应结合主要旅游景点标明走向。尤其，城市公交的站牌更应采用景点名，这样既方便游人，又营造出浓郁的城市旅游氛围。

二、增添文化内涵，彰显城市特色

文化传统，是人们在长期历史实践中逐步形成并沿传至今的。合肥作为安徽省会，既受徽文化影响，又受江淮地域的熏陶，形成具有自身特色的地域文化，这需要我们对文化传统观念进行审视和扬弃。合肥作为"三国故地、包拯家乡"、"淮军摇篮"、"淮右襟喉"的兵家必争之地，以及现代的"渡江战役总前委旧址"、"绿色之城"、"科技城"、农业包产到户发源地等，其中必然蕴藏着地域文化。发掘地域文化离不开修复本地区名胜古迹、历史人文纪念馆所和出纪念文集等，其目的既要弘扬当地悠久的历史和灿烂文化，又要增加观光游览景点，大力发展旅游业。

合肥市西北郊三十岗乡的"三国新城遗址"已有 1700 多年历史，至今仍保存着当年城郭的原型，这在全国是绝无仅有的三国时代城池遗迹。我市宜加快建设对外开放，以利更好地体现"三国故地"的特色。"渡江战役纪念馆"作为我市首个"国家文物保护单位"，应尽快建成，则可成为拉动我市、甚至全省红色旅游的龙头项目。肥西县刘铭传故居的修复和淮军将领围堡群的开放，又可提升合肥旅游的知名度。还有"安徽名人馆"二期工程的早日完成，更可以弘扬我市乃至安徽人杰地灵、人才辈出的特色，提升我省在全国的形象。进一步丰富、充实、提高人文和科技等观光场所，以及各种博物馆与图书馆，既普及科技知识，又彰显了科技城的个性与特色。

三、发挥枢纽优势，诱导旅游观光

旅游业对摆脱贫困和发展经济产生的巨大作用，无疑是人流聚集而产生的强大能量，及其对整个服务业发展的载体地位和带动作用。合肥作为正在建设中的枢纽城市，对人流的聚集将会不断展现其优势。合肥作为旅游的中转地，其优势已开始显现，但作为目的地的条件还不成熟。因此，发展旅游要有创新思路，要大手笔、大产业、大规划、大项目带动。

把合肥旅游做大，宜尽快将合肥建成旅游目的地。而如何去吸引更多的游客，早日把合肥建设成旅游目的地城市呢？当然加快个性化景点建设必不可少，但这也不是唯一途径。因为，旅游业涉及"食、住、行、游、购、娱"六大要素。合肥要成为旅游目的地，自然离不开六大要素齐头并进的全面发展。

从合肥目前现状看，还尚无一处集旅游六大要素为一体的大型旅游文化区。向巢湖之滨发展，从长远看无疑是正确选择，但紧邻城区的义城一带地势低洼，湖堤高出地面好几米，不登高则难以看到湖光秀色，更何况又地处巢湖下风口，水中污染的蓝藻经常奇臭无比。巢湖水体得不到根治，城市区划又不作调整，将滨湖地区建成拉动全市旅游业六大要素全面发展的旅游文化区，则发展过程较长。而地处老城区西南，东南接经济技术开发区，西北连接高新技术开发区和正在建设科技城的交接处，起着城市枢纽作用的政务新区，其魅力已初步展现。按照政务新区总体规划，在 12.67 平方千米土地上，南北以全长 3.4 千米、宽 200 米的绿轴主线贯穿，东北—西南向以城市商业带为拓展轴，西北—东南以河流水系为水景景观轴。路网由潜山路、怀宁路、圣泉路构成"三纵"和习友路、祁门路、二环路、休宁路构成"四横"的主次干道，约 27 千米已建成通车。而 50 千米长的支路也大部分竣工。道路两旁的绿化多已成型。尤其，贯穿新区的水轴与绿轴交汇处，千亩的中心湖，即天鹅湖已建成。宽阔的水面与西侧的大蜀山景色相借，形成了山水景观视廊，塑造出城市旅游休闲活动的绿色空间，成为合肥一处最亮丽的景点。随着秀丽雄伟的观光塔的落成，以及省内规模空前的奥体中心、文博园、艺术馆、多座公园和长约 10 千米、宽 120~200 米的环区景观带的逐步建成。另外，步行商业街、各种高中档酒店的建设，鼎立三足的政务新区依托便利的交通线，很快就可成为合肥最好的旅游休闲服务地。因此，建议在现有功能上再增加"旅游"两字，合肥作为优秀旅游城市的档次与知名度，必能得到较大的提升和发展。

四、打造精品项目，推出独特亮点

随着社会经济的不断发展，"十一五"期间我国人均 GDP 达到 3000 美元，旅游消费将成为人民群众日常生活的必需和全面小康生活的组成部分。人们的旅游消费，必然越来越追求更高的质量和标准，其粗放型发展、低层次服务将被摒弃，加快提升旅游产业的素质势在必行。

然而，旅游的发展又不是"叠加效应"，不能单纯去追求数量的扩张，更不能作为政绩工程，而是各种特色的集聚和品牌的集聚。发展旅游宜针对旅游资源的非替代性，在树立合肥自身品牌上做文章，不断打造独特的新亮点。这就要着重在可看性、参与性、舒适性、休闲性、娱乐性多方面下工夫，尽可能增加游人的停留时间。

合肥市今年为打造 4A 旅游景区，整合了包公文化的各个景点，尤其结合拆违工作，将包公园景区东入口，马鞍山路与芜湖路交接口处的一座工厂和二幢宿舍楼搬迁，恢复成园林绿地，这样既提升了包公园景区的环境质量，又拓展了环城公园的绿色空间，成效显著。但随着不协调建筑的拆除，亚明艺术馆围墙又暴露街头。从城市的整体效果看，该馆宜在加强保卫的基础上拆除围墙，让院内的亭台呈现街头，既美化街景，又方便游人。当然，从长计议，在包公园规划区内，一切与包拯人物无关的设施与建筑都应逐步搬迁或拆除。例如：亚明艺术馆可以迁移到旅游文化区，该建筑可改作展示与包公有关的内容，更好地呈现"包拯故里"的特色。

作为"三国故地"的逍遥津，《三国演义》一书有专门章节描述魏将张辽"威镇逍遥津"，以少胜多的战例，名垂青史。为此，我国还专门发行了邮票，在国内知名度很高。当人们在外地提及合肥，很少有人不知道"逍遥津"，可见"逍遥津"已是合肥一张亮丽的名片。目前，作为综合性公园的逍遥津，已不适应时代发展的要求。公园作为公益事业，理应对游人免费开放，提供人们日常游憩的需求。然而，古逍遥津作为旅游景点，又必须重视经济收益，与免费开放格格不入。解决这一矛盾，随着园内动物园的搬迁，条件已经成熟。这就是将现逍遥津公园大门，向北退到逍遥湖旁的二道桥，敞开逍遥湖以南部分，含原动物园共约200亩土地，新建一个逍遥广场。该广场应尽量保留大树，让逍遥湖呈现街头，并与环城公园东段连成整体，更好地展现合肥的"翡翠项链"特色，为市民日常游憩和早晚休闲服务。实施这一工程，难度并不太大，因为地面上仅有少量建筑。至于现公园大门则建于20世纪80年代末、90年代初，其"古逍遥津"四字是从园内建筑石刻上拓片仿制的。对于这座门楼，当年园林老专家吴翼老市长曾与我一同到寿春路南侧，针对大门两侧过窄的小门，整体上门楼屋檐顶比例不太协调，进行了善意批评，并言传身教，帮助我提高园林艺术修养。因此，从历史的角度，"古逍遥津"四字应还原为石刻，放在新建二道桥标志性的石坊上更佳。作为旅游景点的"古逍遥津"，现内容太少，则需要做足"威镇逍遥津"的文章，成为来合肥游客必到的精品景点。

提及合肥的"翡翠项链"公园系统，无疑是合肥人的骄傲。打造"园林城市"、"优秀旅游城市"都有它的贡献。为了保护公园不至于被周边的高层建筑遮挡，1987年专门立法保护。遗憾的是控制高度多年，一直未能开工建设的西山景区大西门口的一座高层，现已拔地而起，对于公园大有高山压顶之势。可见精品景点还离不开保护，发展旅游业也必须依法行政。让合肥推出更多的特色精品旅游项目，还必须有可持续发展创新理论的支撑，以利不断提升旅游产业软、硬件水平，让旅游各要素循环发展、联动推进，全方位、立体化地走上跨越式发展之路，促进合肥市旅游经济的持续健康发展，成为知名度更高的国家优秀旅游城市。

（2005 年 11 月合肥市政协委员议政会发言，《合肥晚报》2005 年 12 月 6 日，以"发挥枢纽优势、打造精品景点"为题刊登）

愿城市雕塑在我省形成特色

醒狮

我作为安徽省风景园林学会的代表,9 月初参加了中国长春第三届世界雕塑大会,并参加了有全国城市雕塑建设指导委员会办公室和中国风景园林学会主办的"新时期雕塑公园规划建设交流会"。闻悉许多城市已将雕塑作为城市公共艺术的重要组成部分而形成城市特色,深有感触。

城市雕塑在我国首次提上日程,是在改革开放之初。1982 年合肥市首次参加城市雕塑指导工作会议,在全国率先成立城市雕塑指导委员会,并在市园林局内设立"雕塑办公室"。时任合肥市副市长吴翼曾在全国率先让雕塑装饰街头,在城市园林绿地中，创作了多组借鉴安徽出土文物造型和科技之光而创作的雕塑呈现街头,体现了悠久历史文化和现代科技城特色。并曾选择正在建设中的环城公园西山景区高低起伏的地形,创作了野生动物雕塑群,散落在植物群落中,烘托出自然野生趣味,是环城公园荣获 1986 年度国家优秀设计、优质工程一等奖的成就之一。西山景区西入口处矗立的一座"醒狮"雕塑,其威严雄风表达出当时合肥人民在改革开放初期被唤醒,突出以经济建设为中心的雄心壮志。尤其是环城公园东大门广场矗立起 13 米高的"九狮雕塑",呈现出欢乐、祥和、进取、向上的精神,体现出安徽人民改革开放的勇气、豪情和欢乐祥和蒸蒸日上的气氛。至今,这座雕塑仍然是城市的亮点之一,也成为合肥的特色。总之,这些雕塑为合肥市荣获首批国家园林城市起到了画龙点睛的作用。

（原载《安徽园林》杂志 2011 年 3 期）

推动城市园林化建设之我见

我国是世界上园林艺术起源最早的国家之一。在 3000 多年的历史长河中，中国园林注重"天人合一""师法自然"和"虽由人作，宛自天开"，强调人与自然的和谐，奉行的是朴素生态观，把文化艺术等文态氛围当作园林的灵魂。进入 20 世纪，随着工业化、城镇化进程的加快，园林绿化对城市环境的保护与改善起着越来越举足轻重的作用。

合肥建城有 2000 多年历史，但 1949 年时城市仅有 5.2 平方千米、5 万余人口，只有乡土树木 1.3 万余株和个别私家花园。20 世纪 80 年代中期，合肥结合旧城改造，利用风扇形城市总体规划的轴心，建设长 8.7 千米、面积 137.6 公顷的环城公园。公园采取敞开式布局，使园林从封闭式的贵族化走向开放式的民众化，从巧夺天工的人造化走向天人合一的自然化。通过带状公园连接老城区四角的逍遥津、包河、杏花公园，以及稻香楼绿地，形成如同一串镶着数颗明珠的项圈，被喻为"翡翠项链"，构成了新老城区之间大的园林绿色空间，开了我国以带串块的公园系统先河。进入 21 世纪，伴随着城市经济社会发展和城镇化强力推进，园林已成为人们工作和居住生活环境的重要组成部分。此外，市场化促进了园林绿化以工程项目出现，形成多元化的主体和多元的资金投入，在更大范围内大规模展开，将特色园林风貌渗透到城市各个角落，辐射到整个城市市域空间。例如新建的生态公园、蜀山森林公园西扩、天鹅湖、翡翠湖、南艳湖、方兴湖公园、金斗公园、塘西河湿地公园等敞开式的园林雨后春笋般地出现。

2011 年合肥行政区划调整，市域扩大为辖四县四区和巢湖市，面积从 7776 平方千米扩大到 11433 平方千米；城市从濒临巢湖发展到环抱整个巢湖。禀赋着独特的地域资源、历史人文和特色优势，在更大范围内奠定了合肥成为区域性特大城市的基础，也为园林化建设提供了更大空间。2014 年，安徽省政府提出开展城镇园林绿化提升行动，这为合肥在环巢湖的更大市域空间提升园林化水平带来良机并提出新的更高要求。根据合肥"一岭六脉、五渠联湖、众水汇巢"的生态空间格局特点，合肥园林化建设要按照生态控制区、生态保育区、生态协调区不同控制措施，结合市域绿地斑块和廊道，构建市域绿地系统，形成"一岭、两核、四楔、多廊"结构。"一岭"是江淮分水岭;"两核"是合肥都市区市域生态核、环巢湖生态核;"四楔"是西北城市水源保护区绿楔,东面浮槎山 – 白马山 – 龙泉山、半汤 – 平顶山绿楔,东南巢湖绿楔,西南大别山、紫蓬山绿楔;"多廊"是基础设施防护带、河流区域性廊道,以及公路绿化和市域绿道网连接的各类风景名胜区、森林公园、自然保护区、湿地公园等斑块。市级重要公园通过连接郊野公园,形成 "城乡大公园"体系。这一系统既可传承"环城公园、绿楔嵌入"的经典模式,又能在更大空间上构建"依山傍水、环圈围绕、林水成网、城湖相映"的特色风貌。

城市园林化是城市规划与建设的高境界。为提高城市品质、不断改善市民居住生活环境,应当在城市规划与建设中树立园林化理念,把园林建设与生态环境建设结合起来,在一切必要和可能的城乡土地上,因地制宜绿化植树、栽花种草,并结合其他措施修建文化娱乐设施,发展风景旅游事业和建设山川名胜景点,建设亭、台、楼、阁及其他游憩设施等,使城市更加宜居,人民生活更有品质。

(原载《安徽日报》2014 年 9 月 22 日)

建议将合肥环城公园的园碑回迁九狮广场原址

为与敞开式环城公园相适应,20 世纪 80 年代中期由我省原主要负责人、时任国务院常务副总理万里亲自题写的园名碑石矗立于合肥东大门九狮广场,记载了改革开放初期合肥城市建设的一段历史,并成为合肥园林城市建设的起点标志和敞开式环城公园的起始点。该碑曾受到省委、省政府高度重视。时任合肥环城公园建设指挥部总指挥,副省长侯永写信给济南市委书记选购碑石材(济南青花岗岩),在济南市的高度重视和关心下,选购了这块碑石为宽 3 米、高 1.6 米、厚 0.3 米,重 5 吨多的石材,并帮助刻写。此碑文当时采用全市公开征集,选中的是著名合肥学者许有为文,由我省著名老红军书法家黎光祖精心书写。1990 年代中期万里曾亲临九狮广场,与时任省、市主要负责人合影留念。

前两年长江路扩建,碑石被挪到包公园景区西头的斜坡上,游人不注意很难发现,而且作为园碑的位置也不恰当,致使这块见证了合肥园林城市建设,体现中央领导对合肥建设的关怀和具有重大历史价值的石碑从人们的视域中消失。

经实地考察，现九狮广场空间宽阔，仍可容纳这块碑石，建议将园碑回迁九狮广场原址，让广大市民找回合肥园林城市的一段光辉历史，美好的记忆！

（作者向有关部门提交的建议）

提升园林绿化水平　彰显城镇环境品质

为切实改善城镇环境面貌，提升人居环境质量，促进生态强省建设，省政府以皖政办[2014]4 号文，要求在全省开展城镇园林绿化提升行动，这正好距 1984 年省政府办公会议决定成立合肥环城公园建设指挥部，由分管省长任指挥，采取"人民公园人民建"办法 30 周年。实践证明，省政府亲自过问城市园林建设，效果十分显著、影响极其深远。我作为 20 世纪园林绿化工作的当事人和见证人之一，对此深有体会。

安徽城建环资工作研究

本期提要

进入本世纪，城市化进程加快，园林绿化在全省城镇普遍展开，尤其以合肥为首的城市园林投入更多、现模史大、发展史快，但在全国的影响力反而小了，尤其与江浙相比明显落后了。2014 年省政府发出城镇园林绿化提升行动，正切中了安徽园林发展的瓶颈与要求，在提高各项绿化指标的同时，如何在质量和水平上得到迅速提升是关键。因为城市园林绿化不是一般的植树造林，应首先弄清楚本质特征才能有的放矢。

地温调蓄联供技术是根据建筑物需要，将地温能的无组织扩散转变为有组织地经过用户，再向外散发，大幅度提高系统换热与散热效率、较大幅度降低建造与运行成本，具有高效、可修复、安全、长效的基本特点。

● 提升园林绿化水平　彰显城镇环境品质
● 地温调蓄联供技术研究与商业应用

第 4 期
2015 年 4 月
（总第 18 期）

安徽省城乡建设环境资源 工作研究会
主　办

一、挖掘和弘扬城市园林建设经验

敞开式的合肥环城公园建设，形成"以带串块"的公园系统曾在全国产生深远影响，为合肥荣获国家首批园林城市奠定了基础。此后不久，马鞍山市对城市雨山湖环境综合治理，并将市中心的佳山、雨山建成山林野趣公园，与雨山湖山水相映，构成城区环湖园林绿带，使马鞍山市成为国家第三批园林城市。20 世纪在全国只命名 8 个园林城市时，安徽占 1/4 领先全国。那时安徽经济实力并不强，为什么城市园林绿化能异军突起初露锋芒?我认为首先得益于省委、省政府对园林绿化的高度重视，倡导了"人民公园人民建"的改革开放思维，同时发挥了以合肥副市长吴翼为首的一批园林专家的骨干作用，能在城市软质景观中突出以植物造景为主，核心就是能够做到师法自然。"师法"就是利用植物模仿自然植物配置进行人工造景，也就是植物在配置中能够突出科学性、文化性、艺术性、实用性等"四性"要求和讲究艺术景观的"三境"，即意境、生境、画境效果。正因为对园林绿化本质的超前认识，在园林绿化理论指导下进行实践，人造自然景观水平普遍较高，能在生态、景观、游憩、文化和避险五大功能方面统筹兼顾，甚至还结合地域文化的传承和民众健身，成为大众健康生活的重要载体，得到了社会广泛支持与认同，使"以人为本"、"生态优先"和"生物多样性"的基本理念深入人心。

以合肥为例，20世纪80~90年代，在市委、市政府的正确领导下，正是从园林本质出发，依托科技手段和理论支撑，在当时有限财力下提出绿化"以面为主，点线穿插"，公共绿地的发展"以小为主，中小结合"，公园建设敞开化，公园景物呈现街头，缩小公共绿地服务半径力求均匀分布。街道绿化倡导"净、景、荫"，即生态、景观、遮荫的综合功能。尤其环城公园建设，南半环以人工造景为主，突出一个"秀"字；北半环少人工痕迹以自然野趣为主，突出一个"野"字；植物造景在不同地段体现春夏秋冬四季景色；植物群落疏密有致、高低错落；地形起伏有变化，水系环绕注重与人亲近，驳岸一般高于水面仅20厘米使人无恐惧感。此外，环城公园还保留"三国故地、包拯家乡"历史人文景点特色。建设部评价："公园布局合理，功能齐全，突出植物造景，生态效益显著"，而在1986年荣获全国园林唯一"优秀设计、优质工程"一等奖，并在当年召开的首届公园工作会议上被指定作大会经验介绍。

在绿化总体布局上能结合城市风扇形总体规划结构，打造楔形绿地系统，让绿地楔入城市。同时，在老城区通过环城公园建设形成翡翠项链公园环，让它抱旧城于怀、融新城之中，实现"园在城中、城在园中、园城相融、城园一体"的市容风貌。接着提出的城市大环境绿化，即城乡一体森林城建设，则要求城镇园林化、农田林网化、山岗森林化，得到当时国家城建主管部门和农林主管部门的一致认可，作为全国园林绿化先进城市而名扬全国。当前在绿化上出现的"城市森林"一词，实质指的就是城市绿化，因为"城市林业"、"城市森林"和"城市绿化"在英文中均出自同一单词，内涵一样。所以当前我省提出开展城镇园林绿化提升行动，有利于从绿化的本质出发，正本清源，正确引导园林绿化事业发展。

二、与时俱进、彰显特色、奋力赶超

进入21世纪，城市化进程加快，园林绿化在全省城镇普遍展开，尤其以合肥为首的城市园林投入更多、规模更大、发展更快，但在全国的影响力反而小了，尤其与江浙相比明显落后了。新近省政府发出城镇园林绿化提升行动，正切中了安徽园林发展的瓶颈与要害。我们在加快提高各项绿化指标的同时，如何在质量和水平上得到迅速提升是关键。因为城市园林绿化不是一般的植树造林，应首先弄清楚本质特征才能有的放矢。

城市绿化主要包含：街道绿化、广场游园、公园和单位庭院绿化。园林绿化的提升，宜在分类指导下因地制宜，力求师法自然才能事半功倍地实现城市优美环境和特色风貌。现着重从微观上看植物造景，期望有助于领悟城市园林绿化的内涵特征，掌握好城镇园林绿化提升行动的方向。

1. 道路绿化应满足多种功能需求

这里主要指行道树，合肥市 20 世纪 90 年代初结合长江路拓宽改造，在省委省政府的正确领导下对法梧行道树进行了更新改造，适应了现代化大城市的要求。因为"闹市区"的繁华街道需要综合考虑商业、市容和城市的总体景观，行道树遮荫必然是次要的。最近在日本专门观察了几座大城市的行道树，因为 30 年前我首次走出国门，在日本见到行道树的树冠很小、枝干稀疏，曾一度错误地认为是为了防台风。随着我国改革开放的深入、国力的增强，以及有机会看到了世界五大洲主要现代化国家的城市绿化，逐步认识到这是适应市场经济的必然结果。因为优美的街景，不允许行道树遮挡闹市区沿街的建筑、外墙立面、夜晚灯饰，以及商家门面及广告。行道树要求只能高大挺拔，侧枝树冠较小才利于自成景色，与周边环境协调。这次在日本街头所见法梧行道树的主干均未截头，树木保持高生长姿态，侧枝则修剪成粗而短呈宝塔形，如同树桩盆景林立街头。这让我联想起法国巴黎最闻名的香榭丽舍大街两侧的法梧行道树，其枝条修剪虽比东京街头粗放，但树形标准基本一致。再看合肥市芜湖路的万达广场沿街法梧行道树的更新也符合这一理念。因此，我认为合肥长江路现在的法梧行道树宜利用冬春季，通过修剪留好高生长的主梢，并对侧枝进行适当修剪，力争早日形成高大挺拔的行道树景观为佳。

此外，道路绿化带，应注意保护主要基调树种的生长。如合肥阜阳路中段的桂花树，影响到小乔木红叶李的生长，这条路虽无高大乔木，但喜阳的红叶李早春开花使道路显得特别美，成为特色。因此，该路的桂花树宜通过修剪，不与红叶李争夺生长空间，才利于保护好特色。

分车岛现一般都已满栽植物，宜通过修剪保持一定高度和整齐美，以不遮挡交通视线和不缺株为好。

市区沿街较大绿地，一般不宜采用简单的造林方法，宜通过园林绿化尽可能给市民留出亲近自然和休闲的空间，并适当多植四季常青树，并在绿地边缘安排一些座椅，供行人休憩。

2. 广场游园应打造成城市园林的精品景观

广场是城市的客厅，除了已植的树木外，还可通过摆花或利用植物进行立体造型，打造城市临时新景观，增添城市美感。现在有的地方虽四季摆花，但老一套，水平不高。夏季去东北，见哈尔滨街头采用五色草造型，很有特色。我们这里通过温室可四季培养花苗，尤其春秋季更适宜摆花和植物造型，美化街景时间比东北长多了，可以借鉴。还有垂直绿化和墙体立面绿化，可选择重点路段用于遮丑或树立绿色景观标志。例如合肥杏花公园东广场作为寿春路由东向西的视觉轴线尽头，现成了停车场显得杂乱，若在广场东侧通过摆放盆栽大树或树立绿墙、花墙，则可供由东向西的司机和行人在行进中也能赏心悦目，享受人工自然之美。

3. 弘扬城市园林的文化性和地方特色

突出城区绿化的文化性和地方特色是克服千城一面的关键。合肥在突出"大湖名城、创新高地"基础上可突显三国故地、包拯家乡特色，彰显历史的厚重和人文特色。例如张辽威震逍遥津的形象最好能直接展现街头，成为市容的重要景点。若有条件，逍遥津公园还可结合对面沿寿春路的教弩台北侧环境进行提升改造，让行人在寿春路上直接触及浓厚的三国故地氛围和李鸿章名人故居气息。

现合肥寿春路逍遥津南大门广场与东侧的游园被人为地分割成风格不同的两部分，都是因前几年改造时保存大门楼的结果。实际上这个门楼保存价值不大，又不是古迹，完全可以与东侧绿地统筹考虑，形成整体。建议可借鉴武汉城区的解放公园、常州市区的红梅公园门前广场的改造手法，让公园景色敞开，更好地呈现街头，进一步提升园林城市的品位。

合肥的芜湖路沿包公园一侧，也可结合沿街园林绿地呈现包公雕塑，并对沿街建筑立面进行宋式化改造，必能增添城市的厚重历史。

单位庭院和居住区绿化是城市的面上绿化，通过动员发动和督查结合，可进一步推动全民绿化。尤其沿街可以通过门前三包和拆墙透绿作为抓手，提升街道绿化水平。

4. 倡导树种多样性和适地适树原则是提升行动的关键

适地适树和倡导树种的多样性是城镇园林绿化提升行动能否成功的关键所在，以合肥寿春路的广玉兰和桂花树为例，现已成为这条路的特色，长势很好。

前段时期由于宣传中未能讲究科学，未适应广玉兰肉质根怕水渍的特性，在一些道路硬质铺装上掏洞栽，结果长势差形成小老树，致使后来放弃种植。而广玉兰是我们这个地区最耐寒、生长最快的高大常绿乔木，只要保证绿带有一定宽度，且排水良好，栽植时又不过深，就能达到适地适树要求。还有雪松曾在合肥长江路上长势特好，树体高大，如四牌楼和东门口等地段曾形成过优美绿色街景。龙柏球也是如此，总比现在长江路上缺少常绿植物，冬季难见绿色生机为好。

对于林下植物，如合肥环城公园环北景区树林下的野生草本植物，清理地块垃圾后，宜通过保护尽可能恢复自然植被，或补植一些耐荫植物，更好地体现生物多样性。有些树种苗源不同，生长后期的树形差别很大，如雪松与水杉的实生苗无论树姿和长势都优于扦插苗，因此提倡科学育苗不可忽视。树木种植也要讲科学，必须给植物留有生长空间，种植过密的绿地要适当间苗，尤其作为行道树的银杏树又间种速生的法梧，树木稍大后必须移出，否则银杏势必形成、小老树。

总之，园林景观必须适地适树，重视人工植物自然群落特色的形成，营造出适宜人居最佳环境为根本宗旨。因此建议各地贯彻落实省政府开展城镇园林绿化提升行动时，应从城镇总体规划入手，在科学编制绿地系统规划的基础上，高度重视人工植物群落景观的营造。植物配置中一定要讲究科学性、文化性、艺术性、实用性，杜绝植树越密越好和那种要求植物种下立即成景的非理性做法，以及过分强调最低价中标。只有在园林景点的建造上重视意境、生境、画境的艺术效果，才能精益求精出精品，提升城镇园林绿化水平，赶上江浙，实现省政府开展此项行动的初衷，促进人与自然关系和社会的和谐，满足人民群众对生活质量不断提高的需求。

（原载《安徽城建环资工作研究》2015 年 4 期，《安徽园林》杂志 2015 年 1 期）

让翡翠项链为大湖名城熠熠增辉

——打造南淝河与环巢湖景观带，展现翡翠项链新特色

近两年全省在省委、省政府园林绿化提升行动的号召下，在全省掀起了园林绿化提升热潮，绿化水平显著提高，尤其荣获"园林城市"殊荣的市县已在全省遍地开花，让老百姓实实在在地享受到园林绿化提升行动带来的实惠。最

近，我有幸参观了中国园林博物馆举办的"美国
景观之路——奥姆斯特德理念展"，将奥姆斯特
德对城市公共空间建设上的贡献，以及景观设计
哲学、规划理念和社会思想，通过风景园林五种
类型的代表作展现给中国观众，深感这对快速发
展中的我国城乡规划建设具有一定的借鉴价值。

安徽城建环资工作研究

本期提要

合肥由上世纪末的中等城市进入到"大湖
名城、创新高地"的快速发展期，让成为历史
的"环城时代"迈向了更具现代内涵的"环湖
时代"，新的目标是实现中国东部城市的中心城
市，长三角经济带的三大湖泊中心之一。合肥怀
抱巢湖拥建，对城乡环境建设也提出了更高的
要求，提升城市园林绿化水平势在必行，因此
要提升环城绿园，完善南肥河景观带，着力打
造环湖翡翠项链。

近年来，六安市环保局在市委、市政府领
导下，全面落实市人大及其常委会决议决定，
认真办理市人大常委会审议论题见以市人大代表
议案建议，不断加强班子队伍建设和党风廉政
建设，强力推进各项措施落实。环保工作取得
了长足进步，特别是在大气污染治理、饮用水
源保护、污染物总量减排、生态环境保护、环
境执法监管等方面取得显著成效。

● 让翡翠项链为大湖名城熠熠增辉
　　——合肥积极打造南肥河、环巢湖景观带
● 关于六安市环保局工作情况的调研报告

第 13 期
2015 年 12 月
（总第 27 期）

安徽省城乡建设环境资源工作研究会
主 办

园外，还利用波士顿的水系规划出 60~450 米宽的绿地，将数个公园连成一体，
在城市中心区形成景观优美的公园系统，被美国人亲昵地称为"翡翠项链"，成
为他显著的成就之一。当年赴美归来，我在《中国园林》杂志上曾发表了"'翡
翠项链'是合肥人的骄傲——从美国波士顿'宝石项链'说起"，重点介绍了合
肥环城公园，将老城区四角的公园连接成一个整体，构成新老城区之间的绿色
空间，在我国开创了以环串块的公园系统先河。今天，有幸在国内目睹到奥姆
斯特德的美国波士顿宝石项链即翡翠项链的案例模型与介绍，圆了多年未实现
的梦。展览突出波士顿主要利用河流等水系因素作为界定依据，规划一定宽度
的绿地，进而又创造性地提出"城市绿道"的概念，将面积、主题各不相同的
绿地通过林荫大道联系到一起。从波士顿公园到富兰克林公园绵延长 16 千米，
通过相互连接的绿带将公共花园、马省林荫道、查尔斯河滨公园、后湾沼泽地、
河道景区、牙买加公园、阿诺德植物园等 9 个部分相连，构成统一的公园系统。
同时，奥姆斯特德尊重历史、尊重社会、尊重自然，坚持风景园林可以促进社
会文明的信念和规划建设城市的公共空间，使自然田园式和民主平等的美学追
求很好地体现在风景园林规划设计中，让宁静的乡村绿色环境去平息喧嚣的城
市噪声，改善了城市居民的生活质量，其思想对美国社会文明及城市发展产生
过深刻影响，引起了越来越多人的关注。同时，景观设计的哲学也引发出人们
对居住环境的更多思考。

触景生情，联系到今日的省会合肥，我们生活的城市已由 20 世纪末的中等
城市进入到"大湖名城、创新高地"的快速发展期，让成为历史的"环城时代"

迈向了更具现代内涵的"环湖时代",新的目标是实现中国东部区域的中心城市,长三角经济带的三大副中心之一。合肥更大了、更美了,对城乡环境建设也提出了更高的需求。今天,合肥怀抱巢湖而建,提升城市园林绿化水平势在必行。继往开来,在突出植物造景,强调生态平衡,重视人文历史和倡导公园敞开化、系统化等基础上,被喻为"翡翠项链"公园系统的这张名片仍熠熠生辉,数十年来在国内知名度很高,至今环城公园还是我省唯一入选的国家重点公园。"翡翠项链"作为环城时代的靓丽名片,理应是合肥人的骄傲。这次美国景观之路展,首次向中国人民介绍了波士顿的"翡翠项链",这张历史名片历经百多年不衰,客观上为我市进一步唱响"翡翠项链"找到了知音,因为在世界上这两个城市具有"翡翠项链"环境特色是绝无仅有的。此外,两市相同之处还有很多,如两市同是省会(州府)、均处于本国东部,城市历史文化悠久、都有名牌大学(中国科大、哈佛大学)……这为把合肥打造成中国"波士顿"提供了得天独厚的条件,完全可以借助美国波士顿之名将合肥推向世界!

今天,合肥正迈向"环巢湖时代","翡翠项链"的内涵在合肥发酵了,内容更丰富了。环巢湖长100多千米的景观大道已经建成、环湖的旅游景观带也基本形成,还自然分布着10多个特色历史名镇和数十个旅游景点,以及多个湿地公园等,一条新的"翡翠项链"已呼之欲出,这为把合肥打造成中国的"波士顿"创造了更加有利条件。我们在弘扬"大湖名城、创新高地"思维的基础上可以进一步做足"翡翠项链"文章,概括为:提升环城公园、完善南淝河景观带、着力打造环巢湖"翡翠项链"。也就是通过对合肥母亲河——南淝河等水系景观带的营造,串连起环城和环巢湖的两串翡翠项链,形成合肥市新的更大的公园系统。这样既构建起合肥"环巢湖时代"的公园系统,又延续了"翡翠项链"的城市名片特色,使合肥市的公园系统,无论在规模上还是特色上均远远超过了美国波士顿,开创了合肥市生态文明建设的新局面。这条路径主要包含三个方面:1. 围绕南淝河等城市水系,打造滨水景观带。2. 以环巢湖大道为纽带进一步加强环巢湖的绿道建设,并连接沿线的各类公园、湿地、景点,形成名符其实的"翡翠项链"。3. 强化对现有环城公园的统一管理,进一步提质、提量。做好这三篇文章,唱响"翡翠项链",圆好中国"波士顿"之梦就不难了。那时,"翡翠项链"这张名片不仅是合肥人的骄傲,而且是安徽甚至中国人的骄傲!

（原载《安徽城建环资工作研究》2015年13期,《安徽园林》杂志2015年4期）

推广街区制利于城园一体化

2015 年底中央召开城市工作会议后，于近日通过新闻媒体报道了《中共中央国务院关于进一步加强城市规划建设管理工作的若干意见》（下文简称《若干意见》），进一步指明了我国城市发展的总体目标，就是实现城市有序建设、适度开发、高效运行，努力打造和谐宜居、富有活力、各具特色的现代化城市，让人民生活更美好。对此，我作为一名老园林工作者特别欢欣鼓舞，因从城市园林绿化的角度，深感《若干意见》必将有力地促进我国城市建设朝着更加科学合理的路线发展。尤其推广街区制，必将进一步强化对城市园林公共绿地及设施的共享。同时，住宅小区单位大院的逐步敞开，使庭院内的园林绿化景观呈现街头，更利于形成园城一体化的城市风貌和充分发挥服务居民日常游憩的活动功能。

一、超前意识是创新发展前提

20 世纪 80~90 年代，合肥市之所以在城市园林绿化上成为全国同行参观学习的热点城市，是与倡导敞开式的园林、让公园景物呈现街头以及以带串块的"翡翠项链"公园系统的超前意识和实践分不开的。1986 年建成的环城公园抱旧城于怀、融新城之中，以"布局合理、功能齐全、突出植物造景、生态效益显著"荣获当年度全国园林行业唯一"优秀设计、优质工程"一等奖，被国家认为具有推广价值，使合肥成为内陆城市的代表，于 1992 年与北京、珠海一同被列入全国首批园林城市行列。

那时建设的西园新村、琥珀山庄、安居园小区也都没设围墙，尤其西园新村起步较早，让小区内的中心绿地和 6 个组团绿地融入周围街区内；琥珀山庄小区巧于因借了敞开式环城公园的景色，强化了绿地服务居民日常活动的功能，使市民在居家附近就能够见到绿地、亲近绿地，提升了居住品质。同时，公交车也能穿行小区，方便了居民，体现了毛细血管支路的优越性。西园新村 1986 年建成后，被建设部、文化部、外交部推荐给联合国在意大利举办的国际人居展，获得该年里古利亚特别荣誉奖和建设部优秀勘察、设计住宅建设类二等奖（一等奖空缺）。琥珀山庄 1989 年被列入国家第二批住宅试点小区，于 1990 年代中期获得建设部第二批试点金奖和琥珀山庄南村规划建设工程科技进步一等奖等 6 个奖项。

　　在城市绿化发展方针上，合肥市当时倡导"以面为主，点、线穿插"，公园和城市公共绿地建设"以小为主、中小结合"，并提倡破墙透绿，强调绿地的均匀分布，确保绿地在建成区内占有适当比例。这些做法与《若干意见》精神基本一致，由此可见，合肥20世纪的经验是科学合理的，值得我们珍惜。

　　二、弘扬特色是贯彻"意见"捷径

　　中央发布的《若干意见》很全面，还明确了行动路线，让更加宜居的城市环境呈现在中国人民面前。落实中央精神是我们公民义不容辞的责任，应全力响应与支持。合肥具有得天独厚条件，因为过去的许多做法得到了验证，弘扬特色与经验无疑是条捷径。合肥的特色很多，各个部门单位都有资源可挖。为早日见成效，可先从与老百姓接触最为密切的老城区开始。公园是每个老百姓关注的热点，涉及矛盾又小，可选作敞开化的突破口。例如：寿春路逍遥津南大门广场与东侧的游园被人为地分割成风格不同的两部分，这是前些年改造时保存大门楼的结果。这个门楼实际上保存价值不大，又不是古迹，完全可以拆除使公园景物呈现街头。若再与东侧绿地统筹规划即可形成更加优美的街景，脏乱差的广场将得到彻底整治。

　　寿春路与蒙城路丁字路口的杏花公园东大门，灰色的水泥广场成了大型停车场，乱七八糟，一点公园味道也没有。若在广场沿马路外沿留出一定位置摆放盆栽大树，或用植物材料设置绿墙、花墙，应用垂直绿化美化街景，经费投入不多，但由东向西的司机和行人则可在行进中赏心悦目，享受到绿色植物呈现的自然美。

　　彰显厚重的历史与文化是提升城市品位的关键，也是克服千城一面的有效措施。合肥在突出"大湖名城、创新高地"基础上，宜在老城区突显三国故地、包拯家乡特色。可结合逍遥津南大门的改造，将张辽威震逍遥津的形象呈现街头。若条件许可，还可结合古教弩台北侧的寿春路环境改造，与逍遥津相呼应，让行人在寿春路上就能享受到浓厚的三国故地氛围和李鸿章名人故居的气息与敞开式的园林景观。芜湖路临包公园这段街区可结合宋代建筑进行改造，让清官形象的包拯呈现街头绿地，提升城市形象和弘扬廉政精神。

　　总之，推广街区制可以从合肥老城区先行，应是捷径。因老城区新建封闭式住宅小区较少，涉及开发商也不多，何况倡导破围墙透绿化更利于园林景观呈现街头，收到事半功倍效果。愿合肥经验越来越多、影响越来越大，知名度越来越高，永远走在时代的前例！

　　　　　　　　　　　　　　　　　　（原载《安徽园林》杂志2016年1期）

《明日的田园城市》读后感

英国人霍华德1898年著的《明日的田园城市》，常为中国人引用，但中译本2010年才由我国出版发行。原著尽管在"田园城市"中设置了林荫大道和中央公园，但并没有在"花园"上作文章。所谓"田园城市"指的是城乡一体，主要针对当时英国工业革命以来，大城市被严重污染产生的弊端，而倡导的一次重大社会改革，不可能去谈工程技术问题。作者把乡村和城市的改进作为一个统一问题来处理，大大走在了时代的前列。该书不是解决城市的局部问题，而是城市发展的大方向，进步性在于依靠了城市基本活力之所在的广大劳动人民。

霍华德将人口向城市集中的原因归纳为"引力"，把每个城市作为磁铁，而每个人则是一枚磁针。提出克服大城市弊端，至少要让一部分人找到方法，大于现有大城市的"引力"，建立新引力，克服"旧引力"。也就是把一个最生动活泼的城市生活的优点和美丽、愉快的乡村环境和谐地组合在一起，这种生活的现实性将是一种磁铁，对应于城市与乡村磁铁，而采用"三磁铁"图解来说明这种情况。这确实超越了城乡对立的思想禁锢，对未来的城乡结构做了十分有益的探索。

"三磁铁"图解

然而，作者采用了理想主义对待社会问题，试图利用实例和图解，表明建设一个小的田园城市，成为工作范例的正确态度，就一定具有伟大价值，则显得过于天真。但是尽管如此，仍可以从该书中吸取思想精华，例如倡导城市组团式结构与城乡交融。尤其提出城市公园和主要园林绿地全民所有，永远无偿地服务于全体城市市民和保证城市绿地维护，城市环境生态功能不受干扰等，在今天我们快速城镇化过程中，应站在巨人的肩上，吸取其思想精华为我所用。确保我们的建设既有益当代，又能造福子孙后代。

（原载《安徽园林》杂志2014年3期）

第四章　缅怀先贤

　　我们许多先辈为园林绿化事业做出了巨大贡献，今天缅怀他们是为了更好地学习和继承他们的学识与未尽的事业，同时激励后来人更加努力，让我们的社会更美好。

圆了爱国梦　为国争了光

——陈俊愉教授研究菊花起源 50 年

　　近代，中国一度沦为半殖民地半封建社会，备受列强们欺虐。国际上许多学术刊物登载日本学者文章，对源于中国的菊花窃为日本原产。为此，北京林业大学教授陈俊愉义愤填膺。日本在培育现代菊花品种上虽做了大量工作，但菊花理应源于中国，他认为菊花是公元 8 世纪由中国传入日本的，这本是不争的事实，但列强们无视中国。1961 年，年轻的陈俊愉教授，不服这口气，决心将爱国主义情结融入科研中。当时，我国尽管正处于三年严重困难期，吃饱饭都成问题，但他顶着别人不以为然的心态，自选菊花起源研究课题，一干就是50 年。

　　陈俊愉教授通过人工远缘杂交，选择中国野生菊的远缘种，也就是比较接近东晋时期（公元 317~420 年）伟大诗人陶渊明时代的最初人工种，而不是洋人现在培育的菊花品种。因此，该试验首先在选材上就具有独创性，再结合现代各种试验手段，产生变异，求同存异，找出规律性，得出原产中国的结论。

　　陈俊愉教授主持菊花起源研究课题前后跨越 50 年，涉及地域广泛，尤其重点涉及了他家乡安庆的野生菊，即天柱山（大别山东坡）开黄色小花的毛华菊和野菊天然的杂交种，以及宜昌附近花白色、稍大一点、半重瓣，天然的杂交野生菊种。在选择野生种的同时，远离现代观赏菊，利用作药的菊花，如：亳菊、滁菊、黄山贡菊、杭菊等未经太多变异的材料，采用传统远缘杂交和先进的科研手段，其中包含分子测试、人工合成、细胞解剖、多功能育种等目前世界上最先进技术，进行数量分类，找出共同点。研究中，还涵盖了菊花文化的演变，力求综合解决起源问题，纠正了日本单一从细胞学看色型的研究方法。

为了将科研与人才培养紧密结合，在这50年研究中陈俊愉教授指导了多位研究生做了硕士、博士论文，尤其是博士论文。通过长时间大量实验的积累，从不同层面揭示了菊花起源中国和其种质资源的形成过程，从而解决了菊花起源的世界性难题。该项目研究成果的取得具有独创性，决不同于日本和欧美学者研究现代菊的方法，其学术价值世界一流，应用价值易于推广。

今天，即将出版的《中国菊花起源及种质资源研究》一书，终于圆了他的爱国梦，为国争了光。本书的发行必将给人类社会带来更多更美的关于菊花的资源和知识。

（原载《安徽园林》杂志 2010 年 1 期）

安徽人的骄傲　园林人的楷模
——弘扬陈俊愉院士的梅花精神

6月12日，我与来自全国各地园林和植物界代表千余人，在北京八宝山向中国园林植物与观赏园艺学界泰斗、学科的开创者和带头人陈俊愉院士遗体作最后告别。紧接着又前往北京植物园参加"陈俊愉院士追忆会"，他一生致力于花卉尤其是梅花的研究，使"南梅北移"，将梅花生长线向北、向西推进上千公里，在我国大江南北成功种植，体现了陈俊愉先生的梅花精神。他一生任劳任怨、高风亮节、大家风范、胸怀开阔和坚韧不拔、办事严谨、朴素求实、不图虚荣、为国为民、低调做人的精神不愧为大家学习的楷模……我与他相识相知30年，他的音容笑貌、睿智眼神在眼前难于消失，激励和鞭策着我更好地做人、做事、做学问。

浓厚的家乡情怀

我与他首次见面是20世纪80年代初，他与武汉的赵守边、王启超等学者带着助手在合肥市副市长、园林专家吴翼陪同下来到合肥市苗圃。我当时任苗圃主任有幸认识了他，亲身感受了学者们拿着放大镜对绽放中的梅花认真进行品种鉴定的情景。"合肥送春梅"品种就是这次由他所鉴定，成为我市1983年赠送日本久留米友好城市的礼物。由此为开端，我对梅花也产生了兴趣。

陈俊愉先生虽出生天津、在南京长大，但他对祖籍我省安庆市念念不忘。他对我曾主动提及抗战初期曾随父母返回过家乡，八九十岁高龄时仍常返乡为父母扫墓，而对家乡的发展更是高度关注。1983年，合肥市苗圃就是在他的鼓励下，从我省皖南歙县卖花渔村购回数十卡车的梅花桩，栽了数十亩，成为梅花树桩最大户，为90年代初在合肥植物园建设梅园打下了基础。1993年2月28日在合肥逍遥津公园举办第三届全国梅花蜡梅展开幕式后，他曾来到合肥植物园，与时任安徽省人大常委会副主任的江泽慧、副省长龙念和合肥市市长钟咏三共同为梅园奠基栽下了第一株梅花树。15年后的2008年2月28日，他再次来到合肥植物园，举办第十一届全国梅花蜡梅展，与老朋友龙念、钟咏三及合肥市政协主席董昭礼共同为"陈俊愉陈列馆"落户植物园揭牌，成为历史性的永恒纪念。

关于设立"陈俊愉陈列馆"的动议，最早源于2005年在武汉第九届全国梅花蜡梅展期间，我当时还在市政协人口资源环境委员会主任岗位上，在说服陈先生并达成初步意向后，曾向时任分管园林的副市长倪虹汇报，得到他的充分支持与肯定，然后由合肥植物园周耘峰园长按程序书面上报，经时任市长郭万清批准。陈列馆落成后，2007年12月我再次与周耘峰园长到北京拜访陈先生，得到他的鼎力帮助，取回了第一批陈列展品。

首次举办全国梅花蜡梅展，也充分体现了陈先生对家乡的厚爱。1988年他曾多次来安徽，并由我陪同拜访过时任副省长龙念，希望通过北京首届梅展提升安徽知名度。在龙省长的亲自安排下，我省带着以龙游梅桩为主的梅花盆景参展。开幕式上龙念副省长作为全国省市唯一代表与国家领导人陈慕华、农业部长何康共同为展会揭幕。我省展品由于艺术品位高，获得15枚金牌，成为该届获奖最多的省份。时任省委书记卢荣景正巧在中央党校学习，听说后专门抽时间在陈先生和汪菊渊两位老专家、最早的两位园林院士陪同下参观梅展。当卢书记听说两位老专家一是安庆、一是休宁，均是安徽人时，特别高兴，拉着他俩，被我用相机拍下了这难得的历史性镜头。

为了提升合肥市园林绿化水平，20世纪80年代末，他与夫人杨乃琴老师带着学生亲自到合肥植物园编制总体规划。1992年还在钟咏三市长亲自陪同下视察合肥号称安徽第一路的长江路的加宽改造工程，支持矮化分枝点较低的法梧行道树，他直率地说"还是实事求是好"！

进入 21 世纪，在 2008 年春再次来合肥时，他对家乡日新月异的变化感到由衷的高兴，多次接受记者采访，为家乡取得的成就感到自豪！

对图文并茂的《安徽园林》杂志以第一手的最新信息，成为沟通政界、企业界和学者的交流平台特别欣慰，不止一次的赞扬该杂志是地方性园林刊物办得最有特色的，甚至用了第一，这是对我退休后仍衷情园林事业的最大鼓励。

终生心血浇灌"园林之母"的祖国

陈先生爱国主义情结特别深厚，他多次宣传英国植物学家威尔逊（E.H. Wil-son）在 1929 年所著《中国，园林的母亲》一书，因为威尔逊首先提出"中国是世界的'园林之母'和'花卉王国'"。陈先生 90 高龄时仍主持全译威氏这位植物学家的巨著，并将该书"自序"亲自认真又重译一遍。他针对当前洋花洋草充斥我国市场，在《安徽园林》杂志 2007 年第一期上撰文"中国——世界园林之母亲，全球花卉之王国"，说："我要大喝一声：'我们这是在捧着金饭碗讨饭呀！'我们应从被提供丰富花卉新种质资源为主的'园林之母'和'花卉王国'，尽快成为主动批量生产，并向世界源源不断提供新花卉和新奇园艺植物的生产大国。"

为了祖国的花卉事业，陈先生在 20 世纪 80 年代中期主编《中国花经》，这是上海文化出版社在"文革"后编撰"四书五经"的第一本经，也是园林行业首部百科全书。他亲自撰写提纲、体例、样稿和重要章节；以惊人的记忆分别推荐了 120 位主要作者，几乎集中了当时全国 90% 以上的花卉专家，并制定了绝大部分作者的分工条目。在尚未普及电脑的年代，都是手工操作，据当时经办人上海梅慧敏同志介绍，每篇稿子差不多来回要改 20 余遍，如此浩大工程使他 8 年中不顾劳累在京沪之间忙碌。1987 年初我有幸应邀参加了他在上海大百科出版社召开的该书主要撰稿人会议。为了提高书的质量，该书在收集了全国范围内 188 科、2354 种花卉基础上，提出学习国家女排精神，选择我国 24 种主要特色花卉作为重点长条目，争创世界最先进水平。为此成立了 24 个写作组，召开组长会议，出席会议者多是该花的全国权威。我接受"石榴"的撰写任务后，陈先生给予精心指导，指出该篇的重点要考证和解决既是花又是果的品种分类方法，以及调研的方向和查找资料的途径。我花了大半年时间，结合园林工作跑了半个中国，查阅了 100 多本书，按照他撰写梅花的样稿，完成了该长条目一万字的任务。当时国家开始晋升高级工程师，一般只考虑"文革"前毕业的大学生，我于"文革"期间毕业，资格浅，他主动写推荐信，强调"重点花卉的主稿人（即统稿人）更多是国内名家，尤传楷同志在其中不仅主写了重点花卉'石榴'，而且保证了质量，成为饶有特色的一章。对此，我作为主编之一，感到相当满意。我认为从'石榴'的主写工作中，可以看出他的科学水平、专业知识与写作能力，都达到了高级工程师的要求"，这不仅仅是对我个人的评价，更体现了他对中青年专业人员成长的关心和对事业的高度负责精神。通过参与该书的部分写作，我不仅在 20 世纪 80 年代晋升高工，更重要的是学会了写书的方法。

中国十大名花的评选也是由他主持，与上海的同志一起，在全国范围内发动群众从 22 种传统名花中挑选十大名花，同时邀请全国 100 名园林花卉权威组成评选委员会。我作为被邀请的专家参加了推选，而工作组从全国 15 万多热心民众中汇集的意见，选出的名花与陈先生的意见一模一样，连顺序都一样。

竭尽全立倡导国花评选

我认识陈先生不久，被他倡导评选国花所感动，多次参加他组织的评选活动，认识到评选国花是对全民进行花卉知识的普及，可以使更多的人了解花卉，从而更加热爱有世界"园林之母"美誉的祖国。他作为我国倡导评选国花第一人，三十年如一日，最早他提出非梅花莫属；自 1988 年后改提梅花、牡丹"一国两花"的构想。因为历史上我国曾短暂的确立过国花，如清末慈禧封牡丹为国花，民国政府教育部于 1929 年定梅花为国花。结合我国国情，陈先生提出"一国两花"最为科学，尊重了国人自古所喜爱的名列十大名花前两位的梅花、牡丹的习俗，符合中国花卉文化既有里子又有面子，也就是既有国魂又有国姿。因为梅花"凌寒独自开"、"香自苦寒来"、"万花敢向雪中出，一树独先天下春"体现了中华民族的国格、国魂，而牡丹花大色艳、雍容华贵被喻为"国色天香"堪称国姿。选择"一国两花"容易为绝大多数人所接受，体现出中华民族的和谐精神，又利于海峡两岸同胞在国花上达成共识与团结，而且选择双国花在世界上古今皆有。为此，陈先生曾给中央领导写过 30 多封信，组织过多次"我为国花投一票"大型公益宣传活动，倡导召开"中国国花与和谐社会"学术论坛，联名 62 位院士签字倡议"一国两花"等。

他留给中华民族最值得骄傲的还有，为"园林之母"的祖国争得了第一个植物品种国际登录权。他作为梅品种登录国际权威，为国人树立具有最终花卉定名权的榜样，便于花卉在世界的传播和交易。

他生前还曾不止一次说，党的十七大提出构建生态文明，这比评选国花站得更高、看得更远。国花评选一定要顺其自然，将评选国花的过程作为爱国主义教育才更有意义。这高瞻远瞩的情怀赢得了国人的尊重，党和国家最高领导人对他的逝世表示悼念，并对其家属表示慰问，这正是对他一生成就最充分的肯定和最高评价。安徽作为陈先生的家乡因他而骄傲，他一生所展现的梅花精神更无疑是我们园林人的楷模！

（原载《安徽园林》杂志 2012 年 7 月 23 日）

陈俊愉院士的故乡情结

我是凌晨刚从西藏拉萨赶到北京，参加今天"纪念陈俊愉院士逝世一周年暨学术研讨会"。在进会场时的留言簿上，我题写了"园林人的楷模，安徽人的骄傲"十二个字，并以此为题还专门写了一篇文章，将发表在我主编的《安徽园林》杂志第二期上。

今天在这里不多说了，只简单重点介绍陈俊愉先生在梅花和园林事业上与安徽渊源深厚的几件事，以及对安徽园林事业发展的影响和推动。第一件事是，陈先生在 20 世纪 80 年代初就和王其超、赵守边等花卉专家到合肥，在园林专家、时任合肥市副市长吴翼的陪同下，专程赴合肥市苗圃考察梅花。当时，我是苗圃主任，在他的启蒙和指导下，开始逐渐认识梅花并产生兴趣。1983 年春的合肥市苗圃，经济效益很好，我在陈先生的鼓励和指导下，派专人赴徽州歙县，到享有千年梅花之乡盛誉的卖花渔村大量收购梅花树桩，运回具有典型徽派特色的数十卡车梅花树桩，在苗圃栽了几十亩，这为后来合肥植物园建设梅园打下了坚实的物质基础。第二件事是 1989 年初，通过在北京举办的第一届全国梅花展览，陈先生进一步提高了安徽梅花和园林在全国的知名度。记得 1988 年，陈先生多次到安徽，我当时在市园林局领导岗位上，陪同他拜访了时任安徽省分管园林工作的副省长龙念同志。在分管省长的重视下，组团并选择精品梅花赴京参加全国首届梅展。由于安徽梅花桩特别出色，全部集中陈列在主展馆温室内，使安徽千余年的徽派梅花树桩盆景在北京首次公开亮相，获得了 15 枚金牌，名列榜首。尤其，当时参加开幕式剪彩的三位领导，是全国人

院士在全国梅展会上

20 世纪末，作者与陈俊愉

大常务委员会副委员长陈慕华，农业部部长何康，省市领导代表就是我省的龙念副省长。安徽领导在北京全国花展高规格亮相实属罕见，无疑提升了安徽在全国的知名度。正是由于安徽的这次突出表现，惊动了正在中央党校学习的安徽省委书记卢荣景同志，他专门花了半天时间前来观展。作为全国园林界，先后被任命为工程院院士的汪菊渊和陈俊愉两位老专家，特赶来陪同并亲自介绍展品。参观期间，当卢荣景书记听说汪先生祖籍是安徽休宁人、陈先生是安徽怀宁人时特别高兴，兴致勃勃地拉着他俩的手畅叙家乡亲情，我作为向导曾抓住机会拍下了这难得的留影。第三件事，就是我们合肥植物园的规划建设。在20上世纪80年代后期，陈先生和夫人杨乃琴教授曾在我们的邀请下，带着学生来合肥帮助我们做了合肥植物园的总体规划，明确我们园林局所辖的植物园建园指导思想是：园林的外貌、科普的内涵，这一方针形成了合肥植物园的特色和发展方向。在规划建设上做到专类园与科普展示园结合。尤其，植物园内的梅园更是亮点，每年举办的合肥市梅花节，梅园成为市民初春赏梅的最佳去处。第四件事，就是陈俊愉陈列馆正式落成。因为这是在他生前设立，所以叫陈列馆，现在可以改为纪念馆了。这个纪念馆里收藏了不少陈先生的业绩和生平介绍，特别值得一提的是去年我们参加陈先生追悼会后，在张启翔副校长的同意和帮助下，把党和国家领导人赠送给陈先生花圈上的挽联收集带回合肥，放入陈先生纪念馆，作为珍贵的藏品成为永恒纪念。第五件事也是最能表明陈先生与家乡深厚情节，就是关于菊花起源的一书。在园艺界菊花的起源，形象地被比喻为"园艺界的钓鱼岛"，因为陈先生年轻时在国外的书籍上，看到东洋人自吹菊花起源于日本，误导了世界园艺界。他不服气，立志要拿出证据证明菊花是中国的原产，后来的几十年，他始终不忘研究菊花的起源。首先，他从家乡天柱山发现的野生毛华菊入手，从多个角度探索和采用先进的科学技术手段，证明菊花确实是中国的原产，直到临终前他还再作最后较对。今年，这本中英文对照的《菊花起源》一书，终于由安徽科技出版社出版，这是他生前对家乡情结的有力证明，因为我在他生前曾受托穿针引线过。现在安徽科技出版社在我的倡议下，准备本月内赠送该书给合肥植物园陈俊愉纪念馆，并在合肥植物园举行赠送仪式，表达安徽人纪念陈先生逝世一周年的纪念。谢谢大家！

（2013年6月8日在北京林业大学陈俊愉逝世一周年纪念会暨陈俊愉学术思想研讨会上的发言；原载《安徽园林》杂志2013年3期，又载《风景园林》杂志2013年4期）

21世纪初，伯父（右4）一家与作者全家欢聚在合肥

要有为人服务心　人是锻炼出来的

2013年8月20日，享年97岁的本刊主编尤传楷伯父尤德敏仙逝，他曾是20世纪40年代的公派留美生，1948年回国后一直从事土壤化肥的施用研究。1957被错划"右派"，改革开放后得到彻底平反。平反后虽已高龄，但对党仍无比忠诚，愿为四化尽余年。20世纪80~90年代仍工作在田头，曾对我国水稻"早促后控施肥法"提出改革，认为水稻靠早期采用肥效很短的化肥，多量多次施氮肥，尤其进行面施和水层施肥法更是错误的，这既浪费肥料又加重环境污染，还降低了水稻群体的稳产性能和产品的品质。

1982年9月20日，他针对本刊主编尤传楷作为技术干部，刚进入领导岗位不久写信给尤传楷，其信中对亲人严格要求，充分体现他不忘为国服务之心，并要求后人在工作中提高能力和学识，树立为人服务之心，一定要靠学识本领吃饭。现特刊登此信，在悼念之余，让读者从一个侧面分享老一代知识分子爱国和重教之情，同时也表达主编愿用余生更好为民服务之情。

附1982年9月20日原信：

传楷：

来信收到，知你工作很忙，但学习进步较快。人是锻炼出来的，一个人不要怕工作多，但要学习工作方法，在工作中提高能力和学识。单纯读书效果不大，对人处事要灵活诚意，还需有一定原则。要有一定为人服务之心，但又不能随便被人利用，不能贪小利，公私必须分明，要靠学识本领吃饭，望随时注意这些原则。

我两个月前来到过北京和黄山，都是开会。黄山只是去两天，又遇阴雨，未看到全貌很遗憾。这次会议是由安徽省农科院经办，中国农科院主持。

黄山地处原徽州歙县，安徽省的名字即安庆、徽州的缩写，你们的祖母原籍徽州歙县，生长在苏北盐城，后迁南京。我到了黄山就更想你的祖母了，本想到歙县城里去看看，太远没时间，只好做一首诗以表思母之心。

去年盛夏适匡庐，今岁初秋访玉都①。

相去两山千百里，争妍各自有春秋。

思亲更把黄山恋，教子徒增北海情②。

祖国河山多壮丽，玑珠要与后人留。

黄山回来后，组织上叫我搬家，这几天在修整房屋忙，搬家这幢小楼原是 1947 年建给外国专家住的，质量是全院最好的，我住二楼西边，小楼共四家，其余三家都是行政干部，因我未住上高知楼，有一家搬走，排队到我。该楼为 7 号楼，在小门向南为 7-3（西边楼上）。我三十年来遭遇多变，在本单位搬了十次家，下放两次，故有感而赋诗一首。

十次迁居两别离，依稀往事不缠连。

艰难岁月心坚定，向党仍抛一片心。

年年岁岁韶光逝，日日时时惜寸阴。

但愿白头搔不短，能为四化尽余年。

我不会做诗，只是试作而已，不上规矩。

大伯母身体还好，毛毛打算明年再考，思想转变要逐步地来，他以往全是自误，但亡羊补牢还来得及。

问你父母好，小杨能有机会学习很好。

余再谈。祝好！

大伯　1982 年 9 月 20 日
（原载《安徽园林》杂志 2013 年 3 期）

伯父的嘱托影响了下一代，图为作者夫妇（右）和堂兄弟们及外孙

---

①玉屏楼和天都峰是黄山两大中心点，用以代表黄山。

②孔融为北海相，时称孔北海。孔融自幼即贤让，四岁让梨给弟兄吃。

敬上不"唯上" 用书不"唯书"

——一位老科技工作者的"唯实原则"

伯父尤德敏

年已 94 岁的老科技工作者尤德敏曾于 20 世纪 40 年代中期赴美国留学，获美国威斯康星大学土壤系硕士，1948 年学成归国，就职于南京中央农科所。新中国成立之后，仍在原址江苏农科院工作。1954 年以来一直从事水稻经济合理施肥技术和化肥合理施用的实验研究。2009 年，以 92 岁之龄躬逢新中国成立 60 周年之际，仍有足够精力将其所从事的工作和生产示范以及技术推广宣传工作有关资料汇集成册，其中经济合理施肥的基本要求和操作方法，可作为其他粮食作物参考乃至仿用；化肥合理施用也可供广大农业工作者参考，这被他认为是一生中最大的幸福。

在 1957 年被错划为"右派"分子后，挫折中他并未对人生失去信心，而能在思想上始终坚持辩证唯物主义的实事求是态度。他淡化名利，正确看待人生。他认为每个人都可能遇到意想不到的困难或挫折，但一定要正视它，正确对待它，保持自身的心态稳定最重要，千万不能急躁和贸然处之。

今年春节，他在新编辑的"坎坷人生路，风雨伴我行"人生历程影集中，结合亲身经历，通过影像和文字深刻感言：无论外界环境如何变化，自己都不能说假话、说谎话，只有这样，才能保持心态稳定，达到身心健康。作为一位科技工作者，在工作中要尽心、尽力、务实、坚持，避免陷入急功近利、见异思迁至使"失真"的浮躁。

（原载《安徽园林》杂志 2011 年 1 期）

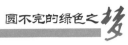

图为作者父母尤德良、方慧君

（原载《安徽园林》杂志 2007 年 3 期）

扬州与徽商

"无徽不成镇"，是关于徽商的一句名言。在某种意义上，名城扬州也是徽商再造的。

扬州好，第一是徽商，"购买园亭宾亦主，经营盐典仕而商"。徽商在扬州修桥筑路，铺设街道，广设嘉园，而场州的梅花书院、安定书院、资政书院、维场书院等，主要仰仗徽商的财力支撑，扬州文化声名隆起，得益于徽文化的注入。

扬州著名文化学者韦明铧说，扬州人今天所自豪的物质和非物质遗产，没有一样离得开徽商。徽商在扬州到底有多大能耐？据记载，在扬州从事盐业的徽州人，是徽商的主体，清乾隆年间其资本就有白银四五千万两，而清朝最鼎盛时的国库存银，不过 7000 万两。扬州徽商每年缴纳的税银，超过清朝财政收入的四分之一。徽商崛起、执商界牛耳，直至衰败，都与扬州有着不可分割的关系。徽商曾经改变着扬州，深深地影响着扬州。亦商亦儒的安徽人，在扬州留下的创业精神、经营之道和风流佳话，甚至多于故土，如晶莹的雨水，渗透在扬州城中。

徽州山多地少，徽州人大量外出谋生、经营。据记载，明代嘉靖到清乾隆年间，移居扬州的 80 名客籍大商人中，徽商占了 60 多名。徽商来扬州，不少是举家迁徙。

徽商喜欢如诗如画的环境，就有了大量园林、宅院的兴建，扬州的瓦匠、木匠、花匠才有事情可做；徽商家里重视装饰、陈设，所以扬州的书画、漆器、玉器行得以兴盛，出现了许多大师。我们现在看到的瘦西湖，当时就是徽商的别墅群，徽商住在城里，但沿河造建了别墅，有几十家，延绵十几里。

四大徽班就是从扬州东关街码头乘船上京城的。扬剧也是因为徽商才发展走来的。徽商喜欢美食，所以才有了淮扬菜和名厨；徽商喜欢悠闲，所以茶馆和澡堂子很多，扬州的三把刀离不开徽商。可以说，现在扬州人自豪的物质与非物质遗产，没有一样离得开徽商。扬州人重视文化、休闲，但小富即安，不喜欢冒险。明清时期，扬州人在城市运转过程中充当了服务角色，比如管账、修脚等。一个扬州人在徽商家里谋生，就可以养活全家了。扬州衍生出了有闲阶层，菜馆、戏园子、澡堂、书场等很多。

扬州徽商中的歙县巴氏在扬州经商经历很有代表性。著名学者巴慰祖的父兄即在扬州经营盐业。巴慰祖的哥哥巴源绥，随父来扬州，经盐业起家，巴源绥的儿子巴树恒继承家业，善于经营。扬州城里现有一条寻常的巷弄，名叫巴总门，据说巴氏曾住在这里。本刊主编祖籍扬州，其祖父 13 岁就在巴氏钱庄学习，祖母即巴氏子女。

（原载《安徽园林》杂志 2009 年 2 期）

巴慰祖
——故居博物馆

巴慰祖（公元 1744-1793），字子籍，又字子安，号隽堂（一作晋堂），又号莲舫，清乾隆时安徽歙县渔梁人，著名篆刻家、书画家、古玩书画收藏家，歙派印章大师。著有《四香堂摹印》二册，《百寿图印谱》1 卷。后人赞他"巧工引手，冥合自然，览之才终日不能穷其趣"。巴慰祖及其艺术创作，成为徽州文化的有机组成部分。中国近代著名书法家、篆刻家、画家吴昌硕、黄宾虹、叶

巴慰祖博物馆展示的肖像

为明、王福昌等都不同程度地受到巴慰祖篆刻艺术的影响。

巴慰祖故居坐落在歙县渔梁中街，坐北朝南，二层建筑，分前、中、后三进，建于明万历年间。前进为客厅；中、后进为住房，皆为三合院；另有东西厅。客厅瓜柱柱托雕刻精美，角檐柱上端有丁字栱；中进为梭柱柱础呈复盆状。现家藏文物有"爱日居"等匾额，皆出自于明、清时大家之手，其中"星灿蓝天"匾额为乾隆皇帝亲笔手书，奖赏巴慰祖的艺术造诣及对中国南方地区的巨大影响力。同时，在巴家后花园，即"觉园"，还遗存有莲舫亭、浮石池和隅阁等。

为纪念和研究巴慰祖，加强文物保护，弘扬徽州文化，巴慰祖后裔对巴故居进行了维修。现前厅已修缮完毕，开设"巴慰祖故居博物馆"。

巴慰祖故居博物馆展品包括巴慰祖书法作品、金石、古玩、砚、墨及生平事迹介绍，还有巴慰祖后裔书画、篆刻作品，当代歙籍篆刻家作品和巴慰祖收藏品等。该馆供人们学习巴慰祖治学精神，纪念和研究巴慰祖，弘扬历史文化，促进社会主义精神文明建设服务。

（原载《安徽园林》杂志 2007 年 3 期）

汤姆和他的中国朋友们

汤姆·斯卡帕斯特（Tom Schiphorst）生于 1933 年 6 月 2 日，卒于 2013 年 11 月 30 日，是荷兰著名园林花卉专家。他设计的 Bennekom 生态花园最能代表他园林设计思想，因为设计中成功地运用了平衡理念和生物多样性理念，实现了立体绿化，鸟语花香和四季夺目的景象。

汤姆对中国有着深厚的感情，他经常说，中国是他的第二祖国，在中国到处宣传他的生态理念，传播植物学知识并为一些中国城市做园林设计，成为中国人民的好朋友。无锡市是他多年支持成功的范例，该市为了纪念汤姆在花卉事业上对中国所作的贡献，今年 4 月在无锡梅园举行了 Tom 小屋揭牌仪式，成为无锡梅园一处新景点。

Tom 在合肥逍遥津公园南大门

汤姆十几年前来到中国，1996 年曾来合肥，并赠送多种草本花卉种子给合肥市园林局的苗圃试种。1997 年，他还曾指导合肥市栽种荷兰郁金香，在春节期间反季节开花，保证了合肥迎春荷兰花卉展的成功举办。

（原载《安徽园林》杂志 2014 年 2 期）

1996 年，合肥市园林局和旅游局邀请 Tom（中间）等荷兰花卉专家来肥举行学术报告会，作者（右一）时任该局主要负责人，主持报告会

怀念学会创始人——吴翼

中国共产党的优秀党员，原九三学社中央委员、合肥市副主委，合肥市副市长吴翼同志，因病医治无效，于 2013 年 12 月 14 日 16 时 28 分在合肥不幸去世，享年 88 岁。

吴翼同志原籍江苏江阴，1925 年 3 月出生，1948 年 8 月参加工作。1948 年 8 月~1955 年 4 月，任上海铁路管理局实习生、技术员；1955 年 4 月~1980 年 1 月，任合肥市园林处（局）技术员、工程师、副处长、副总工程师；1980 年 1 月~1983 年 5 月，任合肥市政府副市长兼园林局局长；1983 年 5 月~1984 年 10 月，任合肥市政府副市长；1984 年 10 月~1986 年 6 月，任合肥市政府副市长、党组成员；1986 年 6 月~1990 年 1 月，任合肥市绿化委员会主任、市政府党组成员；连续当选第六届、七届、八届全国政协委员。1998 年 4 月退休。

灵堂大厅绿色植物，由合肥植物园、合肥市苗圃摆放。

（原载《安徽园林》杂志 2013 年 4 期）

吴翼老副市长是合肥人的骄傲

21 世纪初，作者拜访吴翼（左）

在国际风景园林师联合会（IFLA）第 47 届大会上，中国风景园林学会对我国风景园林行业的著名专家型市级领导进行宣传，向国际社会传播中国园林文化。为此，编辑的宣传片重点报道了我国 20 世纪 50 年代以来曾担任过杭州市副市长的余森文、广州市副市长的林西和合肥市副市长的吴翼，被称为中国的园林人。

吴翼是我国著名的园林学家，曾担任过中国园林学会副理事长、安徽省园林学会理事长等职务。在吴翼先生担任副市长期间，合肥市园林建设取得长足的发展，三次获得全国园林绿化先进城市，并为 1990 年代初合肥市荣获全国首批园林城市奠定了坚实基础。

（原载《安徽园林》杂志 2010 年 2 期）

建设部部长汪光焘看望 80 多岁的园林老专家吴翼

◀ 汪光焘部长等领导与吴翼老专家亲切握手，并祝吴老健康长寿

▼ 2006 年 3 月 19 日下午，建设部部长汪光焘（左 2）在省政府副秘书长余焰炉（左 3）、合肥市市长吴存荣（右 2）、省建设厅厅长倪虹（右 1）、合肥市政府秘书长谢刚等的陪同下来到吴翼（左 1）家中探望

▼ 汪光焘部长与吴翼亲切交谈，左一为合肥市政府秘书长谢刚

原载《安徽园林》杂志 2006 年 1 期

我省老园林专家吴翼
荣获中国风景园林学会终生成就奖

2013 年 10 月 26 日，中国风景园林学会在武汉召开的年会上，授予吴良镛、周干峙同志终生成就奖特别奖，授予陈有民、吴翼等 15 位同志为终生成就奖，吴翼老专家是我省唯一获奖者。

吴翼 30 多年来致力于城市环境与风景园林建设，撰写学术论文 30 余篇，是《当代城市园林》、《环境绿化》的撰写人。他结合实践提出了中国特色的新理论，科学地概括园林绿化功能。他倡导并开展城乡一体化，生态大园林建设。

他主持指导并具体参与"合肥市环城公园规划设计"，获建设部优秀设计、优质工程一等奖；让合肥成为 1992 年首批"园林城市"中的一员。1993 年他被全国绿化委员会授予"全国绿化奖章。"曾担任中国风景园林学会副理事长。他就是合肥市前副市长，我们敬爱的、现年 88 岁高龄的吴翼先生。

（引自中国风景园林学会的大会介绍词）

我学会创始人吴翼老会长曾倡导
把城市建设成一座大园林

　　20 世纪 90 年代初，著名科学家钱学森在给合肥市吴翼副市长的信中提出："在社会主义中国有没有可能发扬光大祖国传统园林，把一个现代化城市建成一座大园林"的设想。吴老在回信中充分肯定："合肥市的绿化也是按'把城市建设成一座大园林'的概念进行的。这次与北京、珠海共同荣获全国首批'园林城市'的光荣称号说明这一目标和路子是正确的，可行的。"表明合肥市自新中国成立以来，特别是改革开放之初，城市规划建设与园林绿化，相对其他城市起步早、成效显著，在全国有一定的示范作用。吴翼的贡献功不可没，因他自 1955 年调入合肥就一直工作在园林绿化岗位上，尤其 20 世纪 80 年代成为城市绿化的领导者。

（原载《安徽园林》杂志 2013 年 4 期）

1984 年秋全国著名园林专家朱有介（左一）来肥参观考察园林绿化后，欣然命笔，题写『花园城市』，赞赏合肥的绿化成就。图右二为时任合肥市副市长的吴翼，右一为作者

著名林学家彭镇华教授在京逝世

彭镇华是中国共产党优秀党员、著名林学家、林业教育家、中国林业科学研究院首席科学家、国际竹藤中心首席科学家，因病于 2014 年 5 月 24 日在北京逝世，享年 83 岁。遗体告别仪式于 5 月 30 日上午 9 时在北京八宝山革命公墓举行。

彭镇华 1931 年 12 月 20 日生于江西景德镇，籍贯江西吉水，1956 年毕业于安徽农学院林业系；同年留校任教，历任助敌、讲师、副教授、教授。1960~1964 年，他在苏联列宁格勒林学院学习，获生物学副博士学位。1996 年起在中国林科院林业所任中国林科院首席科学家。

彭镇华教授一生追求科学和真理，将毕生精力奉献给了林业科研和教学事业。他为人师表，治学有方，先后培养博士生、博士后 60 余名，为我国林业建设输送了一大批高层次人才。

怀念恩师彭镇华

1993 年彭镇华（左 1）和江泽慧（左 2）夫妇率团赴美国、加拿大考察时，在美国加州大学进行学术交流的情景，作者（右 2）随团并在学术交流会上做记录

彭镇华和江泽慧夫妇是我在安农林学系读书时的老师，"文革"前入校即认识了他们。1968 年，学校下迁滁县琅琊山林场，在上山植树师生共同劳动中逐步相识相知。20 世纪 70 年代末安农迁回合肥，80 年代初，我在合肥市苗圃工作期间，在科研上与他们加强联系，提供花卉辐射育种的实验场所，接着在花卉活动、大环境绿化和境内外专业考察中，不断加强联系、接受指导、相互帮助，逐步结下了深厚的友谊。

1997 年初，考察香港郊野公园，这也是香港回归前，作者与彭镇华教授一同第三次赴香港

1992 年春，我随彭镇华夫妇赴香港参加花展和花卉考察半个月，次年初夏随他们夫妇赴美国、加拿大校际交往和考察，收获颇丰。1994 年，还与彭镇华教授赴澳大利亚参加国际花事活动和园林绿化考察；1995 年赴欧洲六国考察花卉产业与城市绿化；1997 年初，再次考察花卉产业与绿化，赴新加坡、马来西亚、泰国三国和中国香港、中国澳门。在多次考察中直接得到他们夫妇的指点，成为终生难忘的经历。

1993 年，在他们夫妇指导下，我还考察长江中下游滩地绿化的综合治理、江苏泰兴的银杏产业，以及考察溧阳板栗生产状况等。在此基础上，市里由我牵头主持编制了《合肥市大环境绿化规划（森林城建设）》。此规划上报林业部，于 1994 年正式批复，合肥市由此开始森林城试点工作。批复的规划中，明确要求尽快提高城市绿化覆盖率和增加城乡绿化面积，提高园林、林业在国民经济生产总值中的比重。2000 年初，经全国绿化委员会办公室 2 号文批准，合肥市被列入城乡绿化一体化试点单位，再次接受彭镇华夫妇指导。合肥市成立了森林城建设指挥部，我作为指挥部办公室主任再次牵头编制森林城规划，即《合肥市城乡一体绿化规划》得到国家林业局正式批复认可。规划中明确城乡绿化一体化建设是以园林为主导，植树造林为主体，把森林景观引入城市，园林景观辐射到郊县，实现城镇园林化、农田林网化、山岗森林化。合肥早期森林城建设，既反映出创建森林城的本质就是城乡统筹发展，开展城乡一体绿化。因此，在理论上我认为：创建森林城，将建成区域范围内的城镇园林化和彭教授在市域范围内创新性提出的"林网化、水网化相结合、城乡一体建设城市森林"

的理念合起来就更加完善了!

2001年,合肥市城乡一体绿化还纳入到彭镇华夫妇主持的森林生态网络体系的组成部分,我因此代表合肥市参加了在广西召开的森林生态网络会议。

2002年,我受彭镇华教授委托,首次赴西藏,专门去林芝的西藏八一农学院,察看森林生态网络点上的落实情况;随南林大竹子研究所教授们赴巴西、智利考察竹子分布和产业发展情况,归来后我均提交了书面调研报告。

2008年,中国生态文化协会成立,我有幸成为该协会首批理事。2011年,彭镇华教授应邀赴合肥市林业和园林局作森林城建设专题报告,他赴京前特委托李宏开教授把讲稿交给我,供杂志刊用。我在《安徽园林》2011年3期、4期和2012年1期,分别以:"森林城市战略的思考缘由"、"关注人体健康留出活动空间"、"发挥林业三大优势弘扬中华生态文明"为标题,分三期全文刊登,弘扬他的学术思想。

2006年,我退休后,虽主要从事安徽省风景园林学会工作,但在许多花事活动中与他们仍有所接触。前年,也是最后一次与彭教授交流中,他还赞扬我热衷公益事业,并肯定地表示在学术上可以有不同观点。他的伟大人格和学识感动和鼓励着我继续为风景园林绿化事业发挥余热,并潜移默化地影响着我的人生。

彭镇华教授2014年5月24日在北京病逝,安息吧!我永远怀念您。

(原载《安徽园林》杂志2014年2期)

作者(左2)与安农大林业和园林学院院长黄成林(左1)、教授李宏开(中)、中国林科院研究员张旭东(右2)、国防大学蔡教授(右1)等在追悼会现场

荷花专家王其超逝世

　　王其超先生于 2016 年 2 月 5 日病逝，2 月 7 日上午在武汉殡仪馆举行追悼会。他 1950 年毕业于湖北农学院（现为长江大学），从 20 世纪 60 年代开始研究荷花。60 余年来收集、整理、培育荷花品种 810 余个，发表荷、梅论文 60 余篇；著书 10 余本。1987 年倡导成立全国荷花科研协作组并组办了首届全国荷展，并在 1989 年 7 月，由中国花卉协会正式批复成立荷花分会。王其超历任副会长兼秘书长、会长之职，为荷花分会做了大量工作，为荷花分会长远发展奠定了重要基础。1991 年 7 月又与夫人张行言建议在武汉成立品种资源圃，夫妇双双荣获国务院津贴，被喻为人间并蒂莲。他们对荷花热爱、执着的精神，鼓舞激励着荷花界有识之士。

　　追悼会由中国花卉协会荷花分会会长、华中农业大学园艺系主任陈龙清主持，中国园艺学会副理事长、华中农业大学园林园艺学院院长包满珠致辞。本刊主编和合肥植物园主任周耘峰专程赶赴武汉出席追悼会。

　　（原载《安徽园林》杂志 2016 年 1 期）

王其超、张行言夫妇获中国荷花终身成就奖

——中国花协授予"人间并蒂莲"

　　做一个荷花人并不难，难的是把荷花当作一生的终身追求！王其超、张行言夫妇年龄均过八旬，届令奔九，是荷花界著名的传奇夫妻。他们 1950 年同时毕业于湖北农学院（现为长江大学），从 20 世纪 60 年代开始就研究荷花。

　　（原载《安徽园林》杂志 2014 年 3 期）

中国花协领导向人间并蒂莲授奖

荷花专家"并蒂莲" 王其超、张行言伉俪

我国荷花界权威、著名的荷花专家王其超和张行言伉俪一生喜爱荷花，他俩研究荷花的成就，为中国的荷花事业做出了重要贡献，被人称为"并蒂莲"。

这两位老教授从 20 世纪 60 年代初开始研究荷花，在工作和生活上艰苦奋斗，相敬相爱，数十年如一日。他们出版多部荷花专著，其中有《中国荷花品种图志》和《中国荷花品种图志续志》在国内、外享有很高的荣誉。而他们主持的荷花研究课题，曾获得中央、省部级一，二等奖。由于他俩对荷花的研究做出了突出贡献，现双双获得政府特殊津贴。他俩主持的中国花协荷花分会与各地政府联合举办的全国荷花展览，至此已满 20 届，有力地推动了中国现代荷花事业的迅速发展。近年，他们与广东三水共同创办了世界上最大的荷花分类园"荷花世界"，园内种有数百个荷花品种及水生花卉。正如中国工程院资深院士、著名园林专家陈俊愉教授在《中国荷花品种图志》之"序"中所赞："栽培古老的荷花，色香味韵皆数上上；更何况又莲开并蒂，迎炎炎日而怒放！啊！并蒂莲是你美丽的化身，你是互助的榜样；相辅相成，相得益彰……互促互补，灿烂辉煌！你是水生花卉的瑰宝，你真成了炎夏名花之主。"

（原载《安徽园林》杂志 2006 年 2 期）

作者与王其超会长在第二十一届中国荷花展

党政良师

　　郑锐同志于 2016 年 2 月 11 日在合肥逝世，享年 94 岁。他生于 1922 年，1938 年参加新四军，曾任安徽省委常委、合肥市委书记，省人大常委会副主任、副书记，1993 年离休。作者陪同钟咏三老书记一同前往家中吊唁，并出席告别仪式。

　　2014 年春节，作者陪同 20 世纪 80~90 年代，曾长期担任合肥市市长、市委书记、原国务院国资监事会主席的钟咏三（右）拜访郑锐（中）老领导时，他们共同鼓励作者继续办好《安徽园林》杂志

火红的晚霞

——郑锐离休十八年纪事
《火红的晚霞》一书出版

郑老近照

　　郑锐，生于 1922 年，1938 年参加新四军，曾任安徽省委常委、合肥市委书记、省人大常委会副主任，从 1993 年离休至今整整 18 个春秋。本着"老有所学，老有所为"，离休生活丰富多

彩，愉快温馨。1996 年出版《郑锐书法集》，1999 年出版《离退休老人自律歌》，2005 年出版大型文集《征程回眸》。新出版的《火红的晚霞》主要记录了郑老离休生活的部分片段，从中体现了他高尚的人生风范，激励后来者。今年他虽已 90 高龄，仍关心安徽的绿化事业，对其老部下编辑的《安徽园林》寄于信任和厚望，今年春节期间欣然为本刊主编尤传楷题词。

（原载《安徽园林》杂志 2011 年 1 期）

贺郑锐九十周岁

郑锐（右 2）、陶登松（左 2）、蔡敬明（右 1）和作者在郑锐家中

作者正在向郑锐书记和合肥学院领导介绍新疆特刊和拜望车俊老领导时的情景

合肥市委老书记，原省人大常务副书记、副主任郑锐同志今年整 90 高龄。20 世纪 80 年代初，他在任合肥市市委书记期间创办的合肥学院，现已由大专学校发展成为能培养研究生的本科综合性大学。饮水不忘掘井人，春节前夕合肥学院党委书记陶登松、院长蔡敬明代表学校，专程登门探望郑锐老领导。本刊主编前去赠送《安徽园林》杂志 2011 年合订本时巧遇。

（原载《安徽园林》杂志 2012 年 1 期）

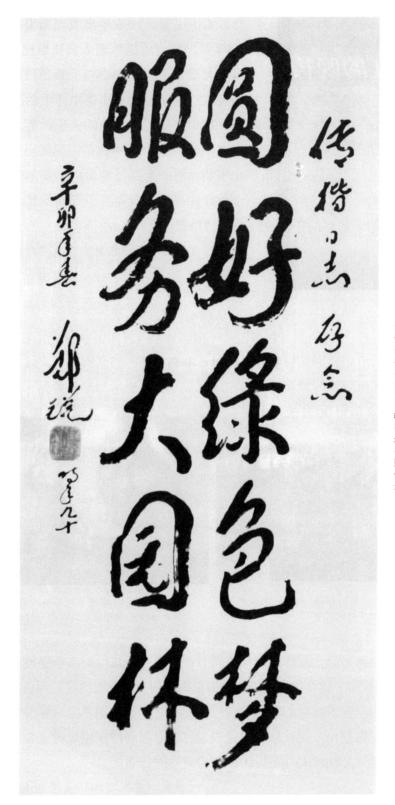

圆好绿色梦 服务大园林

传播日志存念

辛卯暮春 郑锐

郑锐老领导 90 高龄时题字赠作者

后 记

城乡园林一体化的探索，既是我终生圆不完的绿色之梦，又是我国当前"五大发展理念"中一个非常重要的理念，更是我国城市发展的底色和趋势。而园林正是体现自然环境之美、景观风貌之美、文化特色之美和城乡协调之美的人居环境。

中国古典园林更是传统文化中一种独特的艺术形式，体现了中华民族悠久历史的文明传统。绿色之梦是中国梦的有机组成部分，更是中华儿女的共同奋斗目标。这就需要与时俱进和每代人的不懈努力。我个人仅为沧海一粟、微不足道，一直在不断圆梦之中，绿色之梦没有终点！

因此，圆不完的绿色之梦，就成为我终身追求的幸福源泉，成为我积极向上的动力。因为，人最重要的在于怎么看待自己，怎么看待幸福。对于幸福而言，起关键作用的绝不是物质财富，而是健康的身体和健康的心灵！我通过追梦领悟到人生之乐的哲理和理想的追求。今天，这本酝酿于十年前的文集，通过近一年的努力终于问世。借此机会，感谢以何迈为首的老一代绿色文化与绿色美学界的同仁和风景园林行业的战友，以及许多忘年之交的朋友的鼓励与帮助。其中尤其要感谢绿色文化与绿色美学首创人郭因老先生的题字与鼓励。当然，感谢的还有为本书题序、题字的著名专家学者和关心我成长进步的领导与同志。

最后，本书出版前，我曾专程将样书呈送给王佛生先生审阅。他阅后有所感触，特来电说：原只知道你是个园林专家、实干家，不知道你对园林的研究和城乡园林一体化的设想与实践如此深刻，做过那么多事！这本书亦可称得上那段时间的合肥园林史了！于是又亲笔挥毫道：

传楷先生：

捎来的《圆不完的绿色之梦》一书样稿已草草拜读。绿梦情缘、绿梦实践、绿梦升华、绿梦悠长可谓情真意切。先生置身于园林事业几十年，执着而睿智，一以贯之，用辛勤的汗水浇灌着这里的一草一木，把整个庐州（合肥古称）装点得满目清新，一派生机。绿色是生命、绿色是和谐、绿色是永恒，先生的绿色之梦不正是蕴含着生命、和谐与永恒吗？在先生书著出版之际不妨借郭因先生绿色之歌一起唱吟：愿五洲到处绿油油，愿江河万古涌清流，愿天空久久湛蓝，白云缓缓漂游……

行藏　佛生　丙申五月七日

现就以此手书作为本书的结束语。

20世纪末，作者与王佛生（左）在公园留影

注：王佛生原是安徽省民政厅巡视员，曾任合肥市副市长。